国家出版基金项目
NATIONAL PUBLICATION FOUNDATION

“十四五”时期国家重点出版物出版专项规划项目
新一代人工智能理论、技术及应用丛书

群智制造智慧空间

张 莉 郭 斌 罗 浩 李向林 著

科 学 出 版 社
北 京

内 容 简 介

本书主要围绕在现代制造业中如何充分利用人工智能、物联网、群体智能、先进计算技术等，赋能赋智制造企业中人、机、物，以及如何构建群智制造智慧空间等问题展开，以“机理-方法-系统-应用”为主线组织内容，针对现代制造场景下智慧空间增强构建、群智控制分布优化、群智制造协同共享等关键问题详细阐述若干解决方案，并结合企业典型案例进行深入分析。

本书既可以为智能制造、物联网、人工智能、工业互联网、智慧城市等领域的科研人员和IT从业者提供创新的发展视角以及相关理论、方法与技术支撑，也可供相关专业高年级本科生和研究生阅读参考。

图书在版编目（CIP）数据

群智制造智慧空间 / 张莉等著. --北京 : 科学出版社, 2024. 12. -- (新一代人工智能理论、技术及应用丛书). -- ISBN 978-7-03-080468-6

Ⅰ. TH166

中国国家版本馆 CIP 数据核字第 20249K7G91 号

责任编辑：张艳芬　李　娜 / 责任校对：崔向琳

责任印制：师艳茹 / 封面设计：陈　敬

科学出版社 出版

北京东黄城根北街 16 号

邮政编码：100717

http://www.sciencep.com

北京中科印刷有限公司印刷

科学出版社发行　各地新华书店经销

*

2024 年 12 月第　一　版　开本：720 × 1000　1/16

2024 年 12 月第一次印刷　印张：18 3/4

字数：378 000

定价：160.00 元

（如有印装质量问题，我社负责调换）

“新一代人工智能理论、技术及应用丛书”编委会

“新一代人工智能理论、技术及应用丛书”序

科学技术发展的历史就是一部不断模拟和扩展人类能力的历史。按照人类能力复杂的程度和科技发展成熟的程度，科学技术最早聚焦于模拟和扩展人类的体质能力，这就是从古代就启动的材料科学技术。在此基础上，模拟和扩展人类的体力能力是近代才蓬勃兴起的能量科学技术。有了上述的成就做基础，科学技术便进展到模拟和扩展人类的智力能力。这便是20世纪中叶迅速崛起的现代信息科学技术，包括它的高端产物——智能科学技术。

人工智能，是以自然智能(特别是人类智能)为原型、以扩展人类的智能为目的、以相关的现代科学技术为手段而发展起来的一门科学技术。这是有史以来科学技术最高级、最复杂、最精彩、最有意义的篇章。人工智能对于人类进步和人类社会发展的重要性，已是不言而喻。

有鉴于此，世界各主要国家都高度重视人工智能的发展，纷纷把发展人工智能作为战略国策。越来越多的国家也在陆续跟进。可以预料，人工智能的发展和应用必将成为推动世界发展和改变世界面貌的世纪大潮。

我国的人工智能研究与应用，已经获得可喜的发展与长足的进步：涌现了一批具有世界水平的理论研究成果，造就了一批朝气蓬勃的龙头企业，培育了大批富有创新意识和创新能力的人才，实现了越来越多的实际应用，为公众提供了越来越好、越来越多的人工智能红利。我国的人工智能事业正在开足马力，向世界人工智能强国的目标努力奋进。

“新一代人工智能理论、技术及应用丛书”是科学出版社在长期跟踪我国科技发展前沿、广泛征求专家意见的基础上，经过长期考察、反复论证后组织出版的。人工智能是众多学科交叉互促的结晶，因此丛书高度重视与人工智能紧密交叉的相关学科的优秀研究成果，包括脑神经科学、认知科学、信息科学、逻辑科学、数学、人类学、社会学和相关哲学等学科的研究成果。特别鼓励创造性的研究成果，着重出版我国的人工智能创新著作，同时介绍一些优秀的国外人工智能成果。

尤其值得注意的是，我们所处的时代是工业时代向信息时代转变的时代，也是传统科学向信息科学转变的时代，是传统科学的科学观和方法论向信息科学的科学观和方法论转变的时代。因此，丛书将以极大的热情期待与欢迎具有开创性的跨越时代的科学研究成果。

“新一代人工智能理论、技术及应用丛书”是一个开放的出版平台，将长期为我国人工智能的发展提供交流平台和出版服务。我们相信，这个正在朝着“两个一百年”奋斗目标奋力前进的英雄时代，必将是一个人才辈出百业繁荣的时代。

希望这套丛书的出版，能给我国一代又一代科技工作者不断为人工智能的发展做出引领性的积极贡献带来一些启迪和帮助。

李衍达

前　言

当前，制造业智能化正处于产业格局未定的关键期和规模化扩张的窗口期，世界各国都在围绕其核心标准、技术和平台进行布局。美国发布《美国先进制造业领导力战略》，德国提出“工业 4.0”概念，法国、英国、日本等也先后发布了本国的制造业智能化发展计划或愿景。在该趋势下，我国积极部署并提出了一系列国家战略和规划。2017 年，党的十九大报告中提出“要加快建设制造强国，加快发展先进制造业，推动互联网、大数据、人工智能和实体经济深度融合”；2021 年发布的国家“十四五”规划和 2035 年远景目标纲要中明确提出“要坚定不移建设制造强国……提高经济质量效益和核心竞争力”。

新一代智能制造技术的一个关键特征是人、机、物等要素的协同融合，例如，制造环境中包含以决策者、执行者为代表的“人”，以数控机床、机械臂等具有控制系统的工业设备等为代表的“机”，以控制器、执行器、环境传感器等为代表的“物”。上述要素在开放和智能的生态系统中彼此交互，构建起组织灵活、行为自适、自主演化的空间，称之为智慧空间。Gartner 将智慧空间列入 2020 年十大战略科技发展趋势，指出人工智能与物联网、边缘计算和数字孪生等技术的快速发展及深度融合，可以为智能制造场景提供有效解决方案。因此，探索人、机、物群体智能(又称群智)[①]协同的基础理论创新，通过关键技术突破推动人、机、物要素的有机连接、协作与增强，构建具有自组织、自学习、自适应、持续演化等能力的群智制造智慧空间，对促进智能制造国家重大需求领域新模式/新业态形成，提高我国生产力和竞争力等具有重要意义。

鉴于此，本书将深入探索群智制造智慧空间的构建理论、决策方法以及协同机制。本书主要内容包括：①融合群体智能的制造企业智慧空间的构建理论。制造企业智慧空间应该包括哪些要素，群体智能如何赋能不同要素以实现智造主体智能感知与增强学习，个体智能和群体智能如何实现有效融合等。②融合群体智能的制造企业智慧空间的决策方法。制造企业智慧空间的安全运行如何保证，在保证安全生产的前提下制造企业经济指标该如何优化提高，面向供应链、生产线、生产单元的决策应该如何产生，生产流程中各智能群体该如何协同运行。③智慧空间中制造企业人、机、物协同运行与共享机制。智慧空间中的制造企业应该如

① 本书中由多个个体组成的具有智能的群体称为群智能体，该群体所产生的智能称为群体智能。为了行文顺畅，本书中群智能体也表述为智能群体、多智能体，群智也表述为群体智能，不进行严格统一。

何在数据保护的前提下建立共享机制，实现数据安全互通和知识联合共享，智慧空间应该如何建立协同运行机制，增强单位间的协同运行，形成设备、产品、管理、服务等重要环节的交互、协同与共享。

本书由北京航空航天大学、西北工业大学、哈尔滨工业大学以及中国航天科工集团第二研究院共同撰写完成。相关分工如下：第 1～3 章(由西北工业大学负责)：郭斌、刘佳琪、张江山、吕明泽、王家瑶、仵允港、王虹力、李新宇、马可、李梦媛、古航、张周阳子、成家慧、徐若楠等；第 4 章和第 5 章(由哈尔滨工业大学负责)：罗浩、蒋宇辰、霍明夷、王豪、李明磊、李翔、刘绍宠、王虹程；第 6 章和第 7 章(由北京航空航天大学负责)：张莉、葛宁、余伟伟、贾航、杨子天、刘怡、李宇；第 8 章和第 9 章(由中国航天科工集团第二研究院负责)：李向林、刘泽伟、赵志龙、鲍新郁、吕晅、刘玉佳、王晨、耿坤瑛、仵允港、李梦媛、王虹程、王子豪、欧一鸣、丁戈等。张莉负责全书的审校。

本书的撰写得到科技部重点研发计划项目“融合群体智能的制造企业智慧空间构建理论与协同运行技术”(2019YFB1703900)的支持，在此表示感谢。

目　录

"新一代人工智能理论、技术及应用丛书"序
前言
第 1 章　绪论 …… 1
1.1　背景与趋势 …… 1
1.2　群体智能与智能制造 …… 2
1.3　群智制造智慧空间的关键科学挑战 …… 3
1.4　本书组织结构 …… 4
参考文献 …… 6
第 2 章　群智涌现机理驱动的制造业智慧空间构建 …… 7
2.1　生物群智涌现行为 …… 7
2.1.1　集体行进 …… 7
2.1.2　群体聚集 …… 8
2.1.3　协作筑巢 …… 8
2.1.4　分工捕食 …… 9
2.1.5　社会交互 …… 9
2.2　生物群智到制造群智的映射模型 …… 10
2.2.1　群集动力学 …… 11
2.2.2　自适应机制 …… 12
2.2.3　群智优化算法 …… 12
2.2.4　图结构映射模型 …… 13
2.2.5　演化博弈动力学 …… 13
2.2.6　群智能体学习机制 …… 14
2.3　制造业智慧空间构建 …… 15
2.3.1　制造业智慧空间系统 …… 15
2.3.2　制造业智慧空间的群体智能涌现 …… 19
2.3.3　制造业智慧空间机理 …… 22
2.4　本章小结 …… 25
参考文献 …… 26
第 3 章　制造个体与智能群体融合 …… 29
3.1　制造主体可伸缩情境感知方法 …… 29

3.1.1 制造主体可伸缩情境感知概述 ······ 30
3.1.2 混合精度量化自适应计算 ······ 34
3.1.3 边缘端融合高效自适应感知 ······ 36
3.1.4 压缩与分割策略融合的可伸缩情境感知 ······ 43
3.2 群智能体深度强化学习 ······ 46
3.2.1 群智能体深度强化学习概述 ······ 47
3.2.2 基于信息势场奖励函数的多 AGV 任务分配 ······ 49
3.2.3 基于分层内在激励的多 AGV 调度 ······ 51
3.3 跨制造实体/场景的知识迁移 ······ 56
3.3.1 群智制造与知识迁移 ······ 57
3.3.2 类别不平衡的少样本表面缺陷检测 ······ 59
3.3.3 跨制造场景的少样本表面缺陷检测 ······ 63
3.4 基于联邦学习的协同制造知识增强 ······ 66
3.4.1 群智制造与联邦学习 ······ 67
3.4.2 高通信效率的混合联邦学习框架 ······ 69
3.4.3 跨环境联邦持续学习 ······ 70
3.5 本章小结 ······ 73
参考文献 ······ 74
第 4 章 智能群体诊断与控制 ······ 79
4.1 诊断与控制一体化架构 ······ 83
4.1.1 集中式诊断与控制一体化架构 ······ 83
4.1.2 分布式诊断与控制一体化架构 ······ 86
4.2 性能驱动的分布式协同诊断与控制方法 ······ 88
4.2.1 性能驱动的分布式协同诊断方法 ······ 88
4.2.2 性能驱动的分布式协同控制方法 ······ 109
4.3 面向关键性能指标的实时优化 ······ 123
4.3.1 诊断系统参数实时优化算法 ······ 123
4.3.2 控制系统参数实时优化算法 ······ 132
4.4 本章小结 ······ 135
参考文献 ······ 135
第 5 章 群智能体多任务优化决策方法 ······ 140
5.1 基于多源信息的信息融合与特征提取 ······ 144
5.1.1 多源信息的特征提取方法 ······ 144
5.1.2 多源信息的目标定位方法 ······ 146
5.1.3 多源信息的目标识别方法 ······ 149

5.2　柔性产线多任务优化与决策方法 ………… 153
5.2.1　柔性作业车间调度问题的描述 ………… 154
5.2.2　数学模型 ………… 156
5.2.3　柔性作业车间调度问题的性能指标 ………… 157
5.2.4　柔性产线多任务动态优化与决策方法 ………… 158
5.3　智能群体面向关键性能指标的策略演化方法 ………… 162
5.4　本章小结 ………… 166
参考文献 ………… 166
第 6 章　制造企业协同运行模型和支撑系统 ………… 168
6.1　协同制造的发展历程和面临的新挑战 ………… 168
6.2　融合群体智能的制造企业协同运行模型 ………… 171
6.2.1　集成化过程模型 ………… 175
6.2.2　智能资源模型 ………… 177
6.2.3　群体智能协同模型 ………… 182
6.2.4　可信共享信息模型 ………… 186
6.3　制造企业群智协同运行过程建模与仿真 ………… 187
6.3.1　协同制造过程建模语言 ………… 188
6.3.2　协同制造过程建模与仿真系统 ………… 193
6.4　基于区块链的制造数据可信共享技术 ………… 199
6.4.1　基于细粒度制造企业分布式信任体系的数据质量控制 ………… 200
6.4.2　基于区块链可靠性容错的制造企业数据安全存储 ………… 201
6.4.3　区块链隐私数据可控共享 ………… 202
6.4.4　制造企业区块链的数据共享机制案例实现 ………… 203
6.5　本章小结 ………… 205
参考文献 ………… 205
第 7 章　制造企业协同运行中的智能服务 ………… 207
7.1　基于联邦学习的隐私保护知识增强 ………… 207
7.1.1　协同制造中隐私保护对数据共享的限制问题 ………… 207
7.1.2　联邦学习发展过程与基本原理 ………… 208
7.1.3　基于联邦学习的产品质量预测案例研究 ………… 209
7.1.4　联邦学习在协同制造中的应用展望 ………… 212
7.2　协同制造中的设备资源实时推荐 ………… 214
7.2.1　设备推理规则语言领域知识 ………… 215
7.2.2　基于规则的设备资源推荐技术 ………… 218
7.2.3　设备推荐案例分析 ………… 220

7.3　跨企业协同智能协商 ········ 222
7.3.1　跨企业协同智能协商方法 ········ 223
7.3.2　跨企业协同智能协商方案 ········ 225
7.3.3　跨企业协同智能协商系统 ········ 227
7.4　本章小结 ········ 234
参考文献 ········ 234
第 8 章　群智企业运行模型原型系统开发 ········ 236
8.1　制造企业信息化 ········ 236
8.1.1　制造企业信息化需求 ········ 236
8.1.2　制造企业信息化趋势 ········ 237
8.1.3　制造系统的形态演变 ········ 238
8.2　群智企业运行模型总体架构 ········ 242
8.3　人、机、物资源接入及发布 ········ 243
8.3.1　数字化、物联化技术手段 ········ 243
8.3.2　虚拟化、服务化技术手段 ········ 244
8.4　数据汇聚子系统 ········ 245
8.4.1　清华数为：大数据管理模块 ········ 245
8.4.2　信链：区块链可信服务模块 ········ 247
8.5　群智基础支撑子系统 ········ 249
8.5.1　生物群智驱动的制造业智慧空间模型 ········ 249
8.5.2　个体自适应感知模块 ········ 250
8.5.3　个体自学习增强模块 ········ 252
8.5.4　群智能体强化学习模块 ········ 253
8.5.5　迁移学习模块 ········ 254
8.6　群智控制子系统 ········ 256
8.6.1　群智控制一体化模型配置模块 ········ 256
8.6.2　智能群体多任务优化决策模块 ········ 257
8.6.3　智能群体控制和策略演化模块 ········ 258
8.7　协同服务子系统 ········ 260
8.7.1　基于多维联邦学习的知识增强模块 ········ 260
8.7.2　协同运行激励模块 ········ 261
8.7.3　基于领域知识的设备推荐模块 ········ 263
8.7.4　过程和资源建模与仿真模块 ········ 266
8.8　群智企业运行模型原型系统应用模式 ········ 267
8.9　本章小结 ········ 268

参考文献 …… 268
第 9 章　制造企业智慧空间应用解决方案 …… 269
9.1　复杂产品制造 …… 269
9.1.1　复杂产品制造背景 …… 269
9.1.2　复杂产品制造分析 …… 270
9.1.3　复杂产品制造案例 …… 272
9.2　单元级制造 …… 273
9.2.1　场景概况 …… 273
9.2.2　解决方案 …… 275
9.3　产品/专业线级制造 …… 276
9.3.1　场景概况 …… 276
9.3.2　解决方案 …… 278
9.4　供应链、企业级制造 …… 279
9.4.1　场景概况 …… 279
9.4.2　解决方案 …… 281
9.5　本章小结 …… 283
参考文献 …… 283

第1章 绪　　论

1.1 背景与趋势

新一代智能制造技术的一个关键特征是人、机、物等要素的协同融合，在人工智能发展背景下，将制造业中的自动导引车(automated guided vehicle，AGV)、边缘端设备、机械臂、机器人等具有控制系统的工业设备作为智能体，构建人、机、物群智能体协作增强的智能制造空间(简称为群智制造)将成为智能制造的一个重点演进方向[1]。下面给出群智制造的定义。

群智制造　以人、设备、系统为对象，基于交互、协作、博弈、生态共融等群智模式，赋予群智能体优化调度、分布式控制、协同运行等能力，构建具有自组织、自学习、自适应、持续演化等能力的制造业智慧空间，实现智能体个体技能和群体认知能力的提升。群智制造智慧空间如图 1-1 所示。

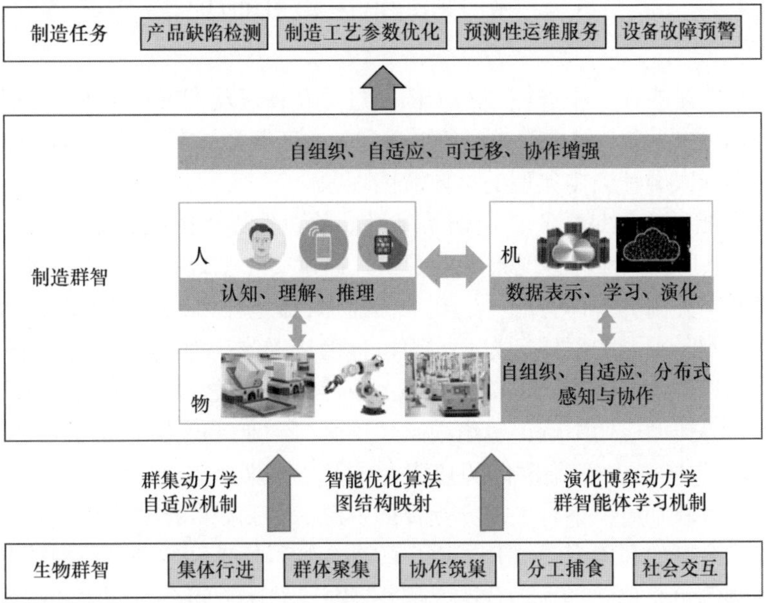

图 1-1　群智制造智慧空间

融合群体智能的制造企业智慧空间的发展有望引发制造业的重要变革。郭斌等[2]对群智机理[3]、协同制造[4]、控制与决策[5,6]等问题进行了讨论。然而，当前的研究仍存在较大空白，制造企业智能空间尚未形成，缺少融合群体智能的制造企业智慧空间的构建理论、分布学习算法、协同运行和持续演化机制。传统基于单点智能和集中智能的解决方案难以应对复杂产品制造中的各种问题，导致复杂制造企业普遍存在群体融合差、分布协作难、适应能力弱等挑战性问题，因此，群智赋能的制造企业智慧空间搭建成为未来智能制造的开放性研究课题，具体包括以下三个方面。

(1) 智慧空间构建理论：探讨制造企业智慧空间的关键要素，群体智能如何赋能各要素以实现智能感知与增强学习，以及个体智能和群体智能的融合方式。

(2) 智慧空间决策方法：研究制造企业智慧空间的安全保障与经济优化策略，供应链、产线和生产单元的决策生成方法，以及生产流程中各智能群体的协同运行模式。

(3) 人-机-物协同与共享机制：分析在数据保护下的共享机制构建，实现数据安全互通、知识共享，并形成设备、产品、管理和服务等环节的交互协同模式。

1.2 群体智能与智能制造

群体智能是指在一个群体中，个体通过交互在宏观上展现出远超个体能力的智能行为。蚂蚁觅食、蜂群筑巢、鱼群避敌、生产制造、市场经济乃至人类文明，都是自然界和人类社会中典型的群体智能现象。

群体智能，交互是核心，通信是基础。从自然界中的蚂蚁觅食[7,8]、蜂群筑巢[9,10]、鱼群避敌[11]等群智现象可以看出，通过交互，蚂蚁、蜂、鱼等弱智能个体可以表现出更高的群体智能，远超个体能力，甚至仅孤立地从个体表现的行为观察，无法判断可能的群体行为，因而也称为从群体行为涌现出来的一种智能行为。近年来，群体智能得到了学术界和工业界的广泛关注，出现了无人机编队、智能 AGV 等典型应用案例，也出现了“滴滴”“亚马逊土耳其机器人”等典型商业案例(众包模式)，汇集群体的智能完成了个体难以完成的任务。人类的群智通过信息的互联互通，整合了差异互补的资源。“滴滴”模式不仅优化了人力，而且提高了车辆的利用率，提升了用户的满意度；软件开发领域出现的开源开发模式、众测等也是群智的典型代表，是(高级)智能体之间合作形成的群智。工业物联网及智能感知技术的发展，使得人、机、物能够连通交互，为群体智能的进一步发展提供了技术支撑。

群体中的个体相对简单，自身能力有限，却可以与周围环境进行互动，根据一定的行为模式，合作完成生存必需的任务。由此可见，群体智能中的个体，并不要求一定是智能体(弱智能体或强智能体)，但是个体需要具备交互的能力，并可以依据规则响应变化完成特定任务。以无人机编队为例，虽然难以定义每架无人机是否具有智能(毕竟智能的判定是一个一直存在争议的话题，也是一个持续演变的概念)，但是每架无人机都具有主动感知或被动感知的能力，再通过个体间交互做出决策，并根据预定的规则做出响应，形成集体行为。智能 AGV 群体中每辆小车也具备感知、判断、决策的能力，通过与其他小车、环境(障碍物)的交互，从而具有运行中的应变能力，解决了提前全局规划不能解决的问题。

如果将无人机编队、智能 AGV 看作机器之间的协作，以及机器和环境之间的交互，那么人、机、物融合的群体智能中的个体又有哪些特点和要求呢？可以将人、机、物群体智能中的个体分为有主观能动性和无主观能动性两类。有主观能动性的个体(如人)可能按照预先规则办事，也可能不按预先规则办事；无主观能动性的个体只能按照预先规则做出响应(不考虑故障的情况)。无主观能动性的个体又包括两类：一类有感知、有响应，如机械臂、AGV、智能传感器等；另一类只能采集和传输生产数据，如非智能传感器、传送带等。物可以具有智能，如具有传感器和控制器的物料。环境通常没有感知和响应的能力。因此，制造中的人、机、物包括了群智中的个体和环境因素，其中，群智体现在个体之间通过通信与交互，以及与环境互动，根据相对简单的规则完成需要智能才能完成的全局任务。

1.3 群智制造智慧空间的关键科学挑战

本书将围绕智慧空间增强构建、群智控制分布优化和群智制造协同共享展开论述。

(1) 针对制造业智慧空间理论模型缺失等问题，提出以制造要素、群智能体、智能服务等核心元素协同优化为核心的群智制造智慧空间模型，发掘群智能体协作模型驱动的制造业群智协同机理，进而提出可伸缩的制造主体情境感知模型、基于群智深度强化学习的群智能体协同增强方法和基于元学习的跨场景知识迁移模型，实现制造主体的自适应智能感知和跨场景群智知识的柔性迁移。

(2) 针对当今制造企业生产流程中系统复杂程度高、不确定性强、安全隐患大、控制性能较低的问题，提出智能群体系统的分布式诊断与控制架构，实现面向关键生产性能的诊断与控制；针对生产流程中的执行任务(调度、维护、诊断、控制、优化等)，提出基于强化学习以及博弈对抗的多任务优化决策和策略演化机制，保障制造企业生产流程的安全、可靠、优化与高效运行。

(3) 针对制造企业资产化数据因隐私保护安全互通难、知识联合学习能力差、制造能力协同弱的问题，基于区块链，构建面向群智制造的多维度联邦学习模型，形成跨企业、多环节制造知识共享、融合与增强方法；构建互联网思维下智慧制造协同模式，融合协同共享激励机制，增强资源、能力、任务协同运行，更新传统运行管理模式，提升资源利用率和产业链整体价值。

本书将为我国制造行业提供一套自主可控的群智制造企业智慧空间构建与协同运行创新理论方法和关键技术、一套运行模型原型系统以及面向航天复杂产品制造的典型解决方案，着力从以下方面加以突破。

(1) 群智融合的制造业智慧空间构建理论。

(2) 面向关键性能指标的制造企业智能群体安全、可靠控制与优化决策机制。

(3) 制造企业智慧空间可信共享与协同运行机制。

1.4 本书组织结构

本书围绕群智制造智慧空间群体融合差、控制决策难、运行协同弱等问题，以“机理-方法-系统-应用”为主线组织内容，针对智慧空间增强构建、群智控制分布优化、群智制造协同共享等关键问题进行阐述。全书共 9 章，下面概述每一章的内容。

第 1 章为绪论，主要回答三个问题：为什么需要构建群智制造智慧空间？什么是群体智能？什么是群智制造智慧空间？

第 2 章为群智涌现机理驱动的制造业智慧空间构建。首先描述自然界中集体行进、群体聚集、协作筑巢、分工捕食、社会交互等生物群智涌现行为，然后介绍群集动力学、自适应机制、群智优化算法、图结构映射模型、演化博弈动力学、群智能体学习机制等生物群智到制造群智的映射模型，最后提出群智涌现机理驱动的制造业智慧空间构建理论模型。

第 3 章为制造个体与智能群体融合。首先针对难以在资源受限制造主体上部署深度学习模型问题，介绍以模型压缩与模型分割为代表的制造主体可伸缩情境感知方法；然后阐述群智能体深度强化学习相关技术，并结合多 AGV 调度管理问题介绍其在智能制造领域中的应用；接着介绍跨制造实体/场景的知识迁移方法，并描述其在少样本表面缺陷检测方面的应用；最后介绍联邦学习在协同制造知识增强中的相关技术与应用。

第 4 章为智能群体诊断与控制。针对传统制造企业生产流程所存在的群体融合差、控制决策难、运行协同弱等挑战性问题，以及当前制造企业中采用的基于单点控制和集中控制的解决方案，基于制造企业生产流程，研究制造企业智能群体诊断与控制方法。首先介绍一种分布式诊断与控制框架，并在此框架下针对群智空间规模庞大、结构复杂等特点，提出一系列分布式协同诊断与控制一体化设计方法和面向关键性能指标的实时优化算法，利用即插即用模块完成对分布式闭环控制系统的诊断与控制性能的优化，避免集中式设计带来的计算负担，以实现制造企业生产流程安全、可靠、优化运行。

第 5 章为群智能体多任务优化决策方法。主要介绍智能群体多任务优化决策理论方法以及基于博弈对抗的智能群体控制和策略演化方法。在智能群体多任务优化决策理论方法方面，针对柔性作业车间在生产线上执行多种处理任务时发生故障的问题，采用两阶段动态调度策略以及预测调度和实时调度相结合的调度方案，可根据实际情况准确地进行动态调度，重新安排企业生产并分配机器，以提高加工效率，最大限度地降低突发事件对生产的影响。此外，还介绍基于博弈对抗的智能群体控制和策略演化方法，研究具有执行器故障的群智能体系统基于博弈的分布式优化控制问题，解决无法获得非邻居智能体的动作信息问题，并设计一种容错优化控制方法，保证在执行器发生故障时群智能体系统仍能达到纳什均衡。

第 6 章为制造企业协同运行模型和支撑系统。在理解群体智能的基础上，分析协同制造演化发展的历程，探讨复杂产品协同制造面临的机遇和挑战；提出融合群体智能的制造企业协同运行模型，包括集成化过程模型、智能资源模型、群体智能协同模型、可信共享信息模型；探讨如何通过建模和仿真技术分析制造企业群智协同运行过程，以及如何基于区块链实现制造数据可信共享。

第 7 章为制造企业协同运行中的智能服务。讨论融合群体智能的制造企业协同运行模型中的典型智能服务，包括：支撑可信共享信息模型的隐私保护知识增强服务，解决数据隐私保护约束下的知识共享问题；支撑智能资源模型的设备资源实时推荐服务，基于规则推荐加工设备资源，缩小设备选择范围；支撑群体智能协同模型的智能协商服务，通过局部智能协商的方式对抗生产扰动、保障订单交期。

第 8 章为群智企业运行模型原型系统开发。基于群智制造智慧空间各项关键技术的研究成果，围绕制造企业信息化，首先说明制造企业信息化的需求、趋势以及智慧云制造新模式和新生态，提出在此之上的群智企业运行模型总体架构，并逐层介绍数据汇聚子系统、群智基础支撑子系统、群智控制子系统、协同服务子系统等的重要组件，论述将群体智能技术用于制造企业的可行性。

第 9 章为制造企业智慧空间应用解决方案。基于群智制造智慧空间各项关键技术及群智企业运行模型原型系统，选取航天复杂产品制造作为典型背景，并对其特征进行分析，随后分别从单元级制造、产品/专业线级制造以及供应链/企业级制造三个层面进行应用场景介绍和应用解决方案说明，全面展现群体智能技术给制造业带来的新模式、新手段和新业态的前景。

参 考 文 献

[1] 郭斌. 论智能物联与未来制造：拥抱人机物融合群智计算时代[J]. 人民论坛 · 学术前沿, 2020(13): 32-42.

[2] 郭斌, 刘佳琪, 刘思聪, 等. 群智涌现机理驱动的制造业智慧空间构建[J]. 中国计算机学会通讯, 2021, 17(8): 26-35.

[3] 王晨, 宋亮, 王建民, 等. 智能制造中的群体智能[J]. 中国计算机学会通讯, 2021, 17(8): 36-43.

[4] 张莉, 葛宁. 融合群体智能的协同制造技术[J]. 中国计算机学会通讯, 2021, 17(8): 18-25.

[5] 罗浩, 林廷宇, 马克茂. 群智智能制造分布式协作控制方法[J]. 中国计算机学会通讯, 2021, 17(8): 50-54.

[6] 吴巍炜, 傅忱忱, 吕妍, 等. 感知-协同融合计算：群智能体决策与控制[J]. 中国计算机学会通讯, 2021,17(8):44-49.

[7] Dorigo M, Maniezzo V, Colorni A. The ant system: An autocatalytic optimizing process[C]// Proceedings of the First European Conference on Artificial Life, 1991: 194-204.

[8] Heyde A, Guo L J, Jost C, et al. Self-organized biotectonics of termite nests[J]. Proceedings of the National Academy of Sciences, 2021, 118(5): e2006985118.

[9] Roubik D W. Stingless bee nesting biology[J]. Apidologie, 2006, 37(2): 124-143.

[10] Conradt L, Roper T J. Consensus decision making in animals[J]. Trends in Ecology & Evolution, 2005, 20(8): 449-456.

[11] Tunstrøm K, Katz Y, Ioannou C C, et al. Collective states, multistability and transitional behavior in schooling fish[J]. PLoS Computational Biology, 2013, 9(2): e1002915.

第 2 章　群智涌现机理驱动的制造业智慧空间构建

本章将探索群智涌现机理驱动的制造业智慧空间构建。群智协同的机理研究可追溯到生物集群协同机理，涉及人群、野生动物、细胞等自然科学和社会科学等领域。一大群自然生物体，如蚂蚁、蜜蜂、白蚁、鱼和鸟等，其个体智慧有限，但通过大规模的个体合作能够创造复杂的群体智慧，例如，蚂蚁能够建造出复杂的巢穴，鸟群在飞行时能够排列出多样的阵型。受生物群智涌现行为的启发，生物间的行进、聚集、避险、协作、交互等行为能够通过一定的模型映射至制造业智慧空间中的人、机、物交互方式中，为制造业智慧空间的构建提供理论依据与技术指导。

本章首先描述自然界中集体行进、群体聚集、协作筑巢、分工捕食、社会交互等生物群智涌现行为；然后介绍群集动力学、自适应机制、群智优化算法、图结构映射、演化博弈动力学、群智能体学习机制等生物群智到制造群智的映射模型；最后提出群智涌现机理驱动的制造业智慧空间构建理论模型。

2.1　生物群智涌现行为

本节介绍集体行进、群体聚集、协作筑巢、分工捕食、社会交互五种生物群智涌现行为。

2.1.1　集体行进

集体行进是指在某些生物集群中观察到的很多生物以某种机制同时行进的现象，图 2-1 展现了自然界中鱼群(涡轮状)和鸟群(波状)的典型集体行进行为，如欧椋鸟，成千上万只欧椋鸟大规模“特技飞行”，摆出球形、椭圆形、圆柱形和波状等形状。群鸟自发完成这样的协同动作的原理很简单，每只鸟和左右队友协调行动即可保持鸟群聚而不散[1],而它们之间的交互主要是通过相互视觉观察来实现的。

大雁在集体行进中体现了不同的组织机制，一般由强壮有经验的大雁领头带队，其余跟在后面列队飞行。当飞在队伍最前面的头雁翅膀在空气中划过时，会在两翅翅尖后各产生一股细小的上升气流。跟着头雁飞行的其他大雁，为利用同伴产生的上升气流，就会自然而然一只跟着一只飞行，从而排成整齐的队形。研究者将这种机制命名为领导者-跟随者模式。Weimerskirch 等[2]首先提出，领导者-跟随者模式下领导者后面的跟随者所受升力会大大增加，可有效节省飞行体力。

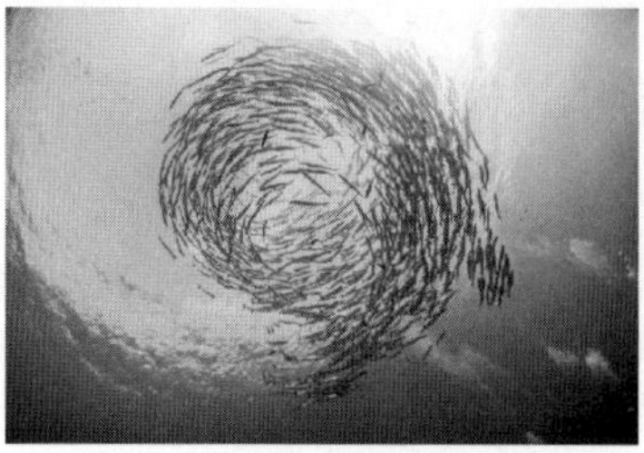

(a) 鱼群的集体行进行为

(b) 鸟群的集体行进行为

图 2-1　动物的集体行进行为

群体避险是动物在集体行进过程中遭受突发状况或险情，整体反应以躲避危险的行为，例如，鸟群在遇到危险时会急转弯以躲避攻击，在鱼群中也存在类似鸟群急转弯的应激反应。Sosna 等[3]将鱼群模型化为网络连接拓扑结构，通过实验证明鱼群个体在感受到视野范围内的变化后会调整互动网络拓扑结构，以应对所感知到的威胁。

2.1.2　群体聚集

群体聚集是生物群体为维持生存，在“物竞天择”的自然选择下进化出的自主聚集性行为，例如，蟑螂是一种有群居习性的昆虫，通常会聚集在阴暗潮湿的地方以利于生存繁衍，而聚集的形成是由于蟑螂能分泌一种聚集信息素。“信息素”一词由 Karlson 等[4]提出，用来形容动物利用化学分子传递信息的沟通方式。

蟑螂可通过味觉感知到聚集信息素浓度高的地方并向之行进，而聚集蟑螂较多的区域信息素浓度会更高，进而吸引更多蟑螂，通过这一正反馈机制出现聚集性栖息。蜜蜂是变温动物，作为个体在寒冷季节无法维持必要体温，它们可通过身上的绒毛感知温度变化，在温度适宜地区聚集成群，以保持体温。当细菌寻找食物(如葡萄糖)时，趋向于有较高食物分子浓度的地方，远离有毒(如苯酚)的地方。上述几种生物群体聚集行为均可称为趋化性。趋化性在自组织系统中起着重要的作用，细胞、动物群体等的聚集模式形成的现象均可以通过趋化作用来实现[5]。

2.1.3　协作筑巢

单个昆虫通常拥有有限的行为能力，但昆虫集体能够执行复杂的任务，如筑巢[6]。协作筑巢也是生物群体为应对自然挑战衍生出的生存策略，如图 2-2 所示。

常见的群居性动物巢穴有蜂巢和蚁巢等。蜂巢作为蜂群生活和繁殖后代的住所，由一个个排列整齐的六角形蜂房组合而成。蚂蚁作为群居性昆虫也有协作筑巢行为。蚂蚁中的多数种类筑巢于地下或树上，穴外的堆土形状有圆锥形、馒头形、火山口形等，以便于防风防水，保护巢穴的内部结构[7]。Franks 等[8]通过计算机图形模拟法分析了细胸蚁的筑巢行为和过程，得出其筑巢行为的自组织调节机制，并指出这些蚂蚁通过把自己的建筑块推给其他个体来增添现有结构。

图 2-2　协作筑巢(不同形状的蚁巢)

2.1.4　分工捕食

自然界中的一些群居性动物在捕猎时会分工协作，增大了捕猎成功的概率，以获取食物，生存繁衍。

狼群在捕食猎物时能够做到分工明确、团队合作，同时对猎物进行按劳分配，对种族发展实行优胜劣汰，如图 2-3 所示。参与捕猎的狼可分为三类：头狼、探狼和猛狼[9]。头狼处于领导地位，负责统筹安排，提高捕食效率；探狼负责打探猎物，在猎物常活动领域根据气味浓度判定与猎物间距离，并把信息及时传递给头狼；猛狼负责攻击猎物。狮群中没有像狼群一样极其森严的等级制度，但在捕食较大的猎物时也存在合作狩猎的现象[10]。狮群中的分工狩猎通常为一些雌狮(“翅膀”角色)围在猎物周围，而另一些雌狮(中心角色)则负责观察猎物和“翅膀”的移动，等待猎物向它们移动。承担“翅膀”跟踪角色的雌狮发起对猎物的攻击，处于中心角色的雌狮则在猎物逃离其他雌狮追击时捕获它。

图 2-3　狼群捕猎(狼群对猎物的追击、骚扰和包围机动)

2.1.5　社会交互

蜜蜂、蚂蚁和狼群等生物群体中都存在着严格的社会组织和角色分工，不同角色承担不同责任，以维持整个群体的生存。

在蜜蜂中，有蜂王、雄蜂、工蜂之分。蜂王负责产卵繁殖并维持蜂群秩序，雄蜂负责交尾，工蜂负责保育、筑巢、采蜜等。蚁群中也有类似结构的社会组织。

在蚁群中有蚁后、雌蚁、雄蚁、工蚁、兵蚁等类别。其中，蚁后负责繁殖后代，雌蚁交尾后脱翅成为新的蚁后，雄蚁的主要职能是与蚁后交配，工蚁负责建造和扩大巢穴、采集食物等，兵蚁则负责粉碎坚硬食物和保卫群体。2012 年，Bonasio 等[11]首次从全基因组单核苷酸水平上解释脱氧核糖核酸(deoxyribonucleic acid，DNA)甲基化调控是如何影响蚂蚁的社会等级分工的。

动物间实现队列飞行或成群游动等集群行为都需要通过交互通信共享信息。根据通信范围的大小可将动物间通信分为两种：全局交互与局部交互。全局交互是指获取的信息涉及全体成员，例如，蚁群中每个个体都可感知到区域内某一位置的信息素浓度，并据此做出行为抉择。在蜂群中也存在根据收集信息进行全局群体决策的现象。当蜜蜂决定换巢穴时，会出动一批侦察蜂，侦察蜂在发现合适的位置时，会回到蜂群外围跳摇摆舞告诉其他蜜蜂合适位置的信息，摇摆舞的剧烈程度和持久度可以代表位置的质量信息。局部交互是指个体只能与部分个体保持联系来调节行动，例如，欧椋鸟在完成协同飞行时，每只鸟关注的不是整个集体，而是只与左右队友协调行动；当鱼群游动时，每条鱼也只以周围一两条同伴身体的侧线为观察标志来调节自身行为[12]。

2.2 生物群智到制造群智的映射模型

前面主要介绍生物界的群体智能，不同生物群体在行进、聚集、避险、协作、交互等过程中所涌现的群体智能为构建人工群智系统提供了重要支撑。本节将结合已有的仿生人工群智系统，探索由生物群智到人工群智的映射机理，主要归纳为以下六种模式，如图 2-4 所示。

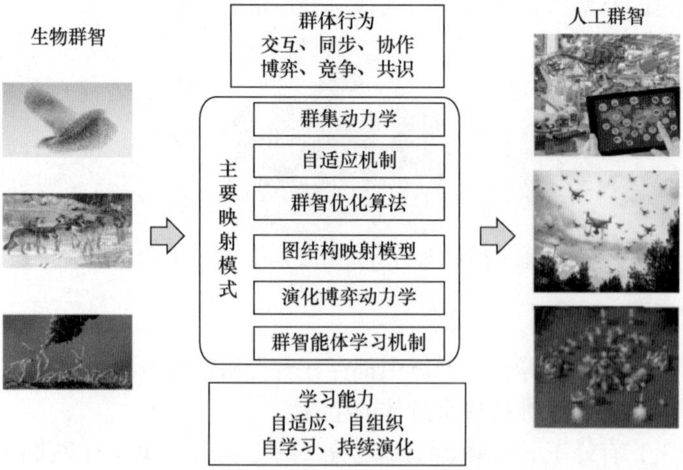

图 2-4　生物群智到人工群智的映射机理

2.2.1 群集动力学

无论是鸟群还是鱼群，生物群体内部协调合作的一个重要方面就是个体间实现同步运动，即在速度、方向等运动特征上实现一致。尽管生物群体中的个体具有有限的感知能力和智力水平，但是整个群体能够形成复杂而协同的运动行为，例如，朝同一目标(食物、栖息地等)行进，形成特殊空间结构以应对紧急状况等。这种从无序杂乱的行为初始状态到有序一致的行为模式形成是生物群智涌现的一种重要体现。群集动力学是研究生物运动行为群智涌现的基础理论，也是实现从生物群智到人工群智映射的一种重要模式。

群集动力学首先为集群中的个体建立动力学方程，以此来表示个体的运动状态，如速度或方向，然后依据某些预定的公式不断迭代，这些公式就代表所发掘的个体间的交互规则，迭代所达到的相对稳定状态就是群智行为的体现。Reynolds[13]在 1987 年首次提出了 Boid 模型，为了模仿鸟类等生物的集群行为，总结出三个 Reynolds 行为规则：凝聚、分离和对齐。在 Boid 模型的基础上，Vicsek 等[14]于 1995 年对其进行了简化，从统计力学的角度研究了集群中个体运动方向达成一致的条件，提出了 Vicsek 模型。Couzin 等[15]于 2002 年又将 Boid 模型用数学模型进行了精确描述，将三个规则对应了三个不重叠区域：排斥区、一致区和吸引区(图 2-5)。以上模型已经广泛应用于分布式无人机集群协同控制和编队等领域来实现人工群智系统[16]。来自哈佛大学的研究人员设计出一种使用简单传感器和局部相互作用规则来实现机器鱼群控制目标的方法，仅依靠局部隐式视觉调控就实现了复杂的机器鱼群三维行为[17]。

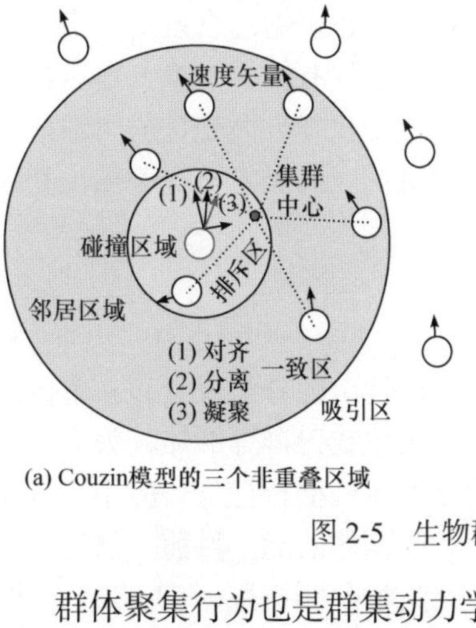

(a) Couzin模型的三个非重叠区域

(b) 机器鱼群的集群行为

图 2-5　生物群体聚集行为及其动力学建模

群体聚集行为也是群集动力学关注的重要方面。研究人员受生物聚集现象的启发，研究了机器人群体的移动、聚集、图样形成与形态发生(通过物理连接形成特定结构并完成特定任务)。Kernbach 等[18]根据蜂群向适温区域的聚集行为提出了 BEECLUST 方法，该方法为环境引导聚集的经典方法。Fatès 等[19]将趋化作用应用于一组名为 ALICE 的机器人上，以在动态环境中产生聚集行为。群集动力学为群集系统演化过程理解提供了新的思路，并对群集动力学系统的演化分析与构型控制问题进行了研究，为制造车间的机器人群体移动、聚集、编队等提供了理论支持。

2.2.2 自适应机制

自适应机制是指群体完全自发地对多变环境做出动态调整，以增强其对环境的适应能力，根据自适应机制的差异可以从角色变换和应急避险两个方面进行阐述。

在雁群的编队迁徙过程中，头雁在飞行时，没有同伴搅起的上升气流供其利用，所以头雁会飞得很累，雁群在迁徙过程中根据能量情况需不时更换头雁[20]。在群智能体系统中，为更好地实现资源的有效利用，也可以根据情境进行角色分工调整。Castello 等[21]提出了一种基于自适应激活阈值的角色切换机制，每个机器人根据阈值决定是否从休息状态转入搜索状态，阈值会根据集群能量状态自适应变化。Liu 等[22]也提出了一种面向集群能量最大化的分布式任务分配策略，同时考虑自身能量获取状态、局部感知的环境信号和社会信号，以自动调整机器人角色变换的时间分布。当制造车间环境与任务发生改变时，以上算法可实现机器人集群根据环境变化实时调整自身策略，增强机器人对制造车间环境的自适应能力。

当鱼群、鸟群等组成大规模群体行进时，遇到袭击会以极快的速度改变行进方向。借鉴于人工群智系统，当遇到攻击或障碍物时，也可通过自发的、自组织的应激反应方式化险为夷。对于应急避险映射模式，不仅有结构变换，还有速度变化、方向变化等对紧急情况做出的调整。此类速度变化与方向变化的自适应模式，可应用于生产车间的紧急避险与障碍躲避，面对厂区的突发情况，做出快速响应与调整。

2.2.3 群智优化算法

群智优化算法是受动物的社会行为机制激发，设计出的算法或分布式解决问题的策略。群智优化算法主要模拟了鸟群、鱼群、昆虫或兽群等群体，为了个体利益以及集体利益，在觅食、捕猎等过程中进化出的典型群智行为，应用于人工集群中的路径规划或资源调度等，可相应提高个体或群体效能。目前，已经有非常多的群智优化算法，如蚁群算法、粒子群算法、细菌觅食算法、人工蜂群算法、萤火虫算法和狼群算法等，下面介绍其中两个代表性算法。

蚁群算法[23]是借鉴蚁群信息素交流机制而构建的经典群智优化算法。在蚁群算法中，行走路径代表待优化问题的可行解，整个蚂蚁群体的所有路径构成待优化问题的解空间。蚂蚁选择下一节点的转移概率受信息素的影响，以此迭代得到最佳路径。近些年来，蚁群算法及其改进算法已广泛用于解决智能制造中的柔性作业调度等复杂优化问题[24]。

狼群算法则根据动物分工捕食行为抽象得到，可用来解决任务分配、资源调度等优化问题。Yang 等[25]最早提出狼群搜索(wolf pack search，WPS)算法，根据狼群对猎物的围捕和分享行为抽象出了狼群搜索算法。Mirjalili 等[26]提出了基于灰狼协作狩猎的灰狼优化(grey wolf optimization，GWO)算法，设定严格社会等级制度来实现高效协作。以上群智优化算法已经在多机器人系统任务分配或制造车间作业调度等中得到广泛应用[27]。

2.2.4　图结构映射模型

在生物群体交互或协作过程中，体现出了丰富的个体间关系。根据群体内成员间的通信关系或者社会等级结构关系，可以构建出拓扑结构图，并分析其社会互动作用。生物群体所体现的多元互动在人工群智系统中也能发挥出重要作用。

鸽群个体间的相互作用机制和通信网络可以通过拓扑图进行刻画。Nagy 等[28]在 2010 年首次揭示了鸽子的层级领导网络。每只鸽子或为领导者或为跟随者，或者在中间层扮演领导者与跟随者双重角色。Yomosa 等[29]利用便携式立体摄影系统分析了蒙面鸥群的时空结构，并在图上通过箭头方向来表征个体之间的领导者-追随者关系。这些对通信交互结构的研究有利于揭示生物群体交互机制，并为人工群智能体之间的通信提供支撑。例如，Zafeiris 等[30]证明了这种层级交互结构的信息传递速度比平等交互结构更高。Luo 等[31]根据从鸽群分层领导机制中获得的灵感，综合利用了鸽群中观测到的速度相关性、领导者-跟随者交互模式和层级领导网络等优点，提出了应用于无人机集群的分布式控制框架。

图结构映射模型不仅可以表示个体间的通信关系，还可以刻画群体内的社会等级制度关系，例如，前面提到的灰狼优化算法[32]，对灰狼的社会等级进行了数学建模，将狼按照地位从高到低分为四级，并用金字塔图的形式表现出每一等级的优势，进而在不同等级个体间建立相应的交互机制，以提高群体协作效率。在实际生产环境中，任务往往需要多层级的工序控制来完成，此时如何划分工序间的层级关系及交互机制变得尤为重要。图结构映射模型可用于寻找效率高、层级清晰的工序控制关系。

2.2.5　演化博弈动力学

演化博弈概念源自达尔文的进化论，其研究对象是由许多个体组成的群体中的动态互动过程。演化博弈动力学所关注的是群体中的个体如何随着时间的推移在不断博弈过程中更新自己的策略，进而不断地提升收益。演化稳定策略[33]和复制动力学[34]是演化博弈理论中最重要的一对基本概念。演化稳定策略是指群体中大部分个体所采取的策略，该策略的收益为其他策略所不及，因此该群体能抵挡少数突变策略个体的入侵。

演化博弈是研究群体内合作演化和策略竞争的一种行之有效的方法。DeepMind 的 Vinyals 等[35]于 2019 年在 *Nature* 发表论文，提出了一种群智能体强化学习算法来解决《星际争霸》这一复杂环境中的 AI 挑战。针对单智能体学习能力有限的问题，该方法采用社会性动物分工合作模式，提出联盟智能体概念，通过联盟内部个体之间不断的相互对抗博弈进行强化学习训练，使得每个个体都能得到提升。同时，该方法借鉴生物集群演化机制，提出群智能体演化博弈策略：一方面主智能体自我博弈以对抗过去玩家；另一方面主智能体或联盟探索者按一定概率重置或复制策略参数。

在亿万年的进化中，动物表现出显著的具身智能(embodied intelligence)，利用进化学习复杂的任务。Gupta 等提出新型计算框架——深度进化强化学习(deep evolutionary reinforcement learning，DERL)[36]，以构建具身智能为背景，结合不同的环境进化生成适合其环境的智能体形态。基于 DERL 创建的具身智能体可在多个复杂环境中执行不同任务。同样，Stanley 等[37]也提出了基于演化的神经网络学习策略，能实现对网络结构、激活函数、超参数等的优化迭代。

不仅是软件层面，生物进化理论在硬件层面也有成功的应用。演化硬件是一种硬件电路，主要由两部分构成：演化算法和可编程逻辑器件。演化硬件能够像生物一样根据环境的变化来改变自身的结构，以适应其生存环境，具有自组织、自适应、自修复能力[38]。演化硬件基于演化算法对电路的结构、参数等进行进化，进而结合演化结果对集成电路芯片中可重配置的逻辑单元进行重构，从而在现场可编程门阵列(field programmable gate array，FPGA)芯片基础上实现可控的硅基进化(对照自然界以“碳”为基的生物进化过程)。在生产环境中，机器人学习策略会随着学习时间的变化而变化，演化硬件及演化算法可应用于解决如何在群体策略中选取最优策略，以及如何根据历史策略优化机器人的当前策略。

2.2.6 群智能体学习机制

生物群体在长期进化过程中形成的学习、认知和理解上的强项恰好是人工智能所缺少的。基于学习机制的映射，旨在借鉴生物的强泛化性、自适应性、协作性等学习特性提升机器智能。它包括借鉴生物举一反三学习能力得到的迁移学习，借鉴生物试错能力得到的强化学习，以及借鉴生物协作增强能力的群智能体学习、同伴学习、联邦学习策略等。对生物学习和认知机理的映射将使现有弱人工智能向更接近人类的强人工智能演进，下面以跨实体知识迁移和群智能体强化学习为例进行说明。

迁移学习的内涵是通过模拟人类举一反三的学习能力，实现相关任务之间的知识迁移，不同智能体之间的知识迁移或经验迁移。元学习(meta-learning)[39]，即学会学习(learning to learn)，是迁移学习的一种，它的目标是像人类一样捕捉不同任务间的相似之处，从而快速地适应新任务。Liu 等[40]提出了基于元学习的多城市知识迁移方法，融合了多个不同源城市(知识丰富实体)的差异互补知识，以提升目标城市(知识缺乏实体)时空预测模型的预测能力。

强化学习(reinforcement learning)灵感来源于心理学中的行为主义理论，即人或动物为了达到某种目的，为适应环境而进行的学习过程。在人工智能领域，强化学习是指智能体在环境给予的奖励或惩罚的刺激下，逐步形成对刺激的预期，产生能获得最大利益的习惯性行为。一般强化学习指的是单智能体的学习过程，而实际环境中往往存在多个智能体，群智能体强化学习实现单智能体自主学习向群智能体协同学习的拓展，其进一步借鉴生物界中的协作、竞争、博弈等实现群体能力的提升。《星际争霸Ⅱ》中达到大师级别的 AlphaStar[35]就用到了群智能体深度强化学习框架。群智能体学习机制可用于应对生产任务中机器人集群的泛化性、自适应性和协作性，以增强集群能力。

2.3　制造业智慧空间构建

本节从系统论角度出发对制造业智慧空间进行数学建模。具体来说，首先给出制造业智慧空间组分、结构的定义，并将其与传统制造业进行对比；然后指出制造业智慧空间所特有的自组织、自适应、自演化能力。

2.3.1　制造业智慧空间系统

本节将从系统学角度介绍制造业智慧空间，首先描述制造业智慧空间系统的组分与结构，然后介绍制造业智慧空间系统的特点，并将其与传统制造业进行对比。

1. 系统定义

根据苗东升[41]所著的《系统科学精要》一书，系统定义为：若对象集合 S 满足以下两个条件：① S 中至少包含两个不同对象；② S 中的对象按一定方式相互联系而成为一个整体，则称 S 为一个系统。系统 S 可以具体表示为 $S=<T,R>$，其中，T 为系统 S 中的对象集合，称为组分；R 为系统 S 中对象的关联关系集合，称为结构。对于组分 T，一般可以将其划分为更小的组分，构成系统的最小组分称为系统的元素。对于结构 R，其一般表示系统 S 中元素之间一切联系的总和。

定义 2-1 (制造业智慧空间) 制造业智慧空间(intelligent system, IS)表示为

$$\mathrm{IS} = < T_i, R_i > \tag{2-1}$$

其中，T_i 和 R_i 分别表示制造业智慧空间的组分和结构。

令 TS (traditional system)表示传统制造业。传统制造业与制造业智慧空间中组分与结构的对比见表 2-1。接下来对其进行具体分析。

表 2-1 传统制造业和制造业智慧空间中的组分与结构对比

制造业系统	组分 T	结构 R	群体智能
传统制造业	传统人、机、物，能够完成一般制造任务	以集中式为主	无
制造业智慧空间	智慧人、机、物，在完成一般制造任务的同时具备自学习增强能力	以分布式为主	自组织、自适应、自演化

2. 制造业智慧空间系统中的组分

对于 $\mathrm{TS} = < T_t, R_t >$，其组分 T_t 可以表示为 $T_t = \{\mathrm{th}, \mathrm{tm}, \mathrm{tt}\}$，其中，th、tm、tt 均为集合，th 表示传统制造业中的工人(traditional human)，tm 表示传统制造业中的机器(traditional machine)，tt 表示传统制造业中的物件(traditional things)。传统制造业中的工人、机器和物件相互配合，能够完成一般的制造任务。

对于 $\mathrm{IS} = < T_i, R_i >$，其组分 T_i 可以表示为

$$T_i = \{\mathrm{ih}, \mathrm{im}, \mathrm{it}\} \tag{2-2}$$

其中，ih、im、it 均为集合，ih 表示制造业智慧空间中的智慧工人(intelligent human)，im 表示制造业智慧空间中的智慧机器(intelligent machine)，it 表示制造业智慧空间中的智慧物件(intelligent things)。

与传统制造业中的工人、机器和物件不同的是，制造业智慧空间中的智慧工人能够充分发挥其特有的认知能力，与智慧机器和智慧物件进行更深层次的互动与协作；智慧机器和智慧物件除了能够完成基本的制造任务外，还能够在完成制造任务的过程中实现自学习增强，以及具备一定的环境适应能力。

例如，传统制造业运输系统的组分为传统运输车。传统运输车能够按照预设路线完成运输任务，但若预设路线上出现障碍物，则无法完成运输任务。制造业智慧空间运输系统的组分为智能无人车。区别于传统运输车，智能无人车配备智能传感器和计算单元，传感器能够精确感知无人车周围的环境信息，计算单元能够使用一定的算法对环境信息进行计算，判断当前环境是否可以通行，并在无法通行时计算出新的有效路径。可以看出，制造业智慧空间中的组分相较于传统制造业中的组分有较为明显的智能增强。

3. 制造业智慧空间系统中的结构

对于 $\text{TS}=<T_t,R_t>$ ，其结构 R_t 可以表示为 $R_t=\{<i,c>,i\in \text{th,tm,tt}\}$ ，其中，c 表示控制中心。传统制造业以集中式控制为主，空间中的元素大多与控制中心直接交互。此外，系统中元素的交互方式大多遵从提前制定好的规则进行。传统制造业中元素之间的这种交互方式能够保证基本制造任务的完成，但存在一些明显的缺陷。在工厂级，基于集中式控制的群体协作模式使得任务调度过程只能进行局部优化，资源受限影响了企业计划的执行；在产线级，多任务协同难，导致只能采用固定生产模式，进而影响了产线效率；在单元级，固定控制模式导致受控单元执行精度受限，进而影响了产品质量。

对于 $\text{IS}=<T_i,R_i>$ ，其结构 R_i 可以表示为

$$R_i=<i,j>,\quad i,j\in \text{ih,im,it} \tag{2-3}$$

式(2-3)表明，制造业智慧空间中任意两个制造元素可以直接进行交互。这种分布式结构能够有效解决传统制造业所面临的工厂级、产线级、单元级挑战，实现工厂级的全局协同优化、产线级的柔性生产模式以及单元级的单元自主控制。

同样，以制造业中的运输系统为例。传统制造业中的运输系统结构以集中式为主，需要提前将物料搬运需求、运输车状态、运输环境信息发送至中央单元，由其计算出可行的运输方案并发送给各运输车。在该方式下，中央单元资源消耗巨大，且不具备环境适应性。在制造业智慧空间中，智能无人车的交互方式以分布式为主。各智能无人车独立获取环境信息并首先在本地进行计算，然后与周围智能无人车进行信息交互，最终得到行动方案。在该方式下，计算量分散至各智能无人车，每个智能无人车调用有限资源即可完成任务。同时，若环境发生变化，则受影响的智能无人车能够自主调整，避免整体运输方案进行重新计算，实现快速响应并节省计算资源。

传统制造业系统与制造业智慧空间系统在组分、结构、群体智能方面的对比如表 2-1 所示。

4. 制造业智慧空间

传统制造业系统与制造业智慧空间系统对比图如图 2-6 所示。如图 2-6(a)所示，传统制造业系统的组分包含传统的工人、机器和物料，组分中元素之间的交互以集中式、预定义协作为主。

相比于传统制造业，制造业智慧空间的提升主要表现在以下两个方面。

1) 系统组分智慧化——制造主体智能感知与自学习增强

制造业智慧空间中的组分是智慧工人、智慧机器和智慧物件，人、机、物制造主体的智慧化升级，使其除了能够完成基本的制造任务外，还能够在完成任务

的过程中实现自学习增强，以及备一定的环境适应能力。

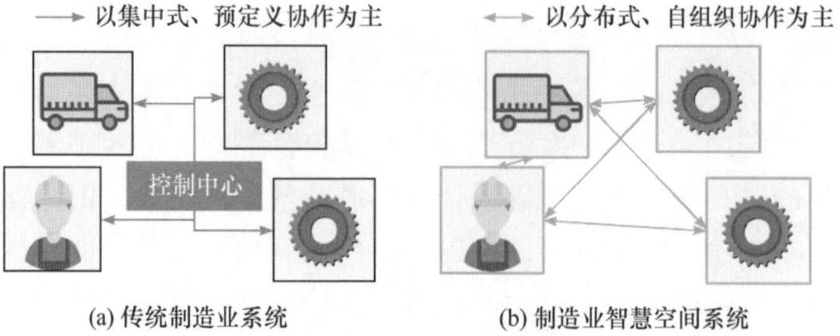

图 2-6　传统制造业系统与制造业智慧空间系统对比图

2) 系统结构智慧化——制造个体与群体智能融合

制造业智慧空间中的结构表现为各个制造元素之间去中心化、灵活自组织的交互方式，并在这种交互过程中完成制造个体智能的汇聚及制造群体智能的产生，使系统具备自组织、自适应、自演化等能力。

经过组分智慧化和结构智慧化，相较于传统制造业，制造业智慧空间在制造主体智能和主体间协作方式方面都有了显著提升，如图 2-6(b)所示。

在系统组分智慧化方面，制造业智慧空间主要体现在制造主体的自适应增强。在制造主体的自适应增强方面，目前已有不少相关研究，包括新兴感知、计算算法的提出以及已有相关算法的应用等。例如，在航天、航空、航海等重要制造业领域，将深度学习模型部署于资源受限的制造终端设备上是推动制造主体智慧化的重要方式。但是，将已研究成熟的具有高计算力和存储量要求的深度网络模型部署于计算、存储等资源有限且具有严格时延需求的制造终端上是具有挑战性的，主要体现在两个方面：首先，由于体积限制和可移植性要求，通常终端设备的计算、存储资源等十分受限；其次，任务的性能需求经常发生变化，并且终端设备的存储资源、电能消耗等也在动态变化中。因此，需要解决在各种应用场景中，终端资源或性能需求不可预测地发生变化对模型训练和运行带来的自适应问题。针对该问题，降低模型的资源消耗，以使其能够部署在嵌入式设备上，并在运行时主动感知外部环境变化、自适应地对模型进行调整是解决该问题的重要方法。

在系统结构智慧化方面，制造业智慧空间主要体现在群智能体协同增强和群智知识迁移。制造业中单个制造元素的智能通常较弱，具体表现为感知范围有限、优化能力较差、协同能力不足，为了应对复杂制造场景，需要多个制造元素相互协作、融合，以提升生产效率、激发群体智能。针对该问题，需要引入基于群智能体强化学习等技术的去中心化、灵活自组织的制造群体组织方式。另外，开放式网络制造环境下终端设备的动态加入或离开，如新设备的购置、旧设备的报废等，制造场景不断演化，如运输小车电量变化、制造需求发生改变等，使得既有训练好的学习模型由于数据分布差异难以在新环境下取得好的效果。针对该问题，需要研究如何适当调整已有制造知识，并将其应用于新的制造场景中，这种已有制造知识的重利用称为跨制造实体/场景的群智知识迁移。

制造系统组分智慧化与单体智能增强相似，目前已有较为充分的解决方案，本章后续内容主要针对系统结构智慧化展开。

2.3.2　制造业智慧空间的群体智能涌现

群体智能指的是环境 E_s 中多个无智能个体或低智能个体通过相互之间的简单交互涌现出的高智能行为。在系统工作过程中，系统在当前环境 E_s 的基础上根据策略 F 进行调整，得到整个系统的行为(或称为动作) B，该工作过程可以描述为

$$B = F(E_s) \tag{2-4}$$

系统 S 的调整过程主要依赖策略 F。策略 F 需要考虑系统组分中各个智能体的交互，通常可以借鉴生物群体的交互方式。根据任务完成质量，系统所采取的行为 B 可以映射为一个得分 A，即

$$R : B \to A \tag{2-5}$$

得分 A 称为性能，R 为系统行为评价方式。性能 A 越高，系统 S 完成任务的质量越高。

在制造业智慧空间系统工作过程中，工人、机器、物料通过交互能够实现自主调整系统元素的任务分工、协作方式；适应环境的动态变化，增强鲁棒性；更改自身构造以适应新环境等，分别称为自组织能力、自适应能力和自演化能力。接下来分别对这三个方面的群体智能进行阐述。

1. 自组织能力

组织指的是系统的结构从混乱转变为有序的过程。本章通过制造群体的混乱程度来判断系统是否具有组织能力。具体地，本章借助群体熵的概念对系统的混乱程度进行度量。群体熵定义如定义 2-2 所示。

定义 2-2 (群体熵)　群体熵 E 定义为群体中平均每个个体每个行为的不确定性，即

$$E = \frac{1}{|B||I|}\sum_{b\in B}\sum_{i\in I} P_{bi} \tag{2-6}$$

其中，B 表示群体的行为集合；I 表示群体的个体集合；P_{bi} 表示个体 i 执行行为 b 的概率。

当群体熵 E 较大时，群体中个体行为的不确定性较高，整个群体的组织呈现

混乱的状态；反之，当群体熵 E 较小时，群体中个体行为的不确定性较低，整个群体的组织呈现有序的状态。制造业智慧空间系统的组织能力是指系统中各制造主体从混乱的高群体熵状态变为有序的低群体熵状态。其定义如定义 2-3 所示。

定义 2-3 (组织能力)　若系统 S 在进入一个新环境后，其群体熵 E 从一个较大的值逐渐减小并最终稳定在一个较小的值，则称系统 S 具备组织能力。

根据不同的进化形式，系统的组织能力可以分为两类：他组织和自组织。他组织指的是系统有序结构的形成过程主要依靠外部指令，传统制造业的组织能力便是如此；自组织指的是在不存在外部单元进行统一调控的情况下，系统中各个元素能够通过试探、交互、学习等方法，自发地、协调地、自动地形成有序结构。制造业智慧空间的组织能力属于自组织能力。系统的自组织能力定义如定义 2-4 所示。

定义 2-4 (自组织能力)　若系统 S 的组织能力不需要外部单元从中调控，完全由内部元素自主获得，则称系统 S 具备自组织能力。

定理 2-1　制造业智慧空间具备自组织能力。

在自组织过程中，由于不存在外部单元，制造业智慧空间中的每个元素需要先自行尝试可能的行为，然后与其他元素进行交互，最终学习到一个有效的组织方案。由于需要制造主体自由探索，制造业智慧空间系统的自组织过程通常分为以下两个阶段。

阶段 1：激发阶段。系统中的个体各自进行自由探索，该阶段群体智能激发，群体熵 E 增大。

阶段 2：汇聚阶段。系统中的个体间汇聚探索结果，该阶段群体智能汇聚，群体熵 E 减小。

制造业智慧空间的自组织能力使得制造过程更加高效、灵活。例如，在工厂运输系统中，传统方案一般需提前制订运输计划，由外部单元向各运输无人车发送具体的搬运指令。然而，由于运输需求不断变化，这种外部调控的他组织形式往往存在效率低下、灵活度低的问题。在制造业智慧空间中，各运输无人车根据自身位置、其他运输无人车位置以及物料地点和数量自组织地决定任务分工，这种自组织能力能够使制造业智慧空间对运输需求的变化进行快速响应，实现高效灵活的智慧运输。

2. 自适应能力

系统的自适应能力和后面将要介绍的自演化能力主要刻画系统应对环境变化的能力，即系统是否能够在环境发生变化后仍维持较好的性能。

自适应能力指的是系统按照环境的变化调整其自身行为的能力，以在动态环境中实现最优或最低可接受的性能和功能。自适应能力的数学定义如定义 2-5

所示。

定义 2-5 (自适应能力)　假设系统 S 所处的稳态环境 E_s 发生波动，在 t 时刻变化为环境 E_s'，系统性能由 A 变化为 A'，若满足：①环境变化量 $\Delta E_s = |E_s - E_s'|$ 足够大且性能变化量 $\Delta A = |A - A'|$ 足够小；②系统 S 的组分 T 和结构 R 不发生改变，则称系统 S 具有自适应能力。

定理 2-2　制造业智慧空间 IS 具备自适应能力。

由定义 2-5 可知，一方面，变化后的新环境是原环境基础上的一个偏离，例如，制造业中运输系统的环境为厂房内部，在原厂房布置环境的基础上，新增/取消货架、物料堆等障碍物，已有布局发生一定程度的改变等；另一方面，系统本身，即其组分和结构不发生改变。因此，系统的自适应能力是对系统的鲁棒性、容错能力的度量。

制造业智慧空间的自适应能力使得制造过程对环境的适应能力得到极大提高。同样，在工厂运输系统的物料运输场景中，不具备自适应能力的传统制造业运输方案固化，在配送需求、运输路径发生变化后，原有的运输方案不再适用，导致整个运输系统瘫痪。然而在制造业智慧空间中，各运输无人车能够快速探知环境的变化，自主调整任务分工和运输路径，即使环境发生一定程度的变化，也能够保证运输任务的有效完成。

3. 自演化能力

自演化能力同样是反映系统适应环境的能力，但是在环境改变量与系统适应方式方面，其与自适应能力具有明显区别。自演化能力的数学定义如下。

定义 2-6 (自演化能力)　假设系统 S 所处的环境 E_s 演化为新环境 E_s'，原环境和新环境中系统的性能分别为 A 和 A'，若满足：①系统在新环境中的性能 A' 不劣于在原环境中的性能 A；②系统 S 的组分 T 或结构 R 发生改变，演化为新的系统 S'，则称该系统具有自演化能力。

定理 2-3　制造业智慧空间 IS 具备自演化能力。

由定义 2-6 可知，一方面，变化后的新环境是区别于原环境的一个全新环境，而非原环境基础上的一个偏离，例如，制造业中运输系统的原环境为厂房内部，后因业务需求场景发生变化，需要将运输系统部署至室外环境，相较于原厂房环境，室外环境是一个全新环境；另一方面，系统本身即其组分和结构发生改变，例如，在前面描述的运输场景中，当运输系统从厂房环境变化至室外环境时，为了适应夜场无光源情况下的运输，需要加装车灯(组分 T 改变)，为了解决外场路面崎岖且障碍物多导致的运输效率低下问题，可能需要将原有的一部分运输车改装为清障车，车辆间关系由原来的全运输同质关系改变为运输清障异质关系(结构 R 改变)。

制造业智慧空间的自演化能力使得制造系统更具长周期生命力。同样，以制造业运输系统为例，制造工厂转型后运输环境可能发生较大的变化，例如，从室内有序可控的运输环境转变为室外无序杂乱的运输环境。在传统制造业中，更换环境后往往需要废弃现有运输设备，购置新的运输设备。然而在制造业智慧空间中，运输系统中的无人车能够自主改变角色分工、交互模式等，在新环境中完成相应的工作内容。

自适应能力和自演化能力的区别可以总结为以下两个方面。

1) 环境

自适应能力中的环境变化指的是新环境为原环境的一个偏离，随着时间的推移会继续变化回原环境或原环境的另外一个偏离。系统需要在新环境、原环境以及原环境的其他偏离中均具备良好性能。自演化能力中的新环境为区别于原环境的一个全新环境，但通常与原环境具有一定的联系，随着时间的推移新环境可能产生新的性质，但不会变化回原环境。系统需要在新环境中具备良好性能，但不要求其同样在原环境中具备良好性能。

2) 系统

在自适应能力中，系统组分和结构不发生改变；在自演化能力中，系统组分或结构发生改变。

2.3.3 制造业智慧空间机理

为了使制造业智慧空间具备自组织能力、自适应能力和自演化能力，需要建立相应的内在机制，即 2.3.2 节中给出的策略 F。其中，一个重要的方法是借鉴生物群体智能，并将其映射至制造业智慧空间中。本章将结合生物群智行为，探索仿生学驱动的生物群体智能到制造业群体智能的映射机理。

1. 智能体学习机制

生物个体所特有的学习能力、认知能力、理解能力是制造主体所不具备的。目前，已有部分机器学习算法借鉴生物体学习方式设计出仿生的制造主体学习算法。例如，迁移学习借鉴了生物体举一反三的学习能力，强化学习借鉴了生物体的试错能力。若采用基于学习的策略，则系统的工作过程可以描述为

$$B = F_l(E_s) \tag{2-7}$$

接下来以迁移学习和强化学习为例，对这类方法进行介绍。迁移学习的核心在于捕捉相似任务之间的关联性，将智能体在某任务中已学习到的知识服务于新的任务。Liu 等[40]提出了基于元学习的多城市知识迁移方法，该方法通过融合多个已有城市之间的差异互补知识来提升目标城市时空预测模型的预测准确度。迁移学习实质上是将知识从知识丰富体向知识缺乏体转移。基于迁移学习的策略可

以具体表示为 $B = F_l(E_s) = F_{ls} \oplus F_{lt}(E_s) = F_{ls}(E_{Ss}) \oplus F_{lt}(E_{Sn})$，其中，$F_{ls}$ 表示源环境 E_{Ss} 中已成熟的策略。此时，仅需要针对目标环境与源环境之间的变量 E_{Sn} 学习新策略 F_{lt} 并进行融合。强化学习模拟生物体的试错行为，不设置具体目标，而是允许智能体自由探索，通过判断智能体所采取的行为对最终目的是有利的还是有弊的来设计奖励和惩罚，使智能体在不断探索的过程中学习解决方案。基于迁移学习的策略可以具体表示为 $B = F_l(E_s) = F_{i\to\infty}(E_s)$,其中，$F_{i\to\infty}$ 由初始随机策略 F_0 多次迭代得到，迭代规则为：对于第 i 次尝试动作 $B_i = F_i(E_s)$ ，根据某规则 Rd 对其效果进行评分，并根据得分 G_i 及其他既往得分 $G_{i-1}, G_{i-2}, \cdots, G_0$ 决定策略调整方向。群智能体强化学习实现了单智能体自主学习向群智能体协同学习的拓展，该方法进一步借鉴生物界的协作、竞争、博弈行为，能够实现群体能力的有效提升。《星际争霸Ⅱ》中的群智能体 AlphaStar 凭借该方法达到了 Grandmaster 级别[35]。

迁移学习和强化学习等仿生方法能够有效实现制造业智慧空间系统组分的智慧化，使得智造主体具备智能感知能力和自学习增强能力。例如，制造业智慧空间中的运输系统，基于强化学习，运输无人车能够自主探索可能的运输路径，并在不断试错后学习到有效的运输方案；基于迁移学习，在变换运输环境后运输无人车能够将在原环境中学习到的运输知识应用于新环境，以快速提高对新环境的适应性。

2. 数学建模方法

从数学角度刻画生物群体协同运动的内在机理，能够有效指导制造业人、机、物群体智能的形成，是生物群智向制造群智映射的一种重要模式。若采用基于建模的策略，则系统的工作过程可以描述为

$$B = F_m(E_s) \tag{2-8}$$

接下来以群集动力学为例对数学建模方法进行详细介绍。群集动力学通常用于分析生物群体协同运动，首先为生物个体建立动力学方程，描述速度、方向等运动特征，以此来表示个体的运动状态；然后不断迭代方程，迭代的过程遵从所发现的个体交互规则，迭代最终达到的稳定状态就是生物群智。目前，Reynolds[13] 提出了 Boid 模型来模仿鸟类等生物的集群行为，该方法总结出三个行为规则：靠近、对齐和避免碰撞。群集动力学研究的是生物群体集体运动问题，因此动作 B 主要为运动方向 Direc ，环境 E_s 主要为其他个体的运动方向 Direc 和当前位置 Pos 。Boid 模型将策略具体建模为

$$\begin{aligned} B &= F_m(E_s) \\ &= F_{m1} \oplus F_{m2} \oplus F_{m3}(E_s) \\ &= F_{m1}\left[\frac{1}{m}\sum_{1}^{m}\left(\mathrm{Pos}_i - \mathrm{Pos}\right)\right] \oplus F_{m2}\left[\frac{1}{m}\sum_{1}^{m}\left(\mathrm{Direc}_i\right)\right] \oplus F_{m3}\left(-\mathrm{Direc}_0\right) \end{aligned} \tag{2-9}$$

其中，F_{m1}、F_{m2}和F_{m3}分别表示靠近、对齐和避免碰撞三个规则的具体数学模型。

在 Boid 模型的基础上，Vicsek 等[14]对该模型进行了简化，从统计力学的角度研究了集群中个体运动方向达成一致的条件，提出了 Vicsek 模型。Couzin 等[15]对 Boid 模型进行了精确的数学描述，将其提出的三个规则对应至三个不重叠区域：排斥区、一致区和吸引区。上述模型已经被应用于分布式无人机集群协同控制和编队等领域来实现人工群智系统[16,17]。Vicsek 模型和 Couzin 模型的策略公式与 Boid 模型类似，此处不再赘述。

通过群集动力学映射模式等，能够实现制造业智慧空间系统结构智慧化，实现制造个体与群体智能融合，并激发制造业智慧空间的自组织能力。例如，借鉴鸟群的集体行进方式，并通过群集动力学映射模式映射至制造业智慧空间中的运输系统，运输无人车集群能够自主编队并有序行进，实现大批量货物的高效运输。

3. *启发式算法*

鸟群、鱼群、蜂群、兽群等动物群体为了实现个体利益和群体利益的最优，在捕食、筑巢等活动中往往具有一定的社会行为，并涌现出群体智能。为了研究上述行为及其涌现出的智能，人们提出了启发式算法，并将其广泛应用于人工集群。若采用基于启发式的策略，则系统的工作过程可以描述为

$$B = F_h(E_s) \tag{2-10}$$

接下来以蚁群算法和狼群算法为例进行详细介绍。蚂蚁在外出搜寻食物时往往结队而行，为了在复杂多变的环境中进行搜寻，往往需要分开探索，分开的蚂蚁依靠信息素进行交流以交换获得的信息。蚁群算法便是借鉴蚁群基于信息素的交流方式而设计的。该算法将所有可能路径作为待优化问题的解空间，行走路径作为其可行解，信息素浓度作为转移概率，不断迭代得到最优路径。该算法由 3 个步骤组成，即$F_h: S_1$(根据信息素浓度选择路径)$\to S_2$(前进并释放信息素)$\to S_3$(检查是否满足终止条件，若不满足，则返回S_1)。狼群算法则是借鉴了狼群捕猎时的角色分工方式。当狼群捕猎时，每头狼根据其作用分为头狼、猛狼、探狼，头狼负责组织，猛狼负责攻击，探狼负责侦察，各司其职而达到良好的捕猎效果。狼群算法最早由 Yang 等[25]提出。Mirjalili 等[26]提出了灰狼优化算法。狼群算法包含 5 个步骤，即$F_h: S_1$(竞争头狼)$\to S_2$(召唤猛狼)$\to S_3$(围攻猎物)$\to S_4$(分配食物并更新狼群)$\to S_5$(检查是否满足终止条件，若不满足，则回到S_1)，通过蚁群算法、狼群算法等群智优化算法，能够实现制造业智慧空间系统结构智慧化，实现制造个体与群体智能融合并激发制造业智慧空间的自适应能力。具体来说，蚁群算法能够有效提升制造系统中运输系统在复杂多变环境中的适应能力，狼群算法能够增强制造业集群在应对不同任务需求时的自我调节能力。目前，这两种算法在制造业中的柔性生产[42]、作业调度[43]等方面都起到了重要作用。

4. 演化博弈动力学

演化博弈是指群体中的个体随时间推移不断进行博弈，并在该过程中不断更新自己的策略，以实现收益的提高。这个概念最早来自达尔文的进化论，描述的是生物界中生物群体在自然环境中能力的动态变化过程。若采用基于演化博弈动力学的策略，则系统的工作过程可以描述为

$$B = F_e(E_s) \tag{2-11}$$

Uber 人工智能实验室的 Stanley 等[37]提出了基于演化的神经网络学习策略，能够实现对网络结构、激活函数、超参数等的优化迭代。此外，斯坦福大学 Gupta 等提出了一种新型计算框架——深度进化强化学习(deep evolutionary reinforcement learning，DERL)[36]。该框架基于 DERL 创建了具有具身智能的智能体，该智能体可在多个复杂环境中执行不同的任务。除了软件的演化外，演化博弈动力学在硬件方面也发挥着重要作用。演化硬件指的是一种具备演化能力的硬件电路，主要包括两个部分：演化算法和可编程逻辑器件。演化硬件能够像生物一样根据环境的变化改变自身结构，以达到适应生存环境的目的，具有自组织能力、自适应能力、自修复能力[38]。基于特定的演化算法，硬件的电路结构、参数等具有进化能力，能够实现电路中逻辑单元的重构，使得 FPGA 芯片、嵌入式开发板等硬件发生进化。对比自然界生物的碳基结构，这种进化往往称为硅基进化。

通过演化博弈动力学，能够实现制造业智慧空间系统结构智慧化，实现制造个体与群体智能融合，并激发制造业智慧空间的自演化能力。具体来说，借鉴生物界的进化理论并通过演化博弈动力学将其映射至制造业智慧空间，能够实现人、机、物制造主体和制造群体交互模式的不断更新，实现制造业智慧空间功能的演化。

本章对制造业智慧空间进行了系统性的介绍。首先，使用系统学方法对制造业智慧空间进行建模，指出其组分为智慧人、智慧机、智慧物，能够在完成一般制造任务的同时具备自学习增强能力，结构以分布式为主，并将其与传统制造业进行了对比。然后，给出制造系统工作时的一般范式，指出制造业智慧空间具备自组织、自适应、自演化三个方面的群体智能。

2.4　本 章 小 结

本章为群智涌现机理驱动的制造业智慧空间构建，首先描述了自然界中的生物群智涌现行为，包括集体行进、群体聚集、协作筑巢、分工捕食、社会交互等，然后介绍群集动力学、自适应机制、群智优化算法、图结构映射、演化博弈动力学、群智能体学习机制等生物群智到制造群智的映射模型，最后将制造业智慧空间与传统制造业进行了对比，指出制造业智慧空间具备自组织、自适应、自演化三个

方面的群体智能，并提出了群智涌现机理驱动的制造业智慧空间构建理论模型。

参 考 文 献

[1] Bialek W, Cavagna A, Giardina I, et al. Statistical mechanics for natural flocks of birds[J]. Proceedings of the National Academy of Sciences of the United States of America, 2012, 109(13):4786-4791.

[2] Weimerskirch H, Martin J, Clerquin Y, et al. Energy saving in flight formation[J]. Nature, 2001, 413(6857):697-698.

[3] Sosna M M G, Twomey C R, Bak-Coleman J, et al. Individual and collective encoding of risk in animal groups[J]. Proceedings of the National Academy of Sciences, 2019, 116(41): 20556-20561.

[4] Karlson P, Luscher M. 'Pheromones': A new term for a class of biologically active substances[J]. Nature, 1959, 183(4653): 55-56.

[5] Painter K J. Continuous models for cell migration in tissues and applications to cell sorting via differential chemotaxis[J]. Bulletin of Mathematical Biology, 2009, 71(5):1117-1147.

[6] Elliott J M, Hansell M H. Animal architecture and building behaviour[J]. Journal of Animal Ecology, 1985, 54(2):676.

[7] Feinerman O, Pinkoviezky I, Gelblum A, et al. The physics of cooperative transport in groups of ants[J]. Nature Physics, 2018, 14: 683-693.

[8] Franks N R, Wilby A, Silverman B W, et al. Self-organizing nest construction in ants: Sophisticated building by blind bulldozing[J]. Animal Behaviour, 1992, 44(2): 357-375.

[9] 吴虎胜，张凤鸣，吴庐山. 一种新的群体智能算法：狼群算法[J]. 系统工程与电子技术，2013, 35(11): 2430-2438.

[10] Stander P E. Cooperative hunting in lions: The role of the individual[J]. Behavioral Ecology&Sociobiology, 1992, 29(6): 445-454.

[11] Bonasio R, Li Q Y, Lian J M, et al. Genome-wide and caste-specific DNA methylomes of the ants camponotus floridanus and harpegnathos saltator[J]. Current Biology, 2012, 22(19): 1755-1764.

[12] Partridge B L, Pitcher T J. The sensory basis of fish schools: Relative roles of lateral line and vision[J]. Journal of Comparative Physiology, 1980, 135(4): 315-325.

[13] Reynolds C W. Flocks, herds and schools: A distributed behavioral model[C]//Proceedings of the 14th Annual Conference on Computer Graphics and Interactive Techniques, 1987: 25-34.

[14] Vicsek T, Czirók A, Ben-Jacob E, et al. Novel type of phase transition in a system of self-driven particles[J]. Physical Review Letters, 1995, 75(6): 1226-1229.

[15] Couzin I D, Krause J, James R, et al. Collective memory and spatial sorting in animal groups[J]. Journal of Theoretical Biology, 2002, 218(1): 1-11.

[16] Zhu B, Xie L H, Han D, et al. A survey on recent progress in control of swarm systems[J]. Science China Information Sciences, 2017, 60(7): 070201.

[17] Berlinger F, Gauci M, Nagpal R. Implicit coordination for 3D underwater collective behaviors in a fish-inspired robot swarm[J]. Science Robotics, 2021, 6(50): eabd8668.

[18] Kernbach S, Thenius R, Kernbach O, et al. Re-embodiment of honeybee aggregation behavior in an artificial micro-robotic system[J]. Adaptive Behavior, 2009, 17(3): 237-259.
[19] Fatès N, Vlassopoulos N. A robust aggregation method for quasi-blind robots in an active environment[C]//The Second International Conference on Swarm Intelligence, 2011: 66-80.
[20] Bajec I L, Heppner F H. Organized flight in birds[J]. Animal Behaviour, 2009, 78(4): 777-789.
[21] Castello E, Yamamoto T, Nakamura Y, et al. Task allocation for a robotic swarm based on an adaptive response threshold model[C]//2013 13th International Conference on Control, Automation and Systems, 2013: 259-266.
[22] Liu W G, Winfield A F T, Sa J, et al. Towards energy optimization: Emergent task allocation in a swarm of foraging robots[J]. Adaptive Behavior, 2007, 15(3): 289-305.
[23] Dorigo M, Birattari M, Stutzle T. Ant colony optimization[J]. IEEE Computational Intelligence Magazine, 2006, 1(4): 28-39.
[24] Gao K Z, Cao Z G, Zhang L, et al. A review on swarm intelligence and evolutionary algorithms for solving flexible job shop scheduling problems[J]. IEEE/CAA Journal of Automatica Sinica, 2019, 6(4): 904-916.
[25] Yang C G, Tu X Y, Chen J. Algorithm of marriage in honey bees optimization based on the wolf pack search[C]//The 2007 International Conference on Intelligent Pervasive Computing, 2007: 462-467.
[26] Mirjalili S, Mirjalili S M, Lewis A. Grey wolf optimizer[J]. Advances in Engineering Software, 2014, 69: 46-61.
[27] Qu C Z, Gai W D, Zhang J, et al. A novel hybrid grey wolf optimizer algorithm for unmanned aerial vehicle (UAV) path planning[J]. Knowledge-Based Systems, 2020, 194: 105530.
[28] Nagy M, Ákos Z, Biro D, et al. Hierarchical group dynamics in pigeon flocks[J]. Nature, 2010, 464(7290): 890-893.
[29] Yomosa M, Mizuguchi T, Hayakawa Y. Spatio-temporal structure of hooded gull flocks[J]. PLoS One, 2013, 8(12): e81754.
[30] Zafeiris A, Vicsek T. Advantages of hierarchical organization: From pigeon flocks to optimal network structures[C]//Research in the Decision Sciences for Global Business: Best Papers from the 2013 Annual Conference, 2015: 281-282.
[31] Luo Q N, Duan H B. Distributed UAV flocking control based on homing pigeon hierarchical strategies[J]. Aerospace Science and Technology, 2017, 70: 257-264.
[32] Mirjalili S, Mirjalili S M, Lewis A. Grey wolf optimizer[J]. Advances in Engineering Software, 2014, 69: 46-61.
[33] Smith J, Price G R. The logic of animal conflict[J]. Nature, 1973, 246(5427): 15-18.
[34] Taylor P D, Jonker L B. Evolutionary stable strategies and game dynamics[J]. Mathematical Biosciences, 1978, 40(1-2): 145-156.
[35] Vinyals O, Babuschkin I, Czarnecki W M, et al. Grandmaster level in StarCraft II using multi-agent reinforcement learning[J]. Nature, 2019, 575(7782): 350-354.
[36] Gupta A, Savarese S, Ganguli S, et al. Embodied intelligence via learning and evolution[J]. Nature Communications, 2021, 12(1): 5721.

[37] Stanley K O, Clune J, Lehman J, et al. Designing neural networks through neuroevolution[J]. Nature Machine Intelligence, 2019, 1: 24-35.

[38] Haddow P C, Tyrrell A M. Evolvable Hardware Challenges: Past, Present and the Path to a Promising Future[M]. Cham: Springer, 2018.

[39] Finn C, Abbeel P, Levine S. Model-agnostic meta-learning for fast adaptation of deep networks[C]//International Conference on Machine Learning, 2017: 1126-1135.

[40] Liu Y, Guo B, Zhang D Q, et al. MetaStore: A task-adaptative meta-learning model for optimal store placement with multi-city knowledge transfer[J]. ACM Transactions on Intelligent Systems and Technology, 2021, 12(3): 1-23.

[41] 苗东升. 系统科学精要[M]. 3 版. 北京：中国人民大学出版社, 2010.

[42] Gao K Z, Cao Z G, Zhang L, et al. A review on swarm intelligence and evolutionary algorithms for solving flexible job shop scheduling problems[J]. IEEE/CAA Journal of Automatica Sinica, 2019, 6(4): 904-916.

[43] Qu C Z, Gai W D, Zhong M Y, et al. A novel reinforcement learning based grey wolf optimizer algorithm for unmanned aerial vehicles (UAVs) path planning[J]. Applied Soft Computing, 2020, 89: 106099.

第 3 章 制造个体与智能群体融合

本章主要围绕制造主体的自适应情境感知、群智深度强化学习、群智知识迁移以及群智能体协同增强四个方面，探究制造个体与智能群体融合的最新技术。一方面，针对制造个体感知模型自适应能力差、群体智能融合弱的问题，探究制造企业中制造主体的智能感知与自学习增强，具体包括以模型压缩、模型分割为代表的制造主体可伸缩情境感知方法与以群智能体深度强化学习为代表的群智能体协同增强优化算法。另一方面，针对制造业的知识迁移效果不佳、群智知识融合困难的问题，探究跨场景群智知识迁移与协同制造知识增强，具体包括面向少样本表面缺陷检测等制造业关键问题的跨场景迁移学习算法研究以及联邦学习在协同制造知识增强中相关技术的应用。

3.1 制造主体可伸缩情境感知方法

制造主体的智能感知是提升制造业智能水平的重要手段。其中，利用深度神经网络(deep neural network，DNN)进行智能感知是一种重要的实现方式。自 2009 年 ImageNet 被提出后，各种结构复杂的神经网络相继被提出，如 AlexNet[1]、ResNet[2]。随之而来的是模型规模及计算量逐渐爆炸性增长[3]，例如，VGG(Visual Geometry Group，视觉几何组)-18 网络的参数数量达到 155M。如此大型的深度学习模型通常需要在图形处理单元(graphics processing unit，GPU)或极高性能的中央处理器(central processing unit，CPU)上进行运算。但是，通常制造主体所能提供的计算资源有限，这就给在资源和性能受限的制造主体上有效部署深度学习模型带来了挑战：①深度学习模型通常是计算密集型的大规模网络，需要较高的存储、计算和能耗资源，而制造主体的资源通常是有限的；②制造主体计算情境差异性大，而深度学习模型通常是基于特定数据集进行训练的，对复杂计算情境的适应能力差；③在制造主体设备运行过程中，设备电量、存储空间等都处于动态变化过程中。

面对上述挑战，边缘智能(edge intelligence，EI)应运而生[4]，旨在协同终端设备与边缘端设备，在靠近数据源头的用户端部署深度学习模型。边缘智能整合了终端本地化计算无需大量数据传输与边缘端较强计算能力和存储能力的互补优势，将模型的推断过程由云端下沉至靠近用户的边缘端，在加强数据隐私的同时避免了不稳定网络状态的影响，提高了服务的响应时间。目前，边缘智能的主要研究方向包括模型压缩、模型分割、模型选择和输入过滤等。其中，模型压缩、模型分割和模型选择旨在降低模型对边缘端设备在计算和存储上的依赖；输入过滤则是去除输入数据中的非目标帧，减少模型推断过程中的冗余计算。然而，由于边缘端设备资源和网络状态的动态变化特性，现有工作仍然无法提供动态自适应的边缘端协同计算模式。

本节面向动态变化终端应用情境的自适应边(边缘)端(终端)协同计算模式，旨在通过主动感知终端情境(待部署平台的资源约束、性能需求等)，利用自适应的模型压缩、模型分割技术对深度学习模型结构(即模型结构化剪枝、量化等)和协同计算模式(即边缘/终端分割点)进行自动调优，实现自适应鲁棒的边缘智能。本节的研究工作主要包括以下方面：

(1) 针对单体模型资源消耗大且无法自主调整模型的问题，提出上下文感知混合精度量化自适应方法，研究深度学习模型的混合精度多级别自适应量化，实现混合精度量化模型的在线自适应切换，避免较高的量化策略搜索成本与端到端重训练成本。

(2) 针对模型自适应能力较差，无法在情境(如设备剩余存储空间、电量及网络带宽)发生变化时迅速调优模型的问题，提出边缘端融合高效自适应感知方法，研究自适应协同计算机理，在模型运行情境发生变化时实现机理驱动的快速深度模型自适应分割。

(3) 针对直接将模型压缩与模型分割顺序结合粒度较粗，难以保证模型在计算量、精度等多种优化目标上达到最优表现的问题，提出模型压缩与模型分割策略融合的可伸缩情境感知方法，通过渐进式剪枝方法，将模型分割的部分指标融合到模型压缩的搜索过程中，结合最佳分割点实现模型压缩和模型分割两方面的协同优化，实现模型压缩和模型分割的有机融合。

3.1.1　制造主体可伸缩情境感知概述

随着深度学习网络结构设计的复杂化，高昂的存储、计算资源需求使得难以将深度学习模型有效部署在不同的制造主体平台上。研究人员已从不同角度探索该问题的解决方案，包括边缘智能技术中的模型压缩、模型分割、模型选择及输入过滤等。其中，模型压缩技术及模型分割技术应用最为广泛，下面将对其分别进行介绍。

1. 模型压缩技术

模型压缩技术在神经网络训练期间或之后，通过剪枝权重或其他方式降低模型复杂度，在保持精度的同时减少了原始网络的计算量和存储成本。目前，国内外已有很多关于模型压缩的相关研究，主要分为知识蒸馏、低秩分解、剪枝量化、资源自适应推理、紧凑网络设计等不同方面，如图 3-1 所示。

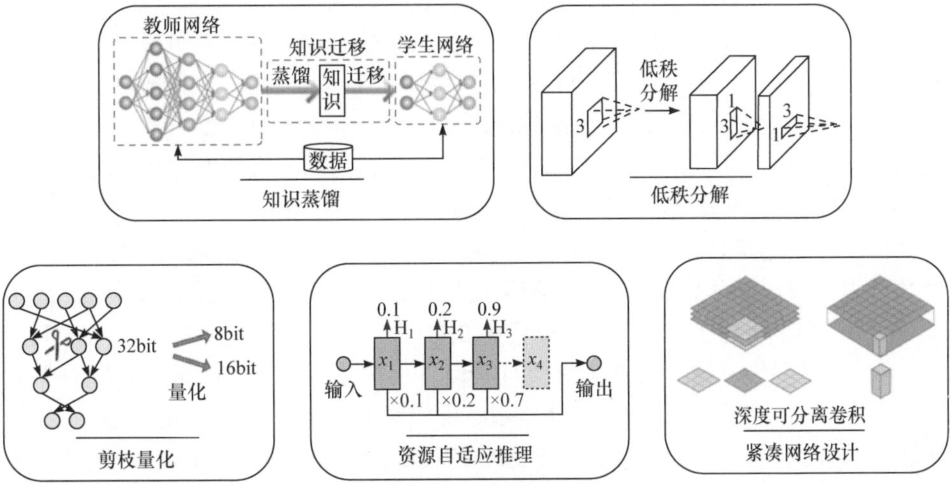

图 3-1　模型压缩技术

(1) 知识蒸馏，旨在将预先训练好的复杂教师模型中的输出作为监督信息，训练另一个结构简单的学生模型。Luo 等[5]提出了利用学习的领域知识使用神经元选择的方法，来选择与面部识别最为相关的神经元，以实现领域知识的迁移。

(2) 低秩分解，旨在使用多个低秩矩阵逼近原始矩阵，从而降低矩阵运算过程中的计算量和存储量。Jaderberg 等[6]提出了使用 $f\times1+1\times f$ 的卷积核来代替 $f\times f$ 的卷积核实现低秩近似，Lin 等[7]则使用全局的平均池化层取代全连接层，减少了模型的计算量。低秩分解方法经过多年的发展已经十分成熟，然而目前越来越多网络采用1×1的小卷积核，低秩分解方法已经很难实现对网络的加速和压缩效果。

(3) 剪枝量化，旨在剔除权重矩阵中“不重要”的冗余参数，仅保留对网络性能具有较大影响的重要参数，从而有效降低网络参数数量。网络剪枝按照剪枝粒度可分为非结构化剪枝和结构化剪枝。非结构化剪枝是指将网络中的任意权重作为单个参数并进行剪枝，例如，Han 等[8]提出了先对整个网络进行训练，根据网络连接重要性设置阈值，将低于阈值的权重参数置 0，再进行微调，以保证稀疏网络的精度。虽然非结构化剪枝可以大幅提高剪枝效率，但是会导致网络连接不规整，且需要专业下层硬件和计算库的支持，否则剪枝后的网络性能很难得到提升。结构化剪枝则是粗粒度剪枝，主要针对深度学习模型中的过滤器和通道等进行剪枝，例如，滤波器级别的剪枝方法 ThiNet[9]以过滤器为单位进行剪枝，通过每层过滤器的输出判断是否剪枝该过滤器。结构化剪枝可以保证权值矩阵的完整性但模型精度会大幅下降。如何综合考虑结构化剪枝与非结构化剪枝的优缺点，是本任务需要进一步考虑的内容。目前，网络剪枝的方法是模型压缩领域应用最为广泛和简单有效的方法。

(4) 资源自适应推理，旨在通过低精度表示网络权重和激活来降低资源需求。与其他 DNN 压缩算法相比，模型量化具有更高的可伸缩性。它可以灵活地与其他 DNN 压缩算法相结合，以获得更好的精度代价权衡，例如，Courbariaux 等[10]提出了二进制量化方法，即二进制神经网络，将大于 0 的权重设置为+1，将其余的权重设置为−1，其中乘法累加完全可以通过更快的同或计算和二进制位数计算来替换。虽然二进制神经网络可以有效降低 DNN 的资源消耗，但是其粒度太粗，与全精度的同类产品相比会造成很大的精度损失。为了缩小这种精度差距，Zhu 等[11]使用了阈值Δ而不是 0 来设置模型的权重，即大于$+\Delta$的权重设置为+1，而小于$-\Delta$的权重设置为−1，其余权重设置为 0。

(5) 紧凑网络设计，旨在网络设计阶段直接构建小而紧凑的网络，同时保证性能不产生大幅度的下降，例如，MobileNet[12]采用深度可分离卷积来构建轻型深度神经网络，并且提供了精度和时延之间的权衡。GoogleNet[13]则提出针对移动设备的轻量化模型设计，从模型的基本架构上进行简化。

在上述方法中，前四种致力于将模型的权重矩阵变得稀疏，以此来降低模型推断中的计算开销和存储开销，而紧凑网络设计则要求设计者对网络原理有一定的认识，从根本上改变网络结构，从而降低模型的运算需求和存储需求。

为了应对不同硬件平台，当设备情境发生变化时，需要一种自适应的模型压缩范式，可以根据动态的情境(如设备存储资源、电量等)实现对模型的自适应调优。关于自适应压缩，已有部分研究者对此进行了初步尝试。深度模型按需压缩框架(AdaDeep)[14]综合考虑了用户需求和系统资源约束，为给定的 DNN 自动选择压缩技术的组合。分布式自适应深度学习推理方法(DeepThings)[15]通过在边缘集群上自适应地分布式执行网络的推理过程，实现工作负载的平衡分配及总时延的降低。

目前的研究仍存在不足之处，模型压缩技术的自适应程度较低，大多需要提前设定压缩的比例，无法根据硬件资源的动态变化自动调整压缩比例，且压缩后的模型常常面临资源需求不能满足或精度过低等问题。本节考虑实现能够匹配外部环境变化，不断调整权重混合精度的自适应量化方法来降低模型的资源消耗。同时，考虑将模型压缩与模型分割技术相结合，协同边缘端设备计算，在不损失精度的情况下有效降低运行总时延。

2. 模型分割技术

模型分割技术旨在根据不同粒度对模型进行分割，根据性能需求和模型资源消耗自动寻找最佳分割点，将深度模型的不同执行部分部署到多台边缘端设备上运行，实现多设备的协同计算。该方向的研究重点是如何寻找最佳分割点。

Kang 等[16]提出了轻量级模型分割调度框架——Neurosurgeon，如图 3-2 所示(图中，Conv 表示卷积层，FC 表示全连接层，POOL 表示池化层，ACT 表示激活层)，可以通过最小化时延或能耗，在终端和云端以层为粒度自动对深度学习模型进行分割。精度与时延联合感知的深度模型结构解耦方法[17]将模型分割问题建模为整数线性规划问题，在满足模型精度限制的情况下，通过最小化模型的推理时延寻找最佳分割点。本地分布式移动计算系统[18]从计算量入手，考虑将卷积层和全连接层分割，使得计算量分配至不同移动设备上，通过移动设备间的协作实现高效的模型推理。Ko 等[19]通过将分割后待传输的数据与有损编码技术结合，实现对传输时延的加速，从而缩短整体的模型推断时间。

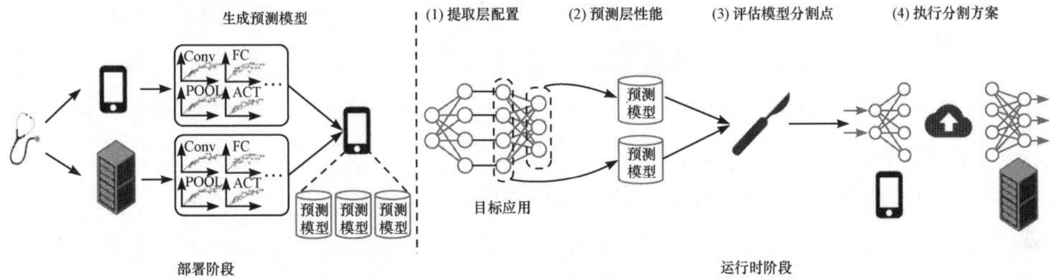

图 3-2　Neurosurgeon 轻量级模型分割调度框架[16]

随着深度学习模型的发展，最先进的模型结构通常是有向无环图(directed acyclic graph，DAG)结构，而不是传统的链式结构(如 AlexNet、ResNet 等网络)。有向无环图结构的模型分割情况十分复杂，在该情况下以层为粒度进行分割，性能受到限制。因此，Hu 等[20]进一步提出了动态自适应 DNN 手术刀方案，以最大限度地减少模型推理总时延为目标。为解决时延最小化问题，动态自适应 DNN 手术刀方案模型将原始的模型分割问题转换为 s-t 最小分割问题，以寻找全局最优解，动态自适应 DNN 手术刀方案面向有向无环图模型的分割方法如图 3-3 所示。

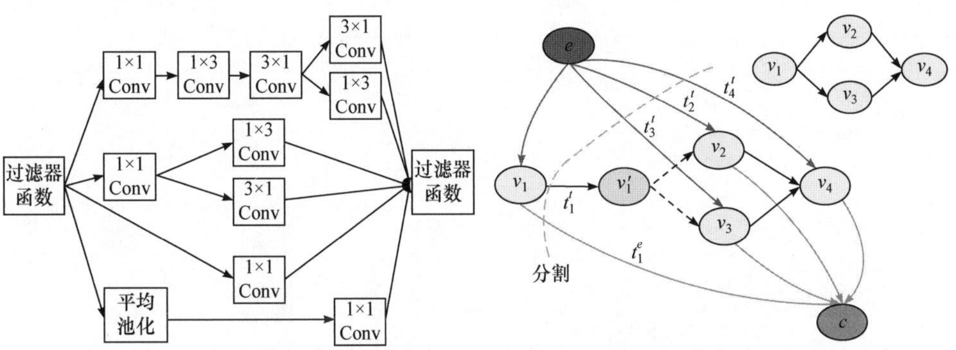

图 3-3　动态自适应 DNN 手术刀方案[20]面向有向无环图模型的分割方法

尽管目前的模型分割技术已经具备对模型运行环境的自适应能力，但是在动态硬件资源和网络通信环境下，深度学习模型的分割点应该是不断变化的，如何根据情境变化来重新快速选择适当的分割点已成为一个重要挑战。

3.1.2　混合精度量化自适应计算

为提升生产企业中制造主体的感知能力，通常需要在终端设备上部署感知模型。然而，这些制造设备可以运行几年甚至几十年，在其运行期间设备运行环境会随着时间的推移不断发生变化，具备感知能力的深度学习模型通常是在固定数据集下，以端到端的训练方式学习知识的，难以匹配这种环境的变化。因此，在制造主体上部署的深度学习模型也需要持续的重构来增强自身的适应能力，以延长自身的生命周期。本节基于模型量化压缩技术，提出了情境自适应量化(context adaptive quantification，CAQ)框架。该框架旨在主动感知深度学习模型运行环境的变化，并在运行时快速搜索满足上下文变化的量化策略，无须重训练来对量化策略进行重映射，实现了量化模型的自适应切换。

多级别混合精度量化网络如图 3-4 所示图中，G 为多级别混合精度量化策略的产生器，G_1～G_4 对应着设备四种不同的资源条件。该图说明了多级别混合精度量化策略选择了 G_1 的资源条件，并在此基础上为网络每一层生成量化位宽；F 为中间特征，下标 0/1/2 为每层中间特征的序号(常从 0 开始标注)。本节介绍的 CAQ 框架由一个可切换多门控量化网络和一个动态上下文感知模块组成。可切换多门控量化网络由一个骨干网络和四个门控网络组成，骨干网络产生推理结果，四个门控网络产生量化政策。深度学习模型不同层具有不同的冗余程度，门控网络根据输入的序列化特征映射捕获层间的冗余信息，从而为骨干网络的每一层提供量化比特宽度。本节将设备的剩余资源分为四个不同的级别(耗尽、一半、大部分、全部)。相应地，四个门控网络依据剩余资源的不同级别分别进行了设计，以限制骨干网络在不同剩余资源级别上的资源消耗(0.25 单位资源、0.5 单位资源、0.75 单位资源、1 单位资源)。

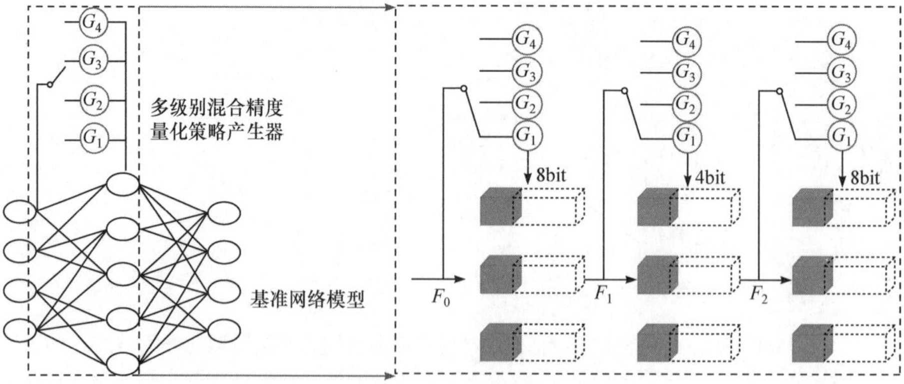

图 3-4　多级别混合精度量化网络

门控网络以资源预算为目标，对其进行端到端训练。然而，当设计多个独立的门控网络在骨干网络上协同工作时，不同预算目标之间的耦合关系将限制相互之间的性能。因此，本节提出了一种可切换多门控量化网络，其联合训练四个不同层次的门控网络和骨干网络。每个门控网络由长短期记忆(long short-term memory，LSTM)网络组成，并根据上下文的变化触发可切换多门控量化网络。采用两步联合训练机制来训练可切换多门控量化网络。具体地说，首先为骨干网络训练多门输出全比特宽度，如果随机初始化门控网络的输出，那么门控网络很难学习如何生成资源预算的量化策略约束。其次，四个门控网络被训练到不同的资源预算水平，骨干网络的每一层在不同的量化比特宽度下被充分训练。因此，骨干网络不需要再训练来保留生成器生成的量化策略。

在 CIFAR-10 数据集上，对 ResNet38/74 网络应用了 CAQ 框架进行验证，并与最新的自适应方法——深度优先搜索(depth first search，DFS)算法进行了对比，实验结果如表 3-1 所示。

表 3-1　DFS 与 CAQ 在 CIFAR-10 数据集上的性能对比

DFS[21]			CAQ		
算法名称	存储/MB	Top-1 准确率/%	算法名称	存储/MB	Top-1 准确率/%
ResNet38 单位资源	9.44	86.81	ResNet38 单位资源	2.4	90.22
ResNet38 0.75 单位资源		89.18	ResNet38 0.75 单位资源		90.21
ResNet38 0.5 单位资源		88.98	ResNet38 0.5 单位资源		90.28
ResNet38 0.25 单位资源		89.18	ResNet38 0.25 单位资源		90.25
ResNet74 单位资源	19.08	88.72	ResNet74 单位资源	5.02	90.98
ResNet74 0.75 单位资源		89.84	ResNet74 0.75 单位资源		91.23
ResNet74 0.5 单位资源		89.82	ResNet74 0.5 单位资源		91.32
ResNet74 0.25 单位资源		89.78	ResNet74 0.25 单位资源		90.31

首先，在相同的存储预算下，CAQ-ResNet38/74 在资源预算为 100%(即单位资源)时，始终实现了更高的精度，最多提高了 3.41 个百分点。这可能是由于隐式知识提取在多门量化感知集成训练机制中的作用，该机制有利于不同上下文下所有比特宽度的泛化。其次，在相同或更高的预测精度下，CAQ-ResNet38/74 可以比 DFS-ResNet38/74(如 CAQ-ResNet38 0.25 单位资源和 DFS-ResNet38 0.75 单位资源)节省 50%以上的存储预算。综上，CAQ 相比于 DFS 在取得更高精度的同时，降低了模型存储预算。实验表明，本节所提可切换多门控量化网络使模型具有动

态调整能力。

3.1.3 边缘端融合高效自适应感知

异构泛在感知设备处于动态复杂变化的运行情境中，将影响分布式智能制造主体的决策、行为和协同。在此背景下，如何精准定义、获取感知设备的运行情境并赋予制造主体情境自适应的能力即如何设计边缘端融合高效的自适应感知计算方案，成为智能制造场景的重要课题。当异构分布式设备运行情境发生变化导致设备资源预算或实时性能目标(推断时延)发生变化时，大多边缘端协同算法需要重新训练并部署，以调优感知模型，这样操作耗时且耗能，无法在动态情境下提供实时调优方案。为了满足动态情境下边缘端模型协同的快速自适应需求，本节将结合模型压缩与模型分割的具体实现技术，在离线状态下对智能感知模型进行实时压缩调优，并进一步根据网络状况和时延需求，寻找合适的模型分割点，最终将神经网络部署到异构感知边缘端设备上。

在模型压缩阶段，针对受限的设备资源约束下难以在压缩比和精度之间权衡的问题，基于深度模型自动剪枝框架[22]，提出边缘端融合增强的模型压缩算法。根据设定的压缩率进行压缩，实现模型的定制轻量化，并通过这种模型在参数量、计算量、时延、占用内存等指标上的初步自适应进一步为异构边缘端模型分割做铺垫。

在模型分割阶段，提出基于图的自适应 DNN 手术刀(graph-based adaptive DNN surgery，GADS)算法。在模型分割的过程中，该算法无须在情境产生变化时重新运行，而是主动捕捉目标部署设备的资源约束情境，动态调优模型分割点，产生新的模型计算方案，实现实时自适应的边缘端协同计算。

总之，模型压缩与模型分割相结合的边缘端高效自适应感知计算方案在单边缘端和边缘端协同两个层面相辅相成、紧密结合，最终能够灵活提高智能制造主体的“自治”水平和情境自适应能力。

1. 模型压缩阶段

将深度模型自动修剪框架[22]中基于交替方向乘子法(alternating direction method of multipliers，ADMM)的权重剪枝方案作为核心算法，采用结构化剪枝方法，结合 ADMM 对网络参数进行精细剪枝。模型压缩的一般流程图如图 3-5 所示，包含 4 个步骤：动作采样；快速评估；策略决定；实际剪枝。

动作采样对超参数进行一次样本选择，得到一个动作表示。由于超参数的搜索空间很大，使用实际测量精度损失的方法会极为耗时，因此步骤 2 选择简单启发式的方法进行精度快速评估。步骤 3 根据动作样本的集合和精度评估，对超参数值进行决策。步骤 4 利用基于 ADMM 结构化剪枝的核心算法，进行实际剪枝。模型运行过程是迭代进行的，支持灵活的轮数设置，在给定精度的情况下实现最大限度的权重剪枝。

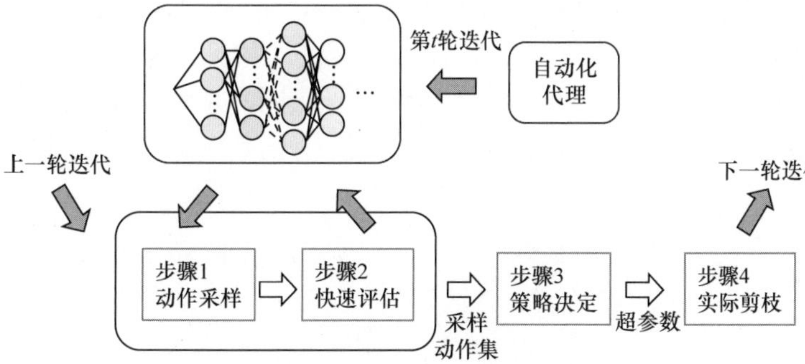

图 3-5　模型压缩的一般流程图

在实际模型的剪枝过程中，结构化剪枝中网络每层的剪枝率、剪枝方式(或剪枝方式的组合)均作为超参数待定，确定这些超参数最重要的步骤是 ADMM 规范化。将 DNN 的损失函数定义为 $f(\{W_i\},\{b_i\})$，其中，W_i 和 b_i 分别为第 i 层的权重及偏置集合，可以将结构化剪枝权重问题定义为

$$\min_{\{W_i\},\{b_i\}} f\left(\{W_i\}_{i=1}^{N},\{b_i\}_{i=1}^{N}\right)$$
$$\text{s.t.}\quad W_i \in S_i \tag{3-1}$$

其中，S_i 为经过剪枝的模型剩余参数需要满足的预定义结构，即基于特定的模型压缩策略所产生的特定模型结构。

模型的预定义结构是由控制各层剪枝率、剪枝方式的超参数决定的，剪枝过程则变为在满足预定义网络结构情况下的最小化问题：

$$\begin{cases}\min\limits_{\{W_i\},\{b_i\}} f\left(\{W_i\}_{i=1}^{N},\{b_i\}_{i=1}^{N}\right),\ W_i \in S_i \\ g(W_i)=\begin{cases}0, & W_i \in S_i \\ \infty, & 其他\end{cases}\end{cases} \tag{3-2}$$

进一步，利用增广拉格朗日方法，将该问题转化为可迭代求解的 2 个子问题，如式(3-3)所示。通过迭代求解至收敛，可以得出满足预定义剪枝结构的高精确度模型压缩方案。

$$\begin{cases}\min\limits_{\{W_i\},\{b_i\}} f(\{W_i\}_{i=1}^{N},\{b_i\}_{i=1}^{N})+\sum\limits_{i=1}^{N}\dfrac{\rho_i}{2}\left\|W_i-Z_i^k+U_i^k\right\|_F^2 \\ \min\limits_{\{Z_i\}} \sum\limits_{i=1}^{N} g_i(Z_i)+\sum\limits_{i=1}^{N}\dfrac{\rho_i}{2}\left\|W_i^{k+1}-Z_i+U_i^k\right\|_F^2\end{cases} \tag{3-3}$$

其中，Z_i 为引入的辅助变量；U_i^k 为对偶变量。

经过结构化剪枝，本书将进一步开展纯化及冗余权重的消除操作，以减少模型权重数量。纯化是指第 i 层的特定过滤器会在第 $i+1$ 层生成一个通道[20]，在进行过滤器剪枝时，若删除某层中的过滤器，则需要将后续相应通道去除。ADMM 正则化本质上是动态的、基于 L2 范数的，因此正则化之后会产生大量非零、较小的权重。由于 ADMM 正则化的非凸性，作者发现去除这些权重可以保持最终的准确性，甚至可以提高准确性。纯化操作后模型压缩整体框架如图 3-6 所示。

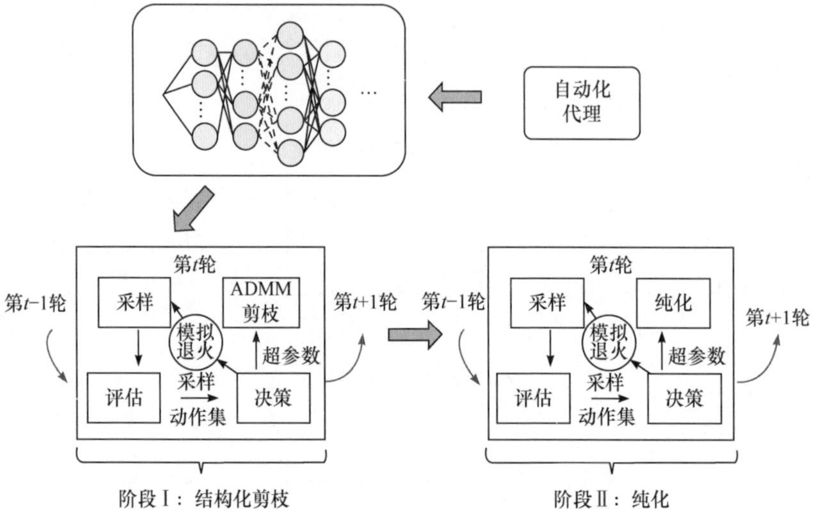

图 3-6　纯化操作后模型压缩整体框架

2. 模型分割阶段

本节在以层为粒度划分 DNN 的实验中发现，最优分割点附近总是存在次优分割点，这里将其命名为最近邻边缘端模型分割效应，以指导资源状态动态变化时深度感知模型边缘端协同最优分割策略的快速搜索。

模型的推断总时延(图 3-7(a))由各设备上的计算时延和传输时延构成，这样设置的目的是找到使总时延最短的最优分割点，实现计算时延和传输时延之间的平衡。网络各层计算时延及中间输出数据如图 3-7(b)所示(以 AlexNet 为例)，DNN 模型中各层的计算时延 T_t 和输出数据大小 d_l 有不同的趋势。位于模型前端的卷积层计算时延较短，但产生的中间输出数据量通常较大。位于模型尾部的全连接层产生的中间输出数据量较小，但计算时延较长。这些特性是由深度感知网络结构的特点决定的，因为卷积层需要应用数百个过滤器提取图片特征，每个过滤器运算后均会产生一定数量的特征图，所以产生的中间输出数据量较大；全连接层具有固定数量的少量神经元，因此产生的中间输出数据量较小且相似。

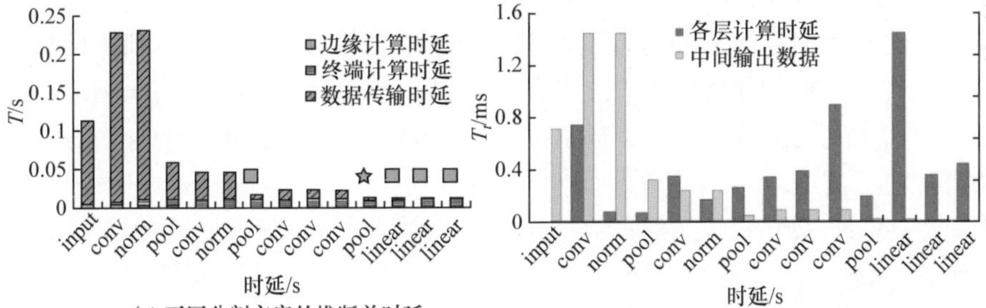

(a) 不同分割方案的推断总时延　　(b) 网络各层计算时延及中间输出数据

图 3-7　模型分割规律发现示例图

input：输入；conv：卷积层；norm：规范化层；pool：池化层；linear：线性层

根据上述对模型各层计算时延及中间输出数据变化趋势的分析，当模型分割算法选择不同层进行分割时，倾向于选择后面几层进行分制，从而将计算时延较短的模型浅层部署在终端，同时可选择中间输出数据量较小的层来避免大量传输时延。在计算能力较强的终端或边缘端执行时延较长的模型深层，利用高计算能力来减少总时延。在计算能力较强的终端或边缘端执行模型后端的部分，利用高计算能力来减少总时延。这导致最近邻边缘端模型分割效应的出现。因此，最近邻边缘端模型分割效应本质上由深度感知模型各层的输出数据量、带宽和计算时延决定，验证了在不同带宽和不同模型下最近邻边缘端模型分割效应的普适性。

基于上述规律，本节提出 GADS 算法，其概念图如图 3-8 所示。当模型运行的情境(如设备存储资源、设备电量或网络带宽等)发生变化时，框架主动感知当

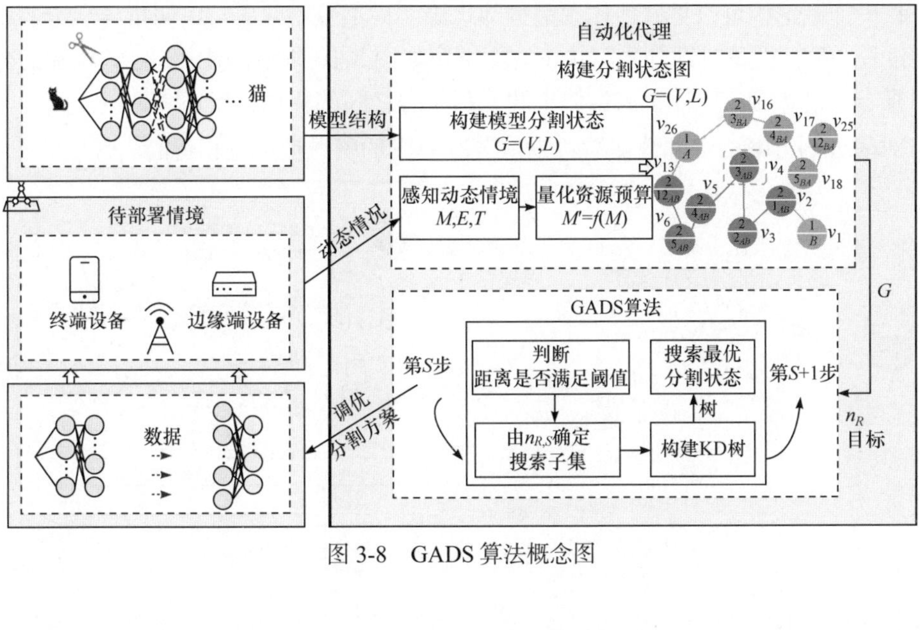

图 3-8　GADS 算法概念图

前情境，并将感知到的设备资源预算作为约束条件 Target(反映为设备存储资源 M 、能耗资源 E 及总时延 T)。该算法旨在利用构建的分割状态图 G ，快速自适应地搜索满足资源预算的分割状态，实现边缘端融合的协同计算。当动态搜索最佳分割策略时，在最近邻边缘端模型分割效应的指导下，GADS 算法以当前分割状态为导向，优先由周围相似分割状态快速搜索最能满足约束条件的分割方式，以实现模型快速自适应。

首先将 DNN 的分割状态建模为图结构，各结点表示一种网络的分割状态，以结点间的连线体现分割状态之间的相邻关系。令 $G=(V,L)$ 表示网络的图结构，其中 $V=\{v_1,v_2,\cdots,v_n\}$ 表示 DNN 所有的分割状态，L 表示图结构中的连接。若 $(v_i,v_j)\in L$ ，则表示 v_i 和 v_j 两种分割状态相邻。理论上，这种图构建方式可以表示任意 DNN 在多台设备上的全部分割状态，图 3-9 为 AlexNet 部署在两台设备(设备 A 和 B)上所有分割状态的图结构。

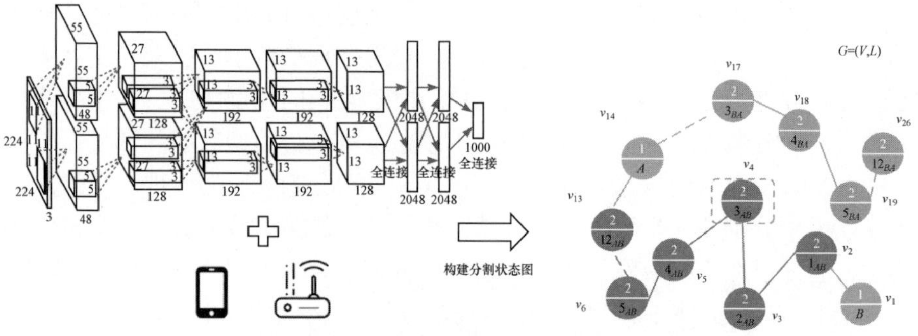

图 3-9　AlexNet 部署在两台设备上所有分割状态的图结构

设计该结构可以更好地体现最近邻边缘端模型分割效应，以便指导后续的搜索过程。两台设备时部分分割状态的图结构如图 3-10 所示，图中，与 v_4 相邻的分割状态 v_5 、v_6 在同一 L_p 距离(体现两分割状态之间的相似程度)等高线上，即 v_5 、v_6 对应分割方案的资源消耗与 v_4 对应分割方案的资源消耗是相近的。

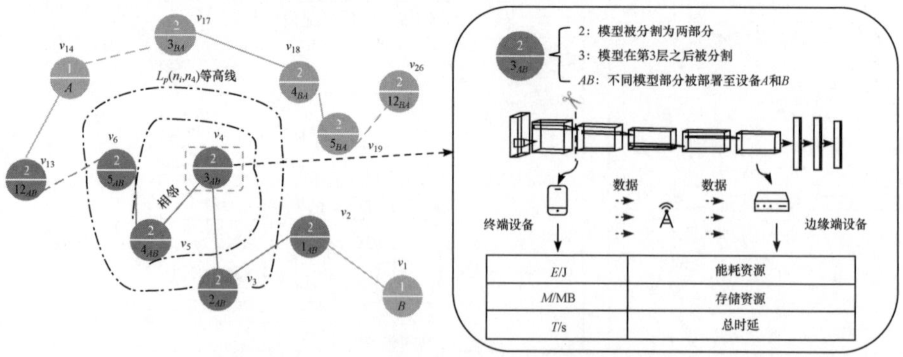

图 3-10　两台设备时部分分割状态的图结构

进一步，选取存储、能耗和时延三个重要感知环境中的情境指标，对分割状态结点进行量化，并使用矩阵表示各设备的指标，如下所示(以两台设备为例)：

$$\boldsymbol{R}=\begin{bmatrix} M_1 & E_1 \\ M_2 & E_2 \end{bmatrix},\quad \boldsymbol{T}\leqslant \textbf{Target}=\begin{bmatrix} M_1' & E_1' \\ M_2' & E_2' \end{bmatrix} \tag{3-4}$$

其中，$\boldsymbol{R}$ 和 $\boldsymbol{T}$ 是由当前分割状态结点决定的；$M_i(i=1,2)$ 为当前分割状态下第 i 个设备上模型对存储资源的占用量；$E_i(i=1,2)$ 为当前分割状态下第 i 个设备上模型运行产生的能耗；$\boldsymbol{T}$ 为当前分割状态下模型的推断总时延；**Target** 为根据主动感知到的设备可用资源上限构建的约束矩阵。当 $\boldsymbol{R}$ 和 $\boldsymbol{T}$ 满足约束条件时，当前分割状态是合适的。

总时延可以分为计算时延和传输时延，则式(3-4)中不等号左边部分由当前模型的分割状态确定，不等号右边部分由运行情境确定，包括设备存储资源预算、设备电量预算和网络状态。根据当前分割状态，下面给出各指标的量化公式。

1) 存储资源 M

网络运行所需的存储资源由网络中偏置量和权值所需的存储位数决定，公式如下所示：

$$M=M_f+M_p=|\chi|B_a+|\omega|B_w \tag{3-5}$$

其中，M_f 和 M_p 分别为网络的全部偏置量和权值所需的存储位数；χ 和 ω 分别为网络中的偏置量和权值的数量；B_a 和 B_w 分别为单个偏置量和权值所占的位数，若为 Tensorflow 张量，则 $B_a=B_w=32$位。

2) 能耗资源 E

模型的能耗资源可以分为计算能耗 E_c 和内存访问能耗 E_M，公式如下所示：

$$E=E_c+E_M=\varepsilon_1 C_{\text{MAC}}+\varepsilon_2 M_p+\varepsilon_3 M_f \tag{3-6}$$

其中，C_{MAC} 为深度模型的乘加操作总数；ε_1 为每个乘加操作的能耗；参考 Chen 等[23]的工作，将偏置量和权值分别存储在高速缓冲存储器和动态随机存取存储器中，访问能耗被转化为访问高速缓冲存储器和动态随机存取存储器的能耗；ε_2 和 ε_3 分别为访问高速缓冲存储器和动态随机存取存储器中每比特数据产生的能耗，参考 Yang 等[24]提出的网络硬件能量模型，其中，ε_2 和 ε_3 分别是 ε_1 的 6 倍和 200 倍，终端测量的计算能耗系数 $\varepsilon_1=52.8\text{pJ}$。

3) 总时延 T

网络运行的总时延分为计算时延及传输时延，以两台异构设备(边缘端设备、终端设备)为例，总时延的计算公式为

$$T=T_{\text{edge}}+T_t+T_{\text{end}} \tag{3-7}$$

其中，T_{edge} 为边缘端的计算时延；T_t 为传输时延；T_{end} 为终端的计算时延。

最后将 KD(k-dimension)树最近邻搜索算法作为 GADS 算法的核心搜索算法，定义距离 L_p 来量化结点间的差距(反映两个分割状态间的相似程度)，距离 L_p 是衡量特征空间中两个实例点距离的量，也是实例点间相似程度的反映，$p=1$ 时为曼哈顿距离，$p=2$ 时为欧氏距离。本节定义分割状态结点 n_i 、n_j 之间的差距为

$$L_p\left(n_i,n_j\right)=\left[\sum_{k=1}^{2}\left(\alpha\,|\,M_{ik}-M_{jk}\,|^p+\beta|E_{ik}-E_{jk}\,|^p\right)+\gamma\,|\,T_i-T_j\,|^p\right]^{\frac{1}{p}} \tag{3-8}$$

其中，α 、β 、γ 为各指标在量化结点间存在差异的重要程度；M_{ik} 为 n_i 分割状态下第 k 个设备运行分割后部署的部分网络所需的存储资源；E_{ik} 为第 k 个设备运行分割后部署的网络所产生的能耗；T_i 为 n_i 分割状态下的总时延。

若 $L_p\left(n_1,n_3\right)\leqslant L_p\left(n_1,n_6\right)$，则认为 n_3 结点较 n_6 与 n_1 分割状态结点各指标近，两者的分割状态具有较大的相似性。

进一步，利用 min-max 对分割状态结点计算出的各指标值进行归一化，将各指标数据范围缩放到 0～1.0，以存储资源指标为例，归一化公式为

$$M_{\text{norm}}=\frac{M-M_{\min}}{M_{\max}-M_{\min}} \tag{3-9}$$

其中，$M_{\max}$ 、$M_{\min}$ 分别为该网络所有分割状态中存储资源指标的最大值和最小值，能耗指标的归一化同理。

3. 实验结果

首先将树莓派 4 作为终端设备，将戴尔 Inspiron 13-7368 作为模拟边缘端设备，对智能感知模型压缩的有效性进行验证。分别选择 AlexNet、GoogleNet、ResNet-18 及 VGG-16、MobileNet、ShuffleNet 共 6 个图像处理领域常用的智能感知模型进行实验。

在模型压缩实验中，利用 CIFAR-10 数据集进行模型训练，智能感知模型压缩后推断时延与精度下降比例如图 3-11 所示。模型压缩技术对 4 个智能感知模型的性能有不同程度的提升，经过 16 倍的压缩(实验设定的压缩比例)，模型推断时间得到了不同程度的加速。其中，AlexNet、GoogleNet、ResNet-18 及 VGG-16 网络分别在精度下降不超过 2.5%的情况下，实现了 7.4%、3.6%、6.2%、23.5%的加速效果。

最后通过设计特定情境下各项指标的变化，观察并分析算法调优后的分割方式是否适合该情境，以验证整体算法驱动下智能感知模型的自适应能力。GADS 算法自适应能力实验结果如表 3-2 所示。

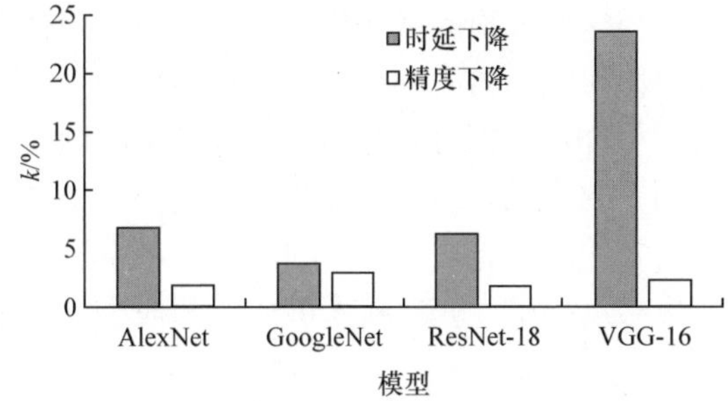

图 3-11　智能感知模型压缩后推断时延与精度下降比例

表 3-2　GADS 算法自适应能力实验结果

情境变化	指标值							
	m_1/MB	m_2/MB	e_1/J	e_2/J	t/s	B/(MB/s)	变化前分割状态集	变化后分割状态集
移动端存储减少	230	9	0.02	0.02	0.01	6	{8,10,9}	{7,8,10}
	230	4.5	0.02	0.02	0.01	6		
移动端电量降低	230	9	0.02	0.02	0.01	6	{8,10,9}	{6,7,8}
	230	9	0.02	0.005	0.01	6		
网络带宽降低	230	9	0.02	0.02	0.01	6	{8,10,9}	{10,9,8}
	230	9	0.02	0.02	0.01	1		

注：数字加灰底是为了说明与上一行数据进行对比，GADS 算法自适应的效果。

在终端存储资源减少、其他各项指标不变的情况下，m_2 指标发生变化，分割状态集由情境变化前的{8，10，9}变为{7，8，10}(该数字表示算法搜索到的前三位优分割点的所在层，以 id 表示分割点在网络的层数，id 的范围为[0,13]，id=0 表示全边缘端计算，随着 id 的增大，越来越多的层被部署在终端计算)。终端的存储资源减少，算法搜索到的分割点前移，使得部署在终端的感知模型层数减少，完成了自适应过程。

总之，基于边缘端融合增强的模型压缩算法的结构化剪枝可以实现在保证精度不发生较大损失的情况下，有效减少复杂智能感知模型的参数量和计算量，能够为智能感知模型自适应选择合适的压缩率，并且经过模型压缩，后续 GADS 分割方法能够进一步根据总时延、能耗及网络带宽等要求，自动寻找最佳模型分割点，实现边缘端融合的高效自适应感知。

3.1.4　压缩与分割策略融合的可伸缩情境感知

3.1.3 节中的边缘端融合方法实现了对自适应模型压缩及模型分割技术的初步结合，通过对神经网络模型先进行离线压缩、再选择合适的模型分割点进行分布式部署，将模型压缩与模型分割的优点相结合。然而，在智能感知计算中，深度模型所处的动态环境使得先压缩后分割的方式在结合中存在一定弊端：模型压缩会针对计算量、精度等优化目标对模型结构进行一定的调整，然而难以保证调整后的模型在模型分割上的表现。因此，当模型压缩与模型分割相结合时，本节提出一种基于渐进式搜索的结合方法，即 JointCS，通过将模型分割的部分指标融合到模型压缩算法的搜索过程中，获取在模型压缩和模型分割指标上均表现良好的模型。

在模型训练过程中，将动态自适应深度模型分割的推理加速方法(SlimNet)[20]中基于卷积敏感度分析的通道级剪枝方案作为模型压缩算法，采取渐进式剪枝方法，结合最佳分割点选择实现对模型网络进行压缩与分割两方面的优化。JointCS 方法流程如图 3-12 所示(图中 $G_i(i=1,2,3)$ 表示中间特征层)，分为以下 4 个步骤。

步骤 1：基于模型评估进行子模型压缩及数据组生成；

步骤 2：对子模型进行时延预测；

步骤 3：基于启发搜索进行最优分割选择；

步骤 4：对模型进行训练优化。

步骤 1 依据模型卷积的敏感度与 L1 稀疏化权重，依据剪枝卷积通道数量获取多个待评估模型，并构成子网络集合，在验证集上进行验证，以获取模型集合在该次迭代中的评估精度与压缩率；步骤 2 建立模型架构感知时延预测器来测量子网络在不同分区点的时延，为分割点选择提供时间维度数据；步骤 3 基于生成的优化状态集合构造状态图，根据时间、精度、资源来衡量优化状态之间的距离，并映射到三维空间，通过在图中建立最小权重树实现启发式搜索最优状态；步骤 4 评估模型在模型压缩与模型分割下的表现，生成模型的新梯度，并对模型进行微调。通过设置跳出条件或循环轮次，不断重复步骤 1～步骤 4，实现压缩与分割

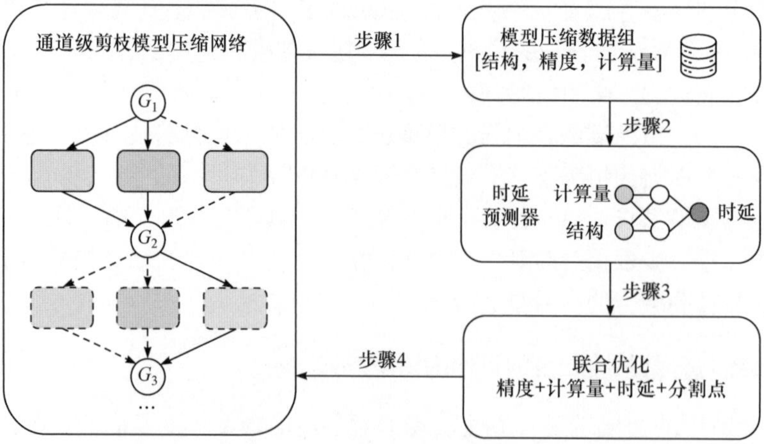

图 3-12　JointCS 方法流程

两方面的优化。迭代过程中，每次迭代会针对当前限制生成该限制的最优剪枝方法与最佳分割选择，因此迭代完成后，能够获取一系列在不同限制下的最佳选择，以满足不同需求下的可伸缩情境感知。

JointCS 方法与其他方法在 CIFAR-10 数据集上的实验对比如表 3-3 所示。可以观察到，与经典模型压缩算法轻量化卷积神经网络 SlimNet 相比，JointCS 有着 0.6 个百分点的精度提升与 25%的时延降低。与自动化模型压缩(autoML for model compression，AMC)方法与平台感知的深度模型自适应方法 NetAdapt 相比，JointCS 在精度 0.2 个百分点的情况下实现了 34～39 个百分点的时延降低。与模型分割方法 Neurosurgeon 相比，JointCS 的时延降低超过 31%。在精度相近的情况下，JointCS 在时延上优于所有对比方法。

表 3-3　JointCS 方法与其他方法在 CIFAR-10 数据集上的实验对比

类别	方法	Top-1 精度/%	时延/ms
模型压缩	MobileNet v1	70.9	225
	SlimNet	66.5	160
	AMC	67.3	154
	NetAdapt	67.1	159
模型分割	Neurosurgeon	70.9	175
	StageSearch	67.1	135
	JointCS	**67.1**	**120**

注：加粗数字表示实现了时延最低但保持了较高的模型精度。

本节提出了构建边缘端融合的终端情境自适应的深度感知模型。通过主动感知终端情境(如待部署平台的资源约束和性能需求)，利用边缘智能技术，对模型的结构和运算模式进行自动调优，以完成模型的顺利部署。

本节提出了混合精度量化自适应计算。基于模型量化方法提出了可切换门控混合精度量化网络，引入了门控网络作为混合精度量化策略产生器，节省了搜索混合精度量化策略的成本，同时采用联合训练的方式规避了不同门控网络耦合的影响，骨干网络在不同的量化选项下进行了充分训练，以实现在运行时动态调整骨干网络的量化策略而不需要端到端的重训练。实现结果表明，CAQ 与最新的量化方法相比，在相同或更高的预测精度下，节省了 50%以上的预算。

本节提出了边缘端融合高效自适应感知方法。在最近邻边缘端模型分割效应的驱动下，当模型运行的情境发生变化时，以当前分割状态为导向，优先由周围相似分割状态搜索合适的分割状态，以实现模型的快速自适应。实验结果表明，结合模型压缩和模型分割技术，可以在保证模型精度的同时有效降低神经网络模型运行的总时延；在模型的快速自适应能力方面，GADS 在 0.1ms 内实现了模型分割状态的快速自适应调优。

本节提出压缩与分割策略融合的可伸缩情境感知方法，实现渐进式的模型压缩与模型分割相结合的优化方案；将模型分割的部分指标融合到模型压缩算法的搜索过程中，根据压缩率与层敏感度预测层时延，迭代更新最优分割点与压缩参数选择，使得当前模型在预测分割点上的表现实现渐进式微调，最终获得在模型压缩与模型分割两方面均表现良好的模型。

3.2 群智能体深度强化学习

随着制造业设备的迭代更新，特别是工业智能机器人的应用和普及，各种智能机器人在制造系统中发挥着越来越重要的作用。例如，自动导引车(automated guided vehicle，AGV)[25]作为一种柔性智能机器人，已广泛应用于自动化仓库和柔性制造系统的物料输送中。在智能制造场景下，多个或多种智能机器人的投入使用使得生产车间的任务分配更加灵活，系统可以通过合理分配资源来最大限度地提高生产效率[26-28]。与此同时，生产任务的多样性、精准性以及实时性需求也变得更加突出，往往需要多设备/多机器人协同完成生产任务，因此多设备的智能控制与协作组织对实现群智制造以及构建制造业智慧空间显得尤为重要。

目前，群智能体系统是智能控制领域的研究热点之一，针对群智能体系统协同控制的研究已经取得了很多理论成果。智能体的自治性、主动性、进化性使得面向智能体设计弥补了面向对象设计无法对现实实体进行区分、现实环境感知能力差的不足，成为解决实际生产问题的有效工具。智能体在不断变化的复杂环境中正常运行，需要确保其获得新技能的速度足够快。随着问题规模的增大，传统控制方法的时间效率和空间效率已出现瓶颈，难以突破。强化学习[29]因其不需要数据标记，以试错的方式学习，利用在环境中获得的反馈来指导动作学习，成为智能体研究领域的主要方法。目前，强化学习算法在模拟环境中取得了令人满意的效果，在很多大规模的复杂环境中取得了人类级的表现[30]，能为机器人协作的智能制造带来自动化决策、自主行动和配合协作的能力。传统的强化学习算法主要针对单个智能体，指导单智能体对象与环境交互来不断更新策略，能够解决基础的优化问题，如车辆自动驾驶问题、简单的 Atari 游戏策略问题；群智能体强化学习将问题环境拓展到群智能体系统中，可以在非稳态环境下完成复杂的群体任务，如交通灯控制、大规模车辆控制以及集体机器人制造等，更具有现实意义。

本节从群智能体深度强化学习的角度出发，对多 AGV 货物搬运问题进行研究，主要包含以下方面：

(1) 针对多 AGV 任务分配时奖励稀疏模型难以收敛的问题，设计基于信息势场(information potential field，IPF)的奖励函数，改进群智能体深度确定性策略梯度(multi-agent deep deterministic policy gradient, MADDPG)算法来实现智能体之间的有效合作，隐式指导 AGV 分散地向着不同货物目标移动。

(2) 针对多 AGV 调度时视野受限的问题，提出一种分层的内在奖励机制。其中，底层控制器用于智能体的底层策略训练，完成具体动作选择，而顶层控制器负责不同内在奖励的平衡决策，从而有效激励智能体的自学习探索。

3.2.1 群智能体深度强化学习概述

群智能体强化学习的相关理论研究十分广泛，它将博弈论、强化学习技术等应用到群智能体系统，使得多个智能体能在高维动态的真实场景中通过交互和决策完成更错综复杂的任务，有效解决了强化学习从单智能体场景拓展到群智能体场景的诸多问题。与单智能体强化学习不同，群智能体强化学习遵循随机博弈过程。随机博弈可由多元组 $<S, A_1, A_2, \cdots, A_n, P, R_1, R_2, \cdots, R_n>$ 表示，其中，S 为环境的状态空间，n 为环境中智能体的数量，$A_i (i=1,2,\cdots,n)$ 为每个智能体的动作空间，所有智能体的联合动作空间为 $A = A_1 \times A_2 \times \cdots \times A_n$ 。联合状态转移函数可表示为 $P: S \times A \times S \to [0,1]$ ，它决定了在执行动作 $a \in A$ 时，由状态 $s \in S$ 转移到下一个状态 $s' \in S$ 的概率分布。此外，$R_i: S \times A \times S \to R (i=1,2,\cdots,n)$ 表示每个智能体的回报函数，取决于联合动作。

在群智能体系统中，每个智能体不仅由自身的策略和环境的反馈决定，而且会受到其他智能体行为的影响。例如，若智能体本身只具备局部观测能力，则只能利用其局部观测值来选择动作。当智能体有获取全局信息的能力时，其可以利用全局状态通过自身的策略来选择动作。近年来，学者们针对不同情况提出了具体的算法。Sunehag 等[31]提出了值分解网络(value decomposition network，VDN)来解决环境的部分可观测性问题，该网络可以将团队的全局值函数线性分解为各个智能体的值函数，从而得到合理的奖励分布，便于进行联合训练。Rashid 等[32]提出了一种改进的值分解方法，通过建立一种新的神经网络来逼近联合值函数。为了实现群智能体的合作以及联合训练，Lowe 等[33]提出了基于演员-评论家(Actor-Critic)框架的 MADDPG 算法，并进行集中训练和分布式执行。每个智能体的 Critic 网络通过考虑全局信息来评估其策略，Actor 网络根据自身的局部观察选择最佳行动。另一种群智能体 Actor-Critic 方法也依赖集中训练和分布式执行方法，即反事实群智能体训练方法[34]。该方法与 MADDPG 算法核心不同，其原因在于：反事实准则的引入，使得智能体的奖励会通过当前情况下的全局奖励和将该智能体行为替换为一个默认行为后全局奖励之间的差值进行计算，有利于区分智能体贡献。此外，关于群智能体系统通信，Peng 等[35]提出了一种可扩展的、有效的通信协议，并设计了群智能体双向协调网络(bidirectionally-coordinated net,

BiCNet)，以提高智能体之间的协作水平。

尽管上述群智强化学习框架解决了群智能体环境的诸多问题，但其应用大多局限于游戏场景。现有一些研究开始将强化学习算法应用于智能制造场景，用于解决智能运输与路径规划、智能调度、智能装配等实际问题。针对智能运输与路径规划，Sui 等[36]提出了一种深度 Q 网络(deep Q network，DQN)算法，该算法训练智能体完成避开障碍物、保持编队以及到达目的地等任务，从而解决了具有群智能体约束的路径规划问题，其中，每个智能体利用并行 DQN 算法来学习独立的行为策略。Wang 等[37]提出了一种基于双 DQN(double DQN，DDQN)和经验优先重放的移动机器人路径规划方法，机器人通过感知其自身周围环境的局部信息，在未知环境下进行路径规划，该方法相比于传统 DQN 算法具有更高的收敛速度和成功率。Singh 等[38]针对车辆的智能调度问题，提出了一种基于深度强化学习的多跳拼车调度框架，通过与外部环境的交互来学习最优的车辆调度和匹配决策。该框架允许客户在车辆之间转移，即首先乘坐一辆车一段时间，然后转移到另一辆车，节约了 30%的成本，并提高了 20%的车辆利用率，但没有考虑车辆间的相互影响，因此学习得到的调度策略不能保证是全局最优策略。Hua 等[39]针对能源调度问题，采用异步优势演员-评论家(asynchronous advantage Actor-Critic，A3C)算法进行决策控制，通过智能调度多个供电网格和能量路由器之间的能量流，不仅在每个供电子区域中实现了供需平衡，而且在整个能源网络系统中实现了供需平衡，但该算法仍然存在全局信息缺失导致的性能次优问题。Sartoretti 等[40]同样对 A3C 算法进行了改进，用于解决机器人集群建造问题，即机器人需要排列块元素来构建用户指定的建筑结构；该算法依赖集中式训练与分布式策略执行，训练多个智能体学习同质的分布式策略，利用所有智能体的经验快速训练一种协作策略，但该算法局限于完全可观测的系统场景。

通过上述研究发现，由于强化学习本身的特性，当利用基于群智深度强化学习算法对智能制造场景下的实际问题进行优化时，仍存在以下挑战：

(1) 问题建模复杂。在将强化学习应用于制造业场景时，同样需要先将问题抽象建模成马尔可夫决策过程，进而通过具体的强化学习算法进行优化。建模过程涉及智能体对象的选择、奖励设计以及动作空间的定义等，尤其是奖励函数的设计对模型训练至关重要。

(2) 环境观测受限。群智能体环境的部分可观测是指智能体观测环境的视角有限，无法获知环境的整体状态信息，从而影响了智能体的策略水平。该特性在制造业场景中十分普遍，例如，在车间配送优化问题中，每个 AGV 对象的视野均受限，需要基于自身的局部观测进行决策。

(3) 群智能体协调困难。在多个智能设备/机器人之间进行协调是一项困难的工作。在传统的独立训练下，每个智能体通常只会学习自己的策略或动作值函数，这些策略或动作值函数会随着时间而变化，导致群智能体协调困难。因此，需要建立良好的联合训练机制来实现多个智能体共同学习，完成最终的优化目标。

接下来将详细介绍两个借助群智能体深度强化学习算法解决制造业多 AGV 生产调度问题的案例，探究如何为现有的制造业场景下的实际应用问题进行建模，并有效解决现有环境的部分可观测性以及群智能体协调困难的问题。

3.2.2　基于信息势场奖励函数的多 AGV 任务分配

在新一代人工智能技术的推动下，以消费者为导向的定制生产模式受到越来越多的关注。该生产模式具有大规模定制化、多品种、小批量等特点，由于产品种类繁多且工艺流程复杂，需采用柔性生产作业调度。AGV 作为一种集成了多种先进技术的柔性智能物流装备，具备高度的自主性和灵活性，已广泛应用于柔性车间的物料搬运。在制造车间，每个产品往往需要多种原材料来完成装配，利用 AGV 可以实现不同位置原材料的自动搬运。目前，对于 AGV 调度的研究多为集中式任务分配，这种调度模式在抗干扰和自适应方面表现欠佳。

针对以上问题，本节提出一种基于信息势场奖励函数设计的群智能体强化学习算法，即基于信息势场的混合合作-竞争环境下的群智能体演员-评论家(multi-agent Actor-Critic for mixed cooperative-competitive environments-information potential field, MADDPG-IPF)算法。该算法从群智能体深度强化学习角度出发，对多 AGV 任务分配问题进行建模分析，改进 MADDPG 算法以实现智能体之间的有效合作，MADDPG-IPF 算法整体框架如图 3-13 所示。

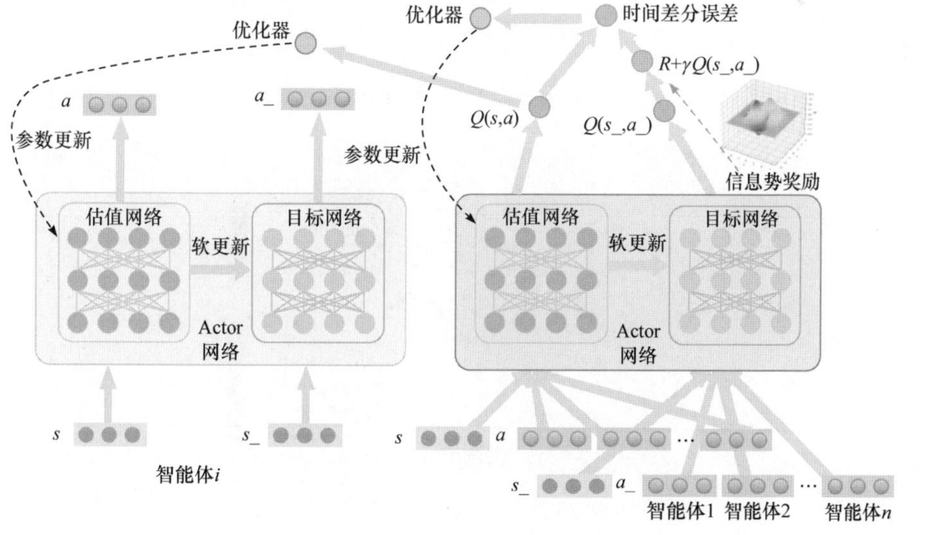

图 3-13　MADDPG-IPF 算法整体框架

MADDPG[33]算法将传统的 Actor-Critic 框架拓展到群智能体协作领域，构建了 Actor 网络和 Critic 网络两个神经网络。Actor 网络将策略梯度和状态-行为值函数相结合。在每一回合中，智能体获取其他智能体观察到的输入的总和，通过优化神经网络参数θ来确定某状态下的最佳行为。Critic 网络采取集中训练、分散执行的框架，拥有两种输入形式，在训练时每个智能体的Q网络输入全局信息进行训练(包含其他智能体信息)，在执行时只接收本地信息，以更新策略进行决策。

奖励函数的正确设计是强化学习算法高效运作的必要条件。在 AGV 与环境交互过程中，需要对 AGV 的动作表现给出一个正确的评价，如何设计适当的奖励函数来提高任务完成率和加速模型收敛是群智能体深度强化学习算法需要解决的一个关键问题。针对多 AGV 配送问题，本节提出了基于 IPF 的奖励设计，以解决稀疏奖励导致的收敛困难问题。

基于 IPF 的奖励设计是通过将 AGV 和货物的信息建模为信息势来指导 AGV 在最短时间内完成所有货物的搬运。为了让 AGV 尽快到达目标位置，设置地图边缘信息势值为 0，货物格信息势值为 50，利用式(3-10)迭代求取每个格子的目标信息势，信息势值越高，说明此处到达目标位置的可能性越大。为了避免所有 AGV 都只向着最高目标信息势值的方向移动，将每个 AGV 当作障碍，AGV 所在的位置信息势值设为−50，同样利用式(3-10)求解出障碍信息势分布图，尽量避免所有 AGV 朝着同一目标移动。将目标信息势值与障碍信息势值相加得到复合信息势，当 AGV 移动后的信息势高于前一步的信息势时，给予正奖励，否则，进行惩罚。将稀疏奖励优化为连续奖励，大大加快了训练速度，实现了 AGV 之间的协作。具体奖励函数为

$$\Phi^{k+1}(u)=\sum_{v\in N(u)}^{4}\Phi^{k}(v) \tag{3-10}$$

信息势示意图如图 3-14 所示，当有 3 个目标货物和 4 台 AGV 时，在有 AGV

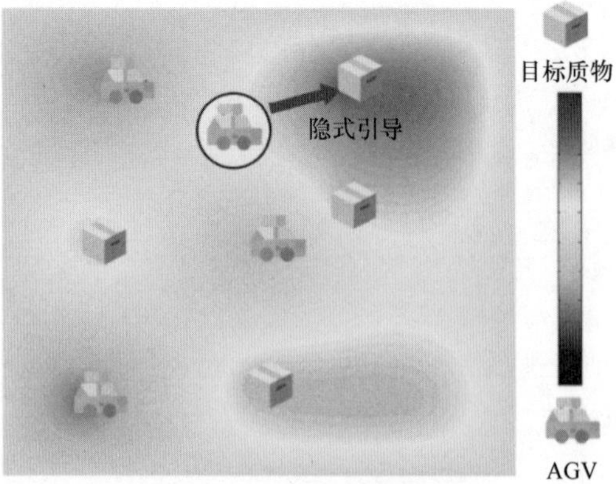

图 3-14　信息势示意图

的区域会产生较低的信息势，在有目标货物的位置会产生较高的信息势，AGV 尽可能朝着信息势高的地方移动，从而高效完成多 AGV 协作搬运任务。

在有 3 台 AGV、3 个目标货物的场景中，本书对提出的 MADDPG-IPF 算法进行了实验验证，并与 MADDPG-greedy(每个智能体致力于最大化自身奖励)、MADDPG-global(奖励函数设置为全局奖励)两种算法进行对比。多 AGV 任务分配结果如表 3-4 所示，可以看出，MADDPG-IPF 算法各方面性能更加突出。

表 3-4　多 AGV 任务分配结果

算法名称	任务响应率/%	订单完成率/%	平均用时/s	平均奖励值
MADDPG-greedy	88.67	68.33	11.85	–349
MADDPG-global	86.44	76.00	14.31	–303
MADDPG-IPF	**95**	**88.33**	**11.08**	**–257**

注：加粗数字表示最优性能。

3.2.3　基于分层内在激励的多 AGV 调度

3.2.2 节介绍的群智能体强化学习算法 MADDPG-IPF 注重改进智能制造场景下的外部环境奖励，通过基于信息势的奖励设计，有效解决了稀疏奖励下收敛难的问题，实现了智能体之间的高效合作。然而，在智能制造场景下的多 AGV 分布式调度中，每个 AGV 的视野观察十分受限，部分可观测场景下的多 AGV 调度如图 3-15 所示，外部奖励的改进不足以支撑智能体的有效探索与任务完成；智能体在不知晓全局信息的情况下容易趋于一种懒惰的状态，最终导致调度策略变差。

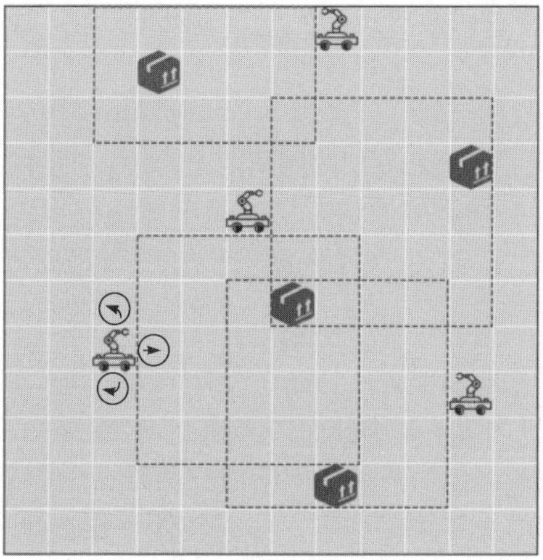

图 3-15　部分可观测场景下的多 AGV 调度

针对以上问题与挑战，本节将多 AGV 智能调度问题建模为部分可观测的马尔可夫决策过程，进行分布式调度处理。为了解决部分可观测条件下的智能体懒惰问题，本节提出了一种分层的内在奖励机制(hierarchical intrinsic reward mechanism，HIRM)，用于激励智能体的自学习探索。同时，将该机制用于群智能体强化学习算法，提出了基于新型内在奖励机制的群智能体强化学习算法(HIRM-BiCNet 算法)，以实现多 AGV 智能调度，具体设计如下。

将多 AGV 智能调度问题建模为 N 个智能体的部分可观测马尔可夫决策过程 $\boldsymbol{M}=(N,S,A,P,R,O,Z,\gamma)$，其中，$N,S,A,P,R,O,Z,\gamma$ 分别为智能体的数量、状态集、动作空间、转换概率函数、奖励函数、部分可观测空间、观测概率函数和折扣因子。具体地，智能体对象、部分可观测空间 O 、动作空间 A 和奖励函数 R 设计如下。

(1) 智能体对象：每个 AGV 作为一个智能对象，且所有的 AGV 都是同质智能体。假设在每个调度周期开始时，所有 AGV 的位置都被随机初始化。在制造车间仿真系统中有 N 个智能体和 M 个任务点，AGV 的目标是最大化完成任务数量并最小化到达任务点的时间。

(2) 部分可观测空间 O：每个 AGV 的视野有限，因此将智能体的观测空间限制为 $L\times L\times 3$ 的三维观测矩阵。其中，L 代表智能体的视野宽度，即每个智能体可以观测到正前方的 $L\times L$ 个网格信息。每个网格被编码为三维元组：给定视野范围内的对象 ID 编码、颜色 ID 编码以及状态信息。

(3) 动作空间 A：每个 AGV 的动作空间 A_i 为其运动状态的集合，包含三种离散动作(左转、右转和直行)。智能体的运动状态信息可被其他智能体观测到。

(4) 奖励函数 R：奖励函数用于激励智能体快速前往任务点。奖励函数分为外部奖励和内在奖励两部分。R_{original} 为外部奖励，包括达到任务点的目标奖励、每步前行的衰减惩罚以及碰撞惩罚；$R_{\text{intrinsic}}$ 为内在奖励，具体由分层内在奖励机制进行计算。

HIRM 主要用于解决由部分可观测以及奖励稀疏导致的智能体策略水平低下的问题，具体包括顶层控制器和底层控制器两个模块。分层内在奖励机制如图 3-16 所示。顶层控制器根据智能体的状态信息输出奖励权重 P_{reward}。基于奖励权重 P_{reward}，底层控制器从式(3-11)中获得总的内部奖励，并根据智能体的部分观测信息来确定具体行为。

$$r_{\text{total}}=P_{\text{reward}}\cdot r_{\text{cover}}+(1-P_{\text{reward}})\cdot r_{\text{attr}} \tag{3-11}$$

其中，r_{cover} 和 r_{attr} 分别为覆盖奖励和引力奖励。

具体地，底层控制器包括两种基础的内在奖励：引力奖励 (r_{attr}) 与覆盖奖励 (r_{cover})，用于智能体的底层策略训练，完成具体动作选择。引力奖励鼓励智能体尽快到达目标点，覆盖奖励则鼓励智能体探索新的区域，这两种内在奖励分别代表智能体的两种内在动机。

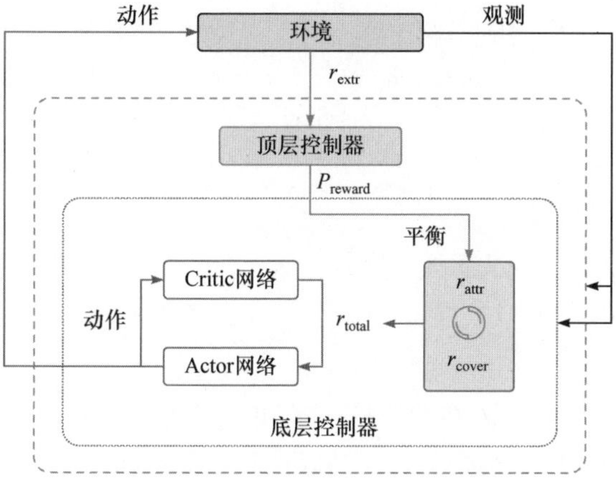

图 3-16　分层内在奖励机制

(1) 引力奖励 r_{attr}，如图 3-17 所示，在智能体的观测范围内，基于智能体自身所在位置到所观测到的目标点的路线距离建立引力奖励。如式(3-12)所示，其中数值用于约束奖励的范围。值得注意的是，在部分可观测场景下，智能体视野外的目标点无法纳入奖励计算。

$$r_{\text{attr}} = \sum_{i=1}^{n} M / \text{dis}_i \tag{3-12}$$

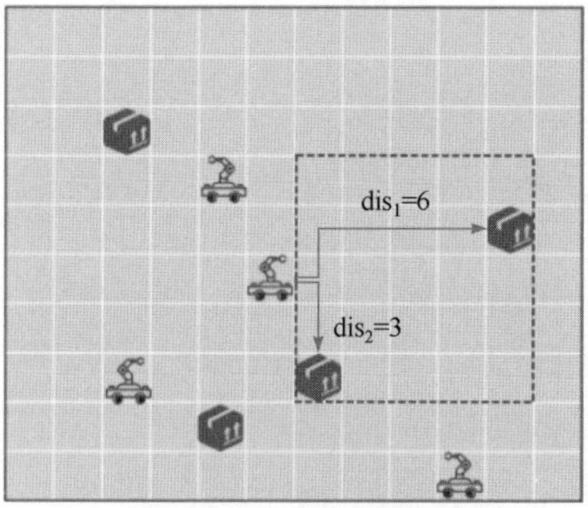

图 3-17　引力奖励

(2) 覆盖奖励 r_{cover}，如图 3-18 所示，智能体会随着步数的增加不断存储历史覆盖范围 A_{his}，以当前动作的新增未探索区域范围 A_{new} 的占比作为覆盖奖励，用于激励智能体探索新区域，便于发现远距离的目标点。

$$r_{\text{cover}} = (A_{\text{new}} / A_{\text{cur}}) \cdot M \tag{3-13}$$

其中，M 用于约束奖励的范围；A_{cur} 为当前动作的探索区域范围。

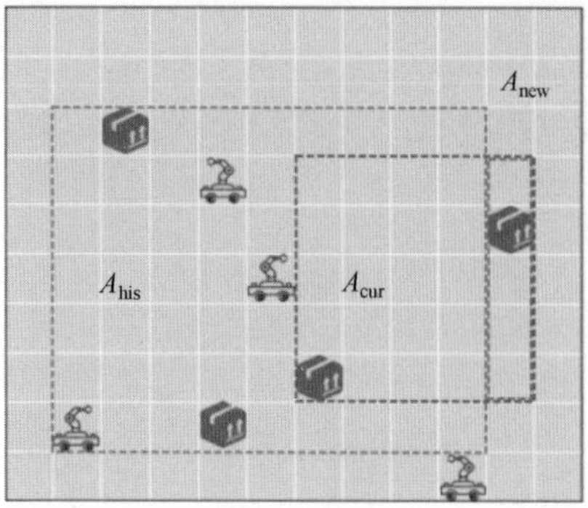

图 3-18　覆盖奖励

顶层控制器负责不同内在奖励的平衡决策，即根据智能体状态信息输出 P 值，智能体调节不同内在奖励的权重，以达到平衡不同内在奖励的目的。本节设计了两种计算奖励权重值的策略(基于规则判断与基于 Actor-Critic 网络)来实现顶层控制。

其一，采用规则判断的方案，即利用式(3-14)计算 P 值，并进行奖励平衡。其核心思想在于：当观测到目标时，以引力奖励为驱动；当观测不到目标时，以覆盖奖励为驱动，同时覆盖奖励会随着步数的增加而增加，以提高后期的区域探索度。

$$P=\begin{cases}0, & \text{观测到目标}\\ \tanh\left(\dfrac{\text{step}}{100}\right), & \text{观测不到目标}\end{cases} \tag{3-14}$$

其中，step 为步数。

其二，采用 Actor-Critic 网络完成顶层控制策略的训练。基于训练好的 Actor 网络输出 P 值，从而完成两种内在奖励的有机结合。基于 Actor-Critic 网络的分层内在奖励机制如图 3-19 所示：左侧为顶层控制器，基于智能体当前观测信息 o_j 以及外部奖励信号 r_{extr} 进行模型训练，负责输出奖励权重 P；右侧为底层控制器，基于智能体当前观测信息 o_j 以及内外奖励信号 r_{total} 进行模型训练，负责输出具体行为；两层网络均基于 Actor-Critic 框架设计。该框架下的顶层控制策略是基于外部奖励训练的，从而保证了顶层控制与整体任务目标的一致性。

将 HIRM 应用到群智能体强化学习算法中，以解决多 AGV 调度问题。BiCNet[35]是一种典型的基于 Actor-Critic 框架的群智能体强化学习算法。与其他群智能体强化学习算法相比，BiCNet 具有隐式通信层，更有利于部分可观测场景下的群智能体协调。因此，将 HIRM 应用于 BiCNet，可得到 HIRM-BiCNet 算法。在 HIRM-BiCNet 算法中，分别使用两个 BiCNet 模型来构建顶层控制器和底层控制器。

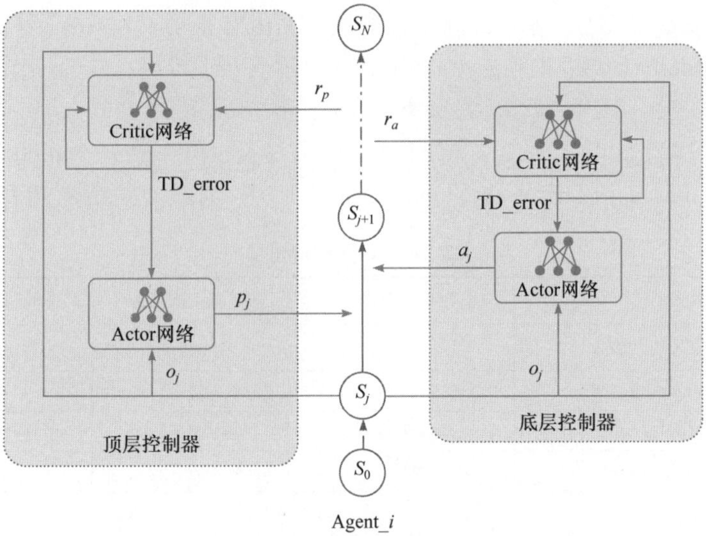

图 3-19　基于 Actor-Critic 网络的分层内在奖励机制

Agent_i：第 i 个智能体；S_N：第 N 步的智能体状态；r_p：外部奖励；r_a：内在奖励；p_j：外部决策；a_j：内部决策；o_j：优化目标

在 4 台 AGV 和 4 个任务点的多 AGV 调度模拟场景下，本节对提出的 HIRM-BiCNet 算法进行实验，并将内在奖励机制与 Sparse(原始稀疏奖励)、Greedy(局部贪婪奖励)、MiniDist(全局协作奖励)以及 Curiosity(基于好奇心的内在奖励)的奖励机制进行对比。多 AGV 智能调度方法的性能比较如表 3-5 所示。

HIRM-BiCNet 的平均调度成功率为 94.25%，明显优于其他算法。与两种基于外部奖励的 Greedy-BiCNet 和 MiniDist-BiCNet 相比，HIRM-BiCNet 的平均调度成功率至少提高了 30.75 个百分点；与现有的内在奖励机制 Curiosity-BiCNet 相比，平均调度成功率提高了 8 个百分点。HIRM 的优势也可以通过平均调度时间清楚地看出，例如，与 Curiosity-BiCNet 相比，HIRM-BiCNet 的平均调度时间减少了 16 个时间步长。

表 3-5　多 AGV 智能调度方法的性能比较

算法名称	平均调度成功率/%	平均外部奖励	平均调度时间步长
Sparse-BiCNet	24.25	–326.1	—
Greedy-BiCNet	61.50	–181.5	80.5
MiniDist-BiCNet	63.50	–170.5	78.3
Curiosity-BiCNet	86.25	76.8	65.6
HIRM-BiCNet	94.25	126.7	49.6

为了验证分层内在奖励机制的有效性，将顶层策略设置为：基于固定值 P

(HIRM-fixed-*P*-based)、基于 tanh 函数调整 *P* (HIRM-tanh-*P*-based)、基于规则调整 *P* (HIRM-rule-based)和基于 Actor-Critic 框架调整 *P* (HIRM-AC-based)，并进行了三组消融实验。HIRM-fixed-*P*-based：将权重 *P* 固定为 0.5，即 $r_{\text{total}} = (r_{\text{cover}} + r_{\text{attr}})/2$。HIRM-tanh-*P*-based：根据 tanh 函数设置权重 *P*，$P = \tanh(\text{step}/100)$。HIRM-rule-based 和 HIRM-AC-based 如前面所述。消融实验结果如表 3-6 所示。

表 3-6　消融实验结果

算法名称	平均调度成功率/%	平均外部奖励	平均调度时间步长
HIRM-fixed-*P*-based	29.50	−304.1	—
HIRM-tanh-*P*-based	44.75	−251.1	91.7
HIRM-rule-based	89.50	93.9	58.1
HIRM-AC-based	94.25	126.7	49.6

可以看出，相比于基于 Actor-Critic 框架调整(HIRM-AC-based)的策略，权重固定(HIRM-fixed-*P*-based)的策略的平均调度成功率下降 64.75 个百分点。同时，与 HIRM-rule-based 的策略相比，HIRM-AC-based 的策略平均调度成功率提高了 4.75 个百分点。因此，证明了所提出的分层内在奖励机制的有效性。因为在没有分层内在奖励的情况下，智能体倾向于陷入懒惰的状态，表现为避免前进的外部惩罚，这使得智能体很难高效地完成任务。

3.3　跨制造实体/场景的知识迁移

在开放式网络制造环境下，随着制造实体和制造场景的不断变化，既有训练好的学习模型由于数据分布差异难以在新环境下取得好的效果。表面缺陷检测是制造业中非常重要的工作，对产品进行表面缺陷检测，可以及时发现并控制缺陷给产品的美观度和使用性能带来的不良影响。目前，基于机器视觉的表面缺陷检测装备已经在各工业领域广泛替代人工肉眼检测，包括机械制造、航空航天等领域。目前，已有部分学者对工业表面缺陷检测展开了具体研究，包括以下方面。

1) 滑动窗口

一般工业表面缺陷检测处理的图像分辨率较大，利用较小尺寸的窗口在原始图像上冗余滑动，将滑动窗口中的图像输入分类网络中进行缺陷识别。最后将所有的滑动窗口进行连接，即可获得缺陷粗定位的结果[41-43]。2017 年，Cha 等[44]最早采用基于滑动窗口的 CNN 实现了裂纹表面缺陷定位，两种滑动窗口冗余路径结合实现了图像全覆盖。这类方法的局限性是滑动遍历的速度较慢，滑动窗口尺寸需要准确选择，只能获得较粗粒度的定位效果。

2) 热力图

热力图是一种反映图像中各区域重要性程度的图像，颜色越深代表越重要。在缺陷检测领域，热力图中颜色越深的区域代表其属于缺陷的概率越大。在计算机视觉领域，常采用类激活映射(class activation mapping，CAM)[45]和 Grad-CAM[46]方法获得热力图，其本质上是通过加权特征图来确定网络模型通过哪些像素作为依据判断输入图像所属的类别。Lin 等[47]采用 CAM 获取热力图，并利用 Otsu 二值化方法分割热力图，实现发光二极管灯图像中划痕或线缺陷的定位。Zhou 等[48]采用 Grad-CAM 方法获取热力图，也采用 Otsu 二值化方法分割得到表面缺陷的准确区域，该方法的局限性是缺陷的精确定位效果依赖网络分类性能。

3) 目标检测网络

目标检测是计算机视觉领域中最基本的任务之一，同时它也是与传统意义上缺陷检测最接近的任务，其目的是获得目标精准的位置和类别信息。目前，基于深度学习的目标检测方法层出不穷，一般来说，基于深度学习的缺陷检测网络从结构上可以划分为以基于区域的快速卷积网络(faster region-based convolutional network，Faster R-CNN)[49]为代表的两阶段(two stage)网络和以单次多框检测器(single shot multibox detector，SSD)[50]或 YOLO(you only look once)[51]为代表的一阶段(one stage)网络。两阶段网络检测精度较高，但是速度相对较慢；一阶段网络则速度占优。因此，本节采用 Faster R-CNN 为骨干网络进行改进，实现表面缺陷检测。

本节从跨制造实体/场景的知识迁移的角度出发，从以下两个方面对表面缺陷检测问题进行研究：

(1) 针对单一制造场景中存在缺陷类别不均衡、无法准确对缺陷进行检测的问题，本节提出基于迁移学习的少样本表面缺陷检测方法，加入特征重加权模块以增强特征表示。

(2) 针对制造场景发生变化时，新场景下缺陷数据很少导致无法对缺陷进行准确检测的问题，本节提出基于域迁移的少样本表面缺陷检测方法，通过背景抑制和知识蒸馏实现图片级别和实例级别的自适应。

3.3.1　群智制造与知识迁移

知识迁移旨在从数据、特征、模型等多种维度发掘不同任务之间的区别与联系，利用已积累的知识解决新问题，从而有效解决跨制造实体/场景的知识迁移问题。近年来，随着对迁移学习的不断研究，学者们给出了多种迁移学习的方法。

(1) 域自适应方法[41]：旨在通过条件/边缘概率分布适配、特征变换等技术对齐源域与目标域，发现领域相似性，以借鉴相关领域知识辅助当前领域模型训练。

(2) 多任务学习算法[42]：以知识共享为主，利用任务之间的共享表示来提高单个任务学习的泛化性能，为知识迁移提供有效解决方案。

(3) 元学习算法[43]：学会“学习”，在仅需少量样本的情况下，基于以往任务经验快速获得 AI 模型。

这些迁移学习算法都可以有效解决跨制造实体/场景的知识迁移问题。

在少样本表面缺陷检测方面，研究人员已从不同角度探索该问题的解决方案。

1) 数据增强

最常用的缺陷图像扩增方法是对原始缺陷样本采用镜像、旋转、平移、扭曲等多种图像处理操作来获取更多的样本。Huang 等[52]采用上述方法扩增缺陷数据，并应用到磁瓦缺陷检测中。另一种较为常见的方法是数据合成，通常将单独缺陷融合叠加到正常(无缺陷)样本上构成缺陷样本。Tao 等[53]利用分割网络将带缺陷的绝缘子从自然背景中分割出来，然后通过图像融合将其叠加到正常样本上。

2) 弱监督学习

通常弱监督学习采用图像级别类别标注(弱标签)来获取分定位级别的检测效果。Marino 等[54]采用一种基于峰值响应图(peak response map，PRM)的弱监督学习算法来对马铃薯表面缺陷进行分类、定位和分割，从而实现了质量控制任务的自动化。Niu 等[55]提出了一种基于生成对抗网络(generative adversarial network，GAN)的弱监督学习缺陷检测方法，通过周期一致对抗网络(cycle-consistent generative adversarial network，CycleGAN)[56]实现输入测试图像到其对应无缺陷图像的转化，比较输入图像和生成的无缺陷图像的差异，进而实现表面缺陷检测。该方法仍然需要较多数量的弱标注图像，不适用于数据量极少的情况。

3) 半监督学习

半监督学习通常将大量的未标记数据和少部分已标记数据用于表面缺陷检测模型的训练。He 等[57]提出了一个基于半监督 GAN[58]的方法，并将其应用于钢材表面缺陷分类，在设计的基于交叉注意力编码器的生成对抗网络的缺陷检测网络中，采用一个交叉注意力编码器(cross attention encoder，CAE)并反馈进入 softmax 层，以形成鉴别器。鉴别器不是直接预测输入图像的真假二分类，而是预测 N+1 类，其中 N 代表缺陷种类的数量，额外的类表示输入图像是来自真实数据集还是来自生成器。He 等[59]提出了一种多重训练的半监督学习算法，并将其应用于钢表面缺陷分类。该算法使用条件深度卷积生成对抗网络[60]生成大量未标记的样本。Gao 等[61]也提出了一种使用卷积神经网络的半监督学习算法来分类钢表面缺陷，通过采用伪标签提升了分类 CNN 的性能。目前，半监督学习算法大部分用于执行缺陷分类任务，还没有广泛应用到缺陷定位中。

4) 元学习

元学习的主要目标是学习先验知识，并将其用于快速适应一个新任务。根据自适应过程中学习参数方式的过程，可以将元学习分为以下三种：

(1) 基于优化的元学习。Finn 等[62]提出了一个与模型无关的元学习(model-

agnostic meta-learning，MAML)方法，它可以学习到一个比较好的模型初始化参数，使得模型在接收新任务后可以快速微调到效果较好的模型。

(2) 基于模型的元学习。Santoro 等[63]提出了一种记忆增强神经网络(memory-augmented neural network，MANN)，它利用外部的内存空间显式地记录一些信息，使其结合神经网络自身具备的长期记忆能力共同实现小样本学习任务。

(3) 基于度量的元学习。Snell 等[64]提出原型网络(prototypical network)，它学习一个度量空间，在该度量空间中，通过计算原型到每个类的距离来完成分类任务。

尽管目前少样本表面缺陷检测技术可以针对部分少样本缺陷分类问题进行有效检测，但是在开放式网络制造环境下，制造实体和制造场景是不断变化的，如何根据情境变化自适应地进行缺陷分类及定位成为一个重要挑战。

3.3.2　类别不平衡的少样本表面缺陷检测

在实际的生产场景中，表面缺陷检测仍然存在以下问题：

(1) 缺陷类标签分布不均衡，即常见缺陷样本很多，稀有缺陷样本很少。

(2) 缺陷的大小差别较大，尤其对于小范围的缺陷，难以准确识别。

针对以上问题，本节提出一种基于迁移学习的表面缺陷检测(transfer learning-based surface defect detection，TL-SDD)方法，包含基于度量的表面缺陷检测(metric-based surface defect detection，M-SDD)模型和两阶段的迁移学习策略，在足量的常见缺陷样本训练 M-SDD 模型后，在稀有缺陷样本上进行微调，最终实现对所有缺陷类别的识别。TL-SDD 整体框架示意图如图 3-20 所示，图中，ROI 表示感兴趣区域。

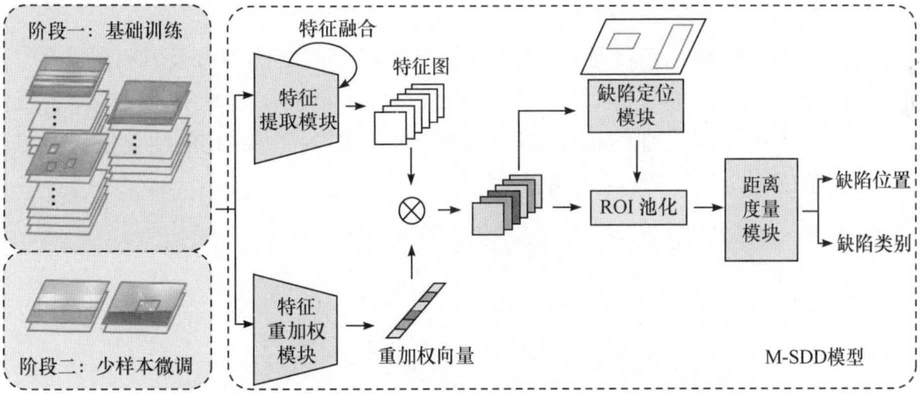

图 3-20　TL-SDD 整体框架示意图

针对现有研究的不足，本小节提出包含以下三个模块的 M-SDD 模型。

1) 特征提取模块

本节使用 ResNet-101[65]作为基础网络，并结合特征金字塔网络(feature pyramid network，FPN)进行特征融合，通过结合高层语义信息和低层结构信息来增强特征的表达能力，有利于解决缺陷的大小差别较大、小范围缺陷识别困难的问题。特征提取模块示意图如图 3-21 所示(图中 C1～C5 表示中间特征；P2～P5 表示来自特征金字塔网络的一种机制，为每一层中间特征提供预测输出)，从左到右的路径是 CNN 的前馈计算，步长为 2，从右到左的路径通过对粗粒度的空间进行上采样产生更高分辨率的特征。

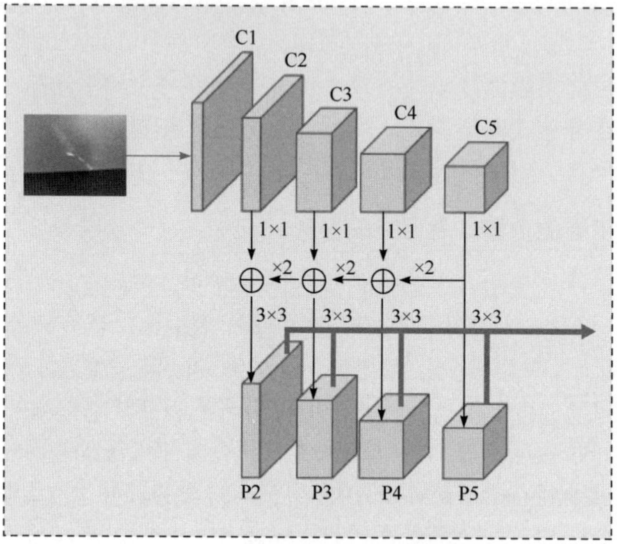

图 3-21　特征提取模块示意图

2) 特征重加权模块

特征重加权模块示意图如图 3-22 所示，该模块以缺陷图像及其标注为输入，本小节设计了轻量级的 CNN 学习将这些信息嵌入重加权向量中，以调整特征图的权重，在生成特定类别的特征之后，将其输入 RPN[66]和 ROI 池化层，生成相同大小的 ROI 候选集，实现缺陷定位。

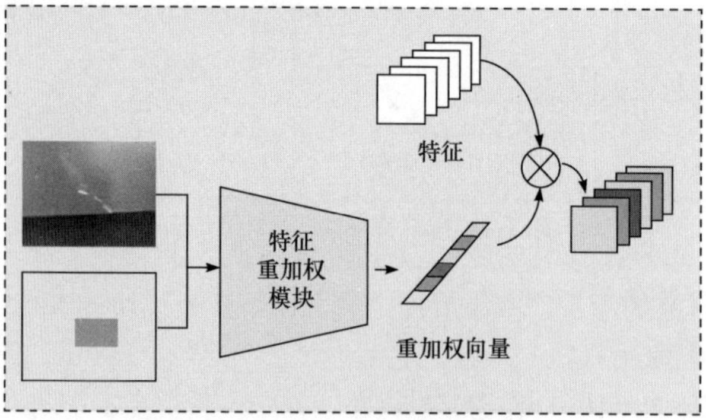

图 3-22　特征重加权模块示意图

3) 距离度量模块

距离度量模块示意图如图 3-23 所示，该模块学习一个度量空间，为每个缺陷类别生成一种类别表示，通过计算待测样本表示与各种类别表示之间的欧氏距离 d 进行缺陷分类。

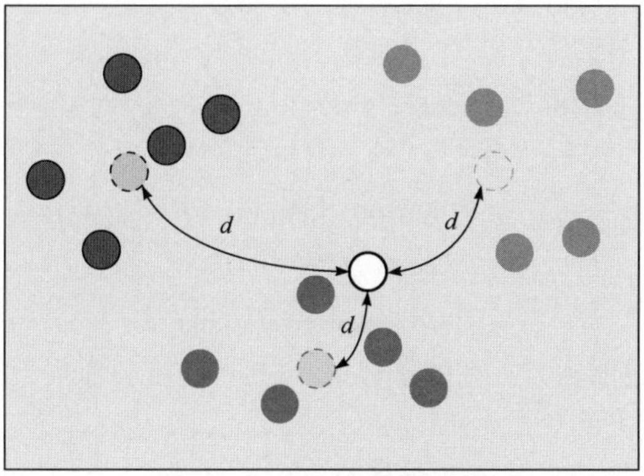

图 3-23　距离度量模块示意图

定义数据集 $D = D_1 \cup D_2 \cup \cdots \cup D_N$，类别 $i = 1,2,\cdots,N$，数据集 D 中类别 i 的子集表示为 $D_i = \left\{\left(x_1^i, y_1^i\right),\left(x_2^i, y_2^i\right),\cdots,\left(x_n^i, y_n^i\right)\right\}$。用函数 f 表示距离度量模块前对样本 x 的操作，包括特征提取、特征重加权以及缺陷定位等。通过式(3-15)计算对每个类别 i 的表示 c_i：

$$c_i = \frac{1}{\left|D_1\right|}\sum_{(x,y)\in D_1} f(x) \tag{3-15}$$

求得每个类别的表示 c_i 后，计算样本对应每个类别的概率：

$$P\left(y=i\middle|x\right) = \frac{\exp\left(-d\left(f(x),c_i\right)\right)}{\sum\limits_{i'}\exp\left(-d\left(f(x),c_{i'}\right)\right)} \tag{3-16}$$

其中，d 为欧氏距离。

最终整个模型的损失函数为

$$L = L_{\mathrm{loc}} + L_{\mathrm{cla}} \tag{3-17}$$

其中，L_{loc} 为 RPN 的损失函数；$L_{\mathrm{cla}} = -\ln P\left(y=i\middle|x\right)$。

整个模型的训练过程分为两个阶段：

(1) 基础训练阶段。本小节将常见缺陷样本分为足量的少样本任务，每个任务包含 3 个缺陷类别，每个缺陷类别包含 5 个训练样本和 2 个测试样本。在这些足量的任务上预训练 M-SDD 模型。

(2) 少样本微调阶段。本小节同时将稀有缺陷样本和少量的常见缺陷样本分为大小相同的少样本任务，在预训练的 M-SDD 模型上进行微调。

本小节在“广东省工业智能制造大数据创新大赛”中公开的铝材型表面缺陷数据集上对提出的 TL-SDD 方法进行验证，选择 4 种常见缺陷(漏底、起坑、脏点、桔皮)和 2 种稀有缺陷(凸粉、擦花)，主要研究铝材型表面的单一缺陷，单一缺陷指的是一幅图像上只存在某一种缺陷。由于原始数据集中图像数量较少，本小节对原始图像进行水平镜像、垂直镜像和 180°反转等操作来实现数据增强。

本小节选择平均精准度(average precision，AP)作为评价指标，该指标的计算公式为

$$\begin{gathered}\text{Precision}=\text{TP}/(\text{TP}+\text{FP})\\ \text{Recall}=\text{TP}/(\text{TP}+\text{FN})\\ \text{AP}=(\text{Precision}+\text{Recall})/2\end{gathered} \tag{3-18}$$

其中，TP 为被模型预测为正类的正样本；FP 为被模型预测为正类的负样本；FN 为被模型预测为负类的负样本。

本小节选择 4 种基线方法进行对比。

(1) FR-joint：在 Faster R-CNN 上联合训练常见缺陷样本和稀有缺陷样本。

(2) FR+ff-joint：在(1)的基础上添加 FPN 进行特征融合。

(3) TL-ff：使用两阶段策略训练带有 FPN 的 Faster R-CNN。

(4) TL-ff+fr：在(3)的基础上添加了特征重加权模块。

表面缺陷检测结果如表 3-7 所示。

表 3-7　表面缺陷检测结果

方法	AP/%					
	常见缺陷				稀有缺陷	
	漏底	起坑	脏点	桔皮	凸粉	擦花
FR-joint	74.83	69.87	54.69	75.53	46.01	49.08
FR+ff-joint	76.07	72.98	62.68	76.91	46.84	50.82
TL-ff	76.11	73.02	61.97	76.85	50.23	52.83
TL-ff+fr	76.39	73.06	66.73	77.69	53.58	55.32
TL-SDD	**76.96**	**73.09**	**68.17**	**78.02**	**59.78**	**61.84**

注：FR 指 Faster R-CNN；joint 指联合训练；TL 指两阶段；ff 指特征融合；fr 指特征重加权。加粗数字表示最优性能。

实验结果显示，TL-SDD 较所有 4 种基线方法在稀有缺陷上的检测效果平均分别提高了 13.27 个百分点、11.98 个百分点、9.28 个百分点、6.36 个百分点。此外，TL-SDD 对于脏点这种小范围缺陷的检测效果也提升较大，最高提升了 13.48 个百分点。由检测结果可以看出，TL-SDD 对于类别不平衡以及小范围的表面缺陷检测具有实际意义。

这里只使用了一个数据集来评估本小节所提 TL-SDD 模型，实际上 TL-SDD 模型也可以应用到其他场景，如钢表面、木材表面。另外发现，当缺陷形状非常不规则时，普通卷积神经网络对不规则物体的检测性能可能不是很好。在未来，可以尝试通过改变卷积层和池化层来改进模型。此外，在制造场景发生变化时，提前训练的检测模型不能在新场景下进行很好的质量检测，因此如何进行跨制造场景的知识迁移也是需要研究的。

3.3.3　跨制造场景的少样本表面缺陷检测

随着制造业技术的不断进步，制作工艺也日趋复杂，在生产过程中可能会存在光照环境、零件材质等制造场景的改变。随着制造场景的不断变化，已有训练好的缺陷检测模型由于数据分布差异难以在新环境下取得良好的检测效果。解决因制造场景变化、新场景缺陷数据少而难以实现精确地表面缺陷检测的问题时，需要解决两方面的问题：首先是如何解决制造场景差异导致的少样本域迁移问题；其次是如何学习一种通用的模型参数对新场景零件均可快速适用。

为了应对上述挑战，本小节提出基于域迁移的表面缺陷检测(domain transfer-based surface defect detection，DT-SDD)方法。首先在源域预训练缺陷检测模型，然后在目标域进行两个层次的自适应：①图片级自适应；②实例级自适应。图片级自适应是通过特征提取器对背景区域特征进行惩罚，从而抑制背景信息；实例级自适应是在缺陷定位后，将源域数据同时输入源分类网络与目标分类网络来生成软标签，将源分类网络的软标签预测作为源域知识对目标分类网络进行调整，最终实现跨制造场景的少样本表面缺陷检测。跨制造场景下 TL-SDD 整体框架示意图如图 3-24 所示。

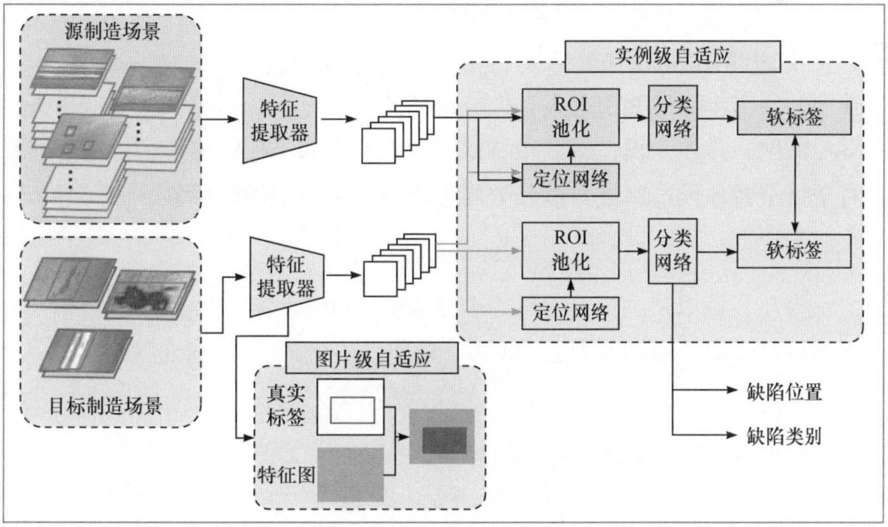

图 3-24　跨制造场景下 TL-SDD 整体框架示意图

1) 图片级自适应模块

图片级自适应模块是通过特征提取器对背景区域特征进行惩罚，从而抑制背景信息。尽管在特征提取模块采用 FPN 可以降低不同尺寸物体的训练难度，但复杂的背景仍然可能会干扰少样本场景下的检测性能。因此，图片级自适应模块为模型在目标域上的训练阶段增加了一个正则化项。具体来说，对于目标域中的输入图像，首先由特征提取模块生成特征图，然后用图像中所有目标缺陷对象的真实标签边界框遮住该特征图。由此，可以识别出与图像背景相对应的特征区域 F_{ima}。接着对 F_{ima} 进行 L2 正则化约束，网络会倾向于在背景区域输出 0 值，否则，就会受到惩罚。这样可以在抑制背景区域的同时更加关注目标对象，这对于只有很少样本的目标域模型训练尤为重要。图片级自适应模块的正则化项为

$$L_{\text{ima}} = \left\| F_{\text{ima}} \right\|_2 \tag{3-19}$$

2) 实例级自适应模块

实例级自适应模块是在缺陷定位后，将源域数据同时输入源分类网络与目标分类网络生成软标签，将源分类网络的软标签预测作为源域知识对目标分类网络进行调整，即将源分类网络的目标标签预测作为源域知识，对目标分类网络的训练进行正则化。与图像分类任务不同的是，检测任务中的分类要求应用于每个对象候选区域，而不是标准图像分类任务中的整个图像。因此，要为目标域中的每个对象候选区域设计正则化。首先，分别向源域和目标域模型输入目标域训练图像。然后将目标域定位后的特征图输入源域的 ROI 池化层和分类网络中，得到 softmax 分类前的 logits，进而得到源域信息 p_s^τ 为

$$p_s^\tau = \text{softmax}\left(z_s / \tau\right) \tag{3-20}$$

其中，z_s 为源域 softmax 函数输入 logits；τ 为温度参数。

其次，为了将源域知识融入目标域模型的训练过程，将目标域模型修改为多任务学习框架。具体来说，就是在目标域检测模型的末尾添加一个源对象软分类器。对于每个对象候选区域，该分类器生成源对象类别的软标签 p_t^τ 为

$$p_t^\tau = \text{softmax}\left(z_t / \tau\right) \tag{3-21}$$

其中，z_t 为在目标域模型中，源对象软分类器 softmax 输入 logits。

实例级自适应模块的损失 L_{ins} 即为源域信息 p_s^τ 与软标签 p_t^τ 的交叉熵损失，即

$$L_{\text{ins}} = \text{CrossEntroy}\left(p_s^\tau + p_t^\tau\right) \tag{3-22}$$

整个目标域网络在训练时的损失函数 L 为

$$L = L_{\text{loc}} + L_{\text{cla}} + L_{\text{reg}}$$

其中

$$L_{\text{reg}} = \lambda_{\text{ima}} L_{\text{ima}} + \lambda_{\text{ins}} L_{\text{ins}} \tag{3-23}$$

其中，λ_{ima} 为图片级自适应权重；λ_{ins} 为实例级自适应权重。

为了检测上述模型的性能，使用“广东省工业智能制造大数据创新大赛”中公开的铝材型表面缺陷数据集作为源域数据，分别使用东北大学热轧带钢表面缺陷数据集 NEU 和 DAGM 作为目标域数据。NEU 数据集收集了裂纹、划痕、压入氧化皮、夹杂、麻点和斑块 6 种缺陷，DAGM 数据集选择了 8 种缺陷。本节选择 AP 和平均 AP(mean AP，mAP)值作为评价指标。

这里选择 4 种基线方法进行对比。

(1) Faster R-CNN+Finetune。使用 ResNet-101 作为特征提取阶段的基础网络，使用源域数据预训练检测模型，之后固定 ResNet-101 前三种残差块的层数，使用目标域数据对网络进行微调。

(2) FAFRCNN。使用基于分割池的图像级自适应模块在不同位置上均匀提取和对齐成对的局部图像块特征，具有不同的尺度和长宽比；使用实例级适配模块成对的目标特性进行语义对齐，避免类间混淆。

(3) DT-SDD(只保留图片级自适应模块)。去掉 DT-SDD 模型中的实例级自适应模块，只保留图片级自适应模块。

(4) DT-SDD(只保留实例级自适应模块)。去掉 DT-SDD 模型中的图片级自适应模块，只保留实例级自适应模块。

DT-SDD 与对比方法在 NEU 数据集和 DAGM 数据集上的检测效果分别如表 3-8 和表 3-9 所示。

表 3-8　DT-SDD 与对比方法在 NEU 数据集上的检测效果(每类训练样本为 20 个)

方法	6 种缺陷下的 AP						mAP
	裂纹	划痕	压入氧化皮	夹杂	麻点	斑块	
Faster R-CNN +Finetune	0.351	0.448	0.472	0.367	0.315	0.502	0.409
FAFRCNN	0.407	0.531	0.485	0.451	0.396	0.557	0.471
DT-SDD (只保留图片级自适应模块)	0.388	0.554	0.481	0.493	0.321	0.593	0.472
DT-SDD (只保留实例级自适应模块)	0.393	0.541	0.509	0.479	0.343	0.572	0.473
DT-SDD	**0.472**	**0.602**	**0.511**	**0.524**	**0.475**	**0.591**	**0.529**

注：加粗数字表示最优性能，余同。

表 3-9　DT-SDD 与对比方法在 DAGM 数据集上的检测效果(每类训练样本为 20 个)

方法	8 种缺陷下的 AP								mAP
	划痕	凹陷	裂纹	气泡	腐蚀	污点	变色	凸起	
Faster R-CNN+Finetune	0.297	0.312	0.307	0.337	0.289	0.328	0.273	0.337	0.311
FAFRCNN	0.325	0.353	0.311	0.351	0.296	0.329	0.299	0.341	0.326

续表

方法	8 种缺陷下的 AP								mAP
	划痕	凹陷	裂纹	气泡	腐蚀	污点	变色	凸起	
DT-SDD (只保留图片级自适应模块)	0.371	0.393	0.362	0.402	0.337	0.389	0.329	0.377	0.369
DT-SDD (只保留实例级自适应模块)	0.339	0.358	0.357	0.384	0.329	0.391	0.331	0.369	0.357
DT-SDD	**0.397**	**0.401**	**0.382**	**0.403**	**0.341**	**0.411**	**0.397**	**0.399**	**0.391**

实验结果显示，DT-SDD 在 NEU 数据集上较其他 4 种对比方法的检测效果(mAP)平均分别提高了 12 个百分点、5.8 个百分点、5.7 个百分点和 5.6 个百分点。此外，DT-SDD 在 DAGM 数据集上的检测效果(mAP)平均分别提高了 8 个百分点、6.5 个百分点、2.2 个百分点和 3.4 个百分点。从结果可以看出，DT-SDD 对于跨制造场景的少样本表面缺陷检测具有实际意义。

3.4 基于联邦学习的协同制造知识增强

在制造企业中，一种常见的应用场景是基于统计学建立模型对产品质量进行检测，这也是产品质量控制的重点内容。然而，随着制造业的发展，制造企业的产品生产过程愈发复杂，超出了一般的统计规则，因此传统统计方法面对生产实际陷入困境[67]。为此，工程师借助机器学习算法，使用生产数据进行产品质量预测，从而帮助制造企业进行产品质量的控制。

在生产实际中，多个制造主体协同建立制造任务模型可以有效提升制造主体的智能水平，如多家制造企业中同类生产线的数据进行共享与协同优化，能够提高任务模型的精度，提升整体制造系统的响应能力；在这样的场景下，传统的分布式研究方案往往会因为隐私、保密等问题而陷入困境。第一，以欧洲联盟的《通用数据保护条例》[68]开端，各个国家开始建立隐私保护与数据安全的法律体系，传统机器学习研究中常用的数据整合将不再合法。第二，安全问题与竞争关系带来了数据孤岛与数据垄断问题，数据被限制在企业甚至一些部门内部而难以被其他人使用，这给依赖数据共享的传统人工智能研究方法带来了巨大挑战。第三，海量数据的处理需要大量的计算资源与存储资源，在处理难度上升的同时，企业的成本也在不断增长。

为应对以上挑战，近年来研究人员提出了联邦学习算法。联邦学习是一种隐私保护式的分布式学习框架。它将模型训练下放到数据产生的地方，之后再将训练好的模型加密传输回服务器进行整合。整个过程中原始数据仍保存在各企业，通过模型也无法反推出企业的原始数据，用户数据私密性的问题得到了很好的解决。同时，由于模型训练是在用户原始的本地数据上进行的，所以与去除了隐私的数据上的传统训练相比，联邦学习具有更高的准确率。

本节旨在研究制造业中的联邦学习场景，通过联邦学习实现制造主体协同知识增强。本节的工作主要包括以下方面：

(1) 针对制造场景中普遍存在的数据异构带来的模型收敛困难问题，提出高效的混合联邦学习框架，通过少量的共享数据与基于云的辅助模型解决数据异构难题。

(2) 针对制造车间中巡检机器人面临的制造环境切换带来的遗忘问题，提出跨环境联邦持续学习框架，通过参数融合网络与相应的跨环境策略缓解持续学习过程与联邦学习参数聚合过程的冲突。

3.4.1　群智制造与联邦学习

目前，联邦学习已经在物联网、医疗、智慧城市、互联网和金融等场景有相关的研究和应用。例如，谷歌利用联邦学习进行下一词和表情的预测以及学习词汇表外的单词[69-71]，微众银行利用联邦学习训练机器人的自动驾驶[72]及增强安全监控[73]，IBM 公司利用联邦学习检测金融不当行为[74]。在以上场景中，联邦学习引入去集中化的思想，避免了数据集中处理带来的隐私与保密问题，同时解决了传统数据处理需要大规模计算资源和存储资源的问题，这与协同制造中面临的场景类似。因此，在制造业中引入联邦学习，有助于制造企业保护隐私数据，实现跨企业协同。

联邦学习的一般训练过程如下：在联邦学习中，发起联邦学习的一方称为服务器端，提供数据的多方称为客户端。服务器端与客户端之间传输的信息都是加密的，无法反向生成原始数据的信息，因而各客户端上的本地数据不会有隐私泄露的问题。

联邦学习流程示意图如图 3-25 所示。具体流程如下：

(1) 服务器端发送初始化模型(模型 0)到客户端。

(2) 客户端在各自本地数据上进行训练。

(3) 客户端将训练得到的模型(仅包含参数、梯度等不涉及隐私的信息)返回到服务器端进行整合。

(4) 服务器端将整合后的模型再次发送到客户端，迭代进行多次训练。

根据客户端提供的数据集之间的关系，联邦学习可分为三类：横向联邦学习、纵向联邦学习、联邦迁移学习[75]。

1. 横向联邦学习

当联邦学习场景中各客户端数据集的特征大致相同，而不同数据集中的样本特征各不相同时，联邦学习称为横向联邦学习，例如，在智能制造场景下，客户端 A 与客户端 B 是两个不同的制造企业，二者拥有相同的生产线结构与机器配置，由于隐私保护条例的约束，二者不能通过整合数据的方式进行机器学习，而在单个公司

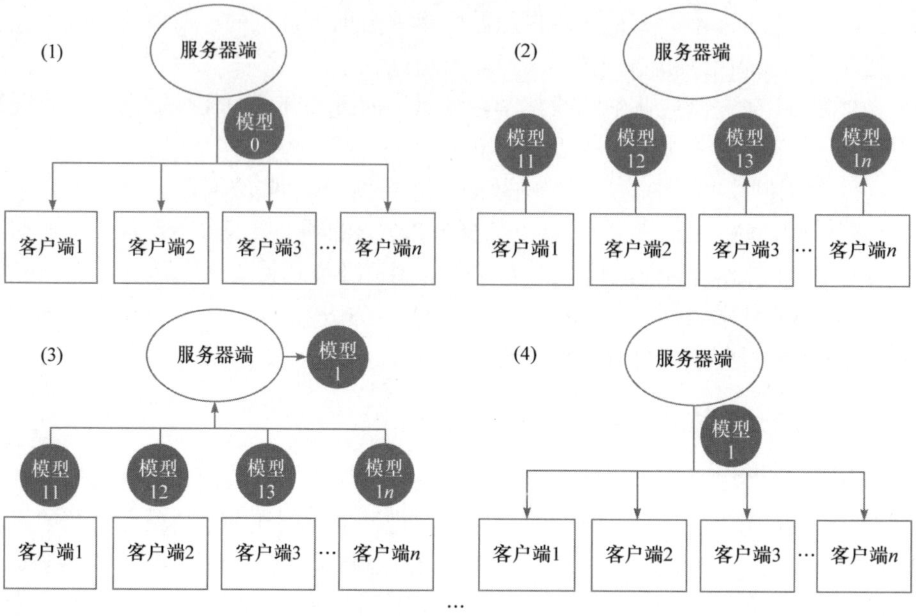

图 3-25　联邦学习流程示意图

内部进行训练时数据量不足会导致训练效果不好，所以两家公司选择了横向联邦学习的方案。其生产线上的产品没有交集，由于生产线配置大体相同，其采集的制造数据代表相同的特征。

2. 纵向联邦学习

当联邦学习场景中各客户端数据集的样本空间大致相同，而不同数据集中的特征含义各不相同时，联邦学习称为纵向联邦学习，例如，在智能制造场景下，客户端 A 与客户端 B 是两个不同的制造企业，二者分别属于一条生产线的上下游，由于隐私保护条例的约束，二者不能整合全部数据进行模型训练，而在单个公司内部进行训练时特征不完全会导致训练效果较差，所以两家公司选择了纵向联邦学习的方案。其生产线结构与配置不同，因而其特征空间没有交集。由于每个产品都会经过两家公司的生产线，所以它们采集的制造数据共享相同的产品 ID。

3. 联邦迁移学习

联邦学习场景中存在各客户端数据集样本空间不同的问题，如数据之间的样本和特征重叠较少、数据集分布差异大、数据规模差异大以及部分参与者缺少甚至缺失样本标注，此时，可以使用联邦迁移学习来解决这些问题，帮助数据量少的企业建立更加精确的模型。例如，在智能制造场景下，客户端 A 与客户端 B 是两个不同的制造企业，二者加工不同的产品，客户端 A 数据量大，客户端 B 数据量小，客户端 A 与客户端 B 的数据具有一定的相似性，客户端 B 想将客户端 A 训练的模型迁移到自己的制造过程中，但是隐私保护条例的约束导致不能将客户端 A 的数据直接给客户端 B，此时两家公司可以通过联邦迁移学习实现知识的共享。

3.4.2　高通信效率的混合联邦学习框架

在制造业场景中，数据的异构分布为横向联邦学习的收敛带来了巨大困难，使得传统的联邦学习算法(如 FedAvg)变得低效。为应对数据异构挑战，往往在制造业中采用一些非隐私的、公开的数据，如来自行业标准、企业联盟的共享数据，这部分数据由于数据量较小，难以直接训练出高精度模型，所以往往无法得到有效利用。

因此，本小节假设共享数据包含所有类别的数据，尽管数据量较少，但是其训练出来的模型仍具有一定的泛化能力。以图像分类任务为例，将这部分共享数据训练为一个辅助模型，尽管该模型精度较低，但仍具有分辨类别图片的基础能力，如分辨颜色、轮廓等。本小节利用迁移学习的思想，将辅助模型学习到的通用知识迁移到联邦学习的全局模型中，以此来提高横向联邦学习的通信效率，缓解数据异构挑战。

该方法称为基于辅助模型的联邦学习(federated learning with auxiliary model, FedAux)。其主要思想是：辅助模型通过预训练掌握较多的通用知识，可以基于知识迁移的方法将这部分先验知识赋予聚合后的模型，以减少低效的联邦聚合轮次。FedAux 算法实现步骤(图 3-26)如下：

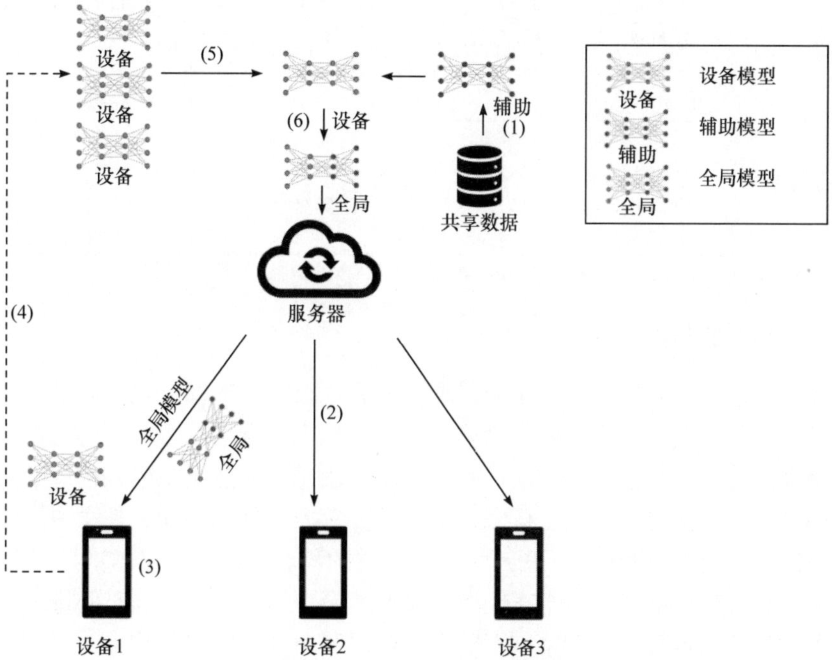

图 3-26　FedAux 算法实现步骤

(1) 基于共享数据训练出一个辅助模型。辅助模型和全局模型、设备模型具有相同的结构，以便于后续的知识迁移。

(2) 将全局模型分发给所有设备。

(3) 设备基于全局模型的参数，在本地数据集上进行参数更新。

(4) 设备上传自己的本地模型。

(5) 模型参数平均聚合。

(6) 将预先训练好的辅助模型的通用知识迁移到全局模型。

进一步，FedAux 根据迁移学习中的微调以及冻结两种设计，可以分别扩展成名为 FedAux-直接迁移(FedAux-it)与 FedAux-持续迁移(FedAux-ct)的变体方法。实验结果表明，在 CIFAR-10 数据集上，当设备数量为 10 时，FedAux-ct 方法获得了最高的全局模型精度；当设备数量为 100 时，FedAux-it 方法则取得了最高的精度。在 FMNIST 数据集上，除了在设备数量为 10 且设备参与率为 30%的情况下，FedAux-it 方法获得最高的模型精度外，在其余所有情况下，FedAux-ct 方法均表现出最高的全局模型精度。FedAux 实验结果如表 3-10 所示。

表 3-10　FedAux 实验结果

数据集	方法	设备数目和设备参与率分别不同时的全局模型精度					
		10			100		
		30%	50%	100%	30%	50%	100%
CIFAR-10	FedAvg	57.57	58.04	59.84	45.33	43.61	44.76
	Hybrid-FL	60.42	58.15	56.53	43.71	44.24	42.92
	FedAux-ct	**68.05**	**68.36**	**68.34**	52.06	52.41	52.36
	FedAux-it	62.76	63.05	63.07	**56.30**	**56.93**	**56.51**
FMNIST	FedAvg	72.38	73.27	72.77	68.30	70.87	66.44
	Hybrid-FL	73.12	74.60	73.61	70.11	66.02	67.82
	FedAux-ct	73.24	**75.13**	**75.00**	**73.96**	**73.39**	**73.00**
	FedAux-it	**73.94**	73.54	74.26	65.16	69.73	69.21

注：Hybrid-FL 表示混合联邦学习；FMNIST 表示 10 分类的图像分类视觉任务数据集。

3.4.3　跨环境联邦持续学习

随着制造业的发展，大型车间需要不同移动机器人巡回检视生产过程。由于生产环境趋于复杂，一个环境中的多个移动机器人联合训练可以使得机器人获得更为强大的巡回检测模型。在航空航天等隐私敏感的制造系统中，传统的云计算等集中式训练方法可能导致工厂私密数据泄露等安全问题，而联邦学习可以为机器人协同训练提供隐私保障。联邦学习设置中的移动机器人迁移场景如图 3-27 所示。由于任务调度需求，一个车间中的某些机器人可能会进入新车间进行巡回检视任务的训练与推理。由于不同车间的生产场景可能存在光照环境、车间布局等方面的差异，移动机器人来到新车间后极易遗忘原车间的知识，在返回原车间后需要重新参与训练过程，导致资源浪费。因此，在联邦学习模式下使得移动机器人如何在不遗忘原任务的前提下学习新任务尤为关键。

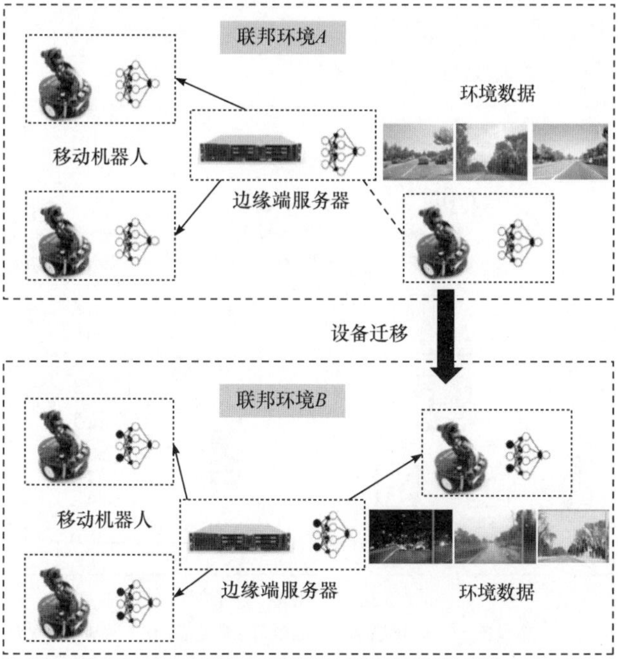

图 3-27　联邦学习设置中的移动机器人迁移场景

为了应对以上挑战，本节提出跨场景联邦持续学习(cross-edge federated continual learning，Cross-FCL)算法。该算法主要包含参数融合网络与跨环境策略两个部分。

1. 参数融合网络

在大型车间巡回检视场景中，动态机器人携带来自原任务的模型，参与新环境中的联邦学习过程。由于原任务的模型和新环境的全局模型是两个独立训练的模型，当移动机器人上传原任务的模型参数时，服务器通过聚合得到的全局参数会转移到当前任务中，导致灾难性的遗忘。如果只使用常规的持续学习算法，在局部训练中使用正则化项或核心集，使模型不断回忆原任务的信息，则无法避免联合参数聚合导致的遗忘，只能重复遗忘-回忆-再遗忘的过程。

造成上述困境的主要原因是，只有一个模型或参数同时用于持续学习过程和联邦学习过程，因此本小节采用加性参数分离[76]方法，将机器人的本地模型分为基础参数与任务适应参数，避免了持续学习过程与联邦聚合过程的冲突，参数融合网络如图 3-28 所示。其中，基础参数是参与联邦学习的共享参数，描述了智能体之间的共同知识，而任务适应参数描述了每个智能体对某个任务的知识。机器人 c_c 对第 t 个任务的模型参数定义为

$$\theta_c^{(t)} = B_c^{(t)} \odot m_c^{(t)} + A_c^{(t)} \tag{3-24}$$

其中，$B_c^{(t)}$ 是在机器人 c_c 的第 t 个任务中共享的基础参数；$m_c^{(t)}$ 是基础参数上作为注意力机制的掩码，使得学习器只关注当前参数中与当前任务 t 相关的部分；$A_c^{(t)}$ 是机器人 c_c 针对任务 t 的任务适应参数。

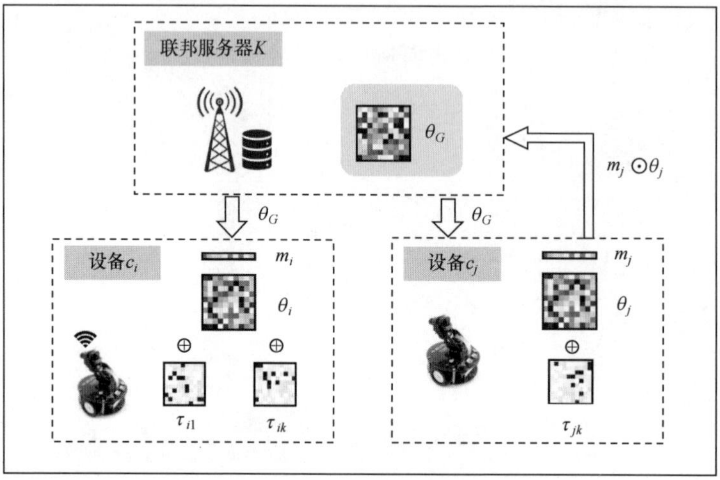

图 3-28 参数融合网络

θ_G：全局模型参数；$\theta_i(\theta_j)$：来自设备 $c_i(c_j)$ 的模型参数；$m_i(m_j)$：对设备 $c_i(c_j)$ 的基于注意力机制的掩码；$\tau_{il}(\tau_{ik})$：设备 $c_i(c_k)$ 上关于任务 $l(k)$ 的任务适应参数

每个智能体的目标函数为

$$\min_{B_c^{(t)}, m_c^{(t)}, A_c^{(t)}} L\left(\left\{B_c^{(t)} \odot m_c^{(t)} + A_c^{(t)}\right\}, D_c^{(t)}\right) + \lambda_1 \left\| A_c^{(t)}, m_c^{(t)} \right\|_1 + \lambda_2 \left\| \Delta B_c^{(t)} \odot m_c^{(i)} + \Delta A_c^{(i)} \right\|_2^2 \tag{3-25}$$

其中，L 是一个损失函数；$\Delta B_c^{(t)} = B_c^{(t)} - B_c^{(t-1)}$ 是机器人 c_c 当前任务与前一个任务的差异；$\Delta A_c^{(i)}$ 是当前任务 i 与过去的任务 $\{1:i-1\}$ 的差异；λ_1 和 λ_2 是控制两个正则化项的超参数。

2. 跨环境策略

进入新车间后，移动机器人的原任务参数与当前车间中其他机器人的当前任务参数聚合，导致最终的全局模型知识转移到当前任务。由于任务自适应参数在本地保留，不参与联邦聚合，参数融合网络在一定程度上解决了上述问题，但参与联邦学习的基础参数仍需要选择有效的聚合策略，因此本节提出四种可以应用于跨环境联邦学习框架的策略。

(1) 替换(Cross-replace)：移动机器人 c_d 切换环境后，在被服务器确认其非恶意的前提下，使其基础参数 $B_d^{(t-1)}$ 替换当前环境 k 的基础参数 $B_c^{(t)}$，也就是在参数聚合过程中将移动机器人模型的聚合权重设为 1，其他设备模型的聚合权重设为 0。

(2) 抛弃(Cross-discard)：移动机器人 c_d 切换环境后，抛弃本地基础参数 $B_d^{(t-1)}$，下载新环境服务器发送的参数作为本地基础参数进行训练。

(3) 微调(Cross-finetune)：移动机器人 c_d 切换环境后，先利用新环境的数据微调本地基础参数 $B_d^{(t-1)}$，再进行替换操作。

(4) 融合(Cross-merge)：根据新任务与原任务的数据量对两个环境的基础参数进行加权融合，用得到的参数替换新环境的基础参数。

本小节在 2 个任务以及每个任务 5 个机器人的模拟场景下对提出的 Cross-FCL 算法进行了实验，在不同任务关系下对四种跨环境策略的效果进行了验证，迁移机器人的模型精度表现如表 3-11 所示，取任务平均精度作为度量标准。

表 3-11　迁移机器人的模型精度表现

策略	CIFAR-100 to CIFAR-100	CIFAR-100 to Trafficsigns	Trafficsigns to CIFAR-100
FedAvg	0.4358	0.4217	0.4091
Cross-replace	0.6192	**0.7519**	**0.7754**
Cross-discard	**0.6258**	0.7398	0.7651
Cross-finetune	0.6217	0.7459	0.7616
Cross-merge	0.6183	0.7511	0.7631

注：Trafficsigns 是一个交通标志图像分类数据集。

可以看出，利用 Cross-FCL 算法可以大幅度提升模型的记忆性，在本小节使用的四种跨环境策略中，替换策略的平均表现更好。

3.5　本 章 小 结

在智能制造场景下，针对制造主体个体感知能力弱、学习能力受限等问题，本章深入研究了模型情境自适应、群智自学习、跨实体/场景知识迁移、分布式协同制造知识增强方法。首先，围绕制造主体智能感知与自学习增强问题，以智能制造业零件加工等图像任务为背景，提出了基于模型压缩的制造主体可伸缩情境感知方法、混合精度量化的自适应计算方法，基于模型分割的边缘端融合高效自适应感知方法，以及压缩与分割策略融合的可伸缩情境感知方法。其次，围绕群智能体自学习增强问题，以制造业多 AGV 物料输送任务为背景，提出了基于深度强化学习的信息势场奖励的任务分配方法、分层内在激励的调度方法。再次，围绕跨制造实体/场景知识迁移问题，以制造业产品的表面缺陷检测任务为背景，提出了基于知识迁移的表面缺陷检测方法，以提升类别不均衡以及跨制造场景下智能模型的检测性能。最后，围绕协同制造知识增强问题，以多制造产品线/企业协同的分布式训练任务为背景，提出了基于联邦学习的高通信效率学习框架、跨环境的联邦持续学习算法，在保护数据隐私的同时有效提升了制造主体学习模型的智能水平。

参考文献

[1] Krizhevsky A, Sutskever I, Hinton G E. ImageNet classification with deep convolutional neural networks[J]. Communications of the ACM, 2017, 60(6): 84-90.

[2] He K M, Zhang X Y, Ren S Q, et al. Deep residual learning for image recognition[C]// Proceedings of the IEEE Conference on Computer Vision and Pattern Recognition, 2016: 770-778.

[3] Alom M Z, Taha T M, Yakopcic C, et al. A state-of-the-art survey on deep learning theory and architectures[J]. Electronics, 2019, 8(3): 292.

[4] Zhou Z, Chen X, Li E, et al. Edge intelligence: Paving the last mile of artificial intelligence with edge computing[J]. Proceedings of the IEEE, 2019, 107(8): 1738-1762.

[5] Luo P, Zhu Z Y, Liu Z W, et al. Face model compression by distilling knowledge from neurons[C]//Proceedings of the Thirtieth AAAI Conference on Artificial Intelligence, 2016: 3560-3566.

[6] Jaderberg M, Vedaldi A, Zisserman A. Speeding up convolutional neural networks with low rank expansions[C]//Proceedings of the British Machine Vision Conference, 2014: 239-246.

[7] Lin M, Chen Q, Yan S. Network in network[C]// 2014 International Conference on Learning Representations, 2014: 1587-1596.

[8] Han S, Pool J, Tran J, et al. Learning both weights and connections for efficient neural networks[C]// Proceedings of the 28th International Conference on Neural Information Processing Systems, 2015: 1135-1143.

[9] Luo J H, Wu J X, Lin W Y. ThiNet: A filter level pruning method for deep neural network compression[C]//Proceedings of the IEEE International Conference on Computer Vision, 2017: 5068-5076.

[10] Courbariaux M, Bengio Y, David J P. Binaryconnect: Training deep neural networks with binary weights during propagations[J]. Advances in Neural Information Processing Systems, 2015: 28.

[11] Zhu C, Han S, Mao H, et al. Trained ternary quantization[C]//International Conference on Learning Representations, 2017: 105-114.

[12] Howard A, Zhmoginov A, Chen L C, et al. Inverted residuals and linear bottlenecks: Mobile networks for classification, detection and segmentation[C]//Proceedings of the IEEE/CVF Conference on Computer Vision and Pattern Recognition, 2018: 4510-4520.

[13] Szegedy C, Liu W, Jia Y Q, et al. Going deeper with convolutions[C]//Proceedings of the IEEE Conference on Computer Vision and Pattern Recognition, 2015: 1-9.

[14] Liu S C, Lin Y Y, Zhou Z M, et al. On-demand deep model compression for mobile devices: A usage-driven model selection framework[C]//Proceedings of the 16th Annual International Conference on Mobile Systems, Applications, and Services, 2018: 389-400.

[15] Zhao Z R, Barijough K M, Gerstlauer A. DeepThings: Distributed adaptive deep learning inference on resource-constrained IoT edge clusters[J]. IEEE Transactions on Computer-Aided

Design of Integrated Circuits and Systems, 2018, 37(11): 2348-2359.
[16] Kang Y P, Hauswald J, Gao C, et al. Neurosurgeon: Collaborative intelligence between the cloud and mobile edge[J]. ACM SIGARCH Computer Architecture News, 2017, 45(1): 615-629.
[17] Li H S, Hu C H, Jiang J Y, et al. JALAD: Joint accuracy-and latency-aware deep structure decoupling for edge-cloud execution[C]//2018 IEEE 24th International Conference on Parallel and Distributed Systems, 2018: 671-678.
[18] Mao J C, Chen X, Nixon K W, et al. MoDNN: Local distributed mobile computing system for deep neural network[C]//Design, Automation and Test in Europe Conference and Exhibition, 2017: 1396-1401.
[19] Ko J H, Na T, Amir M F, et al. Edge-host partitioning of deep neural networks with feature space encoding for resource-constrained internet-of-things platforms[C]//2018 15th IEEE International Conference on Advanced Video and Signal Based Surveillance, 2018: 1-6.
[20] Hu C, Bao W, Wang D, et al. Dynamic adaptive DNN surgery for inference acceleration on the edge[C]//IEEE INFOCOM 2019-IEEE Conference on Computer Communications, 2019: 1423-1431.
[21] Shen J H, Fu Y G, Wang Y, et al. 2020. Fractional skipping: Towards finer-grained dynamic cnn inference[C]//Proceedings of AAAI Conference on Artificial Entelligence, 2020: 5700-5708.
[22] Liu N, Ma X L, Xu Z Y, et al. AutoCompress: An automatic DNN structured pruning framework for ultra-high compression rates[C]//Proceedings of the AAAI Conference on Artificial Intelligence, 2020: 4876-4883.
[23] Chen Y H, Emer J, Sze V. Eyeriss: A spatial architecture for energy-efficient dataflow for convolutional neural networks[C]//ACM/IEEE 43rd Annual International Symposium on Computer Architecture, 2016: 367-379.
[24] Yang T J, Chen Y H, Sze V. Designing energy-efficient convolutional neural networks using energy-aware pruning[C]//Proceedings of the IEEE Conference on Computer Vision and Pattern Recognition, 2017: 6071-6079.
[25] Wang J, Zhang Y, Liu Y, et al. Multiagent and bargaining-game-based real-time scheduling for internet of things-enabled flexible job shop[J]. IEEE Internet of Things Journal, 2019, 6(2): 2518-2531.
[26] Demesure G, Defoort M, Bekrar A, et al. Decentralized motion planning and scheduling of AGVs in an FMS[J]. IEEE Transactions on Industrial Informatics, 2018, 14(4): 1744-1752.
[27] Wang W B, Zhang Y F, Zhong R Y. A proactive material handling method for CPS enabled shop-floor[J]. Robotics and Computer-Integrated Manufacturing, 2020, 61: 101849.
[28] Luo S P, Yang T. Design of real-time task monitoring system of AGV[J]. Process Automation Instrumentation, 2018, 39(11): 95-98, 102.
[29] Kaelbling L P, Littman M L, Moore A W. Reinforcement learning: A survey[J]. Journal of Artificial Intelligence Research, 1996, 4: 237-285.
[30] Vinyals O, Babuschkin I, Czarnecki W M, et al. Grandmaster level in StarCraft II using multi-agent reinforcement learning[J]. Nature, 2019, 575(7782): 350-354.
[31] Sunehag P, Lever G, Gruslys A, et al. Value-decomposition networks for cooperative multi-agent

learning based on team reward[C]//Proceedings of the 17th International Conference on Autonomous Agents and MultiAgent Systems, 2018: 2085-2087.

[32] Rashid T, Samvelyan M, de Witt C S, et al. QMIX: Monotonic value function factorisation for deep multi-agent reinforcement learning[C]//International Conference on Machine Learning, 2018: 4295-4304.

[33] Lowe R, Wu Y, Tamar A, et al. Multi-agent actor-critic for mixed cooperative-competitive environments[C]//Proceedings of the 31st International Conference on Neural Information Processing Systems, 2017: 6382-6393.

[34] Foerster J, Farquhar G, Afouras T, et al. Counterfactual multi-agent policy gradients[C]// Thirty-second AAAI Conference on Artificial Intelligence, 2018: 1-10.

[35] Peng P, Wen Y, Yang Y, et al. Multiagent bidirectionally-coordinated nets: Emergence of human-level coordination in learning to play starcraft combat games[J]. arXiv preprint arXiv:1703.10069, 2017.

[36] Sui Z Z, Pu Z Q, Yi J Q, et al. Path planning of multiagent constrained formation through deep reinforcement learning[C]//2018 International Joint Conference on Neural Networks, 2018: 1-8.

[37] Wang Y, Fang Y L, Lou P, et al. Deep reinforcement learning based path planning for mobile robot in unknown environment[J]. Journal of Physics Conference Series , 2020, 1576: 012009.

[38] Singh A, al-Abbasi A O, Aggarwal V. A distributed model-free algorithm for multi-hop ride-sharing using deep reinforcement learning[J]. IEEE Transactions on Intelligent Transportation Systems, 2022, 23(7): 8595-8605.

[39] Hua H C, Qin Y C, Hao C T, et al. Optimal energy management strategies for energy Internet via deep reinforcement learning approach[J]. Applied Energy, 2019, 239: 598-609.

[40] Sartoretti G, Wu Y, Paivine W, et al. Distributed Reinforcement Learning for Multi-robot Decentralized Collective Construction[M]. Cham: Springer, 2019.

[41] Wang M, Deng W H. Deep visual domain adaptation: A survey[J]. Neurocomputing, 2018, 312: 135-153.

[42] Zhang Y, Yang Q. A survey on multi-task learning[J]. IEEE Transactions on Knowledge and Data Engineering, 2022, 34(12): 5586-5609.

[43] Hospedales T, Antoniou A, Micaelli P, et al. Meta-learning in neural networks: A survey[J]. arXiv preprint arXiv:2004.05439, 2020.

[44] Cha Y J, Choi W, Büyüköztürk O. Deep learning-based crack damage detection using convolutional neural networks[J]. Computer-Aided Civil and Infrastructure Engineering, 2017, 32(5): 361-378.

[45] Zhou B L, Khosla A, Lapedriza A, et al. Learning deep features for discriminative localization[C]//Proceedings of the IEEE Conference on Computer Vision and Pattern Recognition, 2016: 2921-2929.

[46] Selvaraju R R, Cogswell M, Das A, et al. Grad-CAM: Visual explanations from deep networks via gradient-based localization[C]//Proceedings of the IEEE International Conference on Computer Vision, 2017: 618-626.

[47] Lin H, Li B, Wang X G, et al. Automated defect inspection of LED chip using deep

convolutional neural network[J]. Journal of Intelligent Manufacturing, 2019, 30(6): 2525-2534.
[48] Zhou F, Liu G H, Xu F, et al. A generic automated surface defect detection based on a bilinear model[J]. Applied Sciences, 2019, 9(15): 3159.
[49] Ren S Q, He K M, Girshick R, et al. Faster R-CNN: Towards real-time object detection with region proposal networks[J]. arXiv preprint arXiv: 1506.01497, 2015.
[50] Liu W, Anguelov D, Erhan D, et al. SSD: Single shot multibox detector[C]//European Conference on Computer Vision, Cham, 2016: 21-37.
[51] Redmon J, Divvala S, Girshick R, et al. You only look once: Unified, real-time object detection[C]//Proceedings of the IEEE Conference on Computer Vision and Pattern Recognition, 2016: 779-788.
[52] Huang Y B, Qiu C Y, Yuan K. Surface defect saliency of magnetic tile[J]. The Visual Computer, 2020, 36(1): 85-96.
[53] Tao X, Zhang D P, Wang Z H, et al. Detection of power line insulator defects using aerial images analyzed with convolutional neural networks[J]. IEEE Transactions on Systems, Man, and Cybernetics: Systems, 2020, 50(4): 1486-1498.
[54] Marino S, Beauseroy P, Smolarz A. Weakly-supervised learning approach for potato defects segmentation[J]. Engineering Applications of Artificial Intelligence, 2019, 85: 337-346.
[55] Niu S L, Lin H, Niu T Z, et al. DefectGAN: Weakly-supervised defect detection using generative adversarial network[C]//2019 IEEE 15th International Conference on Automation Science and Engineering, 2019: 127-132.
[56] Zhu J Y, Park T, Isola P, et al. Unpaired image-to-image translation using cycle-consistent adversarial networks[C]//Proceedings of the IEEE International Conference on Computer Vision, 2017: 2223-2232.
[57] He D, Xu K, Zhou P, et al. Surface defect classification of steels with a new semi-supervised learning method[J]. Optics and Lasers in Engineering, 2019, 117: 40-48.
[58] Odena A. Semi-supervised learning with generative adversarial networks[C]//Data Efficient Machine Learning workshop at ICML, 2016: 1-3.
[59] He Y, Song K C, Dong H W, et al. Semi-supervised defect classification of steel surface based on multi-training and generative adversarial network[J]. Optics and Lasers in Engineering, 2019, 122: 294-302.
[60] Zhao L J, Bai H H, Liang J, et al. Simultaneous color-depth super-resolution with conditional generative adversarial networks[J]. Pattern Recognition, 2019, 88: 356-369.
[61] Gao Y P, Gao L, Li X Y, et al. A semi-supervised convolutional neural network-based method for steel surface defect recognition[J]. Robotics and Computer-Integrated Manufacturing, 2020, 61: 101825.
[62] Finn C, Abbeel P, Levine S. Model-agnostic meta-learning for fast adaptation of deep networks[C]//Proceedings of the 34th International Conference on Machine Learning, 2017: 1126-1135.
[63] Santoro A, Bartunov S, Botvinick M, et al. Meta-learning with memory-augmented neural networks[C]//International Conference on Machine Learning, 2016: 1842-1850.

[64] Snell J, Swersky K, Zemel R. Prototypical networks for few-shot learning[J]. Advances in Neural Information Processing Systems, 2017: 30.

[65] He K M, Zhang X Y, Ren S Q, et al. Deep residual learning for image recognition[C]// Proceedings of the IEEE Conference on Computer Vision and Pattern Recognition, 2016: 770-778.

[66] Lin T Y, Dollár P, Girshick R, et al. Feature pyramid networks for object detection[C]// Proceedings of the IEEE Conference on Computer Vision and Pattern Recognition, 2017: 2117-2125.

[67] 靳江伟. 基于改进支持向量机的产品质量预测研究[D]. 哈尔滨: 东北林业大学, 2016.

[68] Goddard M. The EU general data protection regulation (GDPR): European regulation that has a global impact[J]. International Journal of Market Research, 2017, 59(6): 703-705.

[69] Yang T, Andrew G, Eichner H, et al. Applied federated learning: Improving google keyboard query suggestions[J]. arXiv preprint arXiv:1812.02903, 2018.

[70] Ramaswamy S, Mathews R, Rao K, et al. Federated learning for emoji prediction in a mobile keyboard[J]. arXiv preprint arXiv:1906.04329, 2019.

[71] Chen M, Mathews R, Ouyang T, et al. Federated learning of out-of-vocabulary words[J]. arXiv preprint arXiv:1903.10635, 2019.

[72] Liang X, Liu Y, Chen T, et al. Federated transfer reinforcement learning for autonomous driving[M]//Federated and Transfer Learning. Cham: Springer International Publishing, 2022: 357-371.

[73] Liu Y, Huang A B, Luo Y, et al. FedVision: An online visual object detection platform powered by federated learning[C]//Proceedings of the AAAI Conference on Artificial Intelligence, 2020: 13172-13179.

[74] Suzumura T, Zhou Y, Baracaldo N, et al. Towards federated graph learning for collaborative financial crimes detection[J]. arXiv preprint arXiv:1909.12946, 2019.

[75] Yang Q, Liu Y, Chen T J, et al. Federated machine learning: Concept and applications[J]. ACM Transactions on Intelligent Systems and Technology, 2019, 10(2): 12.

[76] Yoon J, Kim S, Yang E, et al. Scalable and Order-robust Continual Learning with Additive Parameter Decomposition[C]//International Conference on Learning Representations, 2020: 1-15.

第 4 章　智能群体诊断与控制

近年来，在计算机、信息处理、通信和传感技术迅猛发展的带动下，数据和信息在人类社会、物理空间和信息空间之间有着越来越深入的交叉融合，以及越来越强烈的相互作用。随着大数据的涌现、人工智能技术的发展，数据驱动技术及智能系统越来越多地服务于军事、信息、工业、经济、交通等领域，使人类社会由信息化时代步入智能化阶段[1]。基于新兴技术的交叉融合，以及智能系统和智能设备的接入，当今的制造业形成了人、机、物融合的智能工业生产互联，企业内部形成了一个庞大的多智能群体复杂系统。在所构成的群智空间中对该复杂系统进行协同优化控制，是当今智能生产制造企业面临的重大挑战。一方面，由于企业内部多智能群体复杂系统的复杂程度和不确定性越来越高，该系统的安全与高效生产问题亟待解决；另一方面，生产制造过程中普遍存在的外界未知扰动严重影响着多智能群体复杂系统的控制、多任务优化决策等重要环节，极大地制约了制造企业的生产效能。为了保证制造企业智慧空间的安全、可靠、优化运行，研究在未知扰动以及非完全信息交互条件下，基于数据的智能群体分布式控制与优化决策是当前智能生产制造企业亟待解决的问题。

面对越来越高的服务和应用要求，一方面，制造企业复杂生产流程可以配备先进的嵌入式处理器，并且集成度和复杂度变得越来越高。它们可能具备由众多智能子系统或智能元件组成的结构，并针对复杂的生产环境配备多种运行模式。另一方面，制造企业复杂生产流程的控制学习算法正从早期的基于工程知识的学习逐步转化为基于数据驱动的学习，从强调与追求个体智能转化为重视基于网络的群体智能控制，形成群体使能的物联网、互联网服务与应用[2]。当今制造企业复杂生产流程一般采用分布式(或网络化)控制的架构，这种架构在一定程度上能更有效地保障系统的性能、可靠性以及设计的便捷性。然而，由于系统结构的复杂性、参数和结构带来的不确定性、强非线性、动态性以及受到的未知外部扰动等，当今制造企业复杂生产流程中控制系统的设计也变得越来越复杂，传统的基于系统模型的设计往往不能带来满意的服务和应用。一方面，系统的建模周期很长，甚至一些复杂系统的机理模型难以建立；另一方面，系统元件的老化或者新元件的装备，使得系统模型需要反复更新和调整。这使得基于模型的控制系统设计方法往往提高了复杂系统的设计成本，并且建模过程中近似处理带来的偏差和模型不确定性也为建模之后系统的安全性和可靠性设计带来难题。在这些集成度、复杂度越来越高的复杂系统中，系统(或子系统)中的某一个异常通常很难被实时诊断并准确定位，这使得工程师或者自动控制系统很难及时地做出相应的决策来保证系统安全。有时，甚至一个局部设备的异常事件都可能导致整个生产线的性能下降，降低制造产品的质量，严重的还会造成巨大的经济损失并危及生命安全。因此，无论是在研究领域还是在应用领域，自动控制系统的安全性和可靠性都受到了广泛关注。

从 20 世纪 80 年代开始，随着对系统安全性和可靠性的要求越来越高，故障诊断与隔离技术引起了学术界和工业界越来越多的关注。随着控制理论的发展，成熟的基于模型的故障诊断与容错控制理论框架已经被建立起来，并在智能制造领域得到了广泛应用[3-10]。与常用的硬件冗余策略相比，基于模型的故障诊断方法通常称为软件冗余策略。软件冗余策略的核心[10]是，使用与系统相同的组件(硬件设备或软件模型)来构造残差信号(实际系统与冗余组件测量值之差)，并通过对残差信号的分析与评估达到故障诊断的目的。在实际应用中，实际控制系统的结构往往非常复杂，构造精准的模型需要耗费大量的时间和人力，有时甚至无法建立精确模型。模型构建时造成的偏差，加上实际系统运行时外部环境中可能存在的未知扰动，往往给基于模型的故障诊断方法在复杂系统中的实际应用带来挑战，进而会对制造设备控制决策的制定以及产品质量造成严重影响。

随着计算机科学与技术的发展，基于测量数据的故障诊断与容错控制方法逐渐兴起。在现有方法中，基于多变量统计的故障诊断方法(如主成分分析法、偏最小二乘法、独立变量分析法、支持向量机等)被许多学者研究[4,5,11,12]，并在制造设备的智能诊断与控制中得到了广泛应用。然而，这类方法忽略了闭环控制回路造成的影响，应用在实际制造设备(如智能小车、智能机械臂、智能机器人等)故障诊断时通常会导致较高的误报率或漏检率。源于以上诊断问题，系统模型和数据驱动相结合的方法近年来得到了更多的关注。比较直接的方法是：首先使用测量数据进行模型辨识，然后基于辨识出的模型设计有效的诊断和容错控制系统。与常规辨识系统参数的数据驱动诊断方法不同，基于系统核描述与象描述的设计[13]避免了系统参数辨识，直接利用采集到的测量数据设计诊断与容错控制系统。另外，通过引入描述低层技术组件的性能和高层产品质量之间量化关系的关键性能指标的概念，面向关键性能指标的诊断方法[14,15]被广泛地应用于实际工业系统的诊断中。近年来，随着产品性能的完善化、结构的复杂化、精细化以及功能的多样化，产品所包含的设计信息和工艺信息量猛增，生产线和生产设备内部的信息流量增加，制造过程和管理工作的信息量也急剧增加。制造系统正由能量驱动型转变为信息驱动型，这就要求制造系统不仅需要具备柔性，还需要具备分布式的信息处理和控制能力，否则难以处理剧增的复杂制造信息。因此，人们针对结构越来越复杂的控制系统中的不同问题，提出了多种基于分布式模型的诊断方法[16-27]。这些方法通过设计耦合或者相对独立的诊断子系统，利用直接测量或者间接测量得到的过程数据，来对分布式控制系统中可能发生的故障进行诊断。文献[27]考虑了能够直接影响动态系统状态量的加性故障。值得注意的是，文献[4]、[5]和[11]～[15]中，大多数工作都是从测量噪声和系统不确定性的界限出发来确定故障诊断阈值的。相对地，为了获得更优的诊断性能，文献[28]和[29]考虑了噪声的随机表征和系统不确定性随时间的变化，设计了时变的故障诊断阈值。以上工作均假设分布式动态系统中的所有状态都可测量。与此不同的是，文献[30]从部分测量状态入手，建立了局部的估计与诊断子系统，进而大大降低了分布式估计与诊断系统设计的约束。

在过去的三十年中，由于观测技术与滤波理论、自适应控制、模型预测控制、滑模控制、模糊控制、神经网络、机器学习等技术的与交叉应用，越来越多的先进控制技术用于确保控制系统的安全、平稳与高效运行。通常，无论是基于模型的控制系统还是基于数据驱动的控制系统，往往集成了先进的诊断系统[31-41]。一方面，所集成的诊断系统能够为控制系统提供必要的系统信息(故障、老化、未知扰动等)。另一方面，控制系统利用分析处理得到的系统信息进行系统控制(对控制器参数进行调整)或给出相应的维护策略，以保证异常对控制性能(稳定性、跟踪性能、抗干扰性能、鲁棒性等)的影响处于可以接受的范围，并确保控制系统的安全运行。复杂控制系统的首个数据驱动控制技术通常被认为是 Ziegler 等[42]在调整比例-积分-微分(proportion-integration-differentiation，PID)控制器方面的工作。此外，自适应控制[43]、迭代反馈控制[44,45]和去伪控制技术通常视为经典的数据驱动控制技术。从测量数据出发设计最优控制器的问题已经在学术界受到了广泛关注[46-57]。人们从不同角度用测量数据来解决最优控制问题。例如，文献[47]提出了批处理形式的 Riccati 方程解法，文献[46]从强化学习算法的角度出发完成最优控制。此外，值得关注的数据驱动控制技术还包括预测控制[58-60]、模型参考控制[61,62]和智能 PID 控制[63,64]，针对复杂控制系统的其他数据驱动控制技术可以参考文献[65]。

针对结构日益庞大的制造企业复杂生产制造流程控制系统，人们在分散式控制技术[66]的框架下进行了大量研究。在分散式控制框架中，复杂系统中的子系统可以与其他子系统处于不同的地理位置(如制造生产线中的各智能单元：智能机械臂、智能小车、智能传送带等)。每个子系统的控制器通常与该子系统的执行器紧密并置，并利用局部测量数据做出控制决策。这种结构的主要特点在于，每个子系统的控制器之间缺乏信息交互[67]，导致整个复杂控制系统性能降低，在某些情况下还可能使整个闭环控制系统丧失稳定性。研究人员针对分散式控制技术的局限性提出了解决方法[68-71]。在此控制框架下，若各子系统的控制器之间进行通信，则控制方法称为分布式控制方法[72]。得益于网络通信技术的飞速发展，如今分布式控制方法已成为复杂生产制造流程控制系统中有效的基本方法，并衍生出各种灵活的体系结构。分布式控制方法不仅有助于降低设计和维护成本，而且在模块化、可扩展性方面表现出更优的性能，为制造企业复杂生产制造流程控制系统的控制提供了更多的设计选择[73-75]。针对复杂控制系统的协同控制技术详见文献[76]。

目前，对生产制造流程控制系统的诊断与控制技术的研究已经涌现出丰富的成果，在很大程度上提高了生产制造流程控制系统的安全性、可靠性以及制造产品的质量。然而，对目前现有方法和技术来说，生产制造流程控制系统安全性与可靠性的提升在很大程度上得益于测量信息源的丰富，基于卡尔曼滤波、多元统计分析的数据驱动诊断技术，以及基于 PID 和模型预测控制的控制理论与方法仍然是实际应用中的主流技术与方法。结合当今数据驱动技术与智能系统的发展，针对生产制造流程控制系统的分布式诊断与优化控制理论中仍然存在很多问题需要解决。首先，在生产制造流程控制系统中，传统的诊断系统以及控制系统的设计过程往往相对独立，导致在早期诊断方法的研究过程中，往往忽视了反馈控制器所产生的反馈控制信号与系统过程变量的耦合影响，进而导致产品质量下降无法溯源。这类方法一般称为开环诊断方法，在实际应用中往往不能达到预期的诊断性能。近年来，研究人员提出了闭环诊断方法，该方法仔细分析并研究了反馈控制信号带来的耦合影响，较大地提升了诊断系统的性能。由此可以看出，诊断系统以及控制系统的设计之间是紧密相关的。其次，目前对生产制造流程控制系统的诊断与设计仍然局限于特定的结构，例如，文献[32]、[41]、[77]～[79]中的工作主要基于文献[80]提出的广义内模控制框架或基于文献[41]提出的基于残差产生器的容错控制框架。虽然这些理论方法的正确性和有效性已经在半实物仿真和实验平台中得到验证，但是复杂生产制造流程控制系统中的结构和参数不允许实时调整，极大地限制了现有优化控制方法在复杂生产制造流程控制系统中的实际应用。再次，在复杂生产制造流程控制系统结构与参数无法在线调整的情况下，实现诊断与控制系统关键设计参数的在线学习与实时优化，对于提高整个系统的诊断与控制性能具有重要意义。在传统控制系统参数在线学习和优化算法中，仅对控制系统的部分参数在极为有限的取值范围内进行优化，极大地限制了控制性能的优化空间。

针对传统制造企业生产流程存在的群体融合差、控制决策难、运行协同弱等问题，以及当前制造企业中采用的基于单点控制和集中控制的解决方案，本章针对制造企业生产流程，介绍制造企业智能群体的优化控制与决策方法，以实现制造企业生产流程安全、可靠、优化运行。

4.1　诊断与控制一体化架构

4.1.1　集中式诊断与控制一体化架构

给定标准反馈控制架构，如图 4-1 所示。

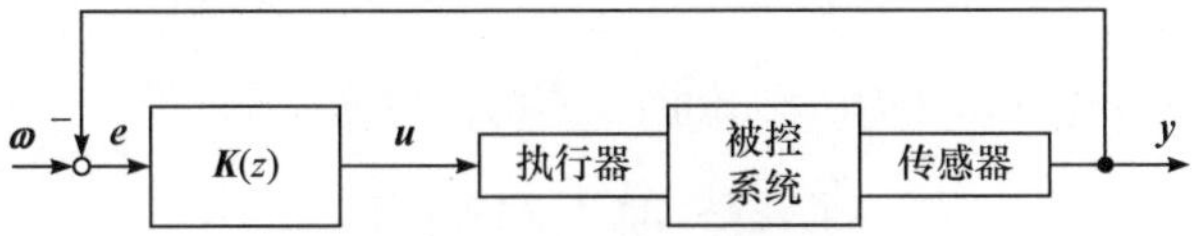

图 4-1　标准反馈控制架构

图中，$\boldsymbol{\omega}\in\mathbf{R}^m$、$\boldsymbol{u}\in\mathbf{R}^l$、$\boldsymbol{y}\in\mathbf{R}^m$、$\boldsymbol{e}:=\boldsymbol{\omega}-\boldsymbol{y}\in\mathbf{R}^m$、$\boldsymbol{K}(z)$分别表示参考信号、过程输入、过程输出、跟踪误差和任意镇定反馈控制器，其中，$\mathbf{R}^m$和$\mathbf{R}^l$分别表示由实数元素构成的m维和l维的列向量空间，因此m表示参考信号向量、过程输出向量和跟踪误差向量的维数，l表示过程输入向量的维数。对于一个动态系统，其可以由多种不同的表达形式来描述，线性时不变(linear time invariant，LTI)系统是其中最简单的一种描述形式，广泛应用于控制系统研究中。在本章中，仅以 LTI 系统为例阐述其诊断与控制方法，这些方法能够直接拓展到一类非线性系统中，具体细节不再阐述。无干扰、无误差的系统称为标称系统，针对 LTI 系统，有两种标准的数学模型：传递函数(矩阵)形式和状态空间表达式形式。

传递函数形式是 LTI 系统在频域上动态特性的输入输出描述形式。定义输入向量$\boldsymbol{u}\in\mathbf{R}^l$，输出向量$\boldsymbol{y}\in\mathbf{R}^m$，$\boldsymbol{G}(z)$为动态系统的$z$传递函数(脉冲传递函数)。因此，定义描述系统的传递函数形式为

$$\boldsymbol{y}(z)=\boldsymbol{G}(z)\boldsymbol{u}(z) \tag{4-1}$$

且认为$\boldsymbol{G}(z)$是一个有理实矩阵。

离散 LTI 系统的状态空间表达式形式为

$$\boldsymbol{x}_{k+1}=\boldsymbol{A}\boldsymbol{x}_k+\boldsymbol{B}\boldsymbol{u}_k \tag{4-2}$$

$$\boldsymbol{y}_k=\boldsymbol{C}\boldsymbol{x}_k+\boldsymbol{D}\boldsymbol{u}_k \tag{4-3}$$

其中，$\boldsymbol{x}\in\mathbf{R}^n$为系统状态变量；定义$\boldsymbol{x}_0$为系统状态变量的初始值；矩阵$\boldsymbol{A}$、$\boldsymbol{B}$、$\boldsymbol{C}$、$\boldsymbol{D}$为常系数矩阵。

状态空间模型可以直接建模获取或者从传递矩阵中计算得到，其中，后一种方法称为$\boldsymbol{G}(z)=\boldsymbol{C}(z\boldsymbol{I}-\boldsymbol{A})^{-1}\boldsymbol{B}+\boldsymbol{D}$的状态空间实现，且有$\boldsymbol{G}(z)=(\boldsymbol{A},\boldsymbol{B},\boldsymbol{C},\boldsymbol{D})$或$\boldsymbol{G}(z)=\begin{bmatrix}\boldsymbol{A} & \boldsymbol{B}\\ \boldsymbol{C} & \boldsymbol{D}\end{bmatrix}$，通常认为$(\boldsymbol{A},\boldsymbol{B},\boldsymbol{C},\boldsymbol{D})$是$\boldsymbol{G}(z)$的一个最小实现。

传递矩阵或传递函数的互质分解技术可为系统提供另一种表示形式，其在观测器与控制器设计的研究中得到了非常广泛的应用。大致上说，通过对系统的互质分解可以将传递矩阵分解成两个互质且稳定的矩阵。定义两个稳定的传递矩阵 $\hat{\boldsymbol{M}}(z)$ 和 $\hat{\boldsymbol{N}}(z)$ ，若存在两个稳定的传递矩阵 $\hat{\boldsymbol{X}}(z)$ 和 $\hat{\boldsymbol{Y}}(z)$ 使其满足 $\begin{bmatrix}\hat{\boldsymbol{M}}(z) & \hat{\boldsymbol{N}}(z)\end{bmatrix}\cdot\begin{bmatrix}\hat{\boldsymbol{X}}(z) \\ \hat{\boldsymbol{Y}}(z)\end{bmatrix}=\boldsymbol{I}$ ，则称 $\hat{\boldsymbol{M}}(z)$ 和 $\hat{\boldsymbol{N}}(z)$ 是左互质的。定义有理实矩阵 $\boldsymbol{G}(z)$ ，对 $\boldsymbol{G}(z)$ 进行左互质分解(left coprime factorization，LCF)，可得

$$\boldsymbol{G}(z)=\hat{\boldsymbol{M}}^{-1}(z)\hat{\boldsymbol{N}}(z) \tag{4-4}$$

同理，进行右互质分解(right coprime factorization，RCF)，可得 $\boldsymbol{G}(z)=\boldsymbol{N}(z)\boldsymbol{M}^{-1}(z)$ 。根据上述描述的互质分解技术，定义

$$\boldsymbol{r}(z)=\boldsymbol{K}(z)\begin{bmatrix}\boldsymbol{u}(z) \\ \boldsymbol{y}(z)\end{bmatrix}=\begin{bmatrix}-\hat{\boldsymbol{N}}(z) & \hat{\boldsymbol{M}}(z)\end{bmatrix}\begin{bmatrix}\boldsymbol{u}(z) \\ \boldsymbol{y}(z)\end{bmatrix}=\boldsymbol{0} \tag{4-5}$$

其中， $\boldsymbol{r}(z)$ 为残差信号； $\boldsymbol{K}(z)=\begin{bmatrix}-\hat{\boldsymbol{N}}(z) & \hat{\boldsymbol{M}}(z)\end{bmatrix}$ 为系统的稳定核表示。

如果 $\boldsymbol{X}(z),\hat{\boldsymbol{X}}(z),\boldsymbol{Y}(z),\hat{\boldsymbol{Y}}(z),\boldsymbol{M}(z),\hat{\boldsymbol{M}}(z),\boldsymbol{N}(z),\hat{\boldsymbol{N}}(z)\in\mathbf{R}\mathrm{H}_\infty$ ，并且满足贝祖(Bezout)等式，即

$$\begin{bmatrix}\boldsymbol{X}(z) & \boldsymbol{Y}(z) \\ -\hat{\boldsymbol{N}}(z) & \hat{\boldsymbol{M}}(z)\end{bmatrix}\begin{bmatrix}\boldsymbol{M}(z) & -\hat{\boldsymbol{Y}}(z) \\ \boldsymbol{N}(z) & \hat{\boldsymbol{X}}(z)\end{bmatrix}=\begin{bmatrix}\boldsymbol{I} & \boldsymbol{0} \\ \boldsymbol{0} & \boldsymbol{I}\end{bmatrix} \tag{4-6}$$

其中

$$\boldsymbol{M}(z)=(\boldsymbol{A}+\boldsymbol{BF},\boldsymbol{B},\boldsymbol{F},\boldsymbol{I}),\quad \hat{\boldsymbol{Y}}(z)=(\boldsymbol{A}+\boldsymbol{BF},-\boldsymbol{L},\boldsymbol{F},\boldsymbol{0})$$
$$\boldsymbol{N}(z)=(\boldsymbol{A}+\boldsymbol{BF},\boldsymbol{B},\boldsymbol{C}+\boldsymbol{DF},\boldsymbol{D}),\quad \hat{\boldsymbol{X}}(z)=(\boldsymbol{A}+\boldsymbol{BF},\boldsymbol{L},\boldsymbol{C}+\boldsymbol{DF},\boldsymbol{I})$$
$$\hat{\boldsymbol{M}}(z)=(\boldsymbol{A}-\boldsymbol{LC},-\boldsymbol{L},\boldsymbol{C},\boldsymbol{I}),\quad \boldsymbol{Y}(z)=(\boldsymbol{A}-\boldsymbol{LC},-\boldsymbol{L},\boldsymbol{F},\boldsymbol{0})$$
$$\hat{\boldsymbol{N}}(z)=(\boldsymbol{A}-\boldsymbol{LC},\boldsymbol{B}-\boldsymbol{LD},\boldsymbol{C},\boldsymbol{D}),\quad \boldsymbol{X}(z)=(\boldsymbol{A}-\boldsymbol{LC},-(\boldsymbol{B}-\boldsymbol{LD}),\boldsymbol{F},\boldsymbol{I})$$

那么通过尤拉(Youla)参数化实现内稳定的所有真有理的控制器可以描述为

$$\begin{aligned}\boldsymbol{K}(z)&=\left(\hat{\boldsymbol{Y}}(z)-\boldsymbol{M}(z)\boldsymbol{Q}_c(z)\right)\left(\hat{\boldsymbol{X}}(z)+\boldsymbol{N}(z)\boldsymbol{Q}_c(z)\right)^{-1} \\ &=\left(\boldsymbol{X}(z)+\boldsymbol{Q}_c(z)\hat{\boldsymbol{N}}(z)\right)^{-1}\left(\boldsymbol{Y}(z)-\boldsymbol{Q}_c(z)\hat{\boldsymbol{M}}(z)\right)\end{aligned} \tag{4-7}$$

其中， $\boldsymbol{Q}_c(z)\in\mathbf{R}\mathrm{H}_\infty$ 称为 Youla 参数化矩阵。当 $\boldsymbol{Q}_c(z)=\boldsymbol{0}$ 时， $\boldsymbol{K}_0(z)$ 表示中心控制器。

考虑如图 4-1 所示的标准反馈控制架构，中心控制器 $\boldsymbol{K}_0(z)$ 提供给被控对象

的控制输入信号 $\boldsymbol{u}_0(z)$，那么所有内稳定控制回路的控制器可以被参数化，即

$$\boldsymbol{u}(z)=\boldsymbol{u}_0(z)+\boldsymbol{Q}(z)\boldsymbol{r}(z)+\boldsymbol{V}(z)\boldsymbol{\omega}(z) \tag{4-8}$$

其中，$\boldsymbol{Q}(z),\boldsymbol{V}(z)\in \mathbf{RH}_\infty$ 为稳定的参数化矩阵；$\boldsymbol{\omega}(z)$ 和 $\boldsymbol{r}(z)$ 分别为参考输入信号和残差信号。

根据被控对象的控制输入信号 $\boldsymbol{u}(z)$ 与误差 $\boldsymbol{e}(z)$ 的关系，可得

$$\boldsymbol{u}(z)=\boldsymbol{K}(z)\boldsymbol{e}(z) \tag{4-9}$$

根据式(4-7)，可得

$$\boldsymbol{u}(z)=\boldsymbol{K}(z)\boldsymbol{e}(z)=\left(\boldsymbol{X}(z)+\boldsymbol{Q}_c(z)\hat{\boldsymbol{N}}(z)\right)^{-1}\left(\boldsymbol{Y}(z)-\boldsymbol{Q}_c(z)\hat{\boldsymbol{M}}(z)\right)\boldsymbol{e}(z) \tag{4-10}$$

将式(4-10)左乘$\left(\boldsymbol{X}(z)+\boldsymbol{Q}_c(z)\hat{\boldsymbol{N}}(z)\right)$，可得

$$\boldsymbol{u}(z)=\boldsymbol{K}_0(z)\boldsymbol{e}(z)+\boldsymbol{X}^{-1}(z)\boldsymbol{Q}_c(z)\boldsymbol{r}(z)-\boldsymbol{X}^{-1}(z)\boldsymbol{Q}_c(z)\hat{\boldsymbol{M}}(z)\boldsymbol{\omega}(z) \tag{4-11}$$

令 $\boldsymbol{Q}_c(z)=\boldsymbol{X}(z)\boldsymbol{Q}(z),\boldsymbol{V}(z)=-\boldsymbol{Q}(z)\hat{\boldsymbol{M}}(z)$，则有

$$\boldsymbol{u}(z)=\boldsymbol{K}_0(z)\boldsymbol{e}(z)+\boldsymbol{Q}(z)\boldsymbol{r}(z)+\boldsymbol{V}(z)\boldsymbol{\omega}(z) \tag{4-12}$$

其中，$\boldsymbol{K}_0(z)$ 为中心控制器。

式(4-12)表明，一旦闭环回路是内稳定的，所有稳定控制器就可以通过在原有闭环回路中增加一个基于残差的反馈控制器和一个参考输入驱动的前馈控制器进行参数化，可以形成如图 4-2 所示的诊断与控制一体化架构。

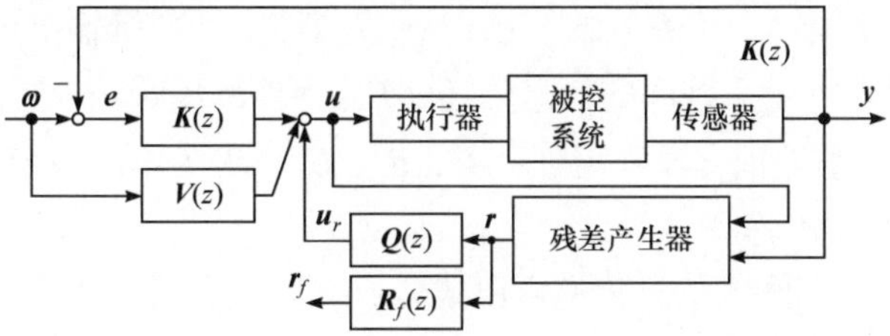

图 4-2　诊断与控制一体化架构

图 4-2 中各变量解释如下：

(1) $\boldsymbol{K}(z)$ 为系统 $\boldsymbol{G}(z)$ 的任意镇定反馈控制器。

(2) 后置滤波器 $\boldsymbol{R}_f(z)\in \mathbf{RH}_\infty$ 与残差产生器一同参数化了所有残差产生器，$\boldsymbol{R}_f(z)\in \mathbf{RH}_\infty$ 的设计能实现不同的诊断性能。$\boldsymbol{r}$ 为残差信号。$\boldsymbol{r}_f$ 为后置滤波器。$\boldsymbol{R}_f(z)$ 为输出信号。

(3) Youla 参数化矩阵 $\boldsymbol{Q}(z)\in \mathbf{RH}_\infty$ 与残差产生器和 $\boldsymbol{K}(z)$ 一同参数化了所有镇定反馈控制器，设计不同的 Youla 参数化矩阵 $\boldsymbol{Q}(z)\in \mathbf{RH}_\infty$ 能实现不同的镇定反馈控制器。

(4) 前馈控制器$\boldsymbol{V}(z)\in\mathbf{RH}_{\infty}$为闭环系统的跟踪性能提供了额外的设计自由度。

诊断与控制一体化架构最大的优势在于：

(1) 当被控系统中额外增加了新的执行器或传感器时，原有的控制系统$\boldsymbol{K}(z)$并不需要重新设计(被控系统并不需要停机维护)。在以上架构中，只需要在线重新设计残差产生器、Youla 参数化矩阵$\boldsymbol{Q}(z)\in\mathbf{RH}_{\infty}$、前馈控制器$\boldsymbol{V}(z)\in\mathbf{RH}_{\infty}$以及后置滤波器$\boldsymbol{R}_f(z)\in\mathbf{RH}_{\infty}$，就可达到在线优化诊断与控制性能的目的。

(2) 如果残差产生器、Youla 参数化矩阵$\boldsymbol{Q}(z)\in\mathbf{RH}_{\infty}$以及前馈控制器$\boldsymbol{V}(z)\in\mathbf{RH}_{\infty}$的设计降低了原有闭环系统的控制性能，断开控制信号$\boldsymbol{u}_r(z)$、$\boldsymbol{u}_v(z)$即可将控制性能恢复至原有设计(控制器本身的即插即用(plug-and-play，PnP))。

4.1.2 分布式诊断与控制一体化架构

对于分布式的大型复杂系统，其第i个子系统的状态空间方程可由式(4-13)～式(4-15)进行描述：

$$\boldsymbol{x}_{i,k+1}=\boldsymbol{A}_i\boldsymbol{x}_{i,k}+\boldsymbol{B}_i\boldsymbol{u}_{i,k}+\boldsymbol{E}_i\boldsymbol{t}_{i,k}+\boldsymbol{\xi}_{i,k},\quad i=1,2,\cdots,n_s \tag{4-13}$$

$$\boldsymbol{y}_{i,k}=\boldsymbol{C}_i\boldsymbol{x}_{i,k}+\boldsymbol{D}_i\boldsymbol{u}_{i,k}+\boldsymbol{F}_i\boldsymbol{t}_{i,k}+\boldsymbol{v}_{i,k},\quad i=1,2,\cdots,n_s \tag{4-14}$$

$$\boldsymbol{s}_{i,k}=\boldsymbol{C}_{s,i}\boldsymbol{x}_{i,k}+\boldsymbol{D}_{s,i}\boldsymbol{u}_{i,k}+\boldsymbol{F}_{s,i}\boldsymbol{t}_{i,k},\quad i=1,2,\cdots,n_s \tag{4-15}$$

其中，$\boldsymbol{x}_{i,k}$为第i个子系统的状态向量；$\boldsymbol{y}_{i,k}$为第i个子系统的测量值；$\boldsymbol{u}_{i,k}$为第i个子系统的控制输入；$\boldsymbol{\xi}_{i,k}$和$\boldsymbol{v}_{i,k}$分别为零均值的高斯过程噪声和测量噪声；$\boldsymbol{t}_{i,k}$为其他子系统输入到第i个子系统的信息；$\boldsymbol{s}_{i,k}$为第i个子系统输出至其他子系统的信息，其共同代表了子系统间的信息传递；$\boldsymbol{F}_{s,i}$为外部耦合输入矩阵；$\boldsymbol{C}_{s,i}$为耦合输出矩阵；$\boldsymbol{D}_{s,i}$为本地耦合输入矩阵；$\boldsymbol{A}_i$、$\boldsymbol{B}_i$、$\boldsymbol{C}_i$、$\boldsymbol{D}_i$为本地系统参数矩阵；$\boldsymbol{E}_i$、$\boldsymbol{F}_i$为外部输入参数矩阵。

通常，各子系统间的信息传递可由式(4-16)进行描述：

$$\boldsymbol{t}_k=\boldsymbol{M}\boldsymbol{s}_k \tag{4-16}$$

其中，$\boldsymbol{M}$为信息交换矩阵(通常假设未知)；$\boldsymbol{s}_k=\begin{bmatrix}\boldsymbol{s}_{1,k}^{\mathrm{T}} & \boldsymbol{s}_{2,k}^{\mathrm{T}} & \cdots & \boldsymbol{s}_{n_s,k}^{\mathrm{T}}\end{bmatrix}^{\mathrm{T}}$为子系统间的输出信息向量；$\boldsymbol{t}_k=\begin{bmatrix}\boldsymbol{t}_{1,k}^{\mathrm{T}} & \boldsymbol{t}_{2,k}^{\mathrm{T}} & \cdots & \boldsymbol{t}_{n_s,k}^{\mathrm{T}}\end{bmatrix}^{\mathrm{T}}$为子系统间的输入信息向量。

通常，每个子系统都有自己独立的反馈控制器$\boldsymbol{K}_i(z)$，即

$$\boldsymbol{u}_i(z)=\boldsymbol{K}_i(z)\big(\boldsymbol{\omega}_i(z)-\boldsymbol{y}_i(z)\big) \tag{4-17}$$

其中，$\boldsymbol{\omega}_i(z)$为第i个子系统的跟踪参考输入信号。

依据式(4-13)～式(4-15)，把从控制信号$\boldsymbol{u}(z)$到系统测量输出$\boldsymbol{y}(z)$的传递函数记为$\boldsymbol{G}_c(z)$，即

$$\boldsymbol{y}(z)=\boldsymbol{G}_c(z)\boldsymbol{u}(z) \tag{4-18}$$

其中，$\boldsymbol{u}(z)=\left[\boldsymbol{u}_1^{\mathrm{T}}(z)\ \ \boldsymbol{u}_2^{\mathrm{T}}(z)\ \ \cdots\ \ \boldsymbol{u}_{n_s}^{\mathrm{T}}(z)\right]^{\mathrm{T}}$ 为所有子系统的控制输入向量；$\boldsymbol{y}(z)=\left[\boldsymbol{y}_1^{\mathrm{T}}(z)\ \ \boldsymbol{y}_2^{\mathrm{T}}(z)\ \ \cdots\ \ \boldsymbol{y}_{n_s}^{\mathrm{T}}(z)\right]^{\mathrm{T}}$ 为所有子系统的测量输出向量。

与集中式系统$\boldsymbol{G}(z)$类似，$\boldsymbol{G}_c(z)$存在以下左右互质分解(以含有两个子系统的复杂系统为例，$n_s=2$)：

$$\boldsymbol{G}_c(z)=\boldsymbol{N}_c(z)\boldsymbol{M}_c^{-1}(z)=\hat{\boldsymbol{M}}_c^{-1}(z)\hat{\boldsymbol{N}}_c(z) \tag{4-19}$$

其中，$\boldsymbol{M}_c(z)=\begin{bmatrix}\boldsymbol{M}_{c1}(z)\\ \boldsymbol{M}_{c2}(z)\end{bmatrix}$，$\boldsymbol{N}_c(z)=\begin{bmatrix}\boldsymbol{N}_{c1}(z)\\ \boldsymbol{N}_{c2}(z)\end{bmatrix}$ 和 $\hat{\boldsymbol{M}}_c(z)=\left[\hat{\boldsymbol{M}}_{c1}(z)\ \ \hat{\boldsymbol{M}}_{c2}(z)\right]$，$\hat{\boldsymbol{N}}_c(z)=\left[\hat{\boldsymbol{N}}_{c1}(z)\ \ \hat{\boldsymbol{N}}_{c2}(z)\right]$分别为$\boldsymbol{G}_c(z)$的右互质因子和左互质因子。

与集中式系统类似，广义 Bezout 等式

$$\begin{bmatrix}\hat{\boldsymbol{V}}_1(z) & \boldsymbol{0} & \hat{\boldsymbol{U}}_1(z) & \boldsymbol{0}\\ \boldsymbol{0} & \hat{\boldsymbol{V}}_2(z) & \boldsymbol{0} & \hat{\boldsymbol{U}}_2(z)\\ -\hat{\boldsymbol{N}}_{c1}(z) & -\hat{\boldsymbol{N}}_{c2}(z) & \hat{\boldsymbol{M}}_{c1}(z) & \hat{\boldsymbol{M}}_{c2}(z)\end{bmatrix}\begin{bmatrix}\boldsymbol{M}_{c1}(z) & -\boldsymbol{U}_1(z) & \boldsymbol{0}\\ \boldsymbol{M}_{c2}(z) & \boldsymbol{0} & -\boldsymbol{U}_2(z)\\ \boldsymbol{N}_{c1}(z) & \boldsymbol{V}_1(z) & \boldsymbol{0}\\ \boldsymbol{N}_{c2}(z) & \boldsymbol{0} & \boldsymbol{V}_2(z)\end{bmatrix}=\boldsymbol{I} \tag{4-20}$$

成立，那么所有$G_c(z)$的镇定反馈控制器都可以描述为

$$\begin{aligned}\boldsymbol{K}_c(z)&=\left(\boldsymbol{U}_c(z)-\boldsymbol{M}_c(z)\boldsymbol{Q}_c(z)\right)\left(\boldsymbol{V}_c(z)+\boldsymbol{N}_c(z)\boldsymbol{Q}_c(z)\right)^{-1}\\ &=\left(\hat{\boldsymbol{V}}_c(z)+\boldsymbol{Q}_c(z)\hat{\boldsymbol{N}}_c(z)\right)^{-1}\left(\hat{\boldsymbol{U}}_c(z)-\boldsymbol{Q}_c(z)\hat{\boldsymbol{M}}_c(z)\right)\end{aligned} \tag{4-21}$$

其中，$\hat{\boldsymbol{V}}_c(z)=\begin{bmatrix}\hat{\boldsymbol{V}}_1(z) & \boldsymbol{0}\\ \boldsymbol{0} & \hat{\boldsymbol{V}}_2(z)\end{bmatrix}$，$\hat{\boldsymbol{U}}_c(z)=\begin{bmatrix}\hat{\boldsymbol{U}}_1(z) & \boldsymbol{0}\\ \boldsymbol{0} & \hat{\boldsymbol{U}}_2(z)\end{bmatrix}$和$\boldsymbol{V}_c(z)=\begin{bmatrix}\boldsymbol{V}_1(z) & \boldsymbol{0}\\ \boldsymbol{0} & \boldsymbol{V}_2(z)\end{bmatrix}$，$\boldsymbol{U}_c(z)=\begin{bmatrix}\boldsymbol{U}_1(z) & \boldsymbol{0}\\ \boldsymbol{0} & \boldsymbol{U}_2(z)\end{bmatrix}$分别为 $\boldsymbol{M}_c(z),\boldsymbol{N}_c(z)\in\mathbf{RH}_\infty$ 和 $\hat{\boldsymbol{M}}_c(z),\hat{\boldsymbol{N}}_c(z)\in\mathbf{RH}_\infty$ 的互质因子。

控制输入为

$$\begin{aligned}\boldsymbol{u}(z)&=\boldsymbol{K}_c(z)\boldsymbol{Y}(z)\\ &=\left(\hat{\boldsymbol{V}}_c(z)+\boldsymbol{Q}_c(z)\hat{\boldsymbol{N}}_c(z)\right)^{-1}\left(\hat{\boldsymbol{U}}_c(z)-\boldsymbol{Q}_c(z)\hat{\boldsymbol{M}}_c(z)\right)\boldsymbol{Y}(z)\end{aligned} \tag{4-22}$$

进一步可知

$$\left(\hat{\boldsymbol{V}}_c(z)+\boldsymbol{Q}_c(z)\hat{\boldsymbol{N}}_c(z)\right)\boldsymbol{u}(z)=\left(\hat{\boldsymbol{U}}_c(z)-\boldsymbol{Q}_c(z)\hat{\boldsymbol{M}}_c(z)\right)\boldsymbol{Y}(z) \tag{4-23}$$

化简可得

$$\hat{\boldsymbol{V}}_c(z)\boldsymbol{u}(z)=\hat{\boldsymbol{U}}_c(z)\boldsymbol{Y}(z)-\boldsymbol{Q}_c(z)\left(\hat{\boldsymbol{M}}_c(z)\boldsymbol{Y}(z)-\hat{\boldsymbol{N}}_c(z)\boldsymbol{u}(z)\right) \tag{4-24}$$

进而可得控制输入为

$$\begin{aligned}\boldsymbol{u}(z)&=\hat{\boldsymbol{V}}_c^{-1}(z)\hat{\boldsymbol{U}}_c(z)\boldsymbol{Y}(z)-\hat{\boldsymbol{V}}_c^{-1}(z)\boldsymbol{Q}_c(z)\left(\hat{\boldsymbol{M}}_c(z)\boldsymbol{Y}(z)-\hat{\boldsymbol{N}}_c(z)\boldsymbol{u}(z)\right)\\&=\boldsymbol{K}(z)\boldsymbol{Y}(z)+\boldsymbol{Q}(z)\boldsymbol{r}(z)\end{aligned}\tag{4-25}$$

由式(4-21)可知，与图 4-2 所示的诊断与控制一体化架构类似，拟构建的分布式诊断与控制一体化架构如图 4-3 所示。其中，诊断模块包括后置滤波器 $\boldsymbol{R}_f(z)\in\mathbf{R}\mathrm{H}_\infty$，控制模块包括参数化矩阵 $\boldsymbol{Q}(z),\boldsymbol{V}(z)\in\mathbf{R}\mathrm{H}_\infty$。此外，为了保证分布式诊断与控制的最优性能，还可以加入机器学习与优化模块，利用生产流程的过程数据对分布式诊断与控制模块的参数进行实时优化设计。

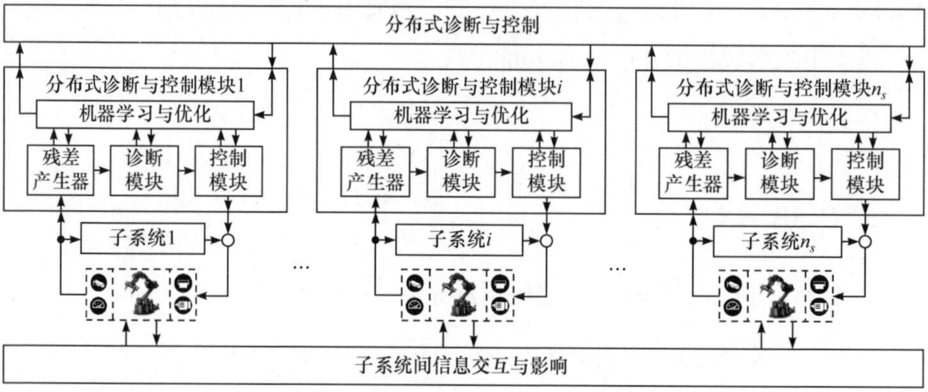

图 4-3　分布式诊断与控制一体化架构

4.2　性能驱动的分布式协同诊断与控制方法

4.2.1　性能驱动的分布式协同诊断方法

在考虑噪声等因素的条件下，系统 $\boldsymbol{G}(z)$ 可以写为

$$\boldsymbol{x}_{k+1}=\boldsymbol{A}\boldsymbol{x}_k+\boldsymbol{B}\boldsymbol{u}_k+\boldsymbol{E}_\alpha\boldsymbol{\alpha}_k\tag{4-26}$$

$$\boldsymbol{y}_k=\boldsymbol{C}\boldsymbol{x}_k+\boldsymbol{D}\boldsymbol{u}_k+\boldsymbol{F}_\alpha\boldsymbol{\alpha}_k\tag{4-27}$$

其中，$\boldsymbol{\alpha}_k\in\mathbf{R}^{n_\alpha}$ 为系统中的噪声。

通常先将采集到的过程输入输出数据写成如下所示的紧凑形式：

$$\boldsymbol{u}_{s,k}=\begin{bmatrix}\boldsymbol{u}_k\\\boldsymbol{u}_{k+1}\\\vdots\\\boldsymbol{u}_{k+s-1}\end{bmatrix}\in\mathbf{R}^{sl},\quad \boldsymbol{y}_{s,k}=\begin{bmatrix}\boldsymbol{y}_k\\\boldsymbol{y}_{k+1}\\\vdots\\\boldsymbol{y}_{k+s-1}\end{bmatrix}\in\mathbf{R}^{sm}\tag{4-28}$$

$$U_{k,s,N}=\begin{bmatrix}u_{s,k} & u_{s,k+1} & \cdots & u_{s,k+N-1}\end{bmatrix}\in\mathbf{R}^{sl\times N} \tag{4-29}$$

$$Y_{k,s,N}=\begin{bmatrix}y_{s,k} & y_{s,k+1} & \cdots & y_{s,k+N-1}\end{bmatrix}\in\mathbf{R}^{sm\times N} \tag{4-30}$$

$$X_{k,s,N}=\begin{bmatrix}x_{k} & x_{k+1} & \cdots & x_{k+N-1}\end{bmatrix}\in\mathbf{R}^{n\times N} \tag{4-31}$$

因此，有

$$Y_{k,s,N}=\Gamma_s X_{k,s,N}+H_{u,s}U_{k,s,N}+H_{\alpha,s}\Psi_{k,s,N} \tag{4-32}$$

其中，$\Gamma_s=\begin{bmatrix}C\\ CA\\ \vdots\\ CA^{s-1}\end{bmatrix}$为扩展性可观测矩阵；$H_{u,s}=\begin{bmatrix}D & 0 & \cdots & 0\\ CB & D & \cdots & 0\\ \vdots & \vdots & & \vdots\\ CA^{s-2}B & CA^{s-3}B & \cdots & D\end{bmatrix}$为下三角 Toeplitz 矩阵；$H_{\alpha,s}\Psi_{k,s,N}$为系统中的噪声项，$H_{\alpha,s}$与$H_{u,s}$有相似的结构，$\Psi_{k,s,N}$由噪声向量$\alpha_k$构成；$X_{k,s,N}$为拓展的状态变量矩阵；$U_{k,s,N}$为拓展的控制输入矩阵。

定义过去时间段长度s_p和未来时间段长度s_f，将输入输出数据分为过去和未来两部分，并定义以下汉克尔(Hankel)矩阵：

$$Z_{p,N}=\begin{bmatrix}U_{p,N}\\ Y_{p,N}\end{bmatrix}=\begin{bmatrix}U_{k-s_p,s_p,N}\\ Y_{k-s_p,s_p,N}\end{bmatrix}\in\mathbf{R}^{s_p(l+m)\times N} \tag{4-33}$$

$$Z_{f,N}=\begin{bmatrix}U_{f,N}\\ Y_{f,N}\end{bmatrix}=\begin{bmatrix}U_{k-s_f,s_f,N}\\ Y_{k-s_f,s_f,N}\end{bmatrix}\in\mathbf{R}^{s_f(l+m)\times N} \tag{4-34}$$

从而利用线性二次型(linear quadratic，LQ)分解将$Y_{f,N}$投影至不同的空间中。

$$\begin{bmatrix}Z_{p,N}\\ U_{f,N}\\ Y_{f,N}\end{bmatrix}=\begin{bmatrix}L_{11} & 0 & 0\\ L_{21} & L_{22} & 0\\ L_{31} & L_{32} & L_{33}\end{bmatrix}\begin{bmatrix}Q_1\\ Q_2\\ Q_3\end{bmatrix} \tag{4-35}$$

考虑式(4-35)，则$Y_{f,N}$可以表示为

$$Y_{f,N}=L_{zp}Z_{p,N}+L_{uf}U_{f,N}+L_{33}Q_3 \tag{4-36}$$

其中

$$L_{uf}=L_{32}L_{22}^{-1},\quad L_{zp}=L_{31}L_{11}^{-1}-L_{32}L_{22}^{-1}L_{21}L_{11}^{-1} \tag{4-37}$$

利用斜投影知识，将$Y_{f,N}$分别沿$Z_{p,N}$方向投影到$U_{f,N}$的行空间上和沿$U_{f,N}$方向投影到$Z_{p,N}$的行空间上，可以表述为

$$\boldsymbol{Y}_{f,N}\left|\begin{matrix}\boldsymbol{Z}_{p,N}\\ \boldsymbol{U}_{f,N}\end{matrix}\right. = \underbrace{\boldsymbol{Y}_{f,N}\boldsymbol{\Pi}_{U_{f,N}^{\perp}}\boldsymbol{Z}_{p,N}^{\mathrm{T}}\left(\boldsymbol{Z}_{p,N}\boldsymbol{\Pi}_{U_{f,N}^{\perp}}\boldsymbol{Z}_{p,N}^{\mathrm{T}}\right)^{-1}}_{\boldsymbol{L}_{Z_{p,N}}}\boldsymbol{Z}_{p,N} \tag{4-38}$$

$$\boldsymbol{Y}_{f,N}\left|\begin{matrix}\boldsymbol{U}_{f,N}\\ \boldsymbol{Z}_{p,N}\end{matrix}\right. = \underbrace{\boldsymbol{Y}_{f,N}\boldsymbol{\Pi}_{Z_{p,N}^{\perp}}\boldsymbol{U}_{f,N}^{\mathrm{T}}\left(\boldsymbol{U}_{f,N}\boldsymbol{\Pi}_{Z_{p,N}^{\perp}}\boldsymbol{U}_{f,N}^{\mathrm{T}}\right)^{-1}}_{\boldsymbol{L}_{U_{f,N}}}\boldsymbol{U}_{f,N} \tag{4-39}$$

其中

$$\boldsymbol{\Pi}_{U_{f,N}^{\perp}} = \boldsymbol{I}_N - \boldsymbol{\Pi}_{U_{f,N}} = \boldsymbol{I}_N - \boldsymbol{U}_{f,N}^{\mathrm{T}}\left(\boldsymbol{U}_{f,N}\boldsymbol{U}_{f,N}^{\mathrm{T}}\right)^{-1}\boldsymbol{U}_{f,N} \tag{4-40}$$

$$\boldsymbol{\Pi}_{Z_{p,N}^{\perp}} = \boldsymbol{I}_N - \boldsymbol{\Pi}_{Z_{p,N}} = \boldsymbol{I}_N - \boldsymbol{Z}_{p,N}^{\mathrm{T}}\left(\boldsymbol{Z}_{p,N}\boldsymbol{Z}_{p,N}^{\mathrm{T}}\right)^{-1}\boldsymbol{Z}_{p,N} \tag{4-41}$$

分别表示在$\boldsymbol{Z}_{p,N}$和$\boldsymbol{U}_{f,N}$方向上的正交投影，并且$\boldsymbol{Y}_{f,N}\left\|\begin{bmatrix}\boldsymbol{Z}_{p,N}^{\perp}\\ \boldsymbol{U}_{f,N}^{\perp}\end{bmatrix}\right.$表示在$\begin{bmatrix}\boldsymbol{Z}_{p,N}\\ \boldsymbol{U}_{f,N}\end{bmatrix}$方向上的正交投影，则有

$$\boldsymbol{Y}_{f,N} = \boldsymbol{Y}_{f,N}\left|\begin{matrix}\boldsymbol{Z}_{p,N}\\ \boldsymbol{U}_{f,N}\end{matrix}\right. + \boldsymbol{Y}_{f,N}\left|\begin{matrix}\boldsymbol{U}_{f,N}\\ \boldsymbol{Z}_{p,N}\end{matrix}\right. + \boldsymbol{Y}_{f,N}\left\|\begin{bmatrix}\boldsymbol{Z}_{p,N}^{\perp}\\ \boldsymbol{U}_{f,N}^{\perp}\end{bmatrix}\right. \tag{4-42}$$

对照式(4-36)可得

$$\boldsymbol{L}_{zp}\boldsymbol{Z}_{p,N} = \boldsymbol{Y}_{f,N}\left|\begin{matrix}\boldsymbol{Z}_{p,N}\\ \boldsymbol{U}_{f,N}\end{matrix}\right.,\quad \boldsymbol{L}_{uf}\boldsymbol{U}_{f,N} = \boldsymbol{Y}_{f,N}\left|\begin{matrix}\boldsymbol{U}_{f,N}\\ \boldsymbol{Z}_{p,N}\end{matrix}\right.,\quad \boldsymbol{L}_{33}\boldsymbol{Q}_3 = \boldsymbol{Y}_{f,N}\left\|\begin{bmatrix}\boldsymbol{Z}_{p,N}^{\perp}\\ \boldsymbol{U}_{f,N}^{\perp}\end{bmatrix}\right. \tag{4-43}$$

因此，数据驱动的稳定核表示$\boldsymbol{K}_{d,s_f}$可以确定为

$$\boldsymbol{K}_{d,s_f}\begin{bmatrix}\boldsymbol{L}_{21} & \boldsymbol{L}_{22}\\ \boldsymbol{L}_{31} & \boldsymbol{L}_{32}\end{bmatrix} = \begin{bmatrix}\boldsymbol{K}_{d,u,s_f} & \boldsymbol{K}_{d,y,s_f}\end{bmatrix}\begin{bmatrix}\boldsymbol{L}_{21} & \boldsymbol{L}_{22}\\ \boldsymbol{L}_{31} & \boldsymbol{L}_{32}\end{bmatrix} = \boldsymbol{0} \tag{4-44}$$

其中，$\boldsymbol{K}_{d,u,s_f}$和$\boldsymbol{K}_{d,y,s_f}$分别表示$\boldsymbol{K}_d$和s_f对应于u和y的矩阵块。

为验证数据驱动的稳定核表示构造的准确性，需要对系统建立有效的评估方法，可利用设定的阈值和评估函数完成对故障的诊断，从而达到实时诊断系统性能的目的，并为故障诊断与容错控制一体化系统提供支持，为基于生命周期管理的在线维护策略奠定基础。首先利用无故障发生的正常输入输出数据设定阈值，使用m维自由度的卡方分布表确定χ_α，即

$$\mathrm{prob}\{\chi > \chi_\alpha\} = \alpha \tag{4-45}$$

并定义阈值为

$$J_{\mathrm{th}} = \chi_\alpha^2(m) \tag{4-46}$$

然后利用在线输入输出数据，假设过程噪声以及测量噪声是呈正态分布的，此时残差中可能存在故障，基于数据驱动的系统稳定核得到的残差信号可以表示为

$$\boldsymbol{r}_k = \boldsymbol{\varepsilon}_k + \boldsymbol{f}_k \tag{4-47}$$

其中，$\boldsymbol{\varepsilon}_k \sim N(0, \boldsymbol{\Sigma}_{\text{res}})$，$\boldsymbol{\Sigma}_{\text{res}}$ 为噪声信号的协方差矩阵；$\boldsymbol{f}_k$ 为残差中可能存在的故障信号。

因此，使用以下 T^2 检验可以完成对评估函数的构造：

$$J = \boldsymbol{r}_k^{\mathrm{T}} \boldsymbol{\Sigma}_{\text{res}}^{-1} \boldsymbol{r}_k \tag{4-48}$$

则故障诊断的逻辑判断为

$$\begin{cases} J \leqslant J_{\text{th}} & \Rightarrow \text{系统正常} \\ J > J_{\text{th}} & \Rightarrow \text{系统异常} \end{cases} \tag{4-49}$$

1. 静态系统和动态系统的分布式诊断方法

本小节将介绍静态系统和动态系统的分布式诊断方法。平均一致性方法是目前网络系统中应用于分布式优化问题的一种常用方法，因此首先简要介绍平均一致性方法的一些基础知识。

对于具有 M 个节点的网络，平均一致性方法是向量迭代计算的一种方法，$\boldsymbol{x}_i \in \mathbf{R}^m$ 位于第 i 个节点，如下所示：

$$\boldsymbol{x}_{i,k+1} = w_{ii}\boldsymbol{x}_{i,k} + \sum_{i=1} w_{ij}\boldsymbol{x}_{j,k}, \quad i=1,2,\cdots,M; \quad k=0,1,2,\cdots \tag{4-50}$$

从给定的向量 $\boldsymbol{x}_{i,0}$ 开始，$\boldsymbol{x}_{i,k}$ 表示在第 k 次迭代中 $\boldsymbol{x}_i$ 的计算值，$\boldsymbol{x}_{j,k}$ 表示从第 j 个节点接收第 k 次迭代中 $\boldsymbol{x}_j$ 的计算值，令 $\boldsymbol{X}_k = \begin{bmatrix} \boldsymbol{x}_{1,k} \\ \boldsymbol{x}_{2,k} \\ \vdots \\ \boldsymbol{x}_{M,k} \end{bmatrix} \in \mathbf{R}^{M\times m}$，$\boldsymbol{W} = \begin{bmatrix} w_{11} & w_{12} & \cdots & w_{1M} \\ w_{21} & w_{22} & \cdots & w_{2M} \\ \vdots & \vdots & & \vdots \\ w_{M1} & w_{M2} & \cdots & w_{MM} \end{bmatrix} \in \mathbf{R}^{M\times M}$，$w_{ij}=0$，当 $j \notin N_i \ (i,j=1,2,\cdots,M, i\neq j)$ 时，所有节点上的迭代可以写为

$$\boldsymbol{X}_{k+1} = \boldsymbol{W}\boldsymbol{X}_k \Rightarrow \boldsymbol{X}_k = \boldsymbol{W}^k \boldsymbol{X}_0, \quad \boldsymbol{X}_0 = \begin{bmatrix} \boldsymbol{x}_{1,0} \\ \boldsymbol{x}_{2,0} \\ \vdots \\ \boldsymbol{x}_{M,0} \end{bmatrix} \tag{4-51}$$

一般来说，达到平均一致性的条件为

$$\lim_{k\to\infty}\boldsymbol{X}_k=\lim_{k\to\infty}\boldsymbol{W}^k\boldsymbol{X}_0=\frac{\mathbf{1}\mathbf{1}^{\mathrm{T}}}{M}\boldsymbol{X}_0\Leftrightarrow\lim_{k\to\infty}\boldsymbol{W}^k=\frac{\mathbf{1}\mathbf{1}^{\mathrm{T}}}{M} \tag{4-52}$$

其中，$\mathbf{1}=\begin{bmatrix}1\\1\\\vdots\\1\end{bmatrix}\in\mathbf{R}^M$，进一步可知

$$\frac{\mathbf{1}\mathbf{1}^{\mathrm{T}}}{M}\boldsymbol{X}_0=\begin{bmatrix}\dfrac{1}{M}\sum_{i=1}^{M}\boldsymbol{x}_{i,0}\\\dfrac{1}{M}\sum_{i=1}^{M}\boldsymbol{x}_{i,0}\\\vdots\\\dfrac{1}{M}\sum_{i=1}^{M}\boldsymbol{x}_{i,0}\end{bmatrix} \tag{4-53}$$

也就是说，每个节点的最终值是相同的，等于所有初始值 $\boldsymbol{x}_{i,0}(i=1,2,\cdots,M)$ 的平均值。当所有节点达到平均一致性时，加权矩阵需要满足如下充要条件。

定理 4-1 给出迭代算法(4-51)，则式(4-52)成立，当且仅当加权矩阵满足以下条件：

$$\mathbf{1}^{\mathrm{T}}\boldsymbol{W}=\mathbf{1}^{\mathrm{T}},\quad \boldsymbol{W}\mathbf{1}=\mathbf{1},\quad \rho\left(\boldsymbol{W}-\frac{\mathbf{1}\mathbf{1}^{\mathrm{T}}}{M}\right)<1 \tag{4-54}$$

其中，$\rho\left(\boldsymbol{W}-\dfrac{\mathbf{1}\mathbf{1}^{\mathrm{T}}}{M}\right)$为矩阵$\boldsymbol{W}-\dfrac{\mathbf{1}\mathbf{1}^{\mathrm{T}}}{M}$的谱半径。

满足式(4-54)的加权矩阵总是存在的。迭代算法(4-52)描述了一个收敛到$\dfrac{\mathbf{1}\mathbf{1}^{\mathrm{T}}}{M}\boldsymbol{X}$的动态系统，收敛速度强烈依赖加权矩阵$\boldsymbol{W}$。本小节以最快收敛速度为目标，对$\boldsymbol{W}$的确定和优化进行了广泛研究。下面简要描述两种构造$\boldsymbol{W}$的方法。

令$\boldsymbol{L}$为 Laplacian 矩阵，并构造

$$\boldsymbol{W}=\boldsymbol{I}-\alpha\boldsymbol{L} \tag{4-55}$$

对于某些常数α，$\rho\left(\boldsymbol{W}-\dfrac{\mathbf{1}\mathbf{1}^{\mathrm{T}}}{M}\right)<1$当且仅当$0<\alpha<\dfrac{2}{\lambda_{\max}(\boldsymbol{L})}$，而且

$$\alpha=\frac{2}{\lambda_{\max}(\boldsymbol{L})+\lambda_{M-1}(\boldsymbol{L})} \tag{4-56}$$

给出最小特征值 $\rho\left(\boldsymbol{W}-\dfrac{\mathbf{1}\mathbf{1}^{\mathrm{T}}}{M}\right)$，其中 $\lambda_{M-1}(\boldsymbol{L})$ 是 L 的第二大特征值。

另一种构造 $\boldsymbol{W}$ 的方法是

$$\boldsymbol{W}=\boldsymbol{W}^{\mathrm{T}}\in\mathbf{R}^{M\times M},\quad w_{ij}=\begin{cases}1-\dfrac{d_g(i)}{d_g+1}, & i=j\\ \dfrac{1}{d_g+1}, & j\in\boldsymbol{N}_i\\ 0, & j\notin\boldsymbol{N}_i\end{cases} \tag{4-57}$$

其中，$\boldsymbol{N}_i$ 表示邻居节点的集合。

假设诊断模块配备了一个具有 M 个传感器模块的传感器网络，这些传感器网络用以下模型表示：

$$\boldsymbol{y}_i=E(\boldsymbol{y}_i)+\boldsymbol{\varepsilon}_i\in\mathbf{R}^m,\quad i=1,2,\cdots,M \tag{4-58}$$

传感器模块(向量)称为节点，考虑一个具有 M 个节点的传感器网络。$\boldsymbol{\varepsilon}_i$ 表示测量噪声，即

$$\boldsymbol{\varepsilon}_i\sim N(0,\boldsymbol{\Sigma}_i),\quad \boldsymbol{\Sigma}_i>0,\quad E\left(\boldsymbol{\varepsilon}_i\boldsymbol{\varepsilon}_j^{\mathrm{T}}\right)=\begin{cases}\boldsymbol{\Sigma}_i, & i=j\\ 0, & i\neq j\end{cases},\quad i=1,2,\cdots,M \tag{4-59}$$

进一步假设

$$E(y_i)=\begin{cases}\bar{\boldsymbol{y}}_i, & \bar{\boldsymbol{y}}_i=\boldsymbol{H}_i\boldsymbol{x},\ \text{无故障}\\ \bar{\boldsymbol{y}}_i+\boldsymbol{f}_i, & \boldsymbol{f}_i=\boldsymbol{H}_{i,f}\boldsymbol{f},\ \text{有故障}\end{cases},\quad i=1,2,\cdots,M \tag{4-60}$$

其中，$\bar{\boldsymbol{y}}_i=\boldsymbol{H}_i\boldsymbol{x}$ 为未知的向量，表示无故障时第 i 个节点的传感器对 $\boldsymbol{y}_i$ 的测量值；$\boldsymbol{x}$ 为正常过程的状态向量；$\boldsymbol{H}_i$ 为(未知)测量矩阵，该矩阵在不同的节点是不同的；$\boldsymbol{f}_i$ 为确定性过程在分布矩阵第 i 个传感器模块上出现的未知故障 $\boldsymbol{f}$ 。

M 个传感器模块具有高的测量冗余度，可以实现可靠的诊断，并降低由测量噪声造成的影响。为此，M 个传感器上的测量平均值模块的构建如下：

$$\bar{\boldsymbol{y}}=\frac{1}{M}\sum_{i=1}^{M}(\boldsymbol{y}_i-\bar{\boldsymbol{y}}_i) \tag{4-61}$$

其适用于无故障情况，即

$$\operatorname{cov}(\bar{\boldsymbol{y}})=\boldsymbol{E}(\bar{\boldsymbol{y}}\,\bar{\boldsymbol{y}}^{\mathrm{T}})=\frac{1}{M^2}\sum_{i=1}^{M}\boldsymbol{\Sigma}_i \tag{4-62}$$

等价于

$$\frac{1}{M}\boldsymbol{\sigma}_{\min}\leqslant\operatorname{cov}(\bar{\boldsymbol{y}})\leqslant\frac{1}{M}\boldsymbol{\sigma}_{\max} \tag{4-63}$$

$$\begin{cases} \boldsymbol{\sigma}_{\min} = \min\left\{\boldsymbol{\sigma}_{\min}\left(\boldsymbol{\Sigma}_i\right),\ i=1,2,\cdots,M\right\} \\ \boldsymbol{\sigma}_{\max} = \min\left\{\boldsymbol{\sigma}_{\max}\left(\boldsymbol{\Sigma}_i\right),\ i=1,2,\cdots,M\right\} \end{cases} \tag{4-64}$$

另外，在发生故障的情况下，有

$$\boldsymbol{E}\,\overline{\boldsymbol{y}} = \frac{1}{M}\sum_{i=1}^{M}\left(\boldsymbol{y}_i - \overline{\boldsymbol{y}}_i\right) = \frac{1}{M}\sum_{i=1}^{M}\boldsymbol{f}_i \tag{4-65}$$

在假设条件下，有

$$\boldsymbol{\sigma}_{\min} > \frac{1}{M}\boldsymbol{\sigma}_{\max},\quad \boldsymbol{f}_i \approx \boldsymbol{f}_j =: \overline{\boldsymbol{f}},\quad i,j=1,2,\cdots,M \tag{4-66}$$

对于任一故障向量，有

$$\operatorname{cov}\left(\overline{\boldsymbol{y}}\right) < \boldsymbol{\sigma}_{\min},\quad \frac{1}{M}\sum_{i=1}^{M}\boldsymbol{f}_i \approx \overline{\boldsymbol{f}} \tag{4-67}$$

结果表明，增加冗余度(传感器模块的数目)可以降低噪声的影响，同时提高故障噪声比(fault to noise, F2N)。

$$\mathrm{F2N} = \frac{\left\|\overline{\boldsymbol{f}}\right\|}{\left\|\operatorname{cov}\left(\overline{\boldsymbol{Y}}\right)\right\|_2},\quad \left\|\overline{\boldsymbol{f}}\right\| = \overline{\boldsymbol{f}}^{\mathrm{T}}\overline{\boldsymbol{f}},\quad \left\|\operatorname{cov}\left(\overline{\boldsymbol{Y}}\right)\right\|_2 = \boldsymbol{\sigma}_{\max}\left(\operatorname{cov}\left(\overline{\boldsymbol{Y}}\right)\right) \tag{4-68}$$

诊断逻辑设计的主要流程如下：

(1) 诊断系统 M 个传感器模块中心测量数据的平均值，即

$$\overline{\boldsymbol{y}} = \frac{1}{M}\sum_{i=1}^{M}\left(\boldsymbol{y}_i - \overline{\boldsymbol{y}}_i\right) \tag{4-69}$$

(2) 诊断系统检验统计量，即

$$J = \overline{\boldsymbol{y}}^{\mathrm{T}}\boldsymbol{\Sigma}^{-1}\overline{\boldsymbol{y}} \tag{4-70}$$

其中，$\boldsymbol{\Sigma} = \boldsymbol{E}(\overline{\boldsymbol{y}}\,\overline{\boldsymbol{y}}^{\mathrm{T}}) = \frac{1}{M^2}\sum_{i=1}^{M}\boldsymbol{\Sigma}_i$ 。

(3) 设置阈值，即

$$J_{\mathrm{th}} = \chi_{\alpha}^{2}\left(m\right) \tag{4-71}$$

(4) 对于给定的虚警率上限 α ，(在线)诊断逻辑，即

$$\begin{cases} J \leqslant J_{\mathrm{th}} & \Rightarrow \text{系统正常} \\ J > J_{\mathrm{th}} & \Rightarrow \text{系统异常} \end{cases} \tag{4-72}$$

在前面介绍的数据驱动分布式诊断方法中，节点只能访问本地及其邻居的节点，同时模型中的所有相关参数(矩阵)都是未知的，只有位于传感器节点子系统中的测量数据是可用的。

以上对静态系统的分布式诊断方法进行了简要介绍，下面针对动态系统分别就开环情况和闭环情况进行讨论。

在开环情况下，考虑有 $N_s\left(i=1,2,\cdots,N_s\right)$ 个子系统互联模型：

$$\boldsymbol{x}_{i,k+1}=\boldsymbol{A}_i\boldsymbol{x}_{i,k}+\boldsymbol{B}_i\boldsymbol{u}_{i,k}+\sum_{j\in N_i}\boldsymbol{A}_{ij}\boldsymbol{x}_{j,k} \tag{4-73}$$

$$\boldsymbol{y}_{i,k}=\boldsymbol{C}_i\boldsymbol{x}_{i,k}+\boldsymbol{D}_i\boldsymbol{u}_{i,k} \tag{4-74}$$

其中，$\boldsymbol{A}_i$，$\boldsymbol{B}_i$，$\boldsymbol{C}_i$，$\boldsymbol{D}_i$ 为第 i 个子系统的系统矩阵；$\boldsymbol{A}_{ij}(\forall j\in N_i)$ 为状态耦合矩阵；N_i 表示所有与子系统 i 相邻的集合。

下面将介绍一种基于辅助系统的分布式数据驱动的残差产生器的实现方式。

首先构造 P 个辅助系统：

$$\boldsymbol{h}_{i,k+1}=\boldsymbol{A}_i\boldsymbol{h}_{i,k}+\boldsymbol{B}_i\overline{\boldsymbol{u}}_{i,k} \tag{4-75}$$

$$\overline{\boldsymbol{y}}_{i,k}=\boldsymbol{C}_i\boldsymbol{h}_{i,k}+\boldsymbol{D}_i\overline{\boldsymbol{u}}_{i,k} \tag{4-76}$$

并构建以下矩阵：

$$\boldsymbol{Z}_{fi}=\begin{bmatrix}\overline{\boldsymbol{y}}_{si,s+1+\kappa} & \overline{\boldsymbol{y}}_{si,s+2+\kappa} & \cdots & \overline{\boldsymbol{y}}_{si,s+N_s+\kappa}\\ \overline{\boldsymbol{u}}_{si,s+1+\kappa} & \overline{\boldsymbol{u}}_{si,s+2+\kappa} & \cdots & \overline{\boldsymbol{u}}_{si,s+N_s+\kappa}\end{bmatrix},\quad \boldsymbol{Z}_{pi}=\begin{bmatrix}\overline{\boldsymbol{y}}_{si,s+1} & \overline{\boldsymbol{y}}_{si,s+2} & \cdots & \overline{\boldsymbol{y}}_{si,s+N_s}\\ \overline{\boldsymbol{u}}_{si,s+1} & \overline{\boldsymbol{u}}_{si,s+2} & \cdots & \overline{\boldsymbol{u}}_{si,s+N_s}\end{bmatrix} \tag{4-77}$$

其中，$0<\kappa\leqslant K-s-N_s$，且

$$\begin{cases}\overline{\boldsymbol{y}}_{si,k}=[\overline{\boldsymbol{y}}_{k-s}\ \ \cdots\ \ \overline{\boldsymbol{y}}_{k-1}\ \ \overline{\boldsymbol{y}}_k]^{\mathrm{T}}\\ \overline{\boldsymbol{u}}_{si,k}=[\overline{\boldsymbol{u}}_{k-s}\ \ \cdots\ \ \overline{\boldsymbol{u}}_{k-1}\ \ \overline{\boldsymbol{u}}_k]^{\mathrm{T}}\end{cases} \tag{4-78}$$

其中，s 为选定的等价空间长度。

然后进行奇异值分解，可得

$$\frac{1}{N_s}\boldsymbol{Z}_{fi}\boldsymbol{Z}_{pi}^{\mathrm{T}}=\begin{bmatrix}\boldsymbol{U}_{zi,11} & \boldsymbol{U}_{zi,12}\\ \boldsymbol{U}_{zi,21} & \boldsymbol{U}_{zi,22}\end{bmatrix}\begin{bmatrix}\boldsymbol{\Lambda}_{zi,1} & \boldsymbol{0}\\ \boldsymbol{0} & \boldsymbol{\Lambda}_{zi,2}\end{bmatrix}\begin{bmatrix}\boldsymbol{V}_{zi,11} & \boldsymbol{V}_{zi,12}\\ \boldsymbol{V}_{zi,21} & \boldsymbol{V}_{zi,22}\end{bmatrix}^{\mathrm{T}} \tag{4-79}$$

并使其满足 $\boldsymbol{\Lambda}_{zi,1}$ 的最后一个元素明显大于 $\boldsymbol{\Lambda}_{zi,2}$ 的第一个元素，进一步将 $\boldsymbol{U}_{zi,12}^{\mathrm{T}}$ 的任意一行赋值给 $\boldsymbol{\alpha}_{si}$，并将 $\boldsymbol{U}_{zi,22}^{\mathrm{T}}$ 的对应行赋值给 $\boldsymbol{\alpha}_{si}H_{ui,s}$。

此时，求解对应于子系统 i 的观测器参数 $\boldsymbol{A}_{z,i},\boldsymbol{B}_{z,i},\boldsymbol{L}_{z,i},\boldsymbol{g}_i,\boldsymbol{c}_{z,i},\boldsymbol{d}_{z,i},\boldsymbol{T}_i$，具体包含以下步骤。

将 $\boldsymbol{\alpha}_{si}$ 中的元素按顺序表示为 $\boldsymbol{\alpha}_{si,0},\boldsymbol{\alpha}_{si,1},\cdots,\boldsymbol{\alpha}_{si,s}$。

$$\boldsymbol{A}_{z,i}=\begin{bmatrix}0 & 0 & \cdots & 0\\ 1 & 0 & \cdots & 0\\ 1 & \vdots & & 0\\ 1 & 1 & 1 & 0\end{bmatrix},\quad \boldsymbol{L}_{z,i}=-\begin{bmatrix}\boldsymbol{\alpha}_{si,0}\\ \boldsymbol{\alpha}_{si,1}\\ \vdots\\ \boldsymbol{\alpha}_{si,s-1}\end{bmatrix}$$

$$\boldsymbol{T}_i=\begin{bmatrix}\boldsymbol{\alpha}_{si,1} & \boldsymbol{\alpha}_{si,2} & \cdots & \boldsymbol{\alpha}_{si,s}\\ \boldsymbol{\alpha}_{si,2} & \boldsymbol{\alpha}_{si,3} & \cdots & \boldsymbol{\alpha}_{si,s+1}\\ \vdots & \vdots & & \vdots\\ \boldsymbol{\alpha}_{si,s} & \boldsymbol{\alpha}_{si,s+1} & \cdots & \boldsymbol{\alpha}_{si,2s-1}\end{bmatrix}\begin{bmatrix}\boldsymbol{C}_i\\ \boldsymbol{C}_i\boldsymbol{A}_i\\ \vdots\\ \boldsymbol{C}_i\boldsymbol{A}_i^{s-1}\end{bmatrix},\quad \boldsymbol{c}_{z,i}=[0\ \cdots\ 0\ \ 1],\quad \boldsymbol{g}_{z,i}=\boldsymbol{\alpha}_{si,s} \tag{4-80}$$

根据$\begin{bmatrix}\boldsymbol{B}_{z,i}\\ \boldsymbol{d}_{z,i}\end{bmatrix}=\left(\boldsymbol{\alpha}_{si}\boldsymbol{H}_{ui,s}\right)^{\mathrm{T}}$和$\boldsymbol{B}_{z,i}$、$\boldsymbol{d}_{z,i}$的维数将二者分开表示。

采集当前时刻对应于子系统i的控制输入数据$\boldsymbol{u}_{i,k}$和输出数据$\boldsymbol{y}_{i,k}$。本地子系统接收所有邻居子系统观测器过去一段时间内的状态数据$\boldsymbol{Z}_{j,k-s},\boldsymbol{Z}_{j,k-s+1},\cdots,\boldsymbol{Z}_{j,k-1}\left(\forall j\in N_i\right)$。

用$\boldsymbol{u}_{i,k}$、$\boldsymbol{y}_{i,k}$来驱动对应于子系统i的观测器，观测器的状态变量用$\boldsymbol{Z}_{i,k}$表示，即

$$\boldsymbol{Z}_{i,k+1}=\boldsymbol{A}_{z,i}\boldsymbol{Z}_{i,k}+\boldsymbol{B}_{z,i}\boldsymbol{u}_{i,k}+\boldsymbol{L}_{z,i}\boldsymbol{y}_{i,k} \tag{4-81}$$

用$\boldsymbol{Z}_{i,k}$来驱动对应于子系统i的状态估计器，即

$$\hat{\boldsymbol{x}}_{i,k}=\boldsymbol{T}_i^{-}\boldsymbol{Z}_{i,k} \tag{4-82}$$

其中，$\boldsymbol{T}_i^{-}$为$\boldsymbol{T}_i$的伪逆。

用有关矩阵和变量驱动对应于子系统i的残差产生器，即

$$\boldsymbol{r}_{i,k}=\begin{bmatrix}\boldsymbol{g}_{z,i} & -\boldsymbol{c}_{z,i} & -\boldsymbol{d}_{z,i}\end{bmatrix}\begin{bmatrix}\boldsymbol{y}_{i,k}\\ \boldsymbol{z}_{i,k}\\ \boldsymbol{u}_{i,k}\end{bmatrix}-\sum_{j\in N_i}\boldsymbol{c}_{z,i}\left[\boldsymbol{A}_{z,i}^{s-1}\left(\boldsymbol{T}_i\boldsymbol{A}_{ij}\right)\ \ \boldsymbol{A}_{z,i}^{s-2}\left(\boldsymbol{T}_i\boldsymbol{A}_{ij}\right)\ \cdots\ \left(\boldsymbol{T}_i\boldsymbol{A}_{ij}\right)\right]\cdot\boldsymbol{T}_j^{-}\cdot\begin{bmatrix}\boldsymbol{Z}_{j,k-s}\\ \boldsymbol{Z}_{j,k-s+1}\\ \vdots\\ \boldsymbol{Z}_{j,k-1}\end{bmatrix} \tag{4-83}$$

计算均值$\overline{\boldsymbol{r}}_i$和协方差$\boldsymbol{\Sigma}_{r,i}$，可得

$$\overline{\boldsymbol{r}}_i=\sum_{k=1}^{k_m}\boldsymbol{r}_{i,k} \tag{4-84}$$

$$\boldsymbol{\Sigma}_{r,i}=\frac{1}{k_m-1}\sum_{k=1}^{k_m}\left(\boldsymbol{r}_{i,k}-\overline{\boldsymbol{r}}_i\right)^{\mathrm{T}}\left(\boldsymbol{r}_{i,k}-\overline{\boldsymbol{r}}_i\right) \tag{4-85}$$

计算T^2统计量，即

$$J_{i,k}=\left(\boldsymbol{r}_{i,k}-\overline{\boldsymbol{r}}_i\right)^{\mathrm{T}}\left(\boldsymbol{\Sigma}_{r,i}\right)^{-1}\left(\boldsymbol{r}_{i,k}-\overline{\boldsymbol{r}}_i\right),\quad k=1,2,\cdots,k_m \tag{4-86}$$

至此，确定本地故障诊断阈值$J_{\mathrm{th},i}$，对于$k=1,2,\cdots,k_m$，将$J_{i,k}$按照升序排列。选定置信度β(如$\beta=95\%$)，设阈值$J_{\mathrm{th},i}$为J_i的上β分位数。

下面针对闭环情况进行讨论。在闭环分布式大规模系统中，考虑各子系统之

间的互联，每个子系统可表示为如式(4-26)～式(4-29)所示的离散状态空间形式，因此各子系统可重写为

$$\boldsymbol{x}_{i,k+1}=\boldsymbol{A}_{ii}\boldsymbol{x}_{i,k}+\sum_{\substack{j=1\\j\neq i}}^{n_s}\boldsymbol{A}_{ij}\boldsymbol{x}_{j,k}+\boldsymbol{B}_i\boldsymbol{u}_{i,k}+\boldsymbol{\xi}_{i,k} \tag{4-87}$$

$$\boldsymbol{y}_{i,k}=\boldsymbol{C}_i\boldsymbol{x}_{i,k}+\boldsymbol{D}_i\boldsymbol{u}_{i,k}+\boldsymbol{v}_{i,k} \tag{4-88}$$

其中，$\boldsymbol{A}_{ii}=\boldsymbol{A}_i$。

基于式(4-87)和式(4-88)，分布式系统的离散状态空间形式可表示为

$$\boldsymbol{x}_{k+1}=\boldsymbol{A}\boldsymbol{x}_k+\boldsymbol{B}\boldsymbol{u}_k+\boldsymbol{\xi}_k \tag{4-89}$$

$$\boldsymbol{y}_k=\boldsymbol{C}\boldsymbol{x}_k+\boldsymbol{D}\boldsymbol{u}_k+\boldsymbol{v}_k \tag{4-90}$$

其中

$$\boldsymbol{x}_k=\begin{bmatrix}\boldsymbol{x}_{1,k}\\\boldsymbol{x}_{2,k}\\\vdots\\\boldsymbol{x}_{i,k}\\\vdots\\\boldsymbol{x}_{n_s,k}\end{bmatrix},\quad \boldsymbol{A}=\begin{bmatrix}\boldsymbol{A}_{11}&\boldsymbol{A}_{12}&\cdots&\boldsymbol{A}_{1i}&\cdots&\boldsymbol{A}_{1n_s}\\\boldsymbol{A}_{21}&\boldsymbol{A}_{22}&\cdots&\boldsymbol{A}_{2i}&\cdots&\boldsymbol{A}_{2n_s}\\\vdots&\vdots&&\vdots&&\vdots\\\boldsymbol{A}_{i1}&\boldsymbol{A}_{i2}&\cdots&\boldsymbol{A}_{ii}&\cdots&\boldsymbol{A}_{in_s}\\\vdots&\vdots&&\vdots&&\vdots\\\boldsymbol{A}_{n_s1}&\boldsymbol{A}_{n_s2}&\cdots&\boldsymbol{A}_{n_si}&\cdots&\boldsymbol{A}_{n_sn_s}\end{bmatrix} \tag{4-91}$$

基于式(4-89)和式(4-90)，可采用与集中式系统类似的方法进行协同诊断，考虑第 i 个子系统，令

$$\boldsymbol{U}_{k,s,N}^i=\begin{bmatrix}\boldsymbol{u}_{s,k}^i&\boldsymbol{u}_{s,k+1}^i&\cdots&\boldsymbol{u}_{s,k+N-1}^i\end{bmatrix} \tag{4-92}$$

$$\boldsymbol{Y}_{k,s,N}^i=\begin{bmatrix}\boldsymbol{y}_{s,k}^i&\boldsymbol{y}_{s,k+1}^i&\cdots&\boldsymbol{y}_{s,k+N-1}^i\end{bmatrix} \tag{4-93}$$

$$\boldsymbol{X}_{k,s,N}^i=\begin{bmatrix}\boldsymbol{x}_{s,k}^i&\boldsymbol{x}_{s,k+1}^i&\cdots&\boldsymbol{x}_{s,k+N-1}^i\end{bmatrix} \tag{4-94}$$

则子系统的扩展状态空间模型可描述为

$$\boldsymbol{Y}_{k,s,N}^i=\boldsymbol{\Gamma}_s^i\boldsymbol{X}_{k,1,N}^i+\boldsymbol{H}_{u,s}^i\boldsymbol{U}_{k,s,N}^i+\boldsymbol{H}_{\alpha,s}^i\boldsymbol{\Psi}_{k,s,N}^i \tag{4-95}$$

其中，$\boldsymbol{H}_{\alpha,s}^i\boldsymbol{\Psi}_{k,s,N}^i$ 为第 i 个子系统中的噪声项；$\boldsymbol{\Gamma}_s^i=\begin{bmatrix}\boldsymbol{C}_i\\\boldsymbol{C}_i\boldsymbol{A}\\\vdots\\\boldsymbol{C}_i\boldsymbol{A}^{s-1}\end{bmatrix}$ 为第 i 个子系统的扩展性可观测矩阵；$\boldsymbol{H}_{u,s}^i=\begin{bmatrix}\boldsymbol{D}_i&\cdots&\boldsymbol{0}\\\boldsymbol{C}_i\boldsymbol{B}_i&\cdots&\boldsymbol{0}\\\vdots&&\vdots\\\boldsymbol{C}_i\boldsymbol{A}^{s-2}\boldsymbol{B}_i&\cdots&\boldsymbol{D}_i\end{bmatrix}$ 为第 i 个子系统的下三角 Toeplitz 矩阵。

设第 i 个子系统的控制器 $\boldsymbol{K}_i(z)$ 可表示为如下状态空间形式：

$$\boldsymbol{x}_{c,k+1}^i = \boldsymbol{A}_c^i \boldsymbol{x}_{c,k}^i + \boldsymbol{B}_c^i \left(\boldsymbol{\omega}_{i,k} - \boldsymbol{y}_{i,k}\right) \tag{4-96}$$

$$\boldsymbol{u}_{i,k} = \boldsymbol{C}_c^i \boldsymbol{x}_{c,k}^i + \boldsymbol{D}_c^i \left(\boldsymbol{\omega}_{i,k} - \boldsymbol{y}_{i,k}\right) \tag{4-97}$$

类似于子系统的扩展状态空间模型，控制信号 $\boldsymbol{U}_{k,s,N}^i$ 可写为

$$\boldsymbol{U}_{k,s,N}^i = \boldsymbol{\Gamma}_s^{i,c} \boldsymbol{X}_{k,1,N}^{i,c} + \boldsymbol{H}_{u,s}^{i,c} \boldsymbol{W}_{k,s,N}^i - \boldsymbol{H}_{u,s}^{i,c} \boldsymbol{Y}_{k,s,N}^i \tag{4-98}$$

其中，控制信号 $\boldsymbol{U}_{k,s,N}^i$ 均由 $\boldsymbol{\Gamma}_s^{i,c}$ 、$\boldsymbol{H}_{u,s}^{i,c}$ 的控制器的系统参数构成。

由式(4-95)和式(4-98)可得

$$\boldsymbol{Y}_{k,s,N}^i = \boldsymbol{T}_{i,s}^{-1} \boldsymbol{\Gamma}_s^i \boldsymbol{X}_{k,1,N}^i + \boldsymbol{T}_{i,s}^{-1} \boldsymbol{H}_{u,s}^i \boldsymbol{M}_{k,s,N}^i + \boldsymbol{T}_{i,s}^{-1} \boldsymbol{H}_{\alpha,s}^i \boldsymbol{\Psi}_{k,s,N}^i \tag{4-99}$$

其中，$\boldsymbol{M}_{k,s,N}^i = \boldsymbol{U}_{k,s,N}^i + \boldsymbol{H}_{u,s}^{i,c} \boldsymbol{Y}_{k,s,N}^i = \boldsymbol{\Gamma}_s^{i,c} \boldsymbol{X}_{k,1,N}^{i,c} + \boldsymbol{H}_{u,s}^{i,c} \boldsymbol{W}_{k,s,N}^i$；$\boldsymbol{T}_{i,s} = \left(\boldsymbol{I} + \boldsymbol{H}_{u,s}^i \boldsymbol{H}_{u,s}^{i,c}\right)$。

定义

$$\boldsymbol{Z}_{p,N}^i = \begin{bmatrix} \boldsymbol{U}_{p,N}^i \\ \boldsymbol{Y}_{p,N}^i \end{bmatrix} = \begin{bmatrix} \boldsymbol{U}_{k-s_p,s_p,N}^i \\ \boldsymbol{Y}_{k-s_p,s_p,N}^i \end{bmatrix}, \quad \boldsymbol{Z}_{c,p,N}^i = \begin{bmatrix} \boldsymbol{M}_{p,N}^i \\ \boldsymbol{Y}_{p,N}^i \end{bmatrix}$$

$$\boldsymbol{Z}_{f,N}^i = \begin{bmatrix} \boldsymbol{U}_{f,N}^i \\ \boldsymbol{Y}_{f,N}^i \end{bmatrix} = \begin{bmatrix} \boldsymbol{U}_{k,s_f,N}^i \\ \boldsymbol{Y}_{k,s_f,N}^i \end{bmatrix}, \quad \boldsymbol{Z}_{c,f,N}^i = \begin{bmatrix} \boldsymbol{M}_{f,N}^i \\ \boldsymbol{Y}_{f,N}^i \end{bmatrix}$$

$$\boldsymbol{M}_{p,N}^i = \boldsymbol{U}_{p,N}^i + \boldsymbol{H}_{u,s_p}^{i,c} \boldsymbol{Y}_{p,N}^i, \quad \boldsymbol{M}_{f,N}^i = \boldsymbol{U}_{f,N}^i + \boldsymbol{H}_{u,s_f}^{i,c} \boldsymbol{Y}_{f,N}^i$$

其中，s_p 和 s_f 分别为过去时间段长度和未来时间段长度。

利用 LQ 分解将 $\boldsymbol{Y}_{f,N}^i$ 分别向 $\boldsymbol{M}_{f,N}^i$ 和 $\boldsymbol{Z}_{c,p,N}^i$ 的空间投影，即

$$\begin{bmatrix} \boldsymbol{Z}_{c,p,N}^i \\ \boldsymbol{M}_{f,N}^i \\ \boldsymbol{Y}_{f,N}^i \end{bmatrix} = \underbrace{\begin{bmatrix} \boldsymbol{L}_{c,11}^i & \boldsymbol{0} & \boldsymbol{0} \\ \boldsymbol{L}_{c,21}^i & \boldsymbol{L}_{c,22}^i & \boldsymbol{0} \\ \boldsymbol{L}_{c,31}^i & \boldsymbol{L}_{c,32}^i & \boldsymbol{L}_{c,33}^i \end{bmatrix}}_{\boldsymbol{L}_c^i} \underbrace{\begin{bmatrix} \boldsymbol{Q}_{c,1}^i \\ \boldsymbol{Q}_{c,2}^i \\ \boldsymbol{Q}_{c,3}^i \end{bmatrix}}_{\boldsymbol{Q}_c^i} \tag{4-100}$$

可得如下数据驱动稳定核表示：

$$\boldsymbol{K}_{d,s_f}^i = \Big[\underbrace{\boldsymbol{K}_{c,m,s_f}^i}_{\boldsymbol{K}_{d,u,s_f}^i} \quad \underbrace{\boldsymbol{K}_{c,y,s_f}^i + \boldsymbol{K}_{c,m,s_f}^i \boldsymbol{H}_{u,s_f}^{i,c}}_{\boldsymbol{K}_{d,y,s_f}^i} \Big] \tag{4-101}$$

其中

$$\begin{bmatrix} \boldsymbol{K}_{c,m,s_f}^i & \boldsymbol{K}_{c,y,s_f}^i \end{bmatrix} \begin{bmatrix} \boldsymbol{L}_{c,21}^i & \boldsymbol{L}_{c,22}^i \\ \boldsymbol{L}_{c,31}^i & \boldsymbol{L}_{c,32}^i \end{bmatrix} = \boldsymbol{0}$$

基于此，可构建如下形式的多输入多输出残差产生器：

$$\begin{aligned} \boldsymbol{x}_{o,k+1}^{i} &= \boldsymbol{A}_{o}\boldsymbol{x}_{o,k}^{i} + \boldsymbol{B}_{o,i}\boldsymbol{u}_{i,k} + \boldsymbol{L}_{o,i}\boldsymbol{y}_{i,k} + \boldsymbol{L}_{r,i}\boldsymbol{r}_{\text{all},i,k} \\ \boldsymbol{r}_{\text{sub},k}^{i} &= \boldsymbol{G}_{o,i}\boldsymbol{y}_{i,k} + \boldsymbol{C}_{o}\boldsymbol{x}_{o,k}^{i} + \boldsymbol{D}_{o,i}\boldsymbol{u}_{i,k} \end{aligned} \tag{4-102}$$

其中

$$\boldsymbol{G}_i = [\boldsymbol{G}_0 \quad \boldsymbol{g}_i], \quad \boldsymbol{g}_i = \begin{bmatrix} \boldsymbol{g}_{i,1} \\ \boldsymbol{g}_{i,2} \\ \vdots \\ \boldsymbol{g}_{i,s-1} \end{bmatrix}, \quad \boldsymbol{T}_{o,i} = \boldsymbol{T}_t \begin{bmatrix} \boldsymbol{T}_1^i \\ \boldsymbol{T}_2^i \\ \vdots \\ \boldsymbol{T}_{n_{\mathcal{K}}}^i \end{bmatrix}, \quad \boldsymbol{T}_{o,i}\boldsymbol{A} - \boldsymbol{A}_o\boldsymbol{T}_{o,i} = \boldsymbol{L}_{o,i}\boldsymbol{C}$$

$$\boldsymbol{G}_g = \begin{bmatrix} \boldsymbol{g}_1 & \mathbf{0} & \cdots & \mathbf{0} \\ \mathbf{0} & \boldsymbol{g}_2 & \cdots & \mathbf{0} \\ \vdots & \vdots & & \vdots \\ \mathbf{0} & \mathbf{0} & \cdots & \boldsymbol{g}_{n_{\mathcal{K}}} \end{bmatrix}, \quad \boldsymbol{w}_i = [\mathbf{0} \quad \mathbf{0} \quad \cdots \quad \mathbf{1}], \quad \boldsymbol{G}_{o,i}\boldsymbol{C} = \boldsymbol{C}_o\boldsymbol{T}_{o,i}$$

$$\boldsymbol{A}_o = \boldsymbol{T}_t \begin{bmatrix} \boldsymbol{G}_1 & \mathbf{0} & \cdots & \mathbf{0} \\ \mathbf{0} & \boldsymbol{G}_2 & \cdots & \mathbf{0} \\ \vdots & \vdots & & \vdots \\ \mathbf{0} & \mathbf{0} & \cdots & \boldsymbol{G}_{n_{\mathcal{K}}} \end{bmatrix} \boldsymbol{T}_t^{\mathrm{T}}, \quad \boldsymbol{G}_{o,i} = \boldsymbol{\upsilon}_{\upsilon,s}^{i}, \quad \boldsymbol{B}_{o,i} = \boldsymbol{T}_{o,i}\boldsymbol{B} - \boldsymbol{L}_{o,i}\boldsymbol{D}$$

$$\boldsymbol{B}_{o,i} = \begin{bmatrix} \boldsymbol{h}_{\upsilon,1}^{i} \\ \boldsymbol{h}_{\upsilon,2}^{i} \\ \vdots \\ \boldsymbol{h}_{\upsilon,s-1}^{i} \end{bmatrix} + \boldsymbol{T}_t\boldsymbol{G}_g\boldsymbol{h}_{\upsilon,s}^{i}, \quad \boldsymbol{C}_o = \begin{bmatrix} \boldsymbol{w}_1 & 0 & \cdots & 0 \\ 0 & \boldsymbol{w}_2 & \cdots & 0 \\ \vdots & \vdots & & \vdots \\ 0 & 0 & \cdots & \boldsymbol{w}_{n_{\mathcal{K}}} \end{bmatrix} \boldsymbol{T}_t^{\mathrm{T}}, \quad \boldsymbol{D}_{o,i} = \boldsymbol{G}_{o,i}\boldsymbol{D}$$

$$\boldsymbol{L}_{o,i} = -\begin{bmatrix} \boldsymbol{\upsilon}_{\upsilon,1}^{i} \\ \boldsymbol{\upsilon}_{\upsilon,2}^{i} \\ \vdots \\ \boldsymbol{\upsilon}_{\upsilon,s-1}^{i} \end{bmatrix} - \boldsymbol{T}_t\boldsymbol{G}_g\boldsymbol{\upsilon}_{\upsilon,s}^{i}, \quad \boldsymbol{D}_{o,i} = \boldsymbol{h}_{\upsilon,s}^{i}$$

其中

$$\begin{aligned} &\boldsymbol{T}_t\left[\boldsymbol{\upsilon}_{1,1}^{i^{\mathrm{T}}} \quad \boldsymbol{\upsilon}_{1,2}^{i^{\mathrm{T}}} \quad \cdots \quad \boldsymbol{\upsilon}_{1,s-1}^{i^{\mathrm{T}}} \quad \cdots \quad \boldsymbol{\upsilon}_{n_{\mathcal{K}},1}^{i^{\mathrm{T}}} \quad \boldsymbol{\upsilon}_{n_{\mathcal{K}},2}^{i^{\mathrm{T}}} \quad \cdots \quad \boldsymbol{\upsilon}_{n_{\mathcal{K}},s-1}^{i^{\mathrm{T}}}\right]^{\mathrm{T}} \\ &= \left[\boldsymbol{\upsilon}_{1,1}^{i^{\mathrm{T}}} \quad \boldsymbol{\upsilon}_{2,1}^{i^{\mathrm{T}}} \quad \cdots \quad \boldsymbol{\upsilon}_{n_{\mathcal{K}},1}^{i^{\mathrm{T}}} \quad \cdots \quad \boldsymbol{\upsilon}_{1,s-1}^{i^{\mathrm{T}}} \quad \boldsymbol{\upsilon}_{2,s-1}^{i^{\mathrm{T}}} \quad \cdots \quad \boldsymbol{\upsilon}_{n_{\mathcal{K}},s-1}^{i^{\mathrm{T}}}\right]^{\mathrm{T}} \\ &= \left[\boldsymbol{\upsilon}_{\upsilon,1}^{i^{\mathrm{T}}} \quad \boldsymbol{\upsilon}_{\upsilon,2}^{i^{\mathrm{T}}} \quad \cdots \quad \boldsymbol{\upsilon}_{\upsilon,i}^{i^{\mathrm{T}}} \quad \cdots \quad \boldsymbol{\upsilon}_{\upsilon,s-1}^{i^{\mathrm{T}}}\right]^{\mathrm{T}} \end{aligned}$$

则分布式系统的整体残差可以表示为

$$\boldsymbol{r}_k=\boldsymbol{r}_{\text{all},k}=\sum_{i=1}^{n_s}\boldsymbol{r}_{\text{sub},k}^i=\begin{bmatrix}\boldsymbol{r}_{\text{all},1,k}\\ \boldsymbol{r}_{\text{all},2,k}\\ \vdots\\ \boldsymbol{r}_{\text{all},n_s,k}\end{bmatrix} \tag{4-103}$$

类似于集中式系统，分布式协同诊断的统计量可以定义为

$$J_{i,k}=\boldsymbol{r}_{\text{all},i,k}\boldsymbol{\Sigma}_{i,c}^{-1}\boldsymbol{r}_{\text{all},i,k} \tag{4-104}$$

其中

$$\boldsymbol{\Sigma}_{i,c}=\frac{\boldsymbol{K}_{d,y,s_f}^i\boldsymbol{L}_{c,33}^i\left(\boldsymbol{K}_{d,y,s_f}^i\boldsymbol{L}_{c,33}^i\right)^{\mathrm{T}}}{N-1}$$

故障诊断的阈值可以设定为

$$J_{i,\text{th}}=\chi_{\varepsilon_i}^2\left(n_{\boldsymbol{\mathcal{K}}}^i\right) \tag{4-105}$$

故障诊断的逻辑判断如下：

$$\begin{cases}J\leqslant J_{\text{th}} & \Rightarrow 系统正常\\ J>J_{\text{th}} & \Rightarrow 系统异常\end{cases}$$

2. 基于平均一致性的分布式诊断方法

接下来将分别介绍静态系统与动态系统的基于平均一致性的故障诊断的基本方法。与所有数据驱动方法一样，基于平均一致性的分布式诊断方法由离线训练与在线实现组成。此外，该方法还设计了通信协议，以达到平均一致性。

假设在所有子系统(节点)无故障运行期间收集并记录了足够的过程数据，则记录的数据首先集中在每个节点上，第 i 个节点上的结果数据集用 $\boldsymbol{Y}_i\in\mathbf{R}^{m\times N_i}$ 表示，其中，N_i 是样本号。在线实现的关键步骤是对每个节点的测量数据进行标准化。因此有

$$\boldsymbol{\Sigma}_i^{-1/2},\quad \boldsymbol{\Sigma}_i=\frac{1}{N_i-1}\boldsymbol{Y}_i\boldsymbol{Y}_i^{\mathrm{T}}\in\mathbf{R}^{m\times m} \tag{4-106}$$

在每个节点计算并保存。请注意，这种标准化对故障诊断性能没有影响，并且是在没有通信的情况下在本地完成的。对于给定的远上界，每个节点的阈值设置为

$$J_{\text{th},i}=\chi_{\alpha}^2(m),\quad i=1,2,\cdots,M \tag{4-107}$$

以下假设这三个条件都是成立的。在线实现算法并行运行在节点 i ，$i=1,2,\cdots,M$ ，包括以下步骤。

首先设置 $k=0$，对每个节点的测量数据 $\boldsymbol{y}_i$ 进行采样，然后将其居中并归一化为

$$\boldsymbol{y}_{i,k}^{\mathrm{T}}=\boldsymbol{\Sigma}_i^{-1/2}\left(\boldsymbol{y}_i-\overline{\boldsymbol{y}}_i\right),\quad \boldsymbol{y}_{i,k}\in\mathbf{R}^{1\times m} \tag{4-108}$$

其中，$\overline{\boldsymbol{y}}_i$ 为 $\boldsymbol{y}_i$ 的估计平均值。

把数据 $\boldsymbol{y}_{i,k}$ 传送给邻居，也就是说，$\boldsymbol{y}_{i,k}$ 被发送到节点 j，$j\in\boldsymbol{N}_i$，并计算

$$\boldsymbol{y}_{i,k+1}=w_{ii}\boldsymbol{y}_{i,k}+\sum_{j\in\mathcal{N}_i}w_{ij}\boldsymbol{y}_{j,k} \tag{4-109}$$

令 $k=k+1$，直到满足如下条件，即

$$\left\|\boldsymbol{y}_{i,k+1}-\boldsymbol{y}_{i,k}\right\|\leqslant\gamma \tag{4-110}$$

其中，γ 为给定的公差常数。

设置

$$\overline{\boldsymbol{y}}=\boldsymbol{y}_{i,k+1}^{\mathrm{T}},\quad J_i=M\,\overline{\boldsymbol{y}}^{\mathrm{T}}\overline{\boldsymbol{y}} \tag{4-111}$$

检查

$$J_i-J_{\mathrm{th},i}=M\,\overline{\boldsymbol{y}}^{\mathrm{T}}\overline{\boldsymbol{y}}-\chi_\alpha^2(m) \tag{4-112}$$

决策逻辑为：若

$$J_i-J_{\mathrm{th},i}\leqslant 0 \tag{4-113}$$

则无故障；否则，故障预警。

在出现警报时，估计故障

$$\hat{\boldsymbol{f}}=\overline{\boldsymbol{y}}\Rightarrow E\left(\overline{\boldsymbol{y}}\right)=\frac{1}{M}\sum_{i=1}^{M}\boldsymbol{\Sigma}_i^{-1/2}\boldsymbol{f}_i=\left(\frac{1}{M}\sum_{i=1}^{M}\boldsymbol{\Sigma}_i^{-1/2}\boldsymbol{H}_{i,f}\right)\boldsymbol{f} \tag{4-114}$$

以上介绍了基于平均一致性的分布式静态系统的诊断方法，接下来对基于平均一致性的分布式动态系统的诊断方法进行介绍。

考虑离散时间 LTI 多输入多输出系统，假设它是可观测的，并由 n_s 个子系统组成。考虑不同子系统间的相互关系，假设每个子系统都由式(4-26)～式(4-29)状态空间实现，系统矩阵 $\boldsymbol{A}$ 的对角位置为子系统的矩阵 $\boldsymbol{A}_i$，非对角位置的矩阵 $\boldsymbol{A}_{ij}(i\neq j)$ 描述了子系统的互连，矩阵 $\boldsymbol{B}$、$\boldsymbol{C}$、$\boldsymbol{D}$ 分别由块对角矩阵 $\boldsymbol{B}_i$、$\boldsymbol{C}_i$、$\boldsymbol{D}_i$ 组成。

基于可观测的标准形可以设计分布式诊断系统，每个子诊断系统中的残差产生器(对子系统 $i=1,2,\cdots,n_s$)具有以下状态空间实现形式：

$$\begin{cases}\boldsymbol{x}_{o,i,k+1}=\boldsymbol{A}_{o,i}\boldsymbol{x}_{o,i,k}+\boldsymbol{B}_{o,i}\boldsymbol{u}_{i,k}+\boldsymbol{L}_{o,i}\boldsymbol{y}_{i,k}\\ \boldsymbol{r}_{\mathrm{sub},i,k}=\boldsymbol{G}_{o,i}\boldsymbol{y}_{i,k}-\boldsymbol{C}_o\boldsymbol{x}_{o,i,k}-\boldsymbol{D}_{o,i}\boldsymbol{u}_{i,k}\end{cases} \tag{4-115}$$

其中

$$\boldsymbol{A}_o = \boldsymbol{A}_{o,1} = \boldsymbol{A}_{o,2} = \cdots = \boldsymbol{A}_{o,n_s} = \boldsymbol{A} - \boldsymbol{L}\boldsymbol{C}_o$$

$$\boldsymbol{B}_o = \begin{bmatrix} \boldsymbol{B}_{o,1} & \boldsymbol{B}_{o,2} & \cdots & \boldsymbol{B}_{o,n_s} \end{bmatrix}$$

$$\boldsymbol{G}_o = \begin{bmatrix} \boldsymbol{G}_{o,1} & \boldsymbol{G}_{o,2} & \cdots & \boldsymbol{G}_{o,n_s} \end{bmatrix}$$

$$\boldsymbol{D}_o = \begin{bmatrix} \boldsymbol{D}_{o,1} & \boldsymbol{D}_{o,2} & \cdots & \boldsymbol{D}_{o,n_s} \end{bmatrix}$$

设计 $\boldsymbol{L}_o = \begin{bmatrix} \boldsymbol{L}_1 & \boldsymbol{L}_2 & \cdots & \boldsymbol{L}_{n_s} \end{bmatrix}$ 使得 $\boldsymbol{A}_o$ 为 Schur 矩阵。根据线性方程和线性系统的可加性很容易得到子系统观测状态、残差与全局系统观测状态、残差的关系为

$$\begin{cases} \boldsymbol{x}_{o,k} = \boldsymbol{x}_{\text{all},o,k} = \sum_{i=1}^{n_s} \boldsymbol{x}_{o,i,k} \\ \boldsymbol{r}_k = \boldsymbol{r}_{\text{all},k} = \sum_{i=1}^{n_s} \boldsymbol{r}_{\text{sub},i,k} \end{cases} \tag{4-116}$$

其中，$\boldsymbol{x}_{o,k}$ 和 $\boldsymbol{r}_k$ 分别为状态变量和残差产生器的残差信号。

在集中式设计的基础上，本节提出一种分布式自适应残差产生方法。考虑扩展残差产生器，将 $\boldsymbol{L}_r$ 设计为以下结构：

$$\boldsymbol{L}_r = \begin{bmatrix} \boldsymbol{L}_1 & \boldsymbol{L}_2 & \cdots & \boldsymbol{L}_{n_s} \end{bmatrix} \tag{4-117}$$

$\boldsymbol{A}_{or}$ 为 Schur 矩阵，每个子系统的残差产生器可以扩展为

$$\begin{aligned} \boldsymbol{x}_{o,i,k+1} &= \boldsymbol{A}_{o,i}\boldsymbol{x}_{o,i,k} + \boldsymbol{B}_{o,i}\boldsymbol{u}_{i,k} + \boldsymbol{L}_{o,i}\boldsymbol{y}_{i,k} + \boldsymbol{L}_{r,i}\boldsymbol{r}_{\text{all},i,k} \\ \boldsymbol{r}_{\text{sub},i,k} &= \boldsymbol{G}_{o,i}\boldsymbol{y}_{i,k} - \boldsymbol{C}_o\boldsymbol{x}_{o,i,k} - \boldsymbol{D}_{o,i}\boldsymbol{u}_{i,k} \end{aligned} \tag{4-118}$$

其中，$\boldsymbol{r}_{\text{all},i,k}$ 为第 i 个子系统的残差信号，总是满足如下关系：

$$\boldsymbol{r}_k = \boldsymbol{r}_{\text{all},k} = \sum_{i=1}^{n_s} \boldsymbol{r}_{\text{sub},i,k} = \begin{bmatrix} \boldsymbol{r}_{\text{all},1,k} \\ \boldsymbol{r}_{\text{all},2,k} \\ \vdots \\ \boldsymbol{r}_{\text{all},n_s,k} \end{bmatrix} \tag{4-119}$$

因为 $(\boldsymbol{A}+\boldsymbol{B})\otimes\boldsymbol{C} = \boldsymbol{A}\otimes\boldsymbol{C} + \boldsymbol{B}\otimes\boldsymbol{C}$，所以有

$$\bar{\boldsymbol{u}}_{i,k} = \begin{bmatrix} \boldsymbol{0}^{\mathrm{T}} & \boldsymbol{0}^{\mathrm{T}} & \cdots & \boldsymbol{0}^{\mathrm{T}} & \boldsymbol{u}_{i,k}^{\mathrm{T}} & \boldsymbol{0}^{\mathrm{T}} & \cdots & \boldsymbol{0}^{\mathrm{T}} \end{bmatrix}^{\mathrm{T}}$$

$$\bar{\boldsymbol{y}}_{i,k} = \begin{bmatrix} \boldsymbol{0}^{\mathrm{T}} & \boldsymbol{0}^{\mathrm{T}} & \cdots & \boldsymbol{0}^{\mathrm{T}} & \boldsymbol{y}_{i,k}^{\mathrm{T}} & \boldsymbol{0}^{\mathrm{T}} & \cdots & \boldsymbol{0}^{\mathrm{T}} \end{bmatrix}^{\mathrm{T}}$$

$$\boldsymbol{Q}_{uy,i} = \begin{bmatrix} \bar{\boldsymbol{u}}_{i,k}^{\mathrm{T}}\otimes\boldsymbol{I}_n & -\bar{\boldsymbol{u}}_{i,k}^{\mathrm{T}}\otimes\boldsymbol{L}_r & \bar{\boldsymbol{y}}_{i,k}^{\mathrm{T}}\otimes\boldsymbol{I}_m & \left(\bar{\boldsymbol{y}}_{i,k}^{\mathrm{T}}\otimes\boldsymbol{I}_m\right)\boldsymbol{D}_m \end{bmatrix}$$

$$\boldsymbol{U}_{i,k} = \begin{bmatrix} \bar{\boldsymbol{u}}_{i,k}^{\mathrm{T}}\otimes\boldsymbol{0}_{m\times n} & -\bar{\boldsymbol{u}}_{i,k}^{\mathrm{T}}\otimes\boldsymbol{I}_m & \bar{\boldsymbol{y}}_{i,k}^{\mathrm{T}}\otimes\boldsymbol{0}_{m\times n} & \left(\bar{\boldsymbol{y}}_{i,k}^{\mathrm{T}}\otimes\boldsymbol{I}_m\right)\boldsymbol{D}_m \end{bmatrix}$$

基于以上分析，分布式残差产生器可以等效为

$$\begin{aligned}\boldsymbol{x}_{o,i,k+1} &= \boldsymbol{A}_{or}\boldsymbol{x}_{o,i,k} + \boldsymbol{L}_{r,i}\boldsymbol{y}_{i,k} + \boldsymbol{Q}_{uy,i}\boldsymbol{\theta}_k + \boldsymbol{V}_{i,k+1}\boldsymbol{e}_{\theta,k+1} \\ \boldsymbol{r}_{\mathrm{sub},i,k} &= \boldsymbol{y}_{i,k} - \boldsymbol{C}_o\boldsymbol{x}_{o,i,k} + \boldsymbol{U}_{i,k}\boldsymbol{\theta}_k\end{aligned} \tag{4-120}$$

考虑到参数迭代更新，需设计如下所示的辅助滤波器：

$$\begin{aligned}\boldsymbol{V}_{i,k+1} &= \boldsymbol{A}_{or}\boldsymbol{V}_{i,k} + \boldsymbol{Q}_{uy,i} \\ \boldsymbol{\varphi}_{\mathrm{sub},i,k} &= \boldsymbol{C}_o\boldsymbol{V}_{i,k} - \boldsymbol{U}_{i,k}\end{aligned} \tag{4-121}$$

在每个子系统的计算点收集到的残差与辅助滤波器的信息可以通过如下平均一致性分布式计算实现对全局信息的计算，即

$$\boldsymbol{\varphi}_{\mathrm{all},k} = \sum_{i=1}^{n_s}\boldsymbol{\varphi}_{\mathrm{sub},i,k}, \boldsymbol{r}_{\mathrm{all},k} = \sum_{i=1}^{n_s}\boldsymbol{r}_{\mathrm{sub},i,k} \tag{4-122}$$

本节的目的是计算 $\boldsymbol{r}_{\mathrm{all},k}$，把数据 $\boldsymbol{r}_{\mathrm{sub},i,k}$ 传送给邻居，也就是说，$\boldsymbol{y}_{i,k}$ 被发送到邻居子系统的计算节点 j，$i \in \mathcal{N}_j$，$\mathcal{N}_j$ 为节点 i 所有的邻居子系统的节点。计算

$$\boldsymbol{r}_{\mathrm{sub},i,k,z+1} = w_{ii}\boldsymbol{r}_{\mathrm{sub},i,k,z} + \sum_{j\in\mathcal{N}_i} w_{ij}\boldsymbol{r}_{\mathrm{sub},j,k,z} \tag{4-123}$$

令 $z = z+1$，通过迭代计算可以在每个子系统节点计算全局信息，设计迭代停止条件，若满足如下条件，则停止。

$$\begin{aligned}&\left\|\boldsymbol{r}_{\mathrm{sub},i,k,z+1} - \boldsymbol{r}_{\mathrm{sub},i,k,z}\right\| \leqslant \gamma \\ &\overline{\boldsymbol{r}}_{\mathrm{sub},i,k} = \boldsymbol{r}_{\mathrm{sub},i,k,z+1}\end{aligned} \tag{4-124}$$

其中，γ 为给定的公差常数。

假设计算速度足够快，子系统残差将达到一致性收敛，则可以得到

$$\overline{\boldsymbol{r}}_{\mathrm{sub},i,k} = \frac{1}{n_s}\boldsymbol{r}_{\mathrm{all},k} \tag{4-125}$$

本节的参数估计更新可以通过以下计算实现，即

$$\begin{aligned}&\boldsymbol{\theta}_{k+1} = \boldsymbol{\theta}_k + \boldsymbol{e}_{\theta,k+1},\ \ \boldsymbol{e}_{\theta,k+1} = \gamma_k\boldsymbol{\varphi}_{\mathrm{all},k}^{\mathrm{T}}\boldsymbol{r}_{\mathrm{all},k} \\ &\gamma_k = \mu\left(\boldsymbol{\sigma} + \boldsymbol{\varphi}_{\mathrm{all},k}^{\mathrm{T}}\boldsymbol{\varphi}_{\mathrm{all},k}\right)^{-1},\ \ \boldsymbol{\sigma} > \boldsymbol{0},\ \ 0 < \mu < 2\end{aligned} \tag{4-126}$$

类似集中式系统的设计方法，分布式协同诊断的统计量可以定义为

$$J_{i,k} = \boldsymbol{r}_{\mathrm{all},i,k}^{\mathrm{T}}\boldsymbol{\Sigma}_{i,c}^{-1}\boldsymbol{r}_{\mathrm{all},i,k} \tag{4-127}$$

其中，$\boldsymbol{\Sigma}_{i,c}^{-1}$ 为第 i 个子系统残差的协方差矩阵。

故障诊断的阈值可以设定为

$$J_{i,\mathrm{th}} = \chi_{\varepsilon_i}^2\left(n_K^i\right) \tag{4-128}$$

其中，n_K^i 为卡方分布上 α 分位数。

故障诊断的逻辑判断如下：

$$\begin{cases} J \leqslant J_{\mathrm{th}} & \Rightarrow \text{系统正常} \\ J > J_{\mathrm{th}} & \Rightarrow \text{系统异常} \end{cases}$$

3. 基于子空间投影的分布式诊断方法

在控制系统中，稳定裕度是衡量闭环系统稳定性的重要性能指标，体现出闭环系统对外部信号的放大能力。稳定裕度的变化可反映系统异常对闭环系统稳定性造成的影响，是控制系统的重要性能指标。为了有效地实时量化和分析控制系统的性能，本小节首先介绍基于数据的面向稳定裕度的分布式诊断方法。

在标准反馈控制架构中，由外部输入信号到系统的输入输出信号 $\boldsymbol{u}(z)$ 以及 $\boldsymbol{y}(z)$ 的传递函数关系可以表示为

$$\boldsymbol{u}(z)=\boldsymbol{w}_2(z)+\boldsymbol{K}(z)\big(\boldsymbol{w}_1(z)+\boldsymbol{y}(z)\big) \tag{4-129}$$

$$\boldsymbol{y}(z)=\boldsymbol{G}(z)\boldsymbol{u}(z) \tag{4-130}$$

因此，经过简单的推导可以得到

$$\begin{bmatrix}\boldsymbol{u}\\ \boldsymbol{y}\end{bmatrix}=\begin{bmatrix}\boldsymbol{I}\\ \boldsymbol{G}\end{bmatrix}(\boldsymbol{I}-\boldsymbol{KG})^{-1}[\boldsymbol{I}\quad \boldsymbol{K}]\begin{bmatrix}\boldsymbol{w}_2\\ \boldsymbol{w}_1\end{bmatrix} \tag{4-131}$$

为了衡量闭环系统对外部信号的放大能力以及闭环系统的稳定性，通常将闭环系统的稳定裕度定义为

$$b(\boldsymbol{G},\boldsymbol{K}):=\left\|\begin{bmatrix}\boldsymbol{I}\\ \boldsymbol{G}\end{bmatrix}(\boldsymbol{I}-\boldsymbol{KG})^{-1}[\boldsymbol{I}\quad \boldsymbol{K}]\right\|_{\infty}^{-1} \tag{4-132}$$

如果该闭环系统不是内稳定的，那么系统的稳定裕度为 0。

由上述定义可以看出，系统的稳定裕度是系统传递函数矩阵无穷范数的逆。记被控对象的左右互质分解为 $\boldsymbol{G}(z)=\boldsymbol{N}(z)\boldsymbol{M}^{-1}(z)=\hat{\boldsymbol{M}}^{-1}(z)\hat{\boldsymbol{N}}(z)$，控制器的左右互质分解为 $\boldsymbol{K}(z)=\boldsymbol{U}(z)\boldsymbol{V}^{-1}(z)=\hat{\boldsymbol{V}}^{-1}(z)\hat{\boldsymbol{U}}(z)$。将系统与控制器的左右互质分解公式代入传递函数矩阵，可得

$$\begin{bmatrix}\boldsymbol{u}\\ \boldsymbol{y}\end{bmatrix}=\begin{bmatrix}\boldsymbol{M}\\ \boldsymbol{N}\end{bmatrix}\big(\hat{\boldsymbol{V}}\boldsymbol{M}-\hat{\boldsymbol{U}}\boldsymbol{N}\big)^{-1}\big[\hat{\boldsymbol{V}}\quad \hat{\boldsymbol{U}}\big]\begin{bmatrix}\boldsymbol{w}_2\\ \boldsymbol{w}_1\end{bmatrix} \tag{4-133}$$

因闭环系统稳定，即 Bezout 等式成立，故式(4-133)可以简化为

$$\begin{bmatrix}\boldsymbol{u}\\ \boldsymbol{y}\end{bmatrix}=\begin{bmatrix}\boldsymbol{M}\\ \boldsymbol{N}\end{bmatrix}\big[\hat{\boldsymbol{V}}\quad \hat{\boldsymbol{U}}\big]\begin{bmatrix}\boldsymbol{w}_2\\ \boldsymbol{w}_1\end{bmatrix} \tag{4-134}$$

系统的传递函数矩阵由两部分构成，左边为系统的右互质分解(即系统的稳定

像描述)，右边为控制器的左互质分解(即控制器的稳定核描述)。因此，传递函数矩阵的稳定裕度为

$$b(\boldsymbol{G},\boldsymbol{K})=\left\|\begin{bmatrix}\boldsymbol{M}\\ \boldsymbol{N}\end{bmatrix}\begin{bmatrix}\hat{\boldsymbol{V}} & -\hat{\boldsymbol{U}}\end{bmatrix}\right\|_{\infty}^{-1}=\left\|\boldsymbol{I}_G\boldsymbol{K}_K\right\|_{\infty}^{-1} \tag{4-135}$$

其中，$\boldsymbol{I}_G=\begin{bmatrix}\boldsymbol{I}_{G,u}\\ \boldsymbol{I}_{G,y}\end{bmatrix}$为系统$G(z)$的稳定像描述；$\boldsymbol{K}_K=\begin{bmatrix}\boldsymbol{K}_{K,y_c} & \boldsymbol{K}_{K,u_c}\end{bmatrix}$为控制器$\boldsymbol{K}(z)$的稳定核描述。因此，系统的稳定裕度可表示成系统的稳定像描述与控制器的稳定核描述的乘积的无穷范数的逆。

针对第i个子系统，为了估计闭环系统的稳定裕度，需要分别辨识数据驱动的控制器的稳定核描述$\boldsymbol{K}_{K_Q}$和系统的稳定像描述$\boldsymbol{I}_{G_S}$。关于数据驱动的稳定核描述的辨识方法已在前面给出，故在此不再赘述。下面将主要介绍基于系统稳定像表示的辨识方法。

为辨识第i个子系统的稳定像描述$\boldsymbol{I}_{G_S}$，必须先找到$\boldsymbol{I}_{G_S}$的一个参考信号。由稳定裕度的定义可知，$\boldsymbol{I}_{G_S}$的参考信号$\boldsymbol{\upsilon}^i$可给定为

$$\boldsymbol{\upsilon}^i=\hat{\boldsymbol{U}}_i\boldsymbol{w}_1^i+\hat{\boldsymbol{V}}_i\boldsymbol{w}_2^i \tag{4-136}$$

其中，$\boldsymbol{w}_1^i$和$\boldsymbol{w}_2^i$分别为第i个子系统的输出参考信号和辅助参考信号。

系统稳定像描述的输出信号为系统的输入和输出，由定义可知，数据驱动的系统稳定像描述是由参考信号到输入和输出的乘法算子实现的。系统乘法算子的估计可以通过构建算子的输入和输出序列的汉克尔矩阵，并根据 LQ 分解进行计算。于是，构建参考信号$\boldsymbol{\upsilon}_i$、系统输入信号$\boldsymbol{u}_i$和输出信号$\boldsymbol{y}_i$的汉克尔矩阵分别为

$$\boldsymbol{W}_{k,s,N}^i=\begin{bmatrix}\boldsymbol{\upsilon}_{s,k-N+1}^i & \boldsymbol{\upsilon}_{s,k-N+2}^i & \cdots & \boldsymbol{\upsilon}_{s,k}^i\end{bmatrix} \tag{4-137}$$

$$\boldsymbol{U}_{k,s,N}^i=\begin{bmatrix}\boldsymbol{u}_{s,k-N-1}^i & \boldsymbol{u}_{s,k-N}^i & \cdots & \boldsymbol{u}_{s,k}^i\end{bmatrix} \tag{4-138}$$

$$\boldsymbol{Y}_{k,s,N}=\begin{bmatrix}\boldsymbol{y}_{s,k-N+1}^i & \boldsymbol{y}_{s,k-N+2}^i & \cdots & \boldsymbol{y}_{s,k}^i\end{bmatrix} \tag{4-139}$$

进行如下的 LQ 分解：

$$\begin{bmatrix}\boldsymbol{Z}_{u,p,N}^i\\ \boldsymbol{W}_{f,N}^i\\ \boldsymbol{U}_{f,N}^i\end{bmatrix}=\begin{bmatrix}\boldsymbol{L}_{u,11}^i & \boldsymbol{0} & \boldsymbol{0}\\ \boldsymbol{L}_{u,21}^i & \boldsymbol{L}_{u,22}^i & \boldsymbol{0}\\ \boldsymbol{L}_{u,31}^i & \boldsymbol{L}_{u,32}^i & \boldsymbol{L}_{u,33}^i\end{bmatrix}\begin{bmatrix}\boldsymbol{Q}_{u,1}^i\\ \boldsymbol{Q}_{u,2}^i\\ \boldsymbol{Q}_{u,3}^i\end{bmatrix} \tag{4-140}$$

$$\begin{bmatrix}\boldsymbol{Z}_{y,p,N}^i\\ \boldsymbol{W}_{f,N}^i\\ \boldsymbol{Y}_{f,N}^i\end{bmatrix}=\begin{bmatrix}\boldsymbol{L}_{y,11}^i & \boldsymbol{0} & \boldsymbol{0}\\ \boldsymbol{L}_{y,21}^i & \boldsymbol{L}_{y,22}^i & \boldsymbol{0}\\ \boldsymbol{L}_{y,31}^i & \boldsymbol{L}_{y,32}^i & \boldsymbol{L}_{y,33}^i\end{bmatrix}\begin{bmatrix}\boldsymbol{Q}_{y,1}^i\\ \boldsymbol{Q}_{y,2}^i\\ \boldsymbol{Q}_{y,3}^i\end{bmatrix} \tag{4-141}$$

则系统 $\boldsymbol{G}_i(z)$ 的稳定像描述的数据驱动实现为

$$\boldsymbol{I}_{G_S}=\begin{bmatrix}\boldsymbol{I}_{u,s_f,i}\\ \boldsymbol{I}_{y,s_f,i}\end{bmatrix}=\begin{bmatrix}\boldsymbol{L}_{u,32}^{i}\boldsymbol{L}_{u,22}^{i\ -1}\\ \boldsymbol{L}_{y,32}^{i}\boldsymbol{L}_{y,22}^{i\ -1}\end{bmatrix} \tag{4-142}$$

从而第 i 个子系统的稳定裕度估计可表示为

$$\hat{b}_{s_f,i}(\boldsymbol{G}_i,\boldsymbol{K}_i)=\bar{\sigma}^{-1}\left(\boldsymbol{I}_{G_S}\boldsymbol{K}_{K_Q}\right) \tag{4-143}$$

其中，$\bar{\sigma}^{-1}(\cdot)$ 为最大奇异值的逆。

基于此，为实现面向系统稳定裕度的分布式诊断，定义如下阈值：

$$J_{\mathrm{th},i}=\varDelta_{\mathrm{tol},i} \tag{4-144}$$

其中，$\varDelta_{\mathrm{tol},i}$ 为第 i 个子系统可容许的稳定裕度限度。

在线诊断的评估函数定义为

$$J_i=\hat{b}_{s_f,i}(\boldsymbol{G}_i,\ \boldsymbol{K}_i) \tag{4-145}$$

最终的判断逻辑设定为

$$\begin{cases}J_i>J_{\mathrm{th},i} & \Rightarrow \text{稳定裕度达标，系统正常}\\ J_i\leqslant J_{\mathrm{th},i} & \Rightarrow \text{稳定裕度下降，系统异常}\end{cases} \tag{4-146}$$

考虑到在大型互联系统中子系统间的信息是相互交互的，下面将针对含有信息交互的闭环大型互联系统介绍基于子空间投影的分布式诊断方法。考虑闭环大型互联系统 $\boldsymbol{G}(z)$ 有 n_s 个子系统，则第 i 个含有噪声的子系统 $\boldsymbol{G}_i(z)$ 可以表示为式(4-87)和式(4-88)。系统矩阵 $\boldsymbol{A}$ 由子系统组成对角位置的矩阵 $\boldsymbol{A}_i$ 和 $\boldsymbol{A}_{ij}(i\neq j)$ 描述了非对角位置的互连，矩阵 $\boldsymbol{B}$、$\boldsymbol{C}$、$\boldsymbol{D}$ 分别由块对角矩阵 $\boldsymbol{B}_i$、$\boldsymbol{C}_i$、$\boldsymbol{D}_i$ 组成。其整体控制器 $\boldsymbol{K}(z)$ 可由 n_s 个分散式控制器构成，表示为 $\boldsymbol{K}(z)=\mathrm{diag}\left[\boldsymbol{K}_1(z)\ \ \boldsymbol{K}_2(z)\ \ \cdots\ \ \boldsymbol{K}_i(z)\ \ \cdots\ \ \boldsymbol{K}_{n_s}(z)\right]$，因此可以将集中式闭环大型互联系统表示成如下扩展形式，相关矩阵和详细推导已在前面给出，故在此不再赘述。

$$\boldsymbol{Y}_{f,N}=\boldsymbol{T}_{s_f}^{-1}\boldsymbol{\Gamma}_{s_f}\boldsymbol{L}_{s_p}\boldsymbol{T}_{s_p}\boldsymbol{Z}_{p,N}+\boldsymbol{T}_{s_f}^{-1}\boldsymbol{H}_{u,s_f}\left(\boldsymbol{U}_{f,N}+\boldsymbol{H}_{u,s_f}^{c}\boldsymbol{Y}_{f,N}\right)+\boldsymbol{T}_{s_f}^{-1}\boldsymbol{H}_{\alpha,s_f}\boldsymbol{\Psi}_{f,N} \tag{4-147}$$

此时，将汉克尔矩阵 $\boldsymbol{U}_{f,N}$、$\boldsymbol{Y}_{f,N}$、$\boldsymbol{Z}_{p,N}$ 等根据子系统维度顺序进行展开变换，则式(4-147)可变换为

$$\begin{aligned}\boldsymbol{Y}_{f,N}=&\boldsymbol{T}_{y_f}\boldsymbol{T}_{s_f}^{-1}\boldsymbol{\Gamma}_{s_f}\boldsymbol{L}_{s_p}\boldsymbol{T}_{s_p}\boldsymbol{T}_{z_p}^{-1}\boldsymbol{Z}_{p,N}+\boldsymbol{T}_{y_f}\boldsymbol{T}_{s_f}^{-1}\boldsymbol{H}_{u,s_f}\boldsymbol{T}_{u_f}^{-1}\cdot\left(\boldsymbol{U}_{f,N}+\boldsymbol{H}_{u,s_f}^{c}\boldsymbol{T}_{y_f}^{-1}\boldsymbol{Y}_{f,N}\right)\\&+\boldsymbol{T}_{y_f}\boldsymbol{T}_{s_f}^{-1}\boldsymbol{H}_{\alpha,s_f}\boldsymbol{T}_{\Psi_f}^{-1}\boldsymbol{\Psi}_{f,N}\end{aligned} \tag{4-148}$$

其中

$$\boldsymbol{U}_{f,N}=\boldsymbol{T}_{u_f}\boldsymbol{U}_{f,N}=\begin{bmatrix}\boldsymbol{U}_{1f,N}^{\mathrm{T}} & \boldsymbol{U}_{2f,N}^{\mathrm{T}} & \cdots & \boldsymbol{U}_{if,N}^{\mathrm{T}} & \cdots & \boldsymbol{U}_{n_sf,N}^{\mathrm{T}}\end{bmatrix}^{\mathrm{T}}$$

$$\boldsymbol{Y}_{f,N}=\boldsymbol{T}_{y_f}\boldsymbol{Y}_{f,N}=\begin{bmatrix}\boldsymbol{Y}_{1f,N}^{\mathrm{T}} & \boldsymbol{Y}_{2f,N}^{\mathrm{T}} & \cdots & \boldsymbol{Y}_{if,N}^{\mathrm{T}} & \cdots & \boldsymbol{Y}_{n_sf,N}^{\mathrm{T}}\end{bmatrix}^{\mathrm{T}}$$

$$\boldsymbol{Z}_{p,N}=\boldsymbol{T}_{z_p}\boldsymbol{Z}_{p,N}=\begin{bmatrix}\boldsymbol{Z}_{1p,N}^{\mathrm{T}} & \boldsymbol{Z}_{2p,N}^{\mathrm{T}} & \cdots & \boldsymbol{Z}_{ip,N}^{\mathrm{T}} & \cdots & \boldsymbol{Z}_{n_sp,N}^{\mathrm{T}}\end{bmatrix}^{\mathrm{T}}$$

其中，$\boldsymbol{T}_{z_p}$ 、$\boldsymbol{T}_{u_f}$ 和 $\boldsymbol{T}_{y_f}$ 为置换矩阵；$\boldsymbol{U}_{if,N}$ 和 $\boldsymbol{Y}_{if,N}$ 分别为第 i 个系统的输入和输出；$\boldsymbol{Z}_{ip,N}^{\mathrm{T}}=\begin{bmatrix}\boldsymbol{U}_{if,N}^{\mathrm{T}} & \boldsymbol{Y}_{if,N}^{\mathrm{T}}\end{bmatrix}$。

因此，整理式(4-148)，有

$$\boldsymbol{Y}_{f,N}=\boldsymbol{L}_{z_p}\boldsymbol{Z}_{p,N}+\boldsymbol{L}_{u_f}\boldsymbol{U}_{f,N}+\boldsymbol{L}_{\Psi_f}\boldsymbol{\Psi}_{f,N} \tag{4-149}$$

其中

$$\boldsymbol{L}_{z_p}=\boldsymbol{T}_{y_cf}^{-1}\boldsymbol{T}_{y_f}\boldsymbol{T}_{s_f}^{-1}\boldsymbol{\Gamma}_{s_f}\boldsymbol{L}_{s_p}\boldsymbol{T}_{s_p}\boldsymbol{T}_{z_p}^{-1},\quad \boldsymbol{L}_{u_f}=\boldsymbol{T}_{y_cf}^{-1}\boldsymbol{T}_{y_f}\boldsymbol{T}_{s_f}^{-1}\boldsymbol{H}_{u,s_f}\boldsymbol{T}_{u_f}^{-1},\quad \boldsymbol{L}_{\Psi_f}=\boldsymbol{T}_{y_cf}^{-1}\boldsymbol{T}_{y_f}\boldsymbol{T}_{s_f}^{-1}\boldsymbol{H}_{\alpha,s_f}\boldsymbol{T}_{\Psi_f}^{-1}$$

这里，$\boldsymbol{T}_{y_cf}=\boldsymbol{I}-\boldsymbol{H}_{u,s_f}^{c}\boldsymbol{T}_{y_f}^{-1}$；$\boldsymbol{L}_{z_p}$ 、$\boldsymbol{L}_{u_f}$ 和 $\boldsymbol{L}_{\Psi_f}$ 又可以按照矩阵的行展开，表示为

$$\boldsymbol{L}_{z_p}=\begin{bmatrix}\boldsymbol{L}_{z_p,\mathrm{row}_1}^{\mathrm{T}} & \boldsymbol{L}_{z_p,\mathrm{row}_2}^{\mathrm{T}} & \cdots & \boldsymbol{L}_{z_p,\mathrm{row}_i}^{\mathrm{T}} & \cdots & \boldsymbol{L}_{z_p,\mathrm{row}_{n_s}}^{\mathrm{T}}\end{bmatrix}^{\mathrm{T}} \tag{4-150}$$

$$\boldsymbol{L}_{u_f}=\begin{bmatrix}\boldsymbol{L}_{u_f,\mathrm{row}_1}^{\mathrm{T}} & \boldsymbol{L}_{u_f,\mathrm{row}_2}^{\mathrm{T}} & \cdots & \boldsymbol{L}_{u_f,\mathrm{row}_i}^{\mathrm{T}} & \cdots & \boldsymbol{L}_{u_f,\mathrm{row}_{n_s}}^{\mathrm{T}}\end{bmatrix}^{\mathrm{T}} \tag{4-151}$$

$$\boldsymbol{L}_{\Psi_f}=\begin{bmatrix}\boldsymbol{L}_{\Psi_f,\mathrm{row}_1}^{\mathrm{T}} & \boldsymbol{L}_{\Psi_f,\mathrm{row}_2}^{\mathrm{T}} & \cdots & \boldsymbol{L}_{\Psi_f,\mathrm{row}_i}^{\mathrm{T}} & \cdots & \boldsymbol{L}_{\Psi_f,\mathrm{row}_{n_s}}^{\mathrm{T}}\end{bmatrix}^{\mathrm{T}} \tag{4-152}$$

其中

$$\boldsymbol{L}_{z_p,\mathrm{row}_i}=\begin{bmatrix}\boldsymbol{L}_{z_p,i1} & \boldsymbol{L}_{z_p,i2} & \cdots & \boldsymbol{L}_{z_p,ii} & \cdots & \boldsymbol{L}_{z_p,in_s}\end{bmatrix}$$

$$\boldsymbol{L}_{u_f,\mathrm{row}_i}=\begin{bmatrix}\boldsymbol{L}_{u_f,i1} & \boldsymbol{L}_{u_f,i2} & \cdots & \boldsymbol{L}_{u_f,ii} & \cdots & \boldsymbol{L}_{u_f,in_s}\end{bmatrix}$$

$$\boldsymbol{L}_{\Psi_f,\mathrm{row}_i}=\begin{bmatrix}\boldsymbol{L}_{\Psi_f,i1} & \boldsymbol{L}_{\Psi_f,i2} & \cdots & \boldsymbol{L}_{\Psi_f,ii} & \cdots & \boldsymbol{L}_{\Psi_f,in_s}\end{bmatrix}$$

因此，第 i 个子系统的输出 $\boldsymbol{Y}_{if,N}$ 具有如下表示形式：

$$\boldsymbol{Y}_{if,N}=\boldsymbol{L}_{z_p,\mathrm{row}_i}\boldsymbol{Z}_{p,N}+\boldsymbol{L}_{u_f,\mathrm{row}_i}\boldsymbol{U}_{f,N}+\boldsymbol{L}_{\Psi_f,\mathrm{row}_i}\boldsymbol{\Psi}_{f,N} \tag{4-153}$$

下面以一个含有两个子系统的互联系统为例，详细介绍子系统间的信息交互过程，并说明基于子空间技术的分布式闭环故障诊断方法。

根据式(4-149)～式(4-152)，该互联系统可以表示为

$$\begin{bmatrix}\boldsymbol{Y}_{1f,N}\\ \boldsymbol{Y}_{2f,N}\end{bmatrix}=\begin{bmatrix}\boldsymbol{L}_{z_p,\mathrm{row}_1}\\ \boldsymbol{L}_{z_p,\mathrm{row}_2}\end{bmatrix}\begin{bmatrix}\boldsymbol{Z}_{1p,N}\\ \boldsymbol{Z}_{2p,N}\end{bmatrix}+\begin{bmatrix}\boldsymbol{L}_{u_f,\mathrm{row}_1}\\ \boldsymbol{L}_{u_f,\mathrm{row}_2}\end{bmatrix}\begin{bmatrix}\boldsymbol{U}_{1f,N}\\ \boldsymbol{U}_{2f,N}\end{bmatrix}+\begin{bmatrix}\boldsymbol{L}_{\Psi_f,\mathrm{row}_1}\\ \boldsymbol{L}_{\Psi_f,\mathrm{row}_2}\end{bmatrix}\begin{bmatrix}\boldsymbol{\Psi}_{1f,N}\\ \boldsymbol{\Psi}_{2f,N}\end{bmatrix} \tag{4-154}$$

因此，每个子系统的输出 $\boldsymbol{Y}_{1f,N}$ 和 $\boldsymbol{Y}_{2f,N}$ 分别为

$$Y_{1f,N} = L_{1,\mathrm{sub}_1} S_{\mathrm{sub}_1} + L_{1,\mathrm{sub}_2} S_{\mathrm{sub}_2} + \tilde{\Phi}_{\mathrm{sub}_1} \tag{4-155}$$

$$Y_{2f,N} = L_{2,\mathrm{sub}_1} S_{\mathrm{sub}_1} + L_{2,\mathrm{sub}_2} S_{\mathrm{sub}_2} + \tilde{\Phi}_{\mathrm{sub}_2} \tag{4-156}$$

其中，S_{sub_1} 和 S_{sub_2} 分别具有子系统 1 和子系统 2 信息：

$$S_{\mathrm{sub}_1} = \begin{bmatrix} Z_{1p,N}^{\mathrm{T}} & U_{1f,N}^{\mathrm{T}} \end{bmatrix}^{\mathrm{T}}, \quad S_{\mathrm{sub}_2} = \begin{bmatrix} Z_{2p,N}^{\mathrm{T}} & U_{2f,N}^{\mathrm{T}} \end{bmatrix}^{\mathrm{T}}$$

对于子系统 1，相应矩阵 L_{1,sub_1} 和 L_{1,sub_2} 可以由斜投影技术分解得到，表示为

$$L_{1,\mathrm{sub}_1} = Y_{1f,N} \Pi_{S_{\mathrm{sub}_2}^{\perp}} S_{\mathrm{sub}_1}^{\mathrm{T}} \left(S_{\mathrm{sub}_1} \Pi_{S_{\mathrm{sub}_2}^{\perp}} S_{\mathrm{sub}_1}^{\mathrm{T}} \right), \quad L_{1,\mathrm{sub}_2} = Y_{1f,N} \Pi_{S_{\mathrm{sub}_1}^{\perp}} S_{\mathrm{sub}_2}^{\mathrm{T}} \left(S_{\mathrm{sub}_2} \Pi_{S_{\mathrm{sub}_1}^{\perp}} S_{\mathrm{sub}_2}^{\mathrm{T}} \right)$$

其中

$$\Pi_{S_{\mathrm{sub}_1}^{\perp}} = I_N - S_{\mathrm{sub}_1}^{\mathrm{T}} \left(S_{\mathrm{sub}_1} S_{\mathrm{sub}_1}^{\mathrm{T}} \right)^{-1} S_{\mathrm{sub}_1}, \quad \Pi_{S_{\mathrm{sub}_2}^{\perp}} = I_N - S_{\mathrm{sub}_2}^{\mathrm{T}} \left(S_{\mathrm{sub}_2} S_{\mathrm{sub}_2}^{\mathrm{T}} \right)^{-1} S_{\mathrm{sub}_2}$$

因此，可以将子系统间的信息交互分为离线阶段和在线阶段。以子系统 1 为例：

(1) 在离线阶段，将 $\Pi_{S_{\mathrm{sub}_1}^{\perp}}$ 和 $\Pi_{S_{\mathrm{sub}_2}^{\perp}}$ 分别传至子系统 2 和子系统 1 中。

(2) 在在线阶段，将 $Y_{1f,N} \Pi_{S_{\mathrm{sub}_1}^{\perp}}$ 传至子系统 2 中，然后将 $L_{1,\mathrm{sub}_2} S_{\mathrm{sub}_2}$ 传至子系统 1 中。

至此完成了信息交互过程，如图 4-4 所示，实现了一种与集中式故障诊断方法等效的分布式闭环故障诊断方法。此时，可得到子系统 1 的残差 r_{sub_1} 为

$$r_{\mathrm{sub}_1} = Y_{1f,N} - L_{1,\mathrm{sub}_1} S_{\mathrm{sub}_1} - L_{1,\mathrm{sub}_2} S_{\mathrm{sub}_2} \tag{4-157}$$

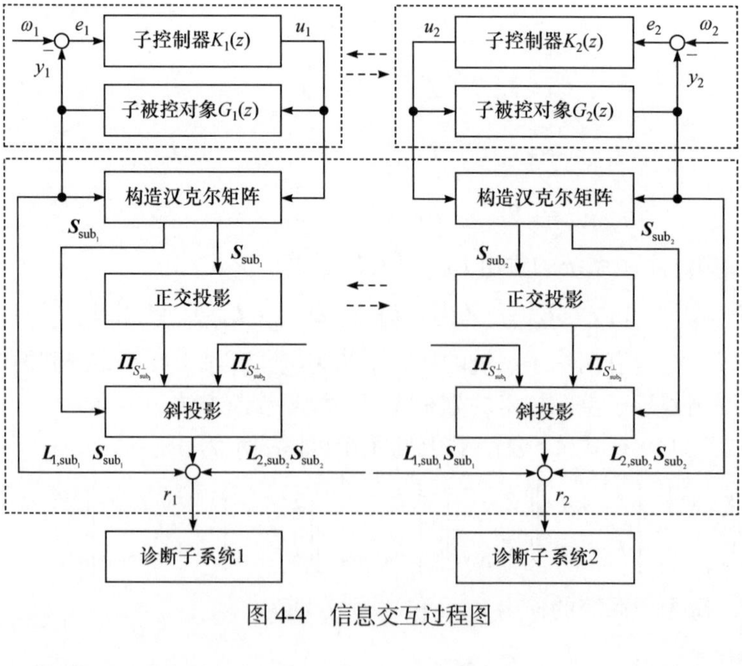

图 4-4　信息交互过程图

在无故障情况下，$\boldsymbol{r}_{\mathrm{sub}_1}$ 的协方差矩阵可以表示为 $\boldsymbol{\Sigma}_{\mathrm{res}_i}$，并得到第 i 个子系统的评价函数 J_i 为

$$J_i = \boldsymbol{r}_{\mathrm{sub}_1}^{\mathrm{T}} \boldsymbol{\Sigma}_{\mathrm{res}_i} \boldsymbol{r}_{\mathrm{sub}_1} \tag{4-158}$$

第 i 个子系统的阈值可以设置为

$$J_{\mathrm{th},i} = \chi_{\varepsilon_i}^2 (m_i) \tag{4-159}$$

其中，χ_{ε_i} 由 m_i 自由度的卡方分布图确定。

由此得到第 i 个子系统的诊断逻辑为

$$\begin{cases} J_i \leqslant J_{\mathrm{th},i}, & \text{系统正常} \\ J_i > J_{\mathrm{th},i}, & \text{系统异常} \end{cases} \tag{4-160}$$

4.2.2　性能驱动的分布式协同控制方法

1. 反馈控制器的输入输出标准型

首先，对于参数化矩阵 $\boldsymbol{Q}(z) \in \mathbf{R}\mathrm{H}_{\infty}^{l \times m}$，其状态空间表达式为

$$\begin{cases} \boldsymbol{x}_{r,k+1} = \boldsymbol{A}_r \boldsymbol{x}_{r,k} + \boldsymbol{B}_r \boldsymbol{r}_k \\ \boldsymbol{u}_{r,k} = \boldsymbol{C}_r \boldsymbol{x}_{r,k} + \boldsymbol{D}_r \boldsymbol{r}_k \end{cases} \tag{4-161}$$

其中，$\boldsymbol{x}_r \in \mathbf{R}^{n_r}$，$n_r$ 定义为 $\boldsymbol{Q}(z)$ 的系统阶数；$\boldsymbol{A}_r \in \mathbf{R}^{n_r \times n_r}$，$\boldsymbol{A}_r$ 是稳定的，它决定着 $\boldsymbol{Q}(z)$ 的稳定性；$\boldsymbol{B}_r \in \mathbf{R}^{n_r \times m}$；$\boldsymbol{C}_r \in \mathbf{R}^{l \times n_r}$；$\boldsymbol{D}_r \in \mathbf{R}^{l \times m}$。

在每一次对 $\boldsymbol{Q}(z)$ 进行迭代更新时，实质上就是对 $\boldsymbol{Q}(z)$ 系统中各个矩阵中的参数进行迭代更新，因此将其参数化为

$$\begin{cases} \boldsymbol{x}_{r,q_q,k+1} = \boldsymbol{A}_r\left(\boldsymbol{\theta}_{AB_r}\right) \boldsymbol{x}_{r,k} + \boldsymbol{B}_r\left(\boldsymbol{\theta}_{AB_r}\right) \boldsymbol{r}_k \\ \boldsymbol{u}_{r,q_q,k} = \boldsymbol{C}_r\left(\boldsymbol{\theta}_{C_r}\right) \boldsymbol{x}_{r,k} + \boldsymbol{D}_r\left(\boldsymbol{\theta}_{D_r}\right) \boldsymbol{r}_k \end{cases} \tag{4-162}$$

$\boldsymbol{\theta}_q$ 为系统 $\boldsymbol{Q}(z)$ 中的参数向量，包括了 $\boldsymbol{Q}(z)$ 中各个矩阵 $\boldsymbol{A}_r\left(\boldsymbol{\theta}_{AB_r}\right)$、$\boldsymbol{B}_r\left(\boldsymbol{\theta}_{AB_r}\right)$、$\boldsymbol{C}_r\left(\boldsymbol{\theta}_{C_r}\right)$、$\boldsymbol{D}_r\left(\boldsymbol{\theta}_{D_r}\right)$ 中的元素，因此有

$$\boldsymbol{\theta}_q = \begin{bmatrix} \boldsymbol{\theta}_{AB_r} \\ \boldsymbol{\theta}_{C_r} \\ \boldsymbol{\theta}_{D_r} \end{bmatrix} = \begin{bmatrix} \boldsymbol{\theta}_{AB_r} \\ \mathrm{vec}\left(\boldsymbol{C}_r\right) \\ \mathrm{vec}\left(\boldsymbol{D}_r\right) \end{bmatrix} \tag{4-163}$$

在 $\boldsymbol{\theta}_q$ 中，$\boldsymbol{\theta}_{C_r}$ 与 $\boldsymbol{\theta}_{D_r}$ 为矩阵 $\boldsymbol{C}_r$ 与 $\boldsymbol{D}_r$ 中的所有元素，可认为将其展开为列向量，而 $\boldsymbol{\theta}_{AB_r}$ 则需要通过另外的参数化方法进行构造。

在构造$\boldsymbol{\theta}_{AB_r}$时，需要先了解输入标准型的参数化。输入标准型的参数化方法最早应用于连续时间状态空间模型，并被扩展到多输入多输出离散时间状态空间模型。对于一个系统$\boldsymbol{G}(z)\in \mathbf{RH}_{\infty}^{m\times l}$，其状态空间表达式为

$$\begin{cases}\boldsymbol{x}_{k+1}=\boldsymbol{A}\boldsymbol{x}_k+\boldsymbol{B}\boldsymbol{u}_k \\ \boldsymbol{y}_k=\boldsymbol{C}\boldsymbol{x}_k+\boldsymbol{D}\boldsymbol{u}_k\end{cases} \tag{4-164}$$

其中，$\boldsymbol{x}_k\in \mathbf{R}^n$，$n$为系统$\boldsymbol{G}(z)$的阶数。

存在可逆相似变换矩阵$\boldsymbol{T}_t$，可将系统$\boldsymbol{G}(z)$写为

$$\begin{cases}\boldsymbol{x}_{t,k+1}=\boldsymbol{A}_t\boldsymbol{x}_{t,k}+\boldsymbol{B}_t\boldsymbol{u}_k \\ \boldsymbol{y}_k=\boldsymbol{C}_t\boldsymbol{x}_{t,k}+\boldsymbol{D}_t\boldsymbol{u}_k\end{cases} \tag{4-165}$$

其中，$\boldsymbol{A}_t=\boldsymbol{T}_t^{-1}\boldsymbol{A}\boldsymbol{T}_t$；$\boldsymbol{B}_t=\boldsymbol{T}_t^{-1}\boldsymbol{B}$；$\boldsymbol{C}_t=\boldsymbol{C}\boldsymbol{T}_t$；$\boldsymbol{D}_t=\boldsymbol{D}$。

变换之后的系统具有以下性质：

$$\boldsymbol{A}_t^{\mathrm{T}}\boldsymbol{A}_t+\boldsymbol{C}_t^{\mathrm{T}}\boldsymbol{C}_t=\boldsymbol{I}_n \tag{4-166}$$

式(4-166)说明，$\begin{bmatrix}\boldsymbol{C}_t \\ \boldsymbol{A}_t\end{bmatrix}$中的每一列之间都是正交的，这意味着存在一个可逆变换矩阵$\boldsymbol{T}$，满足

$$\begin{bmatrix}\boldsymbol{C}_t \\ \boldsymbol{A}_t\end{bmatrix}=\boldsymbol{T}\begin{bmatrix}\boldsymbol{0}_{m\times n} \\ \boldsymbol{I}_n\end{bmatrix} \tag{4-167}$$

通过这样的方式，$(\boldsymbol{A}_t\quad \boldsymbol{C}_t)$可以被矩阵$\boldsymbol{T}$参数化。基于输出标准型的参数化定义的主要思想为：对于可观测矩阵$(\boldsymbol{A}_t\quad \boldsymbol{C}_t)$，其中，$\boldsymbol{A}_t\in \mathbf{R}^{n\times n}$，$\boldsymbol{C}_t\in \mathbf{R}^{m\times n}$，其输出标准型的参数化为

$$\begin{bmatrix}\boldsymbol{C}_t(\boldsymbol{\theta}_{AC}) \\ \boldsymbol{A}_t(\boldsymbol{\theta}_{AC})\end{bmatrix}=\begin{bmatrix}\boldsymbol{T}_1(\boldsymbol{\theta}_{AC,1}) & \boldsymbol{T}_2(\boldsymbol{\theta}_{AC,2}) & \cdots & \boldsymbol{T}_{nm}(\boldsymbol{\theta}_{AC,nm})\end{bmatrix}\begin{bmatrix}\boldsymbol{0}_{m\times n} \\ \boldsymbol{I}_n\end{bmatrix} \tag{4-168}$$

其中，$\boldsymbol{\theta}_{AC}\in \mathbf{R}^{n\times m}$为参数向量，所有元素均在区间$(-1,1)$；矩阵$\boldsymbol{T}_i(\boldsymbol{\theta}_{AC,i})$基于矩阵$\boldsymbol{U}(a)$构建。

$$\boldsymbol{U}(a)=\begin{bmatrix}-a & \sqrt{1-a^2} \\ \sqrt{1-a^2} & a\end{bmatrix}$$

其中，$a\in \mathbf{R}$在区间$(-1,1)$内。

本研究基于输入标准型的参数化方法，将可控矩阵$(\boldsymbol{A}_t\quad \boldsymbol{B}_t)$参数化为

$$\begin{bmatrix}\boldsymbol{B}_t^{\mathrm{T}}(\boldsymbol{\theta}_{AB}) \\ \boldsymbol{A}_t^{\mathrm{T}}(\boldsymbol{\theta}_{AB})\end{bmatrix}=\begin{bmatrix}\boldsymbol{T}_1(\boldsymbol{\theta}_{AB,1}) & \boldsymbol{T}_2(\boldsymbol{\theta}_{AB,2}) & \cdots & \boldsymbol{T}_{nl}(\boldsymbol{\theta}_{AB,nl})\end{bmatrix}\begin{bmatrix}\boldsymbol{0}_{l\times n} \\ \boldsymbol{I}_n\end{bmatrix} \tag{4-169}$$

其中，$\boldsymbol{\theta}_{AB} \in \mathbf{R}^{n\times l}$ 为参数向量，其中每一个元素均在区间$(-1,1)$。

式(4-169)中的$\boldsymbol{T}_i\left(\boldsymbol{\theta}_{AB,i}\right)$和式(4-168)中的$\boldsymbol{T}_i\left(\boldsymbol{\theta}_{AC,i}\right)$具有相似的定义：

$$\boldsymbol{T}_1\left(\boldsymbol{\theta}_{AB,1}\right)=\begin{bmatrix} \boldsymbol{I}_{n-1} & \mathbf{0} & \mathbf{0} \\ \mathbf{0} & \boldsymbol{U}\left(\boldsymbol{\theta}_{AB,1}\right) & \mathbf{0} \\ \mathbf{0} & \mathbf{0} & \boldsymbol{I}_{l-1} \end{bmatrix}$$

$$\boldsymbol{T}_2\left(\boldsymbol{\theta}_{AB,2}\right)=\begin{bmatrix} \boldsymbol{I}_{n} & \mathbf{0} & \mathbf{0} \\ \mathbf{0} & \boldsymbol{U}\left(\boldsymbol{\theta}_{AB,2}\right) & \mathbf{0} \\ \mathbf{0} & \mathbf{0} & \boldsymbol{I}_{l-2} \end{bmatrix}$$

$$\vdots$$

$$\boldsymbol{T}_l\left(\boldsymbol{\theta}_{AB,l}\right)=\begin{bmatrix} \boldsymbol{I}_{n+l-2} & \mathbf{0} \\ \mathbf{0} & \boldsymbol{U}\left(\boldsymbol{\theta}_{AB,l}\right) \end{bmatrix}$$

$$\boldsymbol{T}_{l+1}\left(\boldsymbol{\theta}_{AB,l+1}\right)=\begin{bmatrix} \boldsymbol{I}_{n-2} & \mathbf{0} & \mathbf{0} \\ \mathbf{0} & \boldsymbol{U}\left(\boldsymbol{\theta}_{AB,l+1}\right) & \mathbf{0} \\ \mathbf{0} & \mathbf{0} & \boldsymbol{I}_{l} \end{bmatrix}$$

$$\vdots$$

$$\boldsymbol{T}_{2l}\left(\boldsymbol{\theta}_{AB,2l}\right)=\begin{bmatrix} \boldsymbol{I}_{n+l-3} & \mathbf{0} & \mathbf{0} \\ \mathbf{0} & \boldsymbol{U}\left(\boldsymbol{\theta}_{AB,2l}\right) & \mathbf{0} \\ \mathbf{0} & \mathbf{0} & 1 \end{bmatrix}$$

$$\vdots$$

$$\boldsymbol{T}_{(n-1)l+1}\left(\boldsymbol{\theta}_{AB,(n-1)l+1}\right)=\begin{bmatrix} \boldsymbol{U}\left(\boldsymbol{\theta}_{AB,(n-1)l+1}\right) & \mathbf{0} \\ \mathbf{0} & \boldsymbol{I}_{n+l-2} \end{bmatrix}$$

$$\vdots$$

$$\boldsymbol{T}_{nl}\left(\boldsymbol{\theta}_{AB,nl}\right)=\begin{bmatrix} \boldsymbol{I}_{l-1} & \mathbf{0} & \mathbf{0} \\ \mathbf{0} & \boldsymbol{U}\left(\boldsymbol{\theta}_{AB,nl}\right) & \mathbf{0} \\ \mathbf{0} & \mathbf{0} & \boldsymbol{I}_{n-1} \end{bmatrix}$$

由以上的输入/输出标准型可以得到反馈控制参数矩阵$\boldsymbol{Q}(z)$(或前馈控制参数矩阵$\boldsymbol{V}(z)$)的参数向量，即式(4-163)中的$\boldsymbol{\theta}_q$(前馈控制参数矩阵$\boldsymbol{V}(z)$的参数向量可类似得到，记为$\boldsymbol{\theta}_v$)。

2. 分布式诊断与控制框架的稳定性分析

为简化计算的复杂度，本节考虑的分布式控制子系统之间不含有互联信息。

分布式诊断与控制框架图如图 4-5 所示。子系统$\boldsymbol{G}_i(z)$是离散的线性时不变多输入多输出系统，并假定有最小实现，闭环反馈系统是适定且内稳定的。图中，$\boldsymbol{\omega}_i \in \mathbf{R}^m$、$\boldsymbol{u}_i \in \mathbf{R}^l$、$\boldsymbol{y}_i \in \mathbf{R}^m$、$\boldsymbol{e}_i := \boldsymbol{\omega}_i - \boldsymbol{y}_i \in \mathbf{R}^m$分别表示参考信号、过程输入、过程输出和跟踪误差。$\boldsymbol{d}_i \in \mathbf{R}^l$、$\boldsymbol{v}_i \in \mathbf{R}^m$分别表示未知扰动输入和测量噪声。$\boldsymbol{u}_{ip} \in \mathbf{R}^l$、$\boldsymbol{y}_{ip} \in \mathbf{R}^m$分别表示实际的对象输入和输出。为了分析分布式诊断与控制框架的闭环稳定性，应该首先讨论闭环系统的动态。

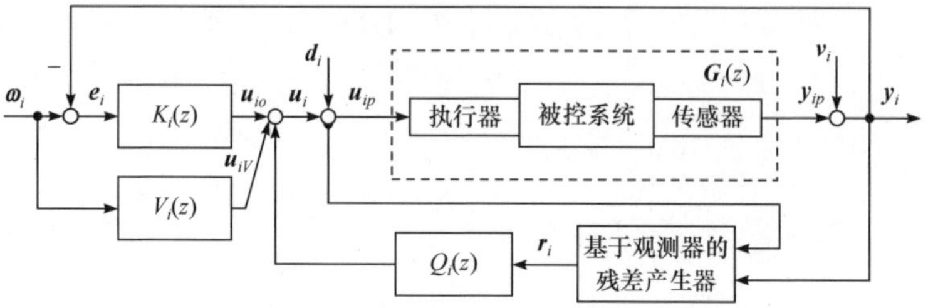

图 4-5　分布式诊断与控制框架图

在图 4-5 所示的分布式诊断与控制框架中，假定基于观测器的残差产生器插入模块已通过算法完成了在线配置，并且其状态空间表示形式为

$$\hat{\boldsymbol{x}}_{i,\text{obs},k+1} = \boldsymbol{A}_{i,\text{obs}}\hat{\boldsymbol{x}}_{i,\text{obs},k} + \boldsymbol{B}_{i,\text{obs}}\boldsymbol{u}_{i,k} + \boldsymbol{L}_{i,\text{obs}}\boldsymbol{r}_{i,k} \tag{4-170}$$

$$\hat{\boldsymbol{y}}_{i,\text{obs},k} = \boldsymbol{C}_{i,\text{obs}}\hat{\boldsymbol{x}}_{i,\text{obs},k} + \boldsymbol{D}_{i,\text{obs}}\boldsymbol{u}_{i,k} \tag{4-171}$$

$$\boldsymbol{r}_{i,k} = \boldsymbol{y}_{i,k} - \hat{\boldsymbol{y}}_{i,k} \tag{4-172}$$

其中，$\hat{\boldsymbol{x}}_{i,\text{obs},k} \in \mathbf{R}^n$为状态矢量，$n$为基于观测器的残差产生器的阶数。

为了得到闭环系统的动态，原始存在的设计好的 PI 控制器阵$\boldsymbol{K}_i(z)$的离散状态空间表示形式为

$$\boldsymbol{x}_{i,\text{pi},k+1} = \boldsymbol{A}_{i,\text{pi}}\boldsymbol{x}_{i,\text{pi},k} + \boldsymbol{B}_{i,\text{pi}}\boldsymbol{e}_{i,k} \tag{4-173}$$

$$\boldsymbol{y}_{i,\text{pi},k} = \boldsymbol{C}_{i,\text{pi}}\boldsymbol{x}_{i,\text{pi},k} + \boldsymbol{D}_{i,\text{pi}}\boldsymbol{e}_{i,k} \tag{4-174}$$

其中，$\boldsymbol{e}_{i,k} = \boldsymbol{\omega}_{i,k} - \boldsymbol{y}_{i,k}$；$\boldsymbol{x}_{i,\text{pi},k} \in \mathbf{R}^{n_{\text{pi}}}$。

不失一般性，Youla 参数化矩阵$\boldsymbol{Q}_i(z) \in \mathbf{RH}_\infty^{l\times m}$由下述离散状态空间实现，即

$$\boldsymbol{x}_{i,r,k+1} = \boldsymbol{A}_{i,r}\boldsymbol{x}_{i,r,k} + \boldsymbol{B}_{i,r}\boldsymbol{r}_{i,k} \tag{4-175}$$

$$\boldsymbol{u}_{i,r,k} = \boldsymbol{C}_{i,r}\boldsymbol{x}_{i,r,k} + \boldsymbol{D}_{i,r}\boldsymbol{r}_{i,k} \tag{4-176}$$

其中，$\boldsymbol{x}_{i,r,k} \in \mathbf{R}^{n_r}$为状态矢量，$n_r$为$\boldsymbol{Q}_i(z)$的系统阶数；$\boldsymbol{A}_{i,r} \in \mathbf{R}^{n_r \times n_r}$是稳定的，其特征值应位于单位圆内。

$\boldsymbol{V}_i(z) \in \mathbf{RH}_\infty^{l\times m}$的状态空间实现为

$$x_{i,v,k+1} = A_{i,v}x_{i,v,k} + B_{i,v}\omega_{i,k} \tag{4-177}$$

$$u_{i,v,k} = C_{i,v}x_{i,v,k} + D_{i,v}\omega_{i,k} \tag{4-178}$$

其中，$x_{i,v,k} \in \mathbf{R}^{n_v}$ 为状态矢量，n_v 为 $V_i(z)$ 的系统阶数；$A_{i,v} \in \mathbf{R}^{n_v \times n_v}$ 是稳定的，其特征值应位于单位圆内。

因为基于观测器的残差产生器提供了测量数据的估计值，并且有 $r_{i,k} = y_{i,k} - \hat{y}_{i,k}$，所以根据图 4-5 所示的结构，将每个模块的状态空间形式组合在一起，闭环回路的控制信号 $u_{i,k}$ 有以下形式：

$$\begin{aligned} u_{i,k} &= u_{i,0,k} + u_{i,r,k} + u_{i,v,k} \\ &= -D_{i,\mathrm{pi}}C_{i,\mathrm{obs}}x_{i,\mathrm{obs},k} + C_{i,\mathrm{pi}}x_{i,\mathrm{pi},k} + C_{i,r}x_{i,r,k} + C_{i,v}x_{i,v,k} \\ &= -D_{i,\mathrm{pi}}D_{i,\mathrm{obs}}u_{i,k} + \left(D_{i,\mathrm{pi}} + D_{i,v}\right)\omega_{i,k} + \left(D_{i,r} - D_{i,\mathrm{pi}}\right)r_{i,k} \end{aligned} \tag{4-179}$$

对式(4-179)进行移项可得

$$\begin{aligned} \left(I + D_{i,\mathrm{pi}}D_{i,\mathrm{obs}}\right)u_{i,k} = &-D_{i,\mathrm{pi}}C_{i,\mathrm{obs}}x_{i,\mathrm{obs},k} + C_{i,\mathrm{pi}}x_{i,\mathrm{pi},k} + C_{i,r}x_{i,r,k} + C_{i,v}x_{i,v,k} \\ &+ \left(D_{i,\mathrm{pi}} + D_{i,v}\right)\omega_{i,k} + \left(D_{i,r} - D_{i,\mathrm{pi}}\right)r_{i,k} \end{aligned} \tag{4-180}$$

如果设计的基于观测器的残差产生器保证 $D_{i,\mathrm{co}} := I + D_{i,\mathrm{pi}}D_{i,\mathrm{obs}}$ 是可逆的，那么分布式诊断与控制框架的闭环回路的控制信号可以描述为

$$\begin{aligned} u_{i,k} = -\left(I + D_{i,\mathrm{pi}}D_{i,\mathrm{obs}}\right)^{-1}\Big[&D_{i,\mathrm{pi}}C_{i,\mathrm{obs}}x_{i,\mathrm{obs},k} + C_{i,\mathrm{pi}}x_{i,\mathrm{pi},k} + C_{i,r}x_{i,r,k} \\ &+ C_{i,v}x_{i,v,k} + \left(D_{i,\mathrm{pi}} + D_{i,v}\right)\omega_{i,k} + \left(D_{i,r} - D_{i,\mathrm{pi}}\right)r_{i,k}\Big] \end{aligned} \tag{4-181}$$

另外，大多数实际的工业过程是严格真有理的，因此系统矩阵 $D_{i,\mathrm{obs}}$ 为 $\mathbf{0}$ 是合理的，进而 $I + D_{i,\mathrm{pi}}D_{i,\mathrm{obs}}$ 的逆总是存在的。因此，最终的控制信号变为

$$\begin{aligned} u_{i,k} = &D_{i,\mathrm{pi}}C_{i,\mathrm{obs}}x_{i,\mathrm{obs},k} + C_{i,\mathrm{pi}}x_{i,\mathrm{pi},k} + C_{i,r}x_{i,r,k} + C_{i,v}x_{i,v,k} \\ &+ \left(D_{i,\mathrm{pi}} + D_{i,v}\right)\omega_{i,k} + \left(D_{i,r} - D_{i,\mathrm{pi}}\right)r_{i,k} \end{aligned} \tag{4-182}$$

定义 $A_{i,co} := A_{i,\mathrm{obs}} + L_{i,\mathrm{obs}}C_{i,\mathrm{obs}}$ 和 $B_{i,co} := B_{i,\mathrm{obs}} + L_{i,\mathrm{obs}}D_{i,\mathrm{obs}}$，将其代入分布式诊断与控制框架中每个模块的控制信号，那么从参考信号 ω_i 和残差信号 r_i 到跟踪误差 e_i 和控制信号 u_i 的闭环动态有如下的状态空间表示形式：

$$\begin{bmatrix} x_{i,\mathrm{obs},k+1} \\ x_{i,\mathrm{pi},k+1} \\ x_{i,r,k+1} \\ x_{i,v,k+1} \end{bmatrix} = A_{i,cl}\begin{bmatrix} x_{i,\mathrm{obs},k} \\ x_{i,\mathrm{pi},k} \\ x_{i,r,k} \\ x_{i,v,k} \end{bmatrix} + B_{i,cl}\begin{bmatrix} \omega_{i,k} \\ r_{i,k} \end{bmatrix} \tag{4-183}$$

$$\begin{bmatrix} \boldsymbol{e}_{i,k} \\ \boldsymbol{u}_{i,k} \end{bmatrix} = \boldsymbol{C}_{i,cl} \begin{bmatrix} \boldsymbol{x}_{i,\text{obs},k} \\ \boldsymbol{x}_{i,\text{pi},k} \\ \boldsymbol{x}_{i,r,k} \\ x_{i,v,k} \end{bmatrix} + \boldsymbol{D}_{i,cl} \begin{bmatrix} \boldsymbol{\omega}_{i,k} \\ \boldsymbol{r}_{i,k} \end{bmatrix} \tag{4-184}$$

其中，由于假定系统矩阵 $\boldsymbol{D}_{i,\text{obs}}$ 为 $\boldsymbol{0}$，所以 $\boldsymbol{D}_{i,co} = \boldsymbol{I}$ 。

$$\boldsymbol{A}_{i,cl} = \begin{bmatrix} \boldsymbol{A}_{i,co} - \boldsymbol{B}_{i,co}\boldsymbol{D}_{i,\text{pi}}\boldsymbol{C}_{i,\text{obs}} & \boldsymbol{B}_{i,co}\boldsymbol{C}_{i,\text{pi}} & \boldsymbol{B}_{i,co}\boldsymbol{C}_{i,r} & \boldsymbol{B}_{i,co}\boldsymbol{C}_{i,v} \\ -\boldsymbol{B}_{i,\text{pi}}\boldsymbol{C}_{i,\text{obs}} & \boldsymbol{A}_{i,\text{pi}} & \boldsymbol{0} & \boldsymbol{0} \\ \boldsymbol{0} & \boldsymbol{0} & \boldsymbol{A}_{i,r} & \boldsymbol{0} \\ \boldsymbol{0} & \boldsymbol{0} & \boldsymbol{0} & \boldsymbol{A}_{i,v} \end{bmatrix} \tag{4-185}$$

$$\boldsymbol{B}_{i,cl} = \begin{bmatrix} \boldsymbol{B}_{i,co}\left(\boldsymbol{D}_{i,\text{pi}} + \boldsymbol{D}_{i,v}\right) & \boldsymbol{B}_{i,co}\left(\boldsymbol{D}_{i,r} - \boldsymbol{D}_{i,\text{pi}}\right) + \boldsymbol{L}_{i,\text{obs}} \\ \boldsymbol{B}_{i,\text{pi}} & -\boldsymbol{B}_{i,\text{pi}} \\ \boldsymbol{0} & \boldsymbol{B}_{i,r} \\ \boldsymbol{A}_{i,v} & \boldsymbol{0} \end{bmatrix} \tag{4-186}$$

$$\boldsymbol{C}_{i,cl} = \begin{bmatrix} -\boldsymbol{C}_{i,\text{obs}} & \boldsymbol{0} & \boldsymbol{0} & \boldsymbol{0} \\ -\boldsymbol{D}_{i,\text{pi}}\boldsymbol{C}_{i,\text{obs}} & \boldsymbol{C}_{i,\text{pi}} & \boldsymbol{C}_{i,r} & \boldsymbol{C}_{i,v} \end{bmatrix} \tag{4-187}$$

$$\boldsymbol{D}_{i,cl} = \begin{bmatrix} \boldsymbol{I} & -\boldsymbol{I} \\ \boldsymbol{D}_{i,\text{pi}} + \boldsymbol{D}_{i,v} & \boldsymbol{D}_{i,r} - \boldsymbol{D}_{i,\text{pi}} \end{bmatrix} \tag{4-188}$$

根据分布式诊断与控制框架的状态空间描述，闭环系统的系统矩阵 $\boldsymbol{A}_{i,cl}$ 可以划分为一个上三角矩阵块，其特征值等于主对角线平方矩阵的特征值，表示为

$$\boldsymbol{A}_{i,oc} = \begin{bmatrix} \boldsymbol{A}_{i,co} - \boldsymbol{B}_{i,co}\boldsymbol{D}_{i,\text{pi}}\boldsymbol{C}_{i,\text{obs}} & \boldsymbol{B}_{i,co}\boldsymbol{C}_{i,\text{pi}} \\ -\boldsymbol{B}_{i,\text{pi}}\boldsymbol{C}_{i,\text{obs}} & \boldsymbol{A}_{i,\text{pi}} \end{bmatrix} \tag{4-189}$$

闭环系统的稳定性取决于 $\boldsymbol{A}_{i,oc}$ 、$\boldsymbol{A}_{i,r}$ 、$\boldsymbol{A}_{i,v}$ 的特征值。因为 $\boldsymbol{A}_{i,oc}$ 是根据原始存在的控制器 $\boldsymbol{K}_{i,0}(z)$ 和配置好的基于观测器的残差产生器确定的，所以当配置基于观测器的残差产生器时，应检验 $\boldsymbol{A}_{i,oc}$ 的特征值和 $\left(\boldsymbol{I} + \boldsymbol{D}_{i,\text{pi}}\boldsymbol{D}_{i,\text{obs}}\right)$ 的可逆性。如果 $\left(\boldsymbol{I} + \boldsymbol{D}_{i,\text{pi}}\boldsymbol{D}_{i,\text{obs}}\right)$ 不可逆或者 $\boldsymbol{A}_{i,oc}$ 不是Schur矩阵，那么基于观测器的残差产生器需要重新配置。如果 $\boldsymbol{A}_{i,cl}$ 的所有特征值均在单位圆内，那么闭环系统(4-183)和(4-184)是稳定的。

前面介绍了离散式优化方案，接下来讨论分布式优化方案。基于可观测的标准形可以设计分布式诊断系统，每个子诊断系统中的残差产生器(对子系统 $i = 1,2,\cdots,n_s$)具有以下状态空间表示形式：

$$\begin{cases} \boldsymbol{x}_{o,i,k+1} = \boldsymbol{A}_{o,i}\boldsymbol{x}_{o,i,k} + \boldsymbol{B}_{o,i}\boldsymbol{u}_{i,k} + \boldsymbol{L}_{o,i}\boldsymbol{y}_{i,k} + \boldsymbol{L}_{r,i}\boldsymbol{r}_{\text{all},i,k} \\ \boldsymbol{r}_{\text{sub},i,k} = \boldsymbol{G}_{o,i}\boldsymbol{y}_{i,k} - \boldsymbol{C}_{o}\boldsymbol{x}_{o,i,k} - \boldsymbol{D}_{o,i}\boldsymbol{u}_{i,k} \end{cases} \tag{4-190}$$

为了得到闭环系统的动态，原始存在的考虑第 i 个子系统设计好的 PI 控制器阵 $\boldsymbol{K}_i(z)$ 的离散状态空间表示形式为

$$\begin{cases} \boldsymbol{x}_{c,i,k+1} = \boldsymbol{A}_{c,i}\boldsymbol{x}_{c,i,k} + \boldsymbol{B}_{c,i}\boldsymbol{e}_{i,k} \\ \boldsymbol{u}_{0,i,k} = \boldsymbol{C}_{c,i}\boldsymbol{x}_{c,i,k} + \boldsymbol{D}_{c,i}\boldsymbol{e}_{i,k} \end{cases} \tag{4-191}$$

其中，$\boldsymbol{e}_{i,k} = \boldsymbol{\omega}_{i,k} - \boldsymbol{y}_{i,k}$；$\boldsymbol{x}_{i,\text{pi},k} \in \mathbf{R}^{n_{\text{pi}}}$。

分布式 Youla 参数化矩阵 $\boldsymbol{Q}_i(z) \in \mathbf{RH}_{\infty}^{l_i \times m}$。$\boldsymbol{Q}_i(z) \in \mathbf{RH}_{\infty}^{l_i \times m}$ 分别具有以下离散状态空间实现：

$$\begin{cases} \boldsymbol{x}_{r,i,k+1} = \boldsymbol{A}_{r,i}\boldsymbol{x}_{i,r,k} + \boldsymbol{B}_{r,i}\boldsymbol{r}_{\text{sub},i,k} \\ \boldsymbol{u}_{r,i,k} = \boldsymbol{C}_{r,i}\boldsymbol{x}_{i,r,k} + \boldsymbol{D}_{r,i}\boldsymbol{r}_{\text{sub},i,k} \end{cases} \tag{4-192}$$

$$\begin{cases} \boldsymbol{x}_{r,ij,k+1} = \boldsymbol{A}_{r,ij}\boldsymbol{x}_{ij,r,k} + \boldsymbol{B}_{r,ij}\boldsymbol{r}_{\text{sub},j,k} \\ \boldsymbol{u}_{r,ij,k} = \boldsymbol{C}_{r,ij}\boldsymbol{x}_{ij,r,k} + \boldsymbol{D}_{r,ij}\boldsymbol{r}_{\text{sub},j,k} \end{cases} \tag{4-193}$$

基于分布式 Youla 参数化设计方案，将每个模块的状态空间形式组合在一起，闭环回路的控制信号 $\boldsymbol{u}_{i,k}$ 具有以下形式：

$$\begin{aligned} \boldsymbol{u}_{i,k} &= \boldsymbol{u}_{0,i,k} + \boldsymbol{u}_{r,i,k} + \boldsymbol{u}_{r,ij,k} \\ &= -\boldsymbol{D}_{zo,i}\boldsymbol{D}_{c,i}\boldsymbol{G}_{o,i}^{+}\boldsymbol{C}_{o}\boldsymbol{x}_{o,i,k} + \boldsymbol{D}_{zo,i}(\boldsymbol{D}_{r,i} - \boldsymbol{D}_{c,i}\boldsymbol{G}_{o,i}^{+})\boldsymbol{r}_{\text{sub},i,k} + \boldsymbol{D}_{zo,i}\boldsymbol{C}_{c,i}\boldsymbol{X}_{c,i,k} \\ &\quad + \boldsymbol{D}_{zo,i}\boldsymbol{D}_{c,i}\boldsymbol{w}_{i,k} + \boldsymbol{D}_{zo,i}\boldsymbol{C}_{r,i}\boldsymbol{X}_{r,k} + \boldsymbol{D}_{zo,i}\boldsymbol{C}_{r,ij}\boldsymbol{x}_{ij,r,k} + \boldsymbol{D}_{zo,i}\boldsymbol{D}_{r,i}\boldsymbol{r}_{\text{sub},j,k} \end{aligned} \tag{4-194}$$

其中，$\boldsymbol{D}_{zo,i} = (\boldsymbol{I} - \boldsymbol{D}_{c,i}\boldsymbol{G}_{o,i}^{+}\boldsymbol{D}_{o,i})^{-1}$。

将其代入分布式诊断与控制框架中每个模块的控制信号，那么第 i 个子系统从参考信号 $\boldsymbol{\omega}_i$ 和残差信号 $\boldsymbol{r}_i$ 到跟踪误差 $\boldsymbol{e}_i$ 和控制信号 $\boldsymbol{u}_i$ 的闭环动态有如下的状态空间表示形式：

$$\begin{bmatrix} \boldsymbol{x}_{o,i,k+1} \\ \boldsymbol{x}_{c,i,k+1} \\ \boldsymbol{x}_{r,i,k+1} \\ \boldsymbol{x}_{r,ij,k+1} \end{bmatrix} = \boldsymbol{A}_{cl,i} \begin{bmatrix} \boldsymbol{x}_{o,i,k} \\ \boldsymbol{x}_{c,i,k} \\ \boldsymbol{x}_{r,i,k} \\ \boldsymbol{x}_{r,ij,k} \end{bmatrix} + \boldsymbol{B}_{cl,i} \begin{bmatrix} \boldsymbol{w}_{i,k} \\ \boldsymbol{r}_{\text{sub},i,k} \\ \boldsymbol{r}_{\text{sub},j,k} \\ \boldsymbol{r}_{\text{all},k} \end{bmatrix} \tag{4-195}$$

$$\begin{bmatrix} \boldsymbol{e}_{i,k} \\ \boldsymbol{u}_{i,k} \end{bmatrix} = \boldsymbol{C}_{cl,i} \begin{bmatrix} \boldsymbol{x}_{o,i,k} \\ \boldsymbol{x}_{c,i,k} \\ \boldsymbol{x}_{r,i,k} \\ \boldsymbol{x}_{r,ij,k} \end{bmatrix} + \boldsymbol{D}_{cl,i} \begin{bmatrix} \boldsymbol{w}_{i,k} \\ \boldsymbol{r}_{\text{sub},i,k} \\ \boldsymbol{r}_{\text{sub},j,k} \\ \boldsymbol{r}_{\text{all},k} \end{bmatrix} \tag{4-196}$$

其中

$$\boldsymbol{A}_{cl,i}=\begin{bmatrix}\boldsymbol{A}_{z,o,i}-\boldsymbol{B}_{z,o,i}\boldsymbol{D}_{z,o,i}\boldsymbol{D}_{c,i}\boldsymbol{G}_{o,i}^{+}\boldsymbol{C}_{o} & \boldsymbol{B}_{z,o,i}\boldsymbol{D}_{z,o,i}\boldsymbol{C}_{c,i} & \boldsymbol{B}_{z,o,i}\boldsymbol{D}_{z,o,i}\boldsymbol{C}_{r,i} & \boldsymbol{B}_{z,o,i}\boldsymbol{D}_{z,o,i}\boldsymbol{C}_{r,ij}\\ \boldsymbol{B}_{c,i}\boldsymbol{G}_{o,i}^{+}\left(\boldsymbol{D}_{o,i}\boldsymbol{D}_{zo,i}\boldsymbol{D}_{c,i}-\boldsymbol{I}\right)\boldsymbol{C}_{o} & \boldsymbol{A}_{c,i}-\boldsymbol{B}_{c,i}\boldsymbol{G}_{o,i}^{+}\boldsymbol{D}_{o,i}\boldsymbol{D}_{z,o,i}\boldsymbol{C}_{c,i} & -\boldsymbol{B}_{c,i}\boldsymbol{G}_{o,i}^{+}\boldsymbol{D}_{o,i}\boldsymbol{D}_{z,o,i}\boldsymbol{C}_{r,i} & -\boldsymbol{B}_{c,i}\boldsymbol{G}_{o,i}^{+}\boldsymbol{D}_{o,i}\boldsymbol{D}_{z,o,i}\boldsymbol{C}_{r,ij}\\ \boldsymbol{0} & \boldsymbol{0} & \boldsymbol{A}_{r,i} & \boldsymbol{0}\\ \boldsymbol{0} & \boldsymbol{0} & \boldsymbol{0} & \boldsymbol{A}_{r,ij}\end{bmatrix}$$

$$\boldsymbol{B}_{cl,i}=\begin{bmatrix}\boldsymbol{B}_{z,o,i}\boldsymbol{D}_{zo,i}\boldsymbol{D}_{c,i} & \boldsymbol{B}_{z,o,i}\boldsymbol{D}_{z,o,i}\left(\boldsymbol{D}_{r,i}-\boldsymbol{D}_{c,i}\boldsymbol{G}_{o,i}^{+}\right)+\boldsymbol{L}_{o,i}\boldsymbol{G}_{o,i}^{+} & \boldsymbol{B}_{z,o,i}\boldsymbol{D}_{zo,i}\boldsymbol{D}_{r,ij} & \boldsymbol{L}_{r,i}\\ \boldsymbol{B}_{c,i}\left(\boldsymbol{I}-\boldsymbol{G}_{o,i}^{+}\boldsymbol{D}_{o,i}\boldsymbol{D}_{z,o,i}\boldsymbol{D}_{c,i}\right) & -\boldsymbol{B}_{c,i}\boldsymbol{G}_{o,i}^{+}\left[\boldsymbol{I}+\boldsymbol{D}_{o,i}\boldsymbol{D}_{z,o,i}\left(\boldsymbol{D}_{r,i}-\boldsymbol{D}_{c,i}\boldsymbol{G}_{o,i}^{+}\right)\right] & -\boldsymbol{B}_{c,i}\boldsymbol{G}_{o,i}^{+}\boldsymbol{D}_{o,i}\boldsymbol{D}_{zo,i}\boldsymbol{D}_{r,ij} & \boldsymbol{0}\\ \boldsymbol{0} & \boldsymbol{B}_{r,i} & \boldsymbol{0} & \boldsymbol{0}\\ \boldsymbol{0} & \boldsymbol{0} & \boldsymbol{B}_{r,ij} & \boldsymbol{0}\end{bmatrix}$$

$$\boldsymbol{C}_{cl,i}=\begin{bmatrix}\boldsymbol{G}_{o,i}^{+}\left(\boldsymbol{D}_{o,i}\boldsymbol{D}_{z,o,i}\boldsymbol{D}_{c,i}-\boldsymbol{I}\right)\boldsymbol{C}_{o} & -\boldsymbol{G}_{o,i}^{+}\boldsymbol{D}_{o,i}\boldsymbol{D}_{z,o,i}\boldsymbol{C}_{c,i} & -\boldsymbol{G}_{o,i}^{+}\boldsymbol{D}_{o,i}\boldsymbol{D}_{z,o,i}\boldsymbol{C}_{r,i} & -\boldsymbol{G}_{o,i}^{+}\boldsymbol{D}_{o,i}\boldsymbol{D}_{zo,i}\boldsymbol{C}_{r,ij}\\ -\boldsymbol{D}_{z,o,i}\boldsymbol{D}_{c,i}\boldsymbol{C}_{o} & \boldsymbol{D}_{z,o,i}\boldsymbol{C}_{c,i} & \boldsymbol{D}_{z,o,i}\boldsymbol{C}_{r,i} & \boldsymbol{D}_{zo,i}\boldsymbol{C}_{r,ij}\end{bmatrix}$$

$$\boldsymbol{D}_{cl,i}=\begin{bmatrix}\left(\boldsymbol{I}-\boldsymbol{G}_{o,i}^{+}\boldsymbol{D}_{o,i}\boldsymbol{D}_{z,o,i}\boldsymbol{D}_{c,i}\right) & -\boldsymbol{G}_{o,i}^{+}\left[\boldsymbol{I}+\boldsymbol{D}_{o,i}\boldsymbol{D}_{z,o,i}\left(\boldsymbol{D}_{r,i}-\boldsymbol{D}_{c,i}\boldsymbol{G}_{o,i}^{+}\right)\right] & -\boldsymbol{G}_{o,i}^{+}\boldsymbol{D}_{o,i}\boldsymbol{D}_{zo,i}\boldsymbol{D}_{r,ij} & \boldsymbol{0}\\ \boldsymbol{D}_{z,o,i}\boldsymbol{D}_{c,i} & \boldsymbol{D}_{z,o,i}\left(\boldsymbol{D}_{r,i}-\boldsymbol{D}_{c,i}\boldsymbol{G}_{o,i}^{+}\right) & \boldsymbol{D}_{zo,i}\boldsymbol{D}_{r,ij} & \boldsymbol{0}\end{bmatrix}$$

$$\boldsymbol{A}_{z,o,i}=\boldsymbol{A}_{o,i}+\boldsymbol{L}_{o,i}\boldsymbol{G}_{o,i}^{+}\boldsymbol{C}_{o};\qquad \boldsymbol{B}_{z,o,i}=\boldsymbol{B}_{o,i}+\boldsymbol{L}_{o,i}\boldsymbol{G}_{o,i}^{+}\boldsymbol{D}_{o,i}$$

在图 4-6 所示的分布式即插即用诊断与控制框架中，分布式残差产生器的残差用于分布式优化，其中第 i 个子系统的优化控制器由本地残差和邻居子系统的残差驱动。

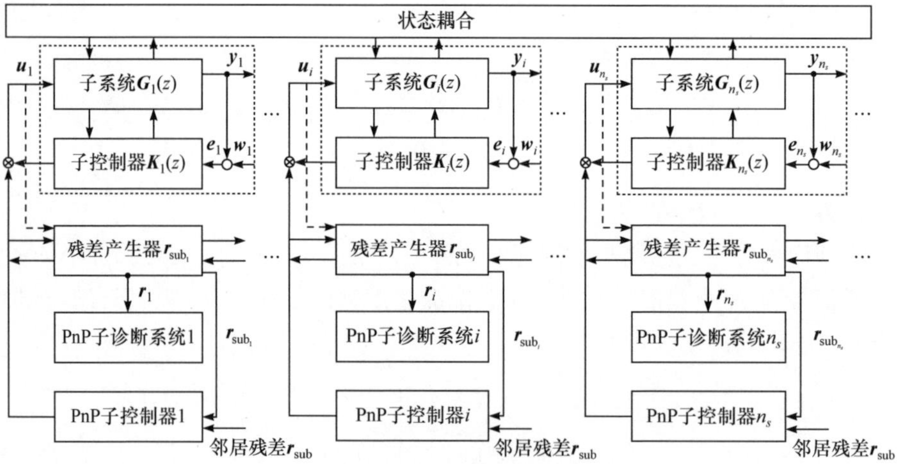

图 4-6　分布式即插即用诊断与控制优化

3. 基于数据的分布式协同鲁棒控制方法

为实现基于数据的分布式协同鲁棒控制，每一个子系统均需要通过对反馈控制参数化矩阵 $\boldsymbol{Q}_i(z)$ 的参数向量进行迭代更新实现，以完成对自身性能指标函数的优化。定义分布式系统鲁棒性能指标函数 J_{N,θ_q} 为

$$J_{N,\theta_q}=\sum_{i=1}^{n_s}f\left(\boldsymbol{e}_{\theta_{q,i}},\boldsymbol{u}_{\theta_{q,i}}\right)=\sum_{i=1}^{n_s}J_{N,\theta_{q,i}} \tag{4-197}$$

其中，N 为迭代窗口大小；$\boldsymbol{e}_{\theta_{q,i}}$ 为第 i 个子系统的跟踪误差；$\boldsymbol{u}_{\theta_{q,i}}$ 为第 i 个子系统的控制输入；$\boldsymbol{\theta}_{q,i}$ 为第 i 个子系统的反馈控制参数化矩阵 $\boldsymbol{Q}_i(z)$ 的参数向量；$J_{N,\theta_{q,i}}$ 为第 i 个子系统的性能指标函数。

针对第 i 个子系统，在线优化 $\boldsymbol{Q}_i(z)$ 最直接的一个目标就是减小系统在发生故障时的跟踪误差，因此子系统选取的指标函数为

$$\min J_{N,\theta_{q,i}^{(j)}}^{(j)}=\frac{1}{2N}\sum_{k=k_j}^{N+k_j-1}\left\{\boldsymbol{e}_{\theta_{q,i}^{(j)},k}^{\mathrm{T}}\boldsymbol{W}_{e,i,k}\boldsymbol{e}_{\theta_{q,i}^{(j)},k}+\boldsymbol{u}_{\theta_{q,i}^{(j)},k}^{\mathrm{T}}\boldsymbol{W}_{u,i,k}\boldsymbol{u}_{\theta_{q,i}^{(j)},k}\right\} \tag{4-198}$$

其中，k_j 和 N 分别为第 j 次迭代开始的数据常数和迭代窗口大小；$\boldsymbol{W}_{e,i,k}=\boldsymbol{W}_{e,i,k}^{\mathrm{T}}\geqslant 0$ 和 $\boldsymbol{W}_{u,i,k}=\boldsymbol{W}_{u,i,k}^{\mathrm{T}}\geqslant 0$ 分别为两个权值。

本节采取了梯度下降方法，按照如下规律更新参数：

$$\boldsymbol{\theta}_{q,i}^{(j)}=\boldsymbol{\theta}_{q,i}^{(j-1)}-\boldsymbol{\Gamma}_{q,i}^{(j)}\left(\left.\frac{\partial J_{N,\theta_{q,i}^{(j)}}^{(j)}}{\partial\boldsymbol{\theta}_{q,i}^{(j)}}\right|_{\boldsymbol{\theta}_{q,i}^{(j-1)}}\right) \tag{4-199}$$

其中，$\boldsymbol{\Gamma}_{q,i}^{(j)}$ 为每一次迭代的步长；$\boldsymbol{\theta}_{q,i}^{(j)}$ 为矩阵 $\boldsymbol{Q}_i(z)$ 及 $\boldsymbol{V}_i(z)$ 第 j 次迭代时的全部参数，而式(4-199)中的梯度可计算为

$$\left.\frac{\partial J_{N,\theta_{q,i}^{(j)}}^{(j)}}{\partial\boldsymbol{\theta}_{q,i}^{(j)}}\right|_{\boldsymbol{\theta}_{q,i}^{(j-1)}}=\frac{1}{2N}\sum_{k=k_j}^{N+k_j-1}\left\{\boldsymbol{e}_{\theta_{q,i}^{(j-1)},k}^{\mathrm{T}}\boldsymbol{W}_{e,i,k}\frac{\partial\boldsymbol{e}_{\theta_{q,i}^{(j-1)},k}}{\partial\boldsymbol{\theta}_{q,i}^{(j-1)}}+\boldsymbol{u}_{\theta_{q,i}^{(j-1)},k}^{\mathrm{T}}\boldsymbol{W}_{u,i,k}\frac{\partial\boldsymbol{u}_{\theta_{q,i}^{(j-1)},k}}{\partial\boldsymbol{\theta}_{q,i}^{(j-1)}}\right\} \tag{4-200}$$

其中，$\boldsymbol{e}_{\theta_{q,i},k}$ 为在迭代窗口 N 内在线收集的系统跟踪误差；$\boldsymbol{u}_{\theta_{q,i},k}$ 为在迭代窗口 N 内系统的输入信号，即控制信号。等式中的导数使用了系统的在线输入输出数据，在给定的迭代窗口 N 内，构建系统的输入输出信号矩阵及跟踪误差矩阵，计算 Youla 参数化矩阵 $\boldsymbol{Q}_i(z)$ 各个矩阵内元素 $\boldsymbol{\theta}_{q,i}$ 的更新梯度，并实现对原系统的补偿控制。

由于 $\boldsymbol{e}_i(z)=\boldsymbol{w}_i(z)-\boldsymbol{y}_i(z)$，其中期望输出 $\boldsymbol{w}_i(z)$ 与 $\boldsymbol{\theta}_{q,i}^{(j)}$ 不相关，所以其对于 $\boldsymbol{\theta}_{q,i}$ 的导数为 0。此处，$\dfrac{\partial\boldsymbol{e}_{\theta_{q,i}^{(j-1)},k}}{\partial\boldsymbol{\theta}_{q,i}^{(j-1)}}$ 相当于 $-\dfrac{\partial\boldsymbol{y}_{\theta_{q,i}^{(j-1)},k}}{\partial\boldsymbol{\theta}_{q,i}^{(j-1)}}$，因此在梯度公式(4-199)中，未知变量转换为 $-\dfrac{\partial\boldsymbol{y}_{\theta_{q,i}^{(j-1)},k}}{\partial\boldsymbol{\theta}_{q,i}^{(j-1)}}$ 和 $\dfrac{\partial\boldsymbol{u}_{\theta_{q,i}^{(j-1)},k}}{\partial\boldsymbol{\theta}_{q,i}^{(j-1)}}$。

对于一个离散线性时不变系统$\boldsymbol{G}(z)$，在任意初始状态$\boldsymbol{x}_0$下，对于任意控制输入$\boldsymbol{u}(z)$及其对应的系统输出$\boldsymbol{y}(z)$，如果能够始终找到一个参考输入信号$\boldsymbol{v}(z)$使得如下条件成立：

$$\begin{bmatrix} \boldsymbol{u}(z) \\ \boldsymbol{y}(z) \end{bmatrix} = \boldsymbol{I}(z)\boldsymbol{v}(z) \tag{4-201}$$

则$\boldsymbol{I}(z)$称为系统$\boldsymbol{G}(z)$的稳定像描述。

在等式(4-201)两边同时对矢量$\boldsymbol{\theta}_{q,i}$求导，可得

$$\begin{bmatrix} \dfrac{\partial \boldsymbol{u}_{\theta_{q,i}^{(j-1)},k}}{\partial \boldsymbol{\theta}_{q,i}^{(j-1)}} \\ \dfrac{\partial \boldsymbol{y}_{\theta_{q,i}^{(j-1)},k}}{\partial \boldsymbol{\theta}_{q,i}^{(j-1)}} \end{bmatrix} = \boldsymbol{I}\frac{\partial \boldsymbol{v}_{\theta_{q,i}^{(j-1)},k}}{\partial \boldsymbol{\theta}_{q,i}^{(j-1)}} \tag{4-202}$$

由此可将对参数向量$\boldsymbol{\theta}_{q,v,i}$的更新分为对各参数向量$\boldsymbol{\theta}_{AB_r,i}$、$\boldsymbol{\theta}_{C_r,i}$、$\boldsymbol{\theta}_{D_r,i}$的更新，具体如下所示。

对$\boldsymbol{\theta}_{AB_r,i}^{(j)} \in \mathbf{R}^{n_r m}$的梯度估计为

$$\begin{aligned} \frac{\partial \boldsymbol{x}_{r,\theta_{q,i}^{(j)},k+1}}{\partial \boldsymbol{\theta}_{AB_r,i}^{(j)}} &= \frac{\partial \boldsymbol{A}_r\left(\boldsymbol{\theta}_{AB_r,i}^{(j)}\right)}{\partial \boldsymbol{\theta}_{AB_r,i}^{(j)}}\boldsymbol{x}_{r,\theta_{q,i}^{(j)},k} + \boldsymbol{A}_r\frac{\partial \boldsymbol{x}_{r,\theta_{q,i}^{(j)},k}}{\partial \boldsymbol{\theta}_{AB_r,i}^{(j)}} + \frac{\partial \boldsymbol{B}_r\left(\boldsymbol{\theta}_{AB_r,i}^{(j)}\right)}{\partial \boldsymbol{\theta}_{AB_r,i}^{(j)}}\boldsymbol{r}_{i,k} \\ \frac{\partial \boldsymbol{u}_{r,\theta_{q,i}^{(j)},k}}{\partial \boldsymbol{\theta}_{AB_r,i}^{(j)}} &= \boldsymbol{C}_r\frac{\partial \boldsymbol{x}_{r,\theta_{q,i}^{(j)},k}}{\partial \boldsymbol{\theta}_{AB_r,i}^{(j)}} \end{aligned} \tag{4-203}$$

此外，有

$$\begin{aligned} \frac{\partial \boldsymbol{v}_{i,k}}{\partial \boldsymbol{\theta}_{AB_r,i}^{(j)}} &= -\frac{\partial \boldsymbol{Q}\left(\boldsymbol{\theta}_{q,i}\right)}{\partial \boldsymbol{\theta}_{AB_r,i}^{(j)}}\hat{\boldsymbol{M}}_i\boldsymbol{w}_{i,k} + \frac{\partial \boldsymbol{Q}\left(\boldsymbol{\theta}_{q,i}\right)}{\partial \boldsymbol{\theta}_{AB_r,i}^{(j)}}\boldsymbol{r}_{i,k} \\ &= \frac{\partial \boldsymbol{Q}\left(\boldsymbol{\theta}_{q,i}\right)}{\partial \boldsymbol{\theta}_{AB_r,i}^{(j)}}\left(\boldsymbol{r}_{i,k} - \hat{\boldsymbol{M}}_i\boldsymbol{w}_{i,k}\right) \end{aligned} \tag{4-204}$$

令$\boldsymbol{r}_{i,k} = \boldsymbol{r}_{i,k} - \hat{\boldsymbol{M}}_i\boldsymbol{w}_{i,k}$作为系统的输入信号，这里的$\boldsymbol{w}_{i,k}$应该是使用期望输出信号$\boldsymbol{w}_{i,k}$，以此作为系统的输出信号$\dfrac{\partial \boldsymbol{u}_{r,\theta_{q,i}^{(j)},k}}{\partial \boldsymbol{\theta}_{AB_r,i}^{(j)}}$，即为所求梯度$\dfrac{\partial \boldsymbol{v}_{i,k}}{\partial \boldsymbol{\theta}_{AB_r,i}^{(j)}}$。再根据式(4-202)，可以得到

$$\begin{bmatrix} \dfrac{\partial \boldsymbol{u}_{\theta_{q,i}^{(j-1)},k}}{\partial \boldsymbol{\theta}_{AB_r,i}^{(j)}} \\ \dfrac{\partial \boldsymbol{y}_{\theta_{q,i}^{(j-1)},k}}{\partial \boldsymbol{\theta}_{AB_r,i}^{(j)}} \end{bmatrix} = \boldsymbol{I}\frac{\partial \boldsymbol{v}_{\theta_{q,i}^{(j-1)},k}}{\partial \boldsymbol{\theta}_{AB_r,i}^{(j)}} \tag{4-205}$$

最终整理得到

$$\left.\frac{\partial J_{N,\theta_{q,i}^{(j)}}^{(j)}}{\partial \boldsymbol{\theta}_{AB_r,i}^{(j)}}\right|_{\boldsymbol{\theta}_{AB_r,i}^{(j-1)}} = \frac{1}{2N}\sum_{k=k_j}^{N+k_j-1}\left(-\boldsymbol{e}_{\theta_{q,i}^{(j-1)},k}^{\mathrm{T}}\boldsymbol{W}_{e,i,k}\frac{\partial \boldsymbol{y}_{\theta_{q,i}^{(j-1)},k}}{\partial \boldsymbol{\theta}_{AB_r,i}^{(j)}} + \boldsymbol{u}_{\theta_{q,i}^{(j-1)},k}^{\mathrm{T}}\boldsymbol{W}_{u,i,k}\frac{\partial \boldsymbol{u}_{\theta_{q,i}^{(j-1)},k}}{\partial \boldsymbol{\theta}_{AB_r,i}^{(j)}}\right) \tag{4-206}$$

对 $\boldsymbol{\theta}_{C_r,i} \in \mathbf{R}^{l\times n_r}$ 的梯度估计为

$$\begin{aligned} \frac{\partial \boldsymbol{x}_{r,\theta_{q,i}^{(j)},k+1}}{\partial \boldsymbol{\theta}_{C_r,i}^{(j)}} &= \boldsymbol{A}_r\frac{\partial \boldsymbol{x}_{r,\theta_{q,i}^{(j)},k}}{\partial \boldsymbol{\theta}_{C_r,i}^{(j)}} \\ \frac{\partial \boldsymbol{u}_{r,\theta_{q,i}^{(j)},k}}{\partial \boldsymbol{\theta}_{C_r,i}^{(j)}} &= \frac{\partial \boldsymbol{C}_r\left(\boldsymbol{\theta}_{C_r,i}^{(j)}\right)}{\partial \boldsymbol{\theta}_{C_r,i}^{(j)}}\boldsymbol{x}_{r,\theta_{q,i}^{(j)},k} + \boldsymbol{C}_r\frac{\partial \boldsymbol{x}_{r,\theta_{q,i}^{(j)},k}}{\partial \boldsymbol{\theta}_{AB_r,i}^{(j)}} \end{aligned} \tag{4-207}$$

类似于对 $\boldsymbol{\theta}_{AB_r,i}$ 的梯度估计，最终可以得到

$$\left.\frac{\partial J_{N,\theta_{q,i}^{(j)}}^{(j)}}{\partial \boldsymbol{\theta}_{C_r,i}^{(j)}}\right|_{\boldsymbol{\theta}_{C_r,i}^{(j-1)}} = \frac{1}{2N}\sum_{k=k_j}^{N+k_j-1}\left(-\boldsymbol{e}_{\theta_{q,i}^{(j-1)},k}^{\mathrm{T}}\boldsymbol{W}_{e,i,k}\frac{\partial \boldsymbol{y}_{\theta_{q,i}^{(j-1)},k}}{\partial \boldsymbol{\theta}_{C_r,i}^{(j)}} + \boldsymbol{u}_{\theta_{q,i}^{(j-1)},k}^{\mathrm{T}}\boldsymbol{W}_{u,i,k}\frac{\partial \boldsymbol{u}_{\theta_{q,i}^{(j-1)},k}}{\partial \boldsymbol{\theta}_{C_r,i}^{(j)}}\right) \tag{4-208}$$

对 $\boldsymbol{\theta}_{D_r,i} \in \mathbf{R}^{l\times m}$ 的梯度估计为

$$\begin{aligned} \frac{\partial \boldsymbol{x}_{r,\theta_{q,i}^{(j)},k+1}}{\partial \boldsymbol{\theta}_{D_r,i}^{(j)}} &= \boldsymbol{A}_r\frac{\partial \boldsymbol{x}_{r,\theta_{q,i}^{(j)},k}}{\partial \boldsymbol{\theta}_{D_r,i}^{(j)}} \\ \frac{\partial \boldsymbol{u}_{r,\theta_{q,i}^{(j)},k}}{\partial \boldsymbol{\theta}_{D_r,i}^{(j)}} &= \boldsymbol{C}_r\frac{\partial \boldsymbol{x}_{r,\theta_{q,i}^{(j)},k}}{\partial \boldsymbol{\theta}_{D_r,i}^{(j)}} + \frac{\partial \boldsymbol{D}_r\left(\boldsymbol{\theta}_{D_r,i}^{(j)}\right)}{\partial \boldsymbol{\theta}_{D_r,i}^{(j)}}\boldsymbol{x}_{r,\theta_{q,i}^{(j)},k} \end{aligned} \tag{4-209}$$

同样地，可以得到最终梯度为

$$\left.\frac{\partial J_{N,\theta_{q,i}^{(j)}}^{(j)}}{\partial \boldsymbol{\theta}_{D_r,i}^{(j)}}\right|_{\boldsymbol{\theta}_{D_r,i}^{(j-1)}} = \frac{1}{2N}\sum_{k=k_j}^{N+k_j-1}\left(-\boldsymbol{e}_{\theta_{q,i}^{(j-1)},k}^{\mathrm{T}}\boldsymbol{W}_{e,i,k}\frac{\partial \boldsymbol{y}_{\theta_{q,i}^{(j-1)},k}}{\partial \boldsymbol{\theta}_{D_r,i}^{(j)}} + \boldsymbol{u}_{\theta_{q,i}^{(j-1)},k}^{\mathrm{T}}\boldsymbol{W}_{u,i,k}\frac{\partial \boldsymbol{u}_{\theta_{q,i}^{(j-1)},k}}{\partial \boldsymbol{\theta}_{D_r,i}^{(j)}}\right) \tag{4-210}$$

在整个梯度估计中，由于 $\boldsymbol{\theta}_{C_r,i}$ 与 $\boldsymbol{\theta}_{D_r,i}$ 分别为矩阵 $\boldsymbol{C}_r$ 与 $\boldsymbol{D}_r$ 中的全部元素，所以梯度 $\dfrac{\partial \boldsymbol{C}_r\left(\boldsymbol{\theta}_{C_r,i}^{(j)}\right)}{\partial \boldsymbol{\theta}_{C_r,i}^{(j)}}$ 与 $\dfrac{\partial \boldsymbol{D}_r\left(\boldsymbol{\theta}_{D_r,i}^{(j)}\right)}{\partial \boldsymbol{\theta}_{D_r,i}^{(j)}}$ 比较容易计算得到。

以上就是对参数向量$\boldsymbol{\theta}_{AB_r,i}$、$\boldsymbol{\theta}_{C_r,i}$、$\boldsymbol{\theta}_{D_r,i}$的梯度估计方式，在得到各个参数向量的梯度之后，根据梯度下降方法对参数向量进行更新。

$$\begin{aligned}
\boldsymbol{\theta}_{AB_r,i}^{(j)} &= \boldsymbol{\theta}_{AB_r,i}^{(j-1)} - \boldsymbol{\Gamma}_{AB_r,i}^{(j)} \left(\left. \frac{\partial J_{N,\theta_{q,i}^{(j)}}^{(j)}}{\partial \boldsymbol{\theta}_{AB_r,i}^{(j)}} \right|_{\boldsymbol{\theta}_{AB_r,i}^{(j-1)}} \right) \\
\boldsymbol{\theta}_{C_r,i}^{(j)} &= \boldsymbol{\theta}_{C_r,i}^{(j-1)} - \boldsymbol{\Gamma}_{C_r,i}^{(j)} \left(\left. \frac{\partial J_{N,\theta_{q,i}^{(j)}}^{(j)}}{\partial \boldsymbol{\theta}_{C_r,i}^{(j)}} \right|_{\boldsymbol{\theta}_{C_r,i}^{(j-1)}} \right) \\
\boldsymbol{\theta}_{D_r,i}^{(j)} &= \boldsymbol{\theta}_{D_r,i}^{(j-1)} - \boldsymbol{\Gamma}_{D_r,i}^{(j)} \left(\left. \frac{\partial J_{N,\theta_{q,i}^{(j)}}^{(j)}}{\partial \boldsymbol{\theta}_{D_r,i}^{(j)}} \right|_{\boldsymbol{\theta}_{D_r,i}^{(j-1)}} \right)
\end{aligned} \tag{4-211}$$

4. 基于数据的分布式协同跟踪控制方法

每一个子系统需要通过对前馈控制参数$\boldsymbol{V}_i(z)$的参数向量进行迭代更新来实现基于数据的分布式协同跟踪控制，以完成对自身性能指标函数的优化。定义分布式系统跟踪性能指标函数J_{N,θ_v}为

$$J_{N,\theta_v} = \sum_{i=1}^{n_s} f\left(\boldsymbol{e}_{\theta_{v,i}}, \boldsymbol{u}_{\theta_{v,i}}\right) = \sum_{i=1}^{n_s} J_{N,\theta_{v,i}} \tag{4-212}$$

其中，N为迭代窗口大小；$\boldsymbol{e}_{\theta_{v,i}}$为第$i$个子系统的跟踪误差；$\boldsymbol{u}_{\theta_{v,i}}$为第$i$个子系统的控制输入；$\boldsymbol{\theta}_{v,i}$为第$i$个子系统的前馈控制参数$\boldsymbol{V}_i(z)$的参数向量；$J_{N,\theta_{v,i}}$为第$i$个子系统的性能指标函数。

针对第i个子系统，在线优化$\boldsymbol{V}_i(z)$最直接的一个目标就是减小系统在发生故障时的跟踪误差，所以子系统选取的指标函数为

$$\min \ J_{N,\theta_{v,i}^{(j)}}^{(j)} = \frac{1}{2N} \sum_{k=k_j}^{N+k_j-1} \left(\boldsymbol{e}_{\theta_{v,i}^{(j)},k}^{\mathrm{T}} \boldsymbol{W}_{e,i,k} \boldsymbol{e}_{\theta_{v,i}^{(j)},k} + \boldsymbol{u}_{\theta_{v,i}^{(j)},k}^{\mathrm{T}} \boldsymbol{W}_{u,i,k} \boldsymbol{u}_{\theta_{v,i}^{(j)},k} \right) \tag{4-213}$$

其中，k_j和N分别为第j次迭代开始的数据常数和迭代窗口大小；$\boldsymbol{W}_{e,i,k} = \boldsymbol{W}_{e,i,k}^{\mathrm{T}} \geqslant 0$和$\boldsymbol{W}_{u,i,k} = \boldsymbol{W}_{u,i,k}^{\mathrm{T}} \geqslant 0$分别为两个权值。

采用梯度下降方法，按照如下规律更新参数：

$$\boldsymbol{\theta}_{v,i}^{(j)} = \boldsymbol{\theta}_{v,i}^{(j-1)} - \boldsymbol{\Gamma}_{v,i}^{(j)} \left(\left. \frac{\partial J_{N,\theta_{v,i}^{(j)}}^{(j)}}{\partial \boldsymbol{\theta}_{v,i}^{(j)}} \right|_{\boldsymbol{\theta}_{v,i}^{(j-1)}} \right) \tag{4-214}$$

其中，$\boldsymbol{\Gamma}_{v,i}^{(j)}$ 为每一次迭代的步长；$\boldsymbol{\theta}_{v,i}^{(j)}$ 为矩阵 $\boldsymbol{Q}_i(z)$ 及 $\boldsymbol{V}_i(z)$ 第 j 次迭代时的全部参数，而式(4-214)中的梯度可以计算为

$$\left.\frac{\partial J_{N,\theta_{v,i}^{(j)}}^{(j)}}{\partial \boldsymbol{\theta}_{v,i}^{(j)}}\right|_{\theta_{v,i}^{(j-1)}}=\frac{1}{2N}\sum_{k=k_j}^{N+k_j-1}\left(\boldsymbol{e}_{\theta_{v,i}^{(j-1)},k}^{\mathrm{T}}\boldsymbol{W}_{e,i,k}\frac{\partial \boldsymbol{e}_{\theta_{v,i}^{(j-1)},k}}{\partial \boldsymbol{\theta}_{v,i}^{(j-1)}}+\boldsymbol{u}_{\theta_{v,i}^{(j-1)},k}^{\mathrm{T}}\boldsymbol{W}_{u,i,k}\frac{\partial \boldsymbol{u}_{\theta_{v,i}^{(j-1)},k}}{\partial \boldsymbol{\theta}_{v,i}^{(j-1)}}\right) \tag{4-215}$$

其中，$\boldsymbol{e}_{\theta_{v,i}^{(j-1)},k}$ 为在迭代窗口 N 内在线收集的系统跟踪误差；$\boldsymbol{u}_{\theta_{v,i},k}^{(j-1)}$ 为在迭代窗口 N 内系统的输入信号，即控制信号。

式(4-215)的导数使用了系统的在线输入、输出数据，在给定的迭代窗口 N 内，构建系统的输入输出信号矩阵及跟踪误差矩阵，计算前馈控制参数矩阵 $\boldsymbol{V}_i(z)$ 内元素 $\boldsymbol{\theta}_{v,i}$ 的更新梯度，并且实现对原系统的补偿控制。

由于 $\boldsymbol{e}_i(z)=\boldsymbol{w}_i(z)-\boldsymbol{y}_i(z)$，其中期望输出 $\boldsymbol{w}_i(z)$ 与 $\boldsymbol{\theta}_{v,i}^{(j)}$ 不相关，所以其对 $\boldsymbol{\theta}_{v,i}$ 的导数为 0。此处，$\dfrac{\partial \boldsymbol{e}_{\theta_{v,i}^{(j-1)},k}}{\partial \boldsymbol{\theta}_{v,i}^{(j-1)}}$ 相当于 $-\dfrac{\partial \boldsymbol{y}_{\theta_{v,i}^{(j-1)},k}}{\partial \boldsymbol{\theta}_{v,i}^{(j-1)}}$，因此在梯度公式(4-214)中，未知变量转换为 $-\dfrac{\partial \boldsymbol{y}_{\theta_{v,i}^{(j-1)},k}}{\partial \boldsymbol{\theta}_{v,i}^{(j-1)}}$ 和 $\dfrac{\partial \boldsymbol{u}_{\theta_{v,i}^{(j-1)},k}}{\partial \boldsymbol{\theta}_{v,i}^{(j-1)}}$。

在等式(4-201)两边同时对矢量 $\boldsymbol{\theta}_{v,i}$ 求导，可得

$$\begin{bmatrix}\dfrac{\partial \boldsymbol{u}_{\theta_{q,v,i}^{(j-1)},k}}{\partial \boldsymbol{\theta}_{q,v,i}^{(j-1)}}\\[2ex]\dfrac{\partial \boldsymbol{y}_{\theta_{q,i}^{(j-1)},k}}{\partial \boldsymbol{\theta}_{q,v,i}^{(j-1)}}\end{bmatrix}=\boldsymbol{I}\frac{\partial \boldsymbol{v}_{\theta_{q,v,i}^{(j-1)},k}}{\partial \boldsymbol{\theta}_{q,v,i}^{(j-1)}} \tag{4-216}$$

其中，$\boldsymbol{I}$ 为系统 $\boldsymbol{G}_i(z)$ 的稳定像描述，由此可将对参数向量 $\boldsymbol{\theta}_{v,i}$ 的更新分为对各参数向量 $\boldsymbol{\theta}_{AB_r,i}$、$\boldsymbol{\theta}_{C_r,i}$、$\boldsymbol{\theta}_{D_r,i}$ 的更新，具体如下。

对 $\boldsymbol{\theta}_{AB_r,i}^{(j)}\in\mathbf{R}^{n_r\times m}$ 的梯度估计为

$$\begin{aligned}&\frac{\partial \boldsymbol{x}_{r,\theta_{v,i}^{(j)},k+1}}{\partial \boldsymbol{\theta}_{AB_r,i}^{(j)}}=\frac{\partial \boldsymbol{A}_r\left(\boldsymbol{\theta}_{AB_r,i}^{(j)}\right)}{\partial \boldsymbol{\theta}_{AB_r,i}^{(j)}}\boldsymbol{x}_{r,\theta_{v,i}^{(j)},k}+\boldsymbol{A}_r\frac{\partial \boldsymbol{x}_{r,\theta_{v,i}^{(j)},k}}{\partial \boldsymbol{\theta}_{AB_r,i}^{(j)}}+\frac{\partial \boldsymbol{B}_r\left(\boldsymbol{\theta}_{AB_r,i}^{(j)}\right)}{\partial \boldsymbol{\theta}_{AB_r,i}^{(j)}}\boldsymbol{r}_{i,k}\\&\frac{\partial \boldsymbol{u}_{r,\theta_{v,i}^{(j)},k}}{\partial \boldsymbol{\theta}_{AB_r,i}^{(j)}}=\boldsymbol{C}_r\frac{\partial \boldsymbol{x}_{r,\theta_{v,i}^{(j)},k}}{\partial \boldsymbol{\theta}_{AB_r,i}^{(j)}}\end{aligned} \tag{4-217}$$

此外，

$$
\begin{aligned}
\frac{\partial \boldsymbol{v}_{i,k}}{\partial \boldsymbol{\theta}_{AB_r,i}^{(j)}} &= -\frac{\partial \boldsymbol{Q}\left(\boldsymbol{\theta}_{v,i}\right)}{\partial \boldsymbol{\theta}_{AB_r,i}^{(j)}} \hat{\boldsymbol{M}}_i \boldsymbol{w}_{i,k} + \frac{\partial \boldsymbol{Q}\left(\boldsymbol{\theta}_{v,i}\right)}{\partial \boldsymbol{\theta}_{AB_r,i}^{(j)}} \boldsymbol{r}_{i,k} \\
&= \frac{\partial \boldsymbol{Q}\left(\boldsymbol{\theta}_{v,i}\right)}{\partial \boldsymbol{\theta}_{AB_r,i}^{(j)}} \left(\boldsymbol{r}_{i,k} - \hat{\boldsymbol{M}}_i \boldsymbol{w}_{i,k}\right)
\end{aligned}
\tag{4-218}
$$

令 $\boldsymbol{r}_{i,k} = \boldsymbol{r}_{i,k} - \hat{\boldsymbol{M}}_i \boldsymbol{w}_{i,k}$ 作为系统的输入信号，这里的 $\boldsymbol{w}_{i,k}$ 应该是使用期望输出信号 $\boldsymbol{w}_{i,k}$，以此作为系统的输出信号 $\frac{\partial \boldsymbol{u}_{r,\theta_{v,i}^{(j)},k}}{\partial \boldsymbol{\theta}_{AB_r,i}^{(j)}}$，即为所求梯度 $\frac{\partial \boldsymbol{v}_{i,k}}{\partial \boldsymbol{\theta}_{AB_r,i}^{(j)}}$。再根据式(4-218)，可以得到

$$
\begin{bmatrix}
\dfrac{\partial \boldsymbol{u}_{\theta_{v,i}^{(j-1)},k}}{\partial \boldsymbol{\theta}_{AB_r,i}^{(j)}} \\
\dfrac{\partial \boldsymbol{y}_{\theta_{v,i}^{(j-1)},k}}{\partial \boldsymbol{\theta}_{AB_r,i}^{(j)}}
\end{bmatrix}
= \boldsymbol{I} \frac{\partial \boldsymbol{v}_{\theta_{v,i}^{(j-1)},k}}{\partial \boldsymbol{\theta}_{AB_r,i}^{(j)}}
\tag{4-219}
$$

最终整理得到

$$
\left.\frac{\partial J_{N,\theta_{v,i}^{(j)}}^{(j)}}{\partial \boldsymbol{\theta}_{AB_r,i}^{(j)}}\right|_{\boldsymbol{\theta}_{AB_r,i}^{(j-1)}} = \frac{1}{2N} \sum_{k=k_j}^{N+k_j-1} \left(-\boldsymbol{e}_{\theta_{v,i}^{(j-1)},k}^{\mathrm{T}} \boldsymbol{W}_{e,i,k} \frac{\partial \boldsymbol{y}_{\theta_{v,i}^{(j-1)},k}}{\partial \boldsymbol{\theta}_{AB_r,i}^{(j)}} + \boldsymbol{u}_{\theta_{v,i}^{(j-1)},k}^{T} \boldsymbol{W}_{u,i,k} \frac{\partial \boldsymbol{u}_{\theta_{v,i}^{(j-1)},k}}{\partial \boldsymbol{\theta}_{AB_r,i}^{(j)}} \right)
\tag{4-220}
$$

对 $\boldsymbol{\theta}_{C_r,i} \in \mathbf{R}^{l \times n_r}$ 的梯度估计为

$$
\begin{aligned}
\frac{\partial \boldsymbol{x}_{r,\theta_{v,i}^{(j)},k+1}}{\partial \boldsymbol{\theta}_{C_r,i}^{(j)}} &= \boldsymbol{A}_r \frac{\partial \boldsymbol{x}_{r,\theta_{v,i}^{(j)},k}}{\partial \boldsymbol{\theta}_{C_r,i}^{(j)}} \\
\frac{\partial \boldsymbol{u}_{r,\theta_{v,i}^{(j)},k}}{\partial \boldsymbol{\theta}_{C_r,i}^{(j)}} &= \frac{\partial \boldsymbol{C}_r\left(\boldsymbol{\theta}_{C_r,i}^{(j)}\right)}{\partial \boldsymbol{\theta}_{C_r,i}^{(j)}} \boldsymbol{x}_{r,\theta_{v,i}^{(j)},k} + \boldsymbol{C}_r \frac{\partial \boldsymbol{x}_{r,\theta_{v,i}^{(j)},k}}{\partial \boldsymbol{\theta}_{AB_r,i}^{(j)}}
\end{aligned}
\tag{4-221}
$$

类似于对 $\boldsymbol{\theta}_{AB_r,i}$ 的梯度估计，最终可以得到

$$
\left.\frac{\partial J_{N,\theta_{v,i}^{(j)}}^{(j)}}{\partial \boldsymbol{\theta}_{C_r,i}^{(j)}}\right|_{\boldsymbol{\theta}_{C_r,i}^{(j-1)}} = \frac{1}{2N} \sum_{k=k_j}^{N+k_j-1} \left(-\boldsymbol{e}_{\theta_{v,i}^{(j-1)},k}^{\mathrm{T}} \boldsymbol{W}_{e,i,k} \frac{\partial \boldsymbol{y}_{\theta_{v,i}^{(j-1)},k}}{\partial \boldsymbol{\theta}_{C_r,i}^{(j)}} + \boldsymbol{u}_{\theta_{v,i}^{(j-1)},k}^{\mathrm{T}} \boldsymbol{W}_{u,i,k} \frac{\partial \boldsymbol{u}_{\theta_{v,i}^{(j-1)},k}}{\partial \boldsymbol{\theta}_{C_r,i}^{(j)}} \right)
\tag{4-222}
$$

对 $\boldsymbol{\theta}_{D_r,i} \in \mathbf{R}^{l \times m}$ 的梯度估计为

$$\begin{aligned}\frac{\partial \boldsymbol{x}_{r,\theta_{v,i}^{(j)},k+1}}{\partial \boldsymbol{\theta}_{D_r,i}^{(j)}}&=\boldsymbol{A}_r\frac{\partial \boldsymbol{x}_{r,\theta_{v,i}^{(j)},k}}{\partial \boldsymbol{\theta}_{D_r,i}^{(j)}}\\ \frac{\partial \boldsymbol{u}_{r,\theta_{v,i}^{(j)},k}}{\partial \boldsymbol{\theta}_{D_r,i}^{(j)}}&=\boldsymbol{C}_r\frac{\partial \boldsymbol{x}_{r,\theta_{v,i}^{(j)},k}}{\partial \boldsymbol{\theta}_{D_r,i}^{(j)}}+\frac{\partial \boldsymbol{D}_r\left(\boldsymbol{\theta}_{D_r,i}^{(j)}\right)}{\partial \boldsymbol{\theta}_{D_r,i}^{(j)}}\boldsymbol{x}_{r,\theta_{v,i}^{(j)},k}\end{aligned} \tag{4-223}$$

同样地，可以得到最终梯度为

$$\left.\frac{\partial J_{N,\theta_{v,i}^{(j)}}^{(j)}}{\partial \boldsymbol{\theta}_{D_r,i}^{(j)}}\right|_{\boldsymbol{\theta}_{D_r,i}^{(j-1)}}=\frac{1}{2N}\sum_{k=k_j}^{N+k_j-1}\left(-\boldsymbol{e}_{\theta_{v,i}^{(j-1)},k}^{\mathrm{T}}\boldsymbol{W}_{e,i,k}\frac{\partial \boldsymbol{y}_{\theta_{v,i}^{(j-1)},k}}{\partial \boldsymbol{\theta}_{D_r,i}^{(j)}}+\boldsymbol{u}_{\theta_{v,i}^{(j-1)},k}^{\mathrm{T}}\boldsymbol{W}_{u,i,k}\frac{\partial \boldsymbol{u}_{\theta_{v,i}^{(j-1)},k}}{\partial \boldsymbol{\theta}_{D_r,i}^{(j)}}\right) \tag{4-224}$$

在整个梯度估计中，由于 $\boldsymbol{\theta}_{C_r,i}$ 与 $\boldsymbol{\theta}_{D_r,i}$ 分别为矩阵 $\boldsymbol{C}_r$ 与 $\boldsymbol{D}_r$ 中的全部元素，所以梯度 $\frac{\partial \boldsymbol{C}_r\left(\boldsymbol{\theta}_{C_r,i}^{(j)}\right)}{\partial \boldsymbol{\theta}_{C_r,i}^{(j)}}$ 与 $\frac{\partial \boldsymbol{D}_r\left(\boldsymbol{\theta}_{D_r,i}^{(j)}\right)}{\partial \boldsymbol{\theta}_{D_r,i}^{(j)}}$ 比较容易计算得到。

以上就是对参数向量 $\boldsymbol{\theta}_{AB_r,i}$、$\boldsymbol{\theta}_{C_r,i}$、$\boldsymbol{\theta}_{D_r,i}$ 的梯度估计方式，在得到各个参数向量的梯度之后，根据梯度下降方法对参数向量进行更新。

$$\begin{aligned}\boldsymbol{\theta}_{AB_r,i}^{(j)}&=\boldsymbol{\theta}_{AB_r,i}^{(j-1)}-\boldsymbol{\Gamma}_{AB_r,i}^{(j)}\left(\left.\frac{\partial J_{N,\theta_{v,i}^{(j)}}^{(j)}}{\partial \boldsymbol{\theta}_{AB_r,i}^{(j)}}\right|_{\boldsymbol{\theta}_{AB_r,i}^{(j-1)}}\right)\\ \boldsymbol{\theta}_{C_r,i}^{(j)}&=\boldsymbol{\theta}_{C_r,i}^{(j-1)}-\boldsymbol{\Gamma}_{C_r,i}^{(j)}\left(\left.\frac{\partial J_{N,\theta_{v,i}^{(j)}}^{(j)}}{\partial \boldsymbol{\theta}_{C_r,i}^{(j)}}\right|_{\boldsymbol{\theta}_{C_r,i}^{(j-1)}}\right)\\ \boldsymbol{\theta}_{D_r,i}^{(j)}&=\boldsymbol{\theta}_{D_r,i}^{(j-1)}-\boldsymbol{\Gamma}_{D_r,i}^{(j)}\left(\left.\frac{\partial J_{N,\theta_{v,i}^{(j)}}^{(j)}}{\partial \boldsymbol{\theta}_{D_r,i}^{(j)}}\right|_{\boldsymbol{\theta}_{D_r,i}^{(j-1)}}\right)\end{aligned} \tag{4-225}$$

4.3　面向关键性能指标的实时优化

4.3.1　诊断系统参数实时优化算法

1. 梯度优化算法

对于稳定的离散时间线性时不变多输入多输出系统，假设其最小状态空间实现如下：

$$\boldsymbol{x}_{i,k+1}=\boldsymbol{A}_i\boldsymbol{x}_{i,k}+\boldsymbol{B}_i\boldsymbol{u}_{i,k}+\xi_{i,k} \tag{4-226}$$

$$\boldsymbol{y}_{i,k}=\boldsymbol{C}_i\boldsymbol{x}_{i,k}+\boldsymbol{D}_i\boldsymbol{u}_{i,k}+\boldsymbol{v}_{i,k} \tag{4-227}$$

其中，$\boldsymbol{x}_i\in\mathbf{R}^n$、$\boldsymbol{u}_i\in\mathbf{R}^l$、$\boldsymbol{y}_i\in\mathbf{R}^m$分别表示过程状态、输入和输出；$\xi_i\in\mathbf{R}^n$、$\boldsymbol{v}_i\in\mathbf{R}^m$分别表示过程噪声和测量噪声。

这里，假设系统的阶数是已知的，据此考虑以下基于观测器的残差产生器：

$$\boldsymbol{x}_{i,o,k+1}=\boldsymbol{A}_{i,o}\boldsymbol{x}_{i,o,k}+\boldsymbol{B}_{i,o}\boldsymbol{u}_{i,k}+\boldsymbol{L}_{i,o}\boldsymbol{y}_{i,k} \tag{4-228}$$

$$\boldsymbol{y}_{i,k}=\boldsymbol{C}_{i,o}\boldsymbol{x}_{i,o,k}+\boldsymbol{D}_{i,o}\boldsymbol{u}_{i,k} \tag{4-229}$$

$$\boldsymbol{r}_{i,k}=\boldsymbol{y}_{i,k}-\boldsymbol{C}_{i,o}\boldsymbol{x}_{i,o,k}-\boldsymbol{D}_{i,o}\boldsymbol{u}_{i,k} \tag{4-230}$$

其中，$\boldsymbol{x}_{i,o}\in\mathbf{R}^n$和$\boldsymbol{r}_i\in\mathbf{R}^m$分别表示观测器的状态向量和残差信号。

因为基于观测器的残差产生器必须是稳定的，所以根据输出标准型，利用$\boldsymbol{\theta}_{AC,i}\in\mathbf{R}^{nm}$确定$\left(\boldsymbol{A}_{i,o},\boldsymbol{C}_{i,o}\right)$。

$$\boldsymbol{\theta}_{BDL,i}=\begin{bmatrix}\boldsymbol{\theta}_{B,i}\\ \boldsymbol{\theta}_{D,i}\\ \boldsymbol{\theta}_{L,i}\end{bmatrix}=\begin{bmatrix}\operatorname{vec}\left(\boldsymbol{B}_{i,o}\right)\\ \operatorname{vec}\left(\boldsymbol{D}_{i,o}\right)\\ \operatorname{vec}\left(\boldsymbol{L}_{i,o}\right)\end{bmatrix} \tag{4-231}$$

残差产生器(4-228)～(4-230)的参数向量$\boldsymbol{\theta}_{o,i}$可以构造为

$$\boldsymbol{\theta}_{o,i}=\begin{bmatrix}\boldsymbol{\theta}_{AC,i}\\ \boldsymbol{\theta}_{BDL,i}\end{bmatrix} \tag{4-232}$$

参数化残差产生器(4-228)～(4-230)分别为

$$\boldsymbol{x}_{i,o,\theta_{o,i},k+1}=\boldsymbol{A}_{i,o}\left(\boldsymbol{\theta}_{AC,i}\right)\boldsymbol{x}_{i,o,\theta_{o,i},k}+\boldsymbol{B}_{i,o}\left(\boldsymbol{\theta}_{BDL,i}\right)\boldsymbol{u}_{i,k}+\boldsymbol{L}_{i,o}\left(\boldsymbol{\theta}_{BDL,i}\right)\boldsymbol{y}_{i,k} \tag{4-233}$$

$$\hat{\boldsymbol{y}}_{i,\theta_{o,i},k}=\boldsymbol{C}_{i,o}\left(\boldsymbol{\theta}_{AC,i}\right)\boldsymbol{x}_{i,o,\theta_{o,i},k}+\boldsymbol{D}_{i,o}\left(\boldsymbol{\theta}_{BDL,i}\right)\boldsymbol{u}_{i,k} \tag{4-234}$$

$$\boldsymbol{r}_{i,\theta_{o,i},k}=\boldsymbol{y}_{i,k}-\boldsymbol{C}_{i,o}\left(\boldsymbol{\theta}_{AC,i}\right)\boldsymbol{x}_{i,o,\theta_{o,i},k}-\boldsymbol{D}_{i,o}\left(\boldsymbol{\theta}_{BDL,i}\right)\boldsymbol{u}_{i,k} \tag{4-235}$$

为了利用系统输入输出数据迭代估计参数$\boldsymbol{\theta}_{o,i}$，在对参数向量$\boldsymbol{\theta}_{o,i}$进行约束的情况下，考虑每一次迭代的二次代价函数为

$$\min\ J_{N,\theta_{o,i}^{(j)}}^{(j)}=\frac{1}{2N}\sum_{k=k_j}^{N+k_j-1}\boldsymbol{r}_{\theta_{o,i}^{(j)},k}^{\mathrm{T}}\boldsymbol{W}_{r,i,k}\boldsymbol{r}_{\theta_{o,i}^{(j)},k} \tag{4-236}$$

$$\text{s.t.}\ \ \boldsymbol{\theta}_{AC,i,c}^{(j)}\in(-1,\ 1),\ \ c=1,2,\cdots,nm \tag{4-237}$$

其中，k_j和N为整数，分别表示第j次迭代和迭代窗口；$\boldsymbol{W}_{r,i,k}=\boldsymbol{W}_{r,i,k}^{\mathrm{T}}\geqslant\boldsymbol{0}$为权重因子。

针对泰勒级数展开式对代价函数 $J_{N,\theta_{o,i}^{(j)}}^{(j)}$ 在第 j 次迭代中进行计算。泰勒级数展开式为

$$
\begin{aligned}
J_{N,\theta_{o,i}^{(j)}}^{(j)} = J_{N,\theta_{o,i}^{(j-1)}}^{(j)} &+ \left(\left. \frac{\partial J_{N,\theta_{o,i}^{(j)}}^{(j)}}{\partial \boldsymbol{\theta}_{o,i}^{(j)}} \right|_{\boldsymbol{\theta}_{o,i}^{(j-1)}} \right)^{\mathrm{T}} \left(\boldsymbol{\theta}_{o,i}^{(j)} - \boldsymbol{\theta}_{o,i}^{(j-1)} \right) \\
&+ \frac{1}{2} \left(\boldsymbol{\theta}_{o,i}^{(j)} - \boldsymbol{\theta}_{o,i}^{(j-1)} \right)^{\mathrm{T}} \left(\left. \frac{\partial^2 J_{N,\theta_{o,i}^{(j)}}^{(j)}}{\partial \boldsymbol{\theta}_{o,i}^{(j)} \partial \left(\boldsymbol{\theta}_{o,i}^{(j)} \right)^{\mathrm{T}}} \right|_{\boldsymbol{\theta}_{o,i}^{(j)}} \right) \left(\boldsymbol{\theta}_{o,i}^{(j)} - \boldsymbol{\theta}_{o,i}^{(j-1)} \right) + o^3 \left(\boldsymbol{\theta}_{o,i}^{(j)} - \boldsymbol{\theta}_{o,i}^{(j-1)} \right)
\end{aligned}
\tag{4-238}
$$

其中，$\dfrac{\partial J_{N,\theta_{o,i}^{(j)}}^{(j)}}{\partial \boldsymbol{\theta}_{o,i}^{(j)}}$ 为梯度向量；$\dfrac{\partial^2 J_{N,\theta_{o,i}^{(j)}}^{(j)}}{\partial \boldsymbol{\theta}_{o,i}^{(j)} \partial \left(\boldsymbol{\theta}_{o,i}^{(j)} \right)^{\mathrm{T}}}$ 为 $J_{N,\theta_{o,i}^{(j)}}^{(j)}$ 的 Hessian 矩阵；$o^3 \left(\boldsymbol{\theta}_{o,i}^{(j)} - \boldsymbol{\theta}_{o,i}^{(j-1)} \right)$ 为所有阶数大于 3 的项。

忽略所有高阶项，$J_{N,\theta_{o,i}^{(j)}}^{(j)}$ 最小化近似的一个必要条件是

$$
\boldsymbol{\theta}_{o,i}^{(j)} = \boldsymbol{\theta}_{o,i}^{(j-1)} - \left(\left. \frac{\partial^2 J_{N,\theta_{o,i}^{(j)}}^{(j)}}{\partial \boldsymbol{\theta}_{o,i}^{(j)} \partial \left(\boldsymbol{\theta}_{o,i}^{(j)} \right)^{\mathrm{T}}} \right|_{\boldsymbol{\theta}_{o,i}^{(j-1)}} \right)^{-1} \left(\left. \frac{\partial J_{N,\theta_{o,i}^{(j)}}^{(j)}}{\partial \boldsymbol{\theta}_{o,i}^{(j)}} \right|_{\boldsymbol{\theta}_{o,i}^{(j-1)}} \right)
\tag{4-239}
$$

上述参数更新规律又称为高斯-牛顿法。在线计算的 Hessian 矩阵可能是奇异的或接近奇异的，因此在上述参数更新规律中可能会出现一些数值问题。另外，Hessian 矩阵逆的计算涉及大量的在线计算负荷。简单起见，可以采用以下最速下降法：

$$
\boldsymbol{\theta}_{o,i}^{(j)} = \boldsymbol{\theta}_{o,i}^{(j-1)} - \boldsymbol{\Gamma}_{o,i}^{(j)} \left(\left. \frac{\partial J_{N,\theta_{o,i}^{(j)}}^{(j)}}{\partial \boldsymbol{\theta}_{o,i}^{(j)}} \right|_{\boldsymbol{\theta}_{o,i}^{(j-1)}} \right)
\tag{4-240}
$$

其中，对角矩阵 $\boldsymbol{\Gamma}_{o,i}^{(j)} > \mathbf{0}$ 表示第 j 次迭代的步长。

步长表示参数 $\boldsymbol{\theta}_{o,i}$ 的收敛速度，因此可以通过沿搜索方向搜索代价函数的最小值来确定。为简单起见，步长可选择为正定矩阵。通常情况下，最速下降法的收敛速度比高斯-牛顿法慢，但是，在线计算量大大减小。

为了提出一种合适的构造方法，式(4-236)中的优化问题需要进一步研究。回顾参数化的基于观测器的残差产生器(4-233)～(4-235)，输出估计可显式表示为输

入、输出和每次迭代的初始状态 $\boldsymbol{x}_{i,o,\theta_{o,i,0}}$。

$$
\begin{aligned}
\boldsymbol{y}_{i,\theta_{o,i,k}} &= \boldsymbol{C}_{i,o}\left(\boldsymbol{\theta}_{AC,i}\right)\boldsymbol{x}_{i,o,\theta_{o,i,k}} + \boldsymbol{D}_{i,o}\left(\boldsymbol{\theta}_{BDL,i}\right)\boldsymbol{u}_{i,k} \\
&= \boldsymbol{C}_{i,o}\left(\boldsymbol{\theta}_{AC,i}\right)\boldsymbol{A}_{o,i}^{k}\left(\boldsymbol{\theta}_{AC,i}\right)\boldsymbol{x}_{i,o,\theta_{o,i,0}} + \sum_{\tau=0}^{k-1}\boldsymbol{C}_{i,o}\left(\boldsymbol{\theta}_{AC,i}\right)\boldsymbol{A}_{o,i}^{k-\tau-1}\left(\boldsymbol{\theta}_{AC,i}\right)\boldsymbol{B}_{i,o}\left(\boldsymbol{\theta}_{BDL,i}\right)\boldsymbol{u}_{i,\tau} \\
&\quad + \sum_{\tau=0}^{k-1}\boldsymbol{C}_{i,o}\left(\boldsymbol{\theta}_{AC,i}\right)\boldsymbol{A}_{i,o}^{k-\tau-1}\left(\boldsymbol{\theta}_{AC,i}\right)\boldsymbol{L}_{i,o}\left(\boldsymbol{\theta}_{BDL,i}\right)\boldsymbol{y}_{i,\tau} + \boldsymbol{D}_{i,o}\left(\boldsymbol{\theta}_{BDL,i}\right)\boldsymbol{u}_{i,k}
\end{aligned}
\tag{4-241}
$$

由于 $\boldsymbol{A}_{o,i}\left(\boldsymbol{\theta}_{AC,i}\right)$ 的稳定性，当 k 取得足够大时，式(4-241)可以近似为

$$
\begin{aligned}
\boldsymbol{y}_{i,\theta_{o,i,k}} &\approx \sum_{\tau=0}^{k-1}\boldsymbol{C}_{i,o}\left(\boldsymbol{\theta}_{AC,i}\right)\boldsymbol{A}_{i,o}^{k-\tau-1}\left(\boldsymbol{\theta}_{AC,i}\right)\boldsymbol{B}_{i,o}\left(\boldsymbol{\theta}_{BDL,i}\right)\boldsymbol{u}_{i,\tau} \\
&\quad + \sum_{\tau=0}^{k-1}\boldsymbol{C}_{i,o}\left(\boldsymbol{\theta}_{AC,i}\right)\boldsymbol{A}_{i,o}^{k-\tau-1}\left(\boldsymbol{\theta}_{AC,i}\right)\boldsymbol{L}_{i,o}\left(\boldsymbol{\theta}_{BDL,i}\right)\boldsymbol{y}_{i,\tau} + \boldsymbol{D}_{i,o}\left(\boldsymbol{\theta}_{BDL,i}\right)\boldsymbol{u}_{i,k} \\
&= \left[\sum_{\tau=0}^{k-1}\boldsymbol{u}_{i,\tau}^{\mathrm{T}} \otimes \boldsymbol{C}_{i,o}\left(\boldsymbol{\theta}_{AC,i}\right)\boldsymbol{A}_{i,o}^{k-\tau-1}\left(\boldsymbol{\theta}_{AC,i}\right)\boldsymbol{u}_{i,k}^{\mathrm{T}} \otimes \boldsymbol{I}_m \sum_{\tau=0}^{k-1}\boldsymbol{y}_{i,\tau}^{\mathrm{T}} \otimes \boldsymbol{C}_{i,o}\left(\boldsymbol{\theta}_{AC,i}\right)\boldsymbol{A}_{i,o}^{k-\tau-1}\left(\boldsymbol{\theta}_{AC,i}\right)\right]\begin{bmatrix}\operatorname{vec}\left(\boldsymbol{B}_{i,o}\right) \\ \operatorname{vec}\left(\boldsymbol{D}_{i,o}\right) \\ \operatorname{vec}\left(\boldsymbol{L}_{i,o}\right)\end{bmatrix} \\
&= \boldsymbol{\varphi}_{i,\theta_{AC,i},k}\boldsymbol{\theta}_{BDL,i}
\end{aligned}
\tag{4-242}
$$

因此式(4-236)和式(4-237)可以写为

$$
\min\ J_{N,\theta_{o,i}^{(j)}}^{(j)} = \frac{1}{2N}\sum_{k=k_j}^{N+k_j-1}\left(\boldsymbol{y}_{i,k} - \boldsymbol{\varphi}_{\theta_{AC,i}^{(j)},k}^{\mathrm{T}}\boldsymbol{\theta}_{BDL,i}^{(j)}\right)^{\mathrm{T}}\boldsymbol{W}_{r,i,k}\left(\boldsymbol{y}_{i,k} - \boldsymbol{\varphi}_{\theta_{AC,i}^{(j)},k}^{\mathrm{T}}\boldsymbol{\theta}_{BDL,i}^{(j)}\right) \tag{4-243}
$$

$$
\text{s.t.}\quad \boldsymbol{\theta}_{AC,i,c}^{(j)} \in (-1,\ 1),\quad c = 1,2,\cdots,nm \tag{4-244}
$$

可见，参数向量 $\boldsymbol{\theta}_{o,i}$ 可以分为 $\boldsymbol{\theta}_{AC,i}$ 和 $\boldsymbol{\theta}_{BDL,i}$ 两部分。

此外，对于固定的 $\boldsymbol{\theta}_{AC,i}$，在 $\boldsymbol{\theta}_{BDL,i}$ 中输出估计 $\boldsymbol{y}_i$ 是线性的，而对于固定的 $\boldsymbol{\theta}_{BDL,i}$，$\boldsymbol{\theta}_{AC,i}$ 是非线性的。为了解决该问题，本节运用了分离最小二乘法，可将参数更新规律分为两部分，即

$$
\boldsymbol{\theta}_{AC,i}^{(j)} = \boldsymbol{\theta}_{AC,i}^{(j-1)} - \boldsymbol{\Gamma}_{AC,i}^{(j)}\left(\left.\frac{\partial J_{N,\theta_{o,i}^{(j)}}^{(j)}}{\partial \boldsymbol{\theta}_{AC,i}^{(j)}}\right|_{\boldsymbol{\theta}_{o,i}^{(j-1)}}\right) \tag{4-245}
$$

$$
\boldsymbol{\theta}_{BDL,i}^{(j+1)} = \boldsymbol{\theta}_{BDL,i}^{(j)} - \boldsymbol{\Gamma}_{BDL,i}^{(j+1)}\left(\left.\frac{\partial J_{N,\theta_{o,i}^{(j+1)}}^{(j+1)}}{\partial \boldsymbol{\theta}_{BDL,i}^{(j+1)}}\right|_{\boldsymbol{\theta}_{o,i}^{(j)}}\right) \tag{4-246}
$$

其中

$$\left.\frac{\partial J^{(j)}_{N,\theta^{(j)}_{o,i}}}{\partial \boldsymbol{\theta}^{(j)}_{AC,i}}\right|_{\theta^{(j-1)}_{o,i}} = -\frac{1}{N}\sum_{k=k_j}^{N+k_j-1} \boldsymbol{r}^{\mathrm{T}}_{\theta^{(j-1)}_{o,i},k} \boldsymbol{W}_{r,i,k} \frac{\partial \boldsymbol{y}_{\theta^{(j-1)}_{o,i},k}}{\partial \boldsymbol{\theta}^{(j-1)}_{AC,i}} \tag{4-247}$$

$$\left.\frac{\partial J^{(j+1)}_{N,\theta^{(j+1)}_{o,i}}}{\partial \boldsymbol{\theta}^{(j+1)}_{BDL,i}}\right|_{\theta^{(j)}_{o,i}} = -\frac{1}{N}\sum_{k=k_j}^{N+k_j-1} \boldsymbol{r}^{\mathrm{T}}_{\theta^{(j)}_{o,i},k} \boldsymbol{W}_{r,i,k} \frac{\partial \boldsymbol{y}_{\theta^{(j)}_{o,i},k}}{\partial \boldsymbol{\theta}^{(j)}_{BDL,i}} \tag{4-248}$$

在分散的参数更新规律(4-245)和(4-246)中，第一次迭代 $\boldsymbol{\theta}_{AC,i}$ 更新时固定 $\boldsymbol{\theta}_{BDL,i}$，下一次迭代 $\boldsymbol{\theta}_{BDL,i}$ 更新时固定 $\boldsymbol{\theta}_{AC,i}$。为了获得用于参数更新的梯度，以下定理在基于观测器的残差产生器的迭代配置中起着关键作用。

假设所考虑的系统是稳定的和可观测的，给定基于观测器的残差产生器(4-233)～(4-235)是参数化的，以下梯度估计器提供 $\boldsymbol{y}_{i,k}$ 的梯度作为设计参数。

(1) $\boldsymbol{\theta}^{(j)}_{AC,i} \in \mathbf{R}^{nm}$ 梯度估计器：

$$\frac{\partial \boldsymbol{x}_{i,o,\theta^{(j)}_{o,i},k+1}}{\partial \boldsymbol{\theta}^{(j)}_{AC,i,c}} = \boldsymbol{A}_{i,o}\left(\boldsymbol{\theta}^{(j)}_{AC,i}\right)\frac{\partial \boldsymbol{x}_{i,o,\theta^{(j)}_{o,i},k}}{\partial \boldsymbol{\theta}^{(j)}_{AC,i,c}} + \frac{\partial A_{i,o}\left(\boldsymbol{\theta}^{(j)}_{AC,i}\right)}{\partial \boldsymbol{\theta}^{(j)}_{AC,i,c}}\boldsymbol{x}_{i,o,\theta^{(j)}_{o,i},k} \tag{4-249}$$

$$\frac{\partial \boldsymbol{y}_{i,\theta^{(j)}_{o,i},k}}{\partial \boldsymbol{\theta}^{(j)}_{AC,i,c}} = \boldsymbol{C}_{i,o}\left(\boldsymbol{\theta}^{(j)}_{AC,i}\right)\frac{\partial \boldsymbol{x}_{i,o,\theta^{(j)}_{o,i},k}}{\partial \boldsymbol{\theta}^{(j)}_{AC,i,c}} + \frac{\partial \boldsymbol{C}_{i,o}\left(\boldsymbol{\theta}^{(j)}_{AC,i}\right)}{\partial \boldsymbol{\theta}^{(j)}_{AC,i,c}}\boldsymbol{x}_{i,o,\theta^{(j)}_{o,i},k} \tag{4-250}$$

其中，$\boldsymbol{\theta}^{(j)}_{AC,i,c} \in (-1,\ 1)$ 是 $\boldsymbol{\theta}^{(j)}_{AC,i} \in \mathbf{R}^{nm}$ 在第 j 次迭代中的第 c 个元素。

(2) $\boldsymbol{\theta}^{(j)}_{B,i} \in \mathbf{R}^{nl}$ 梯度估计器：

$$\frac{\partial \boldsymbol{x}_{i,o,\theta^{(j)}_{o,i},k+1}}{\partial \boldsymbol{\theta}^{(j)}_{B,i,c}} = \boldsymbol{A}_{i,o}\left(\boldsymbol{\theta}^{(j)}_{AC,i}\right)\frac{\partial \boldsymbol{x}_{i,o,\theta^{(j)}_{o,i},k}}{\partial \boldsymbol{\theta}^{(j)}_{B,i,c}} + \frac{\partial A_{i,o}\left(\boldsymbol{\theta}^{(j)}_{B,i}\right)}{\partial \boldsymbol{\theta}^{(j)}_{B,i,c}}\boldsymbol{u}_{i,k} \tag{4-251}$$

$$\frac{\partial \boldsymbol{y}_{i,\theta^{(j)}_{o,i},k}}{\partial \boldsymbol{\theta}^{(j)}_{B,i,c}} = \boldsymbol{C}_{i,o}\left(\boldsymbol{\theta}^{(j)}_{AC,i}\right)\frac{\partial \boldsymbol{x}_{i,o,\theta^{(j)}_{o,i},k}}{\partial \boldsymbol{\theta}^{(j)}_{B,i,c}} \tag{4-252}$$

其中，$\boldsymbol{\theta}^{(j)}_{B,i,c}$ 是 $\boldsymbol{\theta}^{(j)}_{B,i} \in \mathbf{R}^{nl}$ 在第 j 次迭代中的第 c 个元素。

(3) $\boldsymbol{\theta}^{(j)}_{D,i} \in \mathbf{R}^{ml}$ 梯度估计器：

$$\frac{\partial \boldsymbol{x}_{i,o,\theta^{(j)}_{o,i},k+1}}{\partial \boldsymbol{\theta}^{(j)}_{D,i,c}} = \boldsymbol{A}_{i,o}\left(\boldsymbol{\theta}^{(j)}_{AC,i}\right)\frac{\partial \boldsymbol{x}_{i,o,\theta^{(j)}_{o,i},k}}{\partial \boldsymbol{\theta}^{(j)}_{D,i,c}} \tag{4-253}$$

$$\frac{\partial \boldsymbol{y}_{i,\theta^{(j)}_{o,i},k}}{\partial \boldsymbol{\theta}^{(j)}_{D,i,c}} = \boldsymbol{C}_{i,o}\left(\boldsymbol{\theta}^{(j)}_{AC,i}\right)\frac{\partial \boldsymbol{x}_{i,o,\theta^{(j)}_{o,i},k}}{\partial \boldsymbol{\theta}^{(j)}_{D,i,c}} + \frac{\partial \boldsymbol{D}_{i,o}\left(\boldsymbol{\theta}^{(j)}_{D,i}\right)}{\partial \boldsymbol{\theta}^{(j)}_{D,i,c}}\boldsymbol{u}_{i,k} \tag{4-254}$$

其中，$\boldsymbol{\theta}_{D,i,c}^{(j)}$ 是 $\boldsymbol{\theta}_{D,i}^{(j)} \in \mathbf{R}^{ml}$ 在第 j 次迭代中的第 c 个元素。

(4) $\boldsymbol{\theta}_{L,i}^{(j)} \in \mathbf{R}^{nm}$ 梯度估计器：

$$\frac{\partial \boldsymbol{x}_{i,o,\theta_{o,i}^{(j)},k+1}}{\partial \boldsymbol{\theta}_{L,i,c}^{(j)}} = \boldsymbol{A}_{i,o}\left(\boldsymbol{\theta}_{AC,i}^{(j)}\right)\frac{\partial \boldsymbol{x}_{i,o,\theta_{o,i}^{(j)},k}}{\partial \boldsymbol{\theta}_{L,i,c}^{(j)}} + \frac{\partial \boldsymbol{L}_{i,o}\left(\boldsymbol{\theta}_{L,i}^{(j)}\right)}{\partial \boldsymbol{\theta}_{L,i,c}^{(j)}}\boldsymbol{y}_{i,k} \tag{4-255}$$

$$\frac{\partial \boldsymbol{y}_{i,\theta_{o,i}^{(j)},k}}{\partial \boldsymbol{\theta}_{L,i,c}^{(j)}} = \boldsymbol{C}_{i,o}\left(\boldsymbol{\theta}_{AC,i}^{(j)}\right)\frac{\partial \boldsymbol{x}_{i,o,\theta_{o,i}^{(j)},k}}{\partial \boldsymbol{\theta}_{L,i,c}^{(j)}} \tag{4-256}$$

其中，$\boldsymbol{\theta}_{L,i,c}^{(j)}$ 是 $\boldsymbol{\theta}_{L,i}^{(j)} \in \mathbf{R}^{nm}$ 在第 j 次迭代中的第 c 个元素。

2. 自适应优化算法

尽管基于观测器的残差产生器可以通过基于模型和数据驱动的方法进行设计，但对于诊断方法研究，其自行配置和检索输入输出过程信息的能力满足不了 PnP 的要求。因此，自适应的基于观测器的残差产生器在线配置方法被提出，用于对系统进行诊断和控制。另外，实际的大型工业系统过程是非常复杂且非线性的，存在不确定性等问题，自适应优化算法能通过在线更新残差产生器的关键性能参数来跟踪系统变化，对系统进行实时诊断。

一般地，自适应观测器的设计是基于传递状态变量估计的状态观测器和使用被控对象输入输出测量数据在线估计位置相同参数的算法[38,39]。其设计步骤主要包括以下方面：

(1) 参数化模型并选择要估计的参数。

(2) 将模型参数的估计问题转化为一个最优化问题。

(3) 选择一个数值程序解决上述最优化问题。

在上述三个步骤中，对于自适应观测器的设计，状态空间表示形式的选择是非常重要的，为了设计可靠、可行的在线配置方法，选择线性时不变系统的状态空间表示形式。文献[2]提出了一种构造自适应诊断观测器的方法。考虑线性时不变多输入多输出系统 $\boldsymbol{G}_{yu}(z)$ 的状态空间表示为

$$\boldsymbol{x}_{i,k+1} = \boldsymbol{A}_i\boldsymbol{x}_{i,k} + \boldsymbol{B}_i\boldsymbol{u}_{i,k}, \boldsymbol{x}_{i,0} \tag{4-257}$$

$$\boldsymbol{y}_{i,k} = \boldsymbol{C}_i\boldsymbol{x}_{i,k} + \boldsymbol{D}_i\boldsymbol{u}_{i,k} \tag{4-258}$$

其中，$\boldsymbol{x}_{i,k} \in \mathbf{R}^n$ 为系统的状态变量；$\boldsymbol{x}_{i,0} \in \mathbf{R}^n$ 为系统的初始条件；$\boldsymbol{u}_{i,k} \in \mathbf{R}^l$ 为系统的输入变量；$\boldsymbol{y}_{i,k} \in \mathbf{R}^m$ 为系统的输出变量。

自适应观测器设计是为了找到一个估计算法，使得仅使用系统的输入、输出测量数据来估计系统的参数，如系统矩阵 $\boldsymbol{A}_i$ 、$\boldsymbol{B}_i$ 、$\boldsymbol{C}_i$ 、$\boldsymbol{D}_i$ 和状态变量 $\boldsymbol{x}_i$ 。考虑系统矩阵 $\boldsymbol{A}_i$ 、$\boldsymbol{B}_i$ 、$\boldsymbol{C}_i$ 、$\boldsymbol{D}_i$ 的所有参数，参数向量的维度为 $n^2 + n(l+m) + ml$ 。

实际上，系统参数是可以通过系统的输入输出数据来确定的。然而，因为确定的参数是不唯一的，并且在传递函数相同的情况下，对应无穷多个系统矩阵 $\boldsymbol{A}_i$ 、$\boldsymbol{B}_i$ 、$\boldsymbol{C}_i$ 、$\boldsymbol{D}_i$ ，再者系统参数的维度随着系统阶数的增加快速增加，所以给辨识的实现增加了难度。不考虑真正的系统参数，系统辨识的主要目的是找到一个描述系统输入、输出动态关系的状态空间模型。基于此目的，对于具有最小实现的离散多输入多输出线性时不变系统，定义其可观测规范型为

$$\boldsymbol{x}_{i,k+1}=\begin{bmatrix}\boldsymbol{A}_{i,11} & \cdots & \boldsymbol{A}_{i,1m}\\ \vdots & & \vdots\\ \boldsymbol{A}_{i,m1} & \cdots & \boldsymbol{A}_{i,mm}\end{bmatrix}\boldsymbol{x}_k+\begin{bmatrix}\boldsymbol{b}_{i,11} & \cdots & \boldsymbol{b}_{i,1l}\\ \vdots & & \vdots\\ \boldsymbol{b}_{i,l1} & \cdots & \boldsymbol{b}_{i,ll}\end{bmatrix}\boldsymbol{u}_{i,k} \tag{4-259}$$

$$\boldsymbol{y}_{i,k}=\begin{bmatrix}\boldsymbol{C}_{i,1} & \cdots & \boldsymbol{C}_{i,m}\end{bmatrix}\boldsymbol{x}_{i,k}+\begin{bmatrix}\boldsymbol{d}_{i,11} & \cdots & \boldsymbol{d}_{i,1l}\\ \vdots & & \vdots\\ \boldsymbol{d}_{i,m1} & \cdots & \boldsymbol{d}_{i,ml}\end{bmatrix}\boldsymbol{u}_{i,k} \tag{4-260}$$

其中，$\boldsymbol{x}_{i,k}\in\mathbf{R}^n$ 为系统的状态变量；定义 $\boldsymbol{x}_{i,0}\in\mathbf{R}^n$ 为系统的初值；$\boldsymbol{u}_{i,k}\in\mathbf{R}^l$ 为系统的输入变量；$\boldsymbol{y}_{i,k}\in\mathbf{R}^m$ 为系统的输出变量。

并且有

$$\boldsymbol{A}_i=\begin{bmatrix}\boldsymbol{A}_{i,11} & \cdots & \boldsymbol{A}_{i,1m}\\ \vdots & & \vdots\\ \boldsymbol{A}_{i,m1} & \cdots & \boldsymbol{A}_{i,mm}\end{bmatrix}\in\mathbf{R}^{n\times n},\quad \boldsymbol{C}_i=\begin{bmatrix}\boldsymbol{C}_{i,1} & \cdots & \boldsymbol{C}_{i,m}\end{bmatrix}\in\mathbf{R}^{m\times n} \tag{4-261}$$

$$\boldsymbol{A}_{ii}=\begin{bmatrix}0 & 0 & \cdots & 0 & a_1^{ii}\\ 1 & 0 & \cdots & 0 & a_2^{ii}\\ \vdots & \vdots & & \vdots & \vdots\\ 0 & 0 & \cdots & 0 & a_{\sigma_i-1}^{ii}\\ 0 & 0 & \cdots & 1 & a_{\sigma_i}^{ii}\end{bmatrix}\in\mathbf{R}^{\sigma_i\times\sigma_i},\quad i=1,2,\cdots,m \tag{4-262}$$

$$\boldsymbol{A}_{ij}=\begin{bmatrix}0 & \cdots & 0 & a_1^{ij}\\ \vdots & & \vdots & \vdots\\ 0 & \cdots & 0 & a_{\sigma_j}^{ij}\end{bmatrix}\in\mathbf{R}^{\sigma_j\times\sigma_i},\quad m\geqslant i>j,j=1,2,\cdots,m-1 \tag{4-263}$$

$$\boldsymbol{A}_{ij}=\begin{bmatrix}0 & \cdots & 0 & a_1^{ij}\\ \vdots & & \vdots & \vdots\\ 0 & \cdots & 0 & a_{\sigma_i}^{ij}\end{bmatrix}\in\mathbf{R}^{\sigma_i\times\sigma_j},\quad m\geqslant j>i,i=1,2,\cdots,m-1 \tag{4-264}$$

$$C_i = \begin{bmatrix} 0 & \cdots & 0 & \boldsymbol{e}_i \end{bmatrix} \in \mathbf{R}^{m\times\sigma_i},\quad i=1,2,\cdots,m \tag{4-265}$$

$$\boldsymbol{e}_i^{\mathrm{T}} = \begin{bmatrix} 0 & \cdots & 0 & 1 & c_{i(i+1)} & \cdots & c_{im} \end{bmatrix}^{\mathrm{T}} \in \mathbf{R}^{1\times m},\quad i=1,2,\cdots,m \tag{4-266}$$

其中，$\boldsymbol{\sigma}_{i,1},\boldsymbol{\sigma}_{i,2},\cdots,\boldsymbol{\sigma}_{i,m}$ 是可观性指数，满足 $\boldsymbol{\sigma}_{i,1},\boldsymbol{\sigma}_{i,2},\cdots,\boldsymbol{\sigma}_{i,m} \geqslant 1$，$\sum_{z=1}^{m}\boldsymbol{\sigma}_{i,z}=n$。

通过矩阵的分解，矩阵 $\boldsymbol{C}_i$ 可以分解为 $\boldsymbol{C}_i=\boldsymbol{G}_i\boldsymbol{C}_{i,0}$，其中 $\boldsymbol{G}_i$ 和 $\boldsymbol{C}_{i,0}$ 分别为

$$\boldsymbol{G}_i = \begin{bmatrix} 1 & 0 & \cdots & 0 \\ c_{i,12} & 1 & \cdots & 0 \\ \vdots & \vdots & & \vdots \\ c_{i,1m} & c_{i,2m} & \cdots & 1 \end{bmatrix} \in \mathbf{R}^{m\times m} \tag{4-267}$$

$$\boldsymbol{C}_{i,o} = \begin{bmatrix} 0 & \cdots & 1 & 0 & \cdots & 0 & 0 & \cdots & 0 \\ 0 & \cdots & 0 & 0 & \cdots & 1 & 0 & \cdots & 0 \\ \vdots & & \vdots & \vdots & & \vdots & \vdots & & \vdots \\ 0 & \cdots & 0 & 0 & \cdots & 0 & 0 & \cdots & 0 \\ 0 & \cdots & 0 & 0 & \cdots & 0 & 0 & \cdots & 1 \end{bmatrix} \tag{4-268}$$

其中，矩阵 $\boldsymbol{G}_i$ 是包含矩阵 $\boldsymbol{C}_i$ 中所有未知参数的下三角矩阵，并且矩阵 $\boldsymbol{G}_i$ 是可逆矩阵。

定义 $\boldsymbol{G}_{i,0}$ 是 $\boldsymbol{G}_i$ 的可逆矩阵，则 $\boldsymbol{G}_{i,0}\boldsymbol{G}_i=\boldsymbol{I}$，并且有

$$\boldsymbol{G}_{i,0} = \begin{bmatrix} 1 & 0 & \cdots & 0 \\ \overline{c}_{i,12} & 1 & \cdots & 0 \\ \vdots & \vdots & & \vdots \\ \overline{c}_{i,1m} & \overline{c}_{i,2m} & \cdots & 1 \end{bmatrix} \in \mathbf{R}^{m\times m} \tag{4-269}$$

因此，在系统输出方程等式(4-258)两侧乘以 $\boldsymbol{G}_{i,0}$ 来构造残差产生器，构建形式如下：

$$\boldsymbol{x}_{i,o,k+1} = \boldsymbol{A}_{i,o}\boldsymbol{x}_{i,o,k} + \boldsymbol{B}_{i,o}\boldsymbol{u}_{i,k} + \boldsymbol{L}_{i,o}\boldsymbol{y}_{i,k} \tag{4-270}$$

$$\boldsymbol{r}_{i,k} = \boldsymbol{G}_{i,o}y_{i,k} - \boldsymbol{C}_{i,o}\boldsymbol{x}_{i,o,k} - \boldsymbol{D}_{i,o}\boldsymbol{u}_{i,k} \tag{4-271}$$

其中，$\boldsymbol{B}_{i,o}=\boldsymbol{B}_i-\boldsymbol{L}_i\boldsymbol{D}_{i,o}$，$\boldsymbol{L}_{i,o}=\boldsymbol{L}_i\boldsymbol{G}_{i,o}$。

然后，线性时不变系统的系统矩阵所有未知参数的辨识问题就转化为辨识矩阵 $\boldsymbol{B}_{i,o}$、$\boldsymbol{L}_{i,o}$、$\boldsymbol{G}_{i,o}$、$\boldsymbol{D}_{i,o}$ 的问题。最后，基于观测器的残差产生器被扩展为

$$\boldsymbol{x}_{i,o,k+1} = \boldsymbol{A}_{i,o}\boldsymbol{x}_{i,o,k} + \boldsymbol{B}_{i,o}\boldsymbol{u}_{i,k} + \boldsymbol{L}_{i,o}\boldsymbol{y}_{i,k} + \boldsymbol{L}_{i,r}\boldsymbol{r}_{i,k} \tag{4-272}$$

$$\boldsymbol{r}_{i,k} = \boldsymbol{G}_{i,o}\boldsymbol{y}_{i,k} - \boldsymbol{C}_{i,o}\boldsymbol{x}_{i,o,k} - \boldsymbol{D}_{i,o}\boldsymbol{u}_{i,k} \tag{4-273}$$

其中，$\boldsymbol{L}_{i,r}$ 为自由选取的矩阵，它不仅提供了额外的设计自由度，而且要满足 $\boldsymbol{A}_{i,or}=\boldsymbol{A}_{i,o}-\boldsymbol{L}_{i,r}\boldsymbol{C}_{i,o}$ 的稳定性要求。

根据矩阵的列展开表达，由 $\mathrm{vec}(\boldsymbol{AXB})=\left(\boldsymbol{B}^{\mathrm{T}}\otimes\boldsymbol{A}\right)\mathrm{vec}(\boldsymbol{X})$，定义 $\boldsymbol{D}_{i,m}$ 的形式为

$$\boldsymbol{D}_{i,m}\mathbf{vec}\left(\boldsymbol{G}_{i,oc}\right)=\boldsymbol{\theta}_{i,g}=\left[\overline{c}_{i,12}\quad\cdots\quad\overline{c}_{i,1m}\quad\overline{c}_{i,23}\quad\cdots\quad\overline{c}_{i,2m}\quad\cdots\quad\overline{c}_{i,(m-1)m}\right]^{\mathrm{T}}\tag{4-274}$$

其中

$$\boldsymbol{G}_{i,oc}=\boldsymbol{G}_{i,o}-\boldsymbol{I}=\begin{bmatrix}0&0&\cdots&0\\\overline{c}_{i,12}&0&\cdots&0\\\vdots&\vdots&&\vdots\\\overline{c}_{i,1m}&\overline{c}_{i,2m}&\cdots&0\end{bmatrix}\in\mathbf{R}^{m\times m}\tag{4-275}$$

设

$$\boldsymbol{\theta}_i=\begin{bmatrix}\boldsymbol{\theta}_{i,u}\\\boldsymbol{\theta}_{i,y}\end{bmatrix},\quad\boldsymbol{\theta}_{i,u}=\begin{bmatrix}\mathrm{vec}\left(\boldsymbol{B}_{i,o}\right)\\\mathrm{vec}\left(\boldsymbol{D}_{i,o}\right)\end{bmatrix},\quad\boldsymbol{\theta}_{i,y}=\begin{bmatrix}\mathrm{vec}\left(\boldsymbol{L}_{i,o}\right)\\\boldsymbol{\theta}_{i,g}\end{bmatrix}\tag{4-276}$$

前面扩展的基于观测器的残差产生器又可以写为

$$\boldsymbol{x}_{i,o,k+1}=\boldsymbol{A}_{i,or}\boldsymbol{x}_{i,o,k}+\boldsymbol{L}_{i,r}\boldsymbol{y}_{i,k}+\boldsymbol{Q}\left(\boldsymbol{u}_{i,k},\boldsymbol{y}_{i,k}\right)\boldsymbol{\theta}\tag{4-277}$$

$$\boldsymbol{r}_{i,k}=\boldsymbol{y}_{i,k}-\boldsymbol{C}_{i,o}\boldsymbol{x}_{i,o,k}+\boldsymbol{R}\left(\boldsymbol{u}_{i,k},\boldsymbol{y}_{i,k}\right)\boldsymbol{\theta}\tag{4-278}$$

其中

$$\boldsymbol{A}_{i,or}=\boldsymbol{A}_{i,o}-\boldsymbol{L}_{i,r}\boldsymbol{C}_{i,o}$$

$$\boldsymbol{Q}\left(\boldsymbol{u}_{i,k},\boldsymbol{y}_{i,k}\right)=\left[\boldsymbol{u}_{i,k}^{\mathrm{T}}\otimes\boldsymbol{I}_n-\boldsymbol{u}_{i,k}^{\mathrm{T}}\otimes\boldsymbol{L}_{i,r}\boldsymbol{y}_{i,k}^{\mathrm{T}}\otimes\boldsymbol{I}_n\left(\boldsymbol{y}_{i,k}^{\mathrm{T}}\otimes\boldsymbol{L}_{i,r}\right)\boldsymbol{D}_{im}\right]$$

$$\boldsymbol{R}\left(\boldsymbol{u}_{i,k},\boldsymbol{y}_{i,k}\right)=\left[\boldsymbol{u}_{i,k}^{\mathrm{T}}\otimes\mathbf{0}_{m\times n}-\boldsymbol{u}_{i,k}^{\mathrm{T}}\otimes\boldsymbol{I}_m\boldsymbol{y}_{i,k}^{\mathrm{T}}\otimes\mathbf{0}_{m\times n}\left(\boldsymbol{y}_{i,k}^{\mathrm{T}}\otimes\boldsymbol{I}_m\right)\boldsymbol{D}_{im}\right]$$

显然，参数 $\boldsymbol{\theta}_i$ 包含了基于观测器的残差产生器所有未知参数。为了成功实现 PnP 控制，设计的目标应该包含适应过程变化(也就是 $\boldsymbol{\theta}_i$ 的变化)的残差产生器，以便产生残差信号 $\boldsymbol{r}_{i,k}$，并且在 $\boldsymbol{\theta}_i$ 以指数收敛速度的可能性下使得 $\lim\limits_{k\to\infty}\boldsymbol{r}_{i,k}=\mathbf{0}$。

因此，假定系统的阶数和可观测性指数是已知的，则自适应配置的策略包含以下三部分。

(1) 残差产生器：

$$\hat{\boldsymbol{x}}_{i,o,k+1}=\boldsymbol{A}_{i,or}\hat{\boldsymbol{x}}_{i,o,k}+\boldsymbol{L}_{i,r}\boldsymbol{y}_{i,k}+\boldsymbol{Q}\left(\boldsymbol{u}_{i,k},\boldsymbol{y}_{i,k}\right)\hat{\boldsymbol{\theta}}_{i,k}+\boldsymbol{V}_{i,k+1}\left(\hat{\boldsymbol{\theta}}_{i,k+1}-\hat{\boldsymbol{\theta}}_{i,k}\right)\tag{4-279}$$

$$\boldsymbol{r}_{i,k}=\boldsymbol{y}_{i,k}-\boldsymbol{C}_{i,o}\hat{\boldsymbol{x}}_{i,o,k}+\boldsymbol{R}\left(\boldsymbol{u}_{i,k},\boldsymbol{y}_{i,k}\right)\hat{\boldsymbol{\theta}}_{i,k}\tag{4-280}$$

(2) 辅助滤波器：

$$\boldsymbol{V}_{i,k+1}=\boldsymbol{A}_{i,or}\boldsymbol{V}_{i,k}+\boldsymbol{Q}\left(\boldsymbol{u}_{i,k},\boldsymbol{y}_{i,k}\right)\tag{4-281}$$

$$\boldsymbol{\varphi}_{i,k}=\boldsymbol{C}_{i,o}\boldsymbol{V}_{i,k}-\boldsymbol{R}\left(\boldsymbol{u}_{i,k},\boldsymbol{y}_{i,k}\right)\tag{4-282}$$

(3) 参数估计器：

$$\hat{\boldsymbol{\theta}}_{i,k+1} = \hat{\boldsymbol{\theta}}_{i,k} + \boldsymbol{\gamma}_{i,k}\boldsymbol{\varphi}_{i,k}^{\mathrm{T}}\boldsymbol{r}_{i,k} \tag{4-283}$$

$$\boldsymbol{\gamma}_{i,k} = \boldsymbol{\mu}_i\left(\boldsymbol{\sigma}_i + \boldsymbol{\varphi}_{i,k}^{\mathrm{T}}\boldsymbol{\varphi}_{i,k}\right)^{-1},\quad \boldsymbol{\sigma}_i > 0, 0 < \boldsymbol{\mu}_i < 2 \tag{4-284}$$

4.3.2　控制系统参数实时优化算法

针对第 i 个子系统，将面向系统的稳定裕度进行 $\boldsymbol{Q}_i(z)$ 的更新，旨在动态地提高整个闭环系统的稳定裕度，即定义需优化的性能函数为

$$J_{\theta,i} = \overline{\sigma}^{-1}\left(\boldsymbol{I}_{G_S}\boldsymbol{K}_{K_Q}(\boldsymbol{\theta})\right) \tag{4-285}$$

其中，$\boldsymbol{\theta}$ 为 $\boldsymbol{Q}_i(z)$ 的参数向量；$\boldsymbol{I}_{G_S}$ 为数据驱动的系统的稳定像描述；$\boldsymbol{K}_{K_Q}$ 为数据驱动的控制器的稳定核描述。

假设 $\boldsymbol{Q}_i(z)$ 中待调节的参数 $\boldsymbol{\theta}$ 可以写成如下向量形式：

$$\boldsymbol{\theta} = \begin{bmatrix} t_1 \\ t_2 \\ \vdots \\ t_g \end{bmatrix} \tag{4-286}$$

则有

$$\frac{\partial\left(\boldsymbol{I}_{G_S}\boldsymbol{K}_{K_Q}\right)}{\partial\boldsymbol{\theta}} = \begin{bmatrix} \dfrac{\partial\left(\boldsymbol{I}_{G_S}\boldsymbol{K}_{K_Q}\right)}{\partial t_1} \\ \dfrac{\partial\left(\boldsymbol{I}_{G_S}\boldsymbol{K}_{K_Q}\right)}{\partial t_2} \\ \vdots \\ \dfrac{\partial\left(\boldsymbol{I}_{G_S}\boldsymbol{K}_{K_Q}\right)}{\partial t_g} \end{bmatrix} \tag{4-287}$$

对于任意 $i \in \{1,2,\cdots,g\}$，根据分部求导法则，有

$$\frac{\partial\left(\boldsymbol{I}_{G_S}\boldsymbol{K}_{K_Q}\right)}{\partial t_i} = \frac{\partial\left(\boldsymbol{I}_{G_S}\right)}{\partial t_i}\boldsymbol{K}_{K_Q} + \boldsymbol{I}_{G_S}\frac{\partial\left(\boldsymbol{K}_{K_Q}\right)}{\partial t_i} \tag{4-288}$$

$\dfrac{\partial\left(\boldsymbol{K}_{K_Q}\right)}{\partial t_i}$ 和 $\dfrac{\partial\left(\boldsymbol{I}_{G_S}\right)}{\partial t_i}$ 可由下述公式计算：

$$\frac{\partial\left(\boldsymbol{K}_{K_Q}\right)}{\partial t_i}=\frac{\partial\left(\left[\hat{\boldsymbol{V}}_Q \quad -\hat{\boldsymbol{U}}_Q\right]\right)}{\partial t_i}=\frac{\partial(\boldsymbol{Q})}{\partial t_i}\left[\hat{\boldsymbol{N}} \quad -\hat{\boldsymbol{M}}\right]$$
$$=\frac{\partial(\boldsymbol{Q})}{\partial t_i}\boldsymbol{K}_G \tag{4-289}$$

$$\frac{\partial\left(\boldsymbol{I}_{G_S}\right)}{\partial t_i}=\frac{\partial\left[\left(\begin{bmatrix}\boldsymbol{M}\\\boldsymbol{N}\end{bmatrix}+\begin{bmatrix}\boldsymbol{U}\\\boldsymbol{V}\end{bmatrix}\boldsymbol{S}\right)(\boldsymbol{I}-\boldsymbol{QS})^{-1}\right]}{\partial t_i}$$
$$=\begin{bmatrix}\boldsymbol{M}\\\boldsymbol{N}\end{bmatrix}\frac{\partial\left[(\boldsymbol{I}-\boldsymbol{QS})^{-1}\right]}{\partial t_i}+\begin{bmatrix}\boldsymbol{U}\\\boldsymbol{V}\end{bmatrix}\frac{\partial\left[\boldsymbol{S}(\boldsymbol{I}-\boldsymbol{QS})^{-1}\right]}{\partial t_i} \tag{4-290}$$
$$=\left[\boldsymbol{I}_G\left(\boldsymbol{I}+\boldsymbol{Q}\frac{\partial \boldsymbol{Q}}{\partial t_i}\boldsymbol{K}_G\boldsymbol{I}_{G_S}\right)+\boldsymbol{I}_K\boldsymbol{K}_G\boldsymbol{I}_{G_S}\right]\frac{\partial \boldsymbol{Q}}{\partial t_i}\boldsymbol{K}_G\boldsymbol{I}_{G_S}$$

其中，$\boldsymbol{K}_G=\left[\hat{\boldsymbol{N}} \quad -\hat{\boldsymbol{M}}\right]$为系统的观测器；$\boldsymbol{I}_G=\begin{bmatrix}\boldsymbol{M}\\\boldsymbol{N}\end{bmatrix}$；$\boldsymbol{I}_K=\begin{bmatrix}\boldsymbol{U}\\\boldsymbol{V}\end{bmatrix}$。

由此可得

$$\frac{\partial\left(\boldsymbol{I}_{G_S}\boldsymbol{K}_{K_Q}\right)}{\partial t_i}=\frac{\partial \boldsymbol{I}_{G_S}}{\partial t_i}\boldsymbol{K}_{K_Q}+\boldsymbol{I}_{G_S}\frac{\partial \boldsymbol{K}_{K_Q}}{\partial t_i}$$
$$=\left[\boldsymbol{I}_G\left(I+\boldsymbol{Q}\frac{\partial \boldsymbol{Q}}{\partial t_i}\boldsymbol{K}_G\boldsymbol{I}_{G_S}\right)+\boldsymbol{I}_K\boldsymbol{K}_G\boldsymbol{I}_{G_S}\right]\frac{\partial \boldsymbol{Q}}{\partial t_i}\boldsymbol{K}_G\boldsymbol{I}_{G_S}\boldsymbol{K}_{K_Q}+\boldsymbol{I}_{G_S}\frac{\partial \boldsymbol{Q}}{\partial t_i}\boldsymbol{K}_G \tag{4-291}$$

至此已经建立了面向稳定裕度的优化算法，针对第 i 个子系统，具体可总结如下。

(1) 初始化。设定 YouLa 参数化矩阵$\boldsymbol{Q}_i(z)$中参数$\boldsymbol{\theta}_0$的初始值如式(4-292)所示，步长$\boldsymbol{\Gamma}$设为某一固定值。

$$\boldsymbol{\theta}_0=\begin{bmatrix}t_1\\t_2\\\vdots\\t_g\end{bmatrix} \tag{4-292}$$

(2) 在第 j 个采样时刻，数据驱动的系统稳定像描述$\boldsymbol{I}_{G_S,s}$。

(3) 根据 j–1 时刻的参数值$\boldsymbol{\theta}_{j-1}$搭建控制参数化矩阵$\boldsymbol{K}_Q$的稳定核描述$\boldsymbol{K}_{K_Q,s}$。

(4) 计算 j 时刻的稳定裕度$b_j\approx\overline{\sigma}^{-1}\left(\boldsymbol{I}_{G_S,s}\boldsymbol{K}_{K_Q,s}\right)$。

(5) 计算 j 时刻数据驱动的算子 $\boldsymbol{M}_{Q,s}$，即

$$\boldsymbol{M}_{Q,s}=\boldsymbol{H}_{Q,s}=\begin{bmatrix}\boldsymbol{D}_Q & 0 & \cdots & 0\\ \boldsymbol{C}_Q\boldsymbol{B}_Q & \boldsymbol{D}_Q & \cdots & 0\\ \vdots & \vdots & & \vdots\\ \boldsymbol{C}_Q\boldsymbol{A}_Q^{s-2}\boldsymbol{B}_Q & \boldsymbol{C}_Q\boldsymbol{A}_Q^{s-3}\boldsymbol{B}_Q & \cdots & \boldsymbol{D}_Q\end{bmatrix} \tag{4-293}$$

(6) 计算 j 时刻数据驱动的系统的传递函数阵 $\boldsymbol{I}_{G_S,s}\boldsymbol{K}_{K_Q,s}$ 对 $\boldsymbol{\theta}_j$ 的梯度。

$$\begin{aligned}\frac{\partial\left(\boldsymbol{I}_{G_S,s}\boldsymbol{K}_{K_Q,s}\right)}{\partial t_i}&=\frac{\partial\left(\boldsymbol{I}_{G_S,s}\right)}{\partial t_i}\boldsymbol{K}_{K_Q,s}+\boldsymbol{I}_{G_S,s}\frac{\partial\left(\boldsymbol{K}_{K_Q,s}\right)}{\partial t_i}\\&=h_2+\boldsymbol{I}_{G_S,s}\frac{\partial\left(\boldsymbol{H}_{Q,s}\right)}{\partial t_i}\boldsymbol{K}_{G,s}\end{aligned} \tag{4-294}$$

其中

$$\begin{cases}h_2=\left(\boldsymbol{I}_{G,s}h_1+\boldsymbol{I}_{K,s}\boldsymbol{K}_{G,s}\boldsymbol{I}_{G_S,s}\right)\dfrac{\partial\boldsymbol{H}_{Q,s}}{\partial t_i}\boldsymbol{K}_{G,s}\boldsymbol{I}_{G_S,s}\boldsymbol{K}_{K_Q,s}\\ h_1=\boldsymbol{I}+\boldsymbol{H}_{Q,s}\dfrac{\partial\boldsymbol{H}_{Q,s}}{\partial t_i}\boldsymbol{K}_{G,s}\boldsymbol{I}_{G_S,s}\end{cases} \tag{4-295}$$

(7) 计算

$$\boldsymbol{C}_j=\left(\frac{\partial\left(\boldsymbol{I}_{G_S,s}\boldsymbol{K}_{K_Q,s}\right)}{\partial t_i}\right)^{\mathrm{T}}\boldsymbol{I}_{G_S,s}\boldsymbol{K}_{K_Q,s} \tag{4-296}$$

(8) 对于任意 $i\in\{1,2,\cdots,g\}$，计算

$$\frac{\partial\boldsymbol{b}_j(\boldsymbol{\theta})}{\partial t_i}=-\frac{1}{2\boldsymbol{b}_j^3}\boldsymbol{v}_1(\boldsymbol{\theta})^{\mathrm{T}}\left(\boldsymbol{C}_j+\boldsymbol{C}_j^{\mathrm{T}}\right)\boldsymbol{v}_1(\boldsymbol{\theta}) \tag{4-297}$$

其中，$\boldsymbol{v}_1$ 为如下标准化的特征向量：

$$\boldsymbol{V}^{\mathrm{T}}\left(\boldsymbol{I}_{G_S,s}\boldsymbol{K}_{K_Q,s}\right)\boldsymbol{V}=\boldsymbol{\Sigma}，\ \boldsymbol{V}=\left[\boldsymbol{v}_1,\boldsymbol{v}_2,\cdots,\boldsymbol{v}_g\right] \tag{4-298}$$

(9) 按照式(4-299)计算第 j 时刻的参数 $\boldsymbol{\theta}_j$：

$$\boldsymbol{\theta}_j=\boldsymbol{\theta}_{j-1}+\boldsymbol{\Gamma}\left(\left.\frac{\partial b_j(\boldsymbol{\theta})}{\partial\boldsymbol{\theta}}\right|_{\boldsymbol{\theta}_{j-1}}\right) \tag{4-299}$$

其中

$$\frac{\partial \boldsymbol{b}_j(\boldsymbol{\theta})}{\partial \boldsymbol{\theta}} = \begin{bmatrix} \dfrac{\partial \boldsymbol{b}_j(\boldsymbol{\theta})}{\partial t_1} \\ \dfrac{\partial \boldsymbol{b}_j(\boldsymbol{\theta})}{\partial t_2} \\ \vdots \\ \dfrac{\partial \boldsymbol{b}_j(\boldsymbol{\theta})}{\partial t_g} \end{bmatrix} \tag{4-300}$$

采样时刻 j 增加 1，重复步骤(1)～步骤(6)。

4.4 本章小结

本章针对传统制造企业生产流程存在的群体融合差、控制决策难、运行协同弱等挑战性问题，首先提出了集中式诊断与控制一体化架构以及分布式诊断与控制一体化架构，在此框架下提出了针对制造企业智能群体的分布式协同诊断与控制方法，并提出面向关键性能指标的实时优化算法，实现了制造企业生产流程安全、可靠、优化运行。

参考文献

[1] 中国人工智能2.0 发展战略研究项目组. 中国人工智能2.0发展战略研究[M]. 杭州: 浙江大学出版社, 2018.

[2] Marjani M, Nasaruddin F, Gani A, et al. Big IoT data analytics: Architecture, opportunities, and open research challenges[J]. IEEE Access, 2017, 5: 5247-5261.

[3] Chen J, Patton R J. Robust Model-based Fault Diagnosis for Dynamic Systems[M]. Boston: Springer, 1999.

[4] Russell E L, Chiang L H, Braatz R D. Data-driven Methods for Fault Detection and Diagnosis in Chemical Processes[M]. London: Springer, 2000.

[5] Chiang L H, Braatz R D, Russell E L. Fault Detection and Diagnosis in Industrial Systems[M]. London: Springer, 2001.

[6] Isermann R. Fault-diagnosis Systems: An Introduction from Fault Detection to Fault Tolerance[M]. Berlin: Springer, 2006.

[7] Blanke M, Kinnaert M, Lunze J, et al. Diagnosis and Fault-tolerant Control[M]. Berlin: Springer, 2006.

[8] 周东华, 胡艳艳. 动态系统的故障诊断技术[J]. 自动化学报, 2009, 35(6): 748-758.

[9] Qin S J. Survey on data-driven industrial process monitoring and diagnosis[J]. Annual Reviews in Control, 2012, 36: 220-234.

[10] Ding S X. Model-based Fault Diagnosis Techniques: Design Schemes, Algorithms and Tools[M]. London: Springer, 2013.

[11] JoeQin S. Statistical process monitoring: Basics and beyond[J]. Journal of Chemometrics, 2003, 17(8-9): 480-502.

[12] Yin S, Ding S X, Xie X C, et al. A review on basic data-driven approaches for industrial process monitoring[J]. IEEE Transactions on Industrial Electronics, 2014, 61(11): 6418-6428.

[13] Ding S X, Yang Y, Zhang Y, et al. Data-driven realizations of kernel and image representations and their application to fault detection and control system design[J]. Automatica, 2014, 50(10): 2615-2623.

[14] Ding S X, Yin S, Peng K X, et al. A novel scheme for key performance indicator prediction and diagnosis with application to an industrial hot strip mill[J]. IEEE Transactions on Industrial Informatics, 2013, 9(4): 2239-2247.

[15] Hao H. Key performance monitoring and diagnosis in industrial automation processes[D]. Duisburg, Essen: University of Duisburg-Essen, 2014.

[16] Boem F, Ferrari R M G, Keliris C, et al. A distributed networked approach for fault detection of large-scale systems[J]. IEEE Transactions on Automatic Control, 2017, 62(1): 18-33.

[17] Reppa V, Polycarpou M M, Panayiotou C G. Decentralized isolation of multiple sensor faults in large-scale interconnected nonlinear systems[J]. IEEE Transactions on Automatic Control, 2015, 60(6): 1582-1596.

[18] Riverso S, Boem F, Ferrari-Trecate G, et al. Plug-and-play fault detection and control-reconfiguration for a class of nonlinear large-scale constrained systems[J]. IEEE Transactions on Automatic Control, 2016, 61(12): 3963-3978.

[19] Shames I, Teixeira A M H, Sandberg H, et al. Distributed fault detection for interconnected second-order systems[J]. Automatica, 2011, 47(12): 2757-2764.

[20] Zhang X D, Zhang Q. Distributed fault diagnosis in a class of interconnected nonlinear uncertain systems[J]. International Journal of Control, 2012, 85(11): 1644-1662.

[21] Davoodi M R, Khorasani K, Talebi H A, et al. Distributed fault detection and isolation filter design for a network of heterogeneous multiagent systems[J]. IEEE Transactions on Control Systems Technology, 2014, 22(3): 1061-1069.

[22] Stanković S, Ilić N, Djurović Ž, et al. Consensus based overlapping decentralized fault detection and isolation[C]//2010 Conference on Control and Fault-Tolerant Systems (SysTol), 2010: 570-575.

[23] Lan J L, Patton R J. Decentralized fault estimation and fault-tolerant control for large-scale interconnected systems: An integrated design approach[C]//2016 UKACC 11th International Conference on Control, 2016: 1-6.

[24] Blanke M, Kinnaert M, Lunze J, et al. Distributed Fault Diagnosis and Fault-tolerant Control[M]. Berlin: Springer, 2016.

[25] Gupta V, Puig V. Distributed fault diagnosis using minimal structurally over-determined sets: Application to a water distribution network[C]//2016 3rd Conference on Control and Fault-Tolerant Systems (SysTol), 2016: 811-818.

[26] Davoodi M, Meskin N, Khorasani K. Simultaneous fault detection and consensus control design for a network of multi-agent systems[J]. Automatica, 2016, 66: 185-194.

[27] Lauricella M, Farina M, Schneider R, et al. A distributed fault detection and isolation algorithm based on moving horizon estimation[J]. IFAC-PapersOnLine, 2017, 50(1): 15259-15264.

[28] Boem F, Riverso S, Ferrari-Trecate G, et al. Plug-and-play fault detection and isolation for large-scale nonlinear systems with stochastic uncertainties[J]. IEEE Transactions on Automatic Control, 2019, 64(1): 4-19.

[29] Zhou Y L, Boem F, Fischione C, et al. Distributed fault detection with sensor networks using Pareto-optimal dynamic estimation method[C]//2016 European Control Conference (ECC), 2016: 728-733.

[30] Boem F, Carli R, Farina M, et al. Distributed fault detection for interconnected large-scale systems: A scalable plug & play approach[J]. IEEE Transactions on Control of Network Systems, 2019, 6(2): 800-811.

[31] Eryurek E, Upadhyaya B R. Fault-tolerant control and diagnostics for large-scale systems[J]. IEEE Control Systems Magazine, 1995, 15(5): 34-42.

[32] Patton R J. Fault-tolerant control systems: The 1997 situationp[C]// IFAC Symposium on Fault Detection Supervision and Safety for Technical Processes, 1997: 1033-1054.

[33] 周东华, 叶银忠. 现代故障诊断与容错控制[M]. 北京: 清华大学出版社, 2000.

[34] 钟麦英, 张承慧, Ding S X. 一种鲁棒故障检测与反馈控制的最优集成设计方法[J]. 自动化学报, 2004, 30(2): 294-299.

[35] Wang Y Q, Shi J, Zhou D H, et al. Iterative learning fault-tolerant control for batch processes[J]. Industrial & Engineering Chemistry Research, 2006, 45(26): 9050-9060.

[36] 王友清, 周东华. 非线性系统的鲁棒容错控制[J]. 系统工程与电子技术, 2006, 28(9): 1378-1383.

[37] Huang B, Kadali R. Dynamic Modeling, Predictive Control and Performance Monitoring: A Data-driven Subspace Approach[M]. London: Springer, 2008.

[38] 柴天佑, 丁进良, 王宏, 等. 复杂工业过程运行的混合智能优化控制方法[J]. 自动化学报, 2008, 34(5): 505-515.

[39] 张柯, 姜斌. 基于故障诊断观测器的输出反馈容错控制设计[J]. 自动化学报, 2010, 36(2): 274-281.

[40] Alwi H, Edwards C, Tan C P. Fault Detection and Fault-tolerant Control Using Eliding Eodes[M]. London: Springer, 2011.

[41] Ding S X. Data-driven Design of Fault Diagnosis and Fault-tolerant Control Systems[M]. London: Springer, 2014.

[42] Ziegler J G, Nichols N B. Optimum settings for automatic controllers[J]. Journal of Dynamic Systems Measurement and Control, 1993, 115(28): 220-222.

[43] Åström K J, Wittenmark B. Adaptive Control[M]. Mineola: Courier Corporation, 2013.

[44] Hjalmarsson H, Gunnarsson S, Gevers M. A convergent iterative restricted complexity control design scheme[C]//Proceedings of 1994 33rd IEEE Conference on Decision and Control, 1994: 1735-1740.

[45] Hjalmarsson H, Gevers M, Gunnarsson S, et al. Iterative feedback tuning: Theory and applications[J]. IEEE Control Systems Magazine, 1998, 18(4): 26-41.

[46] Bradtke S J. Reinforcement learning applied to linear quadratic regulation[C]//Proceedings of the 5th International Conference on Neural Information Processing Systems, 1992: 295-302.

[47] Skelton R E, Shi G J. The data-based LQG control problem[C]//Proceedings of 1994 33rd IEEE Conference on Decision and Control, 1994: 1447-1452.

[48] Furuta K, Wongsaisuwan M. Discrete-time LQG dynamic controller design using plant Markov parameters[J]. Automatica, 1995, 31(9): 1317-1324.

[49] Shi G J, Skelton R E. Markov data-based LQG control[J]. Journal of Dynamic Systems, Measurement, and Control, 2000, 122(3): 551-559.

[50] Favoreel W, de Moor B, van Overschee P, et al. Model-free subspace-based LQG-design[C]// Proceedings of the 1999 American Control Conference, 1999: 3372-3376.

[51] Aangenent W, Kostic D, de Jager B, et al. Data-based optimal control[C]//Proceedings of the 2005, American Control Conference, 2005: 1460-1465.

[52] Markovsky I, Rapisarda P. On the linear quadratic data-driven control[C]//2007 European Control Conference (ECC), 2007: 5313-5318.

[53] Pang B, Bian T, Jiang Z P. Data-driven finite-horizon optimal control for linear time-varying discrete-time systems[C]//2018 IEEE Conference on Decision and Control (CDC), 2018: 861-866.

[54] da Silva G R G, Bazanella A S, Lorenzini C, et al. Data-driven LQR control design[J]. IEEE Control Systems Letters, 2019, 3(1): 180-185.

[55] Baggio G, Katewa V, Pasqualetti F. Data-driven minimum-energy controls for linear systems[J]. IEEE Control Systems Letters, 2019, 3(3): 589-594.

[56] Mukherjee S, Bai H, Chakrabortty A. On model-free reinforcement learning of reduced-order optimal control for singularly perturbed systems[C]//2018 IEEE Conference on Decision and Control (CDC), 2018: 5288-5293.

[57] Alemzadeh S, Mesbahi M. Distributed Q-learning for dynamically decoupled systems[C]//2019 American Control Conference (ACC), 2019: 772-777.

[58] Favoreel W, de Moor B, Gevers M. SPC: Subspace predictive control[J]. IFAC Proceedings Volumes, 1999, 32(2): 4004-4009.

[59] Salvador J R, de la Peña D M, Alamo T, et al. Data-based predictive control via direct weight optimization[J]. IFAC-PapersOnLine, 2018, 51(20): 356-361.

[60] Coulson J, Lygeros J, Dörfler F. Data-enabled predictive control: In the shallows of the DeePC[C]//2019 18th European Control Conference (ECC), 2019: 307-312.

[61] Formentin S, Karimi A, Savaresi S M. Optimal input design for direct data-driven tuning of model-reference controllers[J]. Automatica, 2013, 49(6): 1874-1882.

[62] Campestrini L, Eckhard D, Bazanella A S, et al. Data-driven model reference control design by prediction error identification[J]. Journal of the Franklin Institute, 2017, 354(6): 2628-2647.

[63] Keel L H, Bhattacharyya S P. Controller synthesis free of analytical models: Three term controllers[J]. IEEE Transactions on Automatic Control, 2008, 53(6): 1353-1369.

[64] Fliess M, Join C. Model-free control[J]. International Journal of Control, 2013, 86(12): 2228-2252.

[65] Hou Z S, Wang Z. From model-based control to data-driven control: Survey, classification and perspective[J]. Information Sciences, 2013, 235: 3-35.

[66] Mahmoud M S. Decentralized Control and Filtering in Interconnected Dynamical Systems[M]. Boca Raton: CRC Press, 2010.

[67] Mahmoud M S. Decentralized stabilization of interconnected systems with time-varying delays[J]. IEEE Transactions on Automatic Control, 2009, 54(11): 2663-2668.

[68] Sun Y L, el-Farra N H. Quasi-decentralized model-based networked control of process systems[J]. Computers & Chemical Engineering, 2008, 32(9): 2016-2029.

[69] Cui H, Jacobsen E W. Performance limitations in decentralized control[J]. Journal of Process Control, 2002, 12(4): 485-494.

[70] Baldea M, Daoutidis P, Kumar A. Dynamics and control of integrated networks with purge streams[J]. AIChE Journal, 2006, 52(4): 1460-1472.

[71] Sun Y L, el-Farra N H. Resource-aware quasi-decentralized control of nonlinear plants over communication networks[C]//2009 American Control Conference, 2009: 154-159.

[72] Christofides P D, Scattolini R, de la Pena D M, et al. Distributed model predictive control: A tutorial review and future research directions[J]. Computers & Chemical Engineering, 2013, 51: 21-41.

[73] Al-Hammouri A T, Branicky M S, Liberatore V, et al. Decentralized and dynamic bandwidth allocation in networked control systems[C]//Proceedings 20th IEEE International Parallel & Distributed Processing Symposium, 2006: 8.

[74] Zhang W, Branicky M S, Phillips S M. Stability of networked control systems[J]. IEEE Control Systems Magazine, 2001, 21(1): 84-99.

[75] Chan H, Ozguner U. Closed-loop control of systems over a communication network with queues[C]//Proceedings of 1994 American Control Conference-ACC'94, 1994: 811-815.

[76] Yang H, Han Q L, Ge X H, et al. Fault-tolerant cooperative control of multiagent systems: A survey of trends and methodologies[J]. IEEE Transactions on Industrial Informatics, 2020, 16(1): 4-17.

[77] Ding S X, Yang G, Zhang P, et al. Feedback control structures, embedded residual signals, and feedback control schemes with an integrated residual access[J]. IEEE Transactions on Control Systems Technology, 2010, 18(2): 352-367.

[78] Yin S, Luo H, Ding S X. Real-time implementation of fault-tolerant control systems with performance optimization[J]. IEEE Transactions on Industrial Electronics, 2014, 61(5): 2402-2411.

[79] Zhang Y, Yang Y, Ding S X, et al. Data-driven design and optimization of feedback control systems for industrial applications[J]. IEEE Transactions on Industrial Electronics, 2014, 61(11): 6409-6417.

[80] Zhou K M, Ren Z. A new controller architecture for high performance, robust, and fault-tolerant control[J]. IEEE Transactions on Automatic Control, 2001, 46(10): 1613-1618.

第 5 章　群智能体多任务优化决策方法

如今，以新一代信息通信技术为核心特征的新一轮工业革命正在蓬勃兴起，颠覆与引领了制造业的生产方式和发展方向，改变了全球制造业的发展格局。为实现制造业由大到强的根本性转变，我国将智能制造设为国家制造业转型升级的主要方向。2015 年，国家以加快新一代信息技术与制造业深度融合为主线，以推进智能制造为主攻方向，促进产业转型升级，实现制造业由大到强的历史性跨越。因此，制造业的智能化发展，已经成为必然选择。

智能制造是基于新一代信息技术，贯穿设计生产、管理、服务等制造活动各环节，具有信息深度自感知、智慧优化自决策、精准控制自执行等功能的先进制造过程、系统与模式的总称。简而言之，智能制造是由物联网系统支撑的智能产品、智能生产和智能服务。智能制造以制造环节智能化为核心，以端到端数据流为基础，以数字为核心驱动力。在智能制造的大背景下，群智能体被逐步应用在工厂的生产中，用于提高工厂的生产效率，助力工厂向数字化和智能化的方向转变。目前，智能制造已经进入全面数字化、多源信息化、高度智能化的发展阶段，制造企业不再只是简单地关注原料投入和产品产出之间的关系，而是更加注重利用新兴技术和先进方法，对生产制造过程各个环节的多源信息进行模拟量化和交互利用，最终保证生产制造过程的各个环节得到有效评估、监督和控制，同时为制造企业对整个生产过程的优化决策提供可能。

随着各领域向着自动化、信息化、智能化方向快速发展，多源信息融合技术已广泛应用于军事、医学、能源等多个研究领域。多源信息融合技术作为现代制造企业的重要应用技术，可获得比单一数据更全面的状态，并能通过不同种类数据实现信息互补，提高分析数据的可信度，为后续制造企业的生产和决策提供很好的支持。目前，许多设备装有大量的传感器，并输出海量不同种类的数据。这些海量数据中含有丰富的信息，有助于指导人们在生产制造、设备管理和生产调度等过程中正确决策，从而优化制造过程，提高效率，并进一步提高生产质量和效率。虽然能够通过这些数据获得丰富的信息，但同时会造成一定的冗余。因此，有必要先对多源信息进行有效处理，再对有效多源信息进行后续运用。

随着全球制造的发展，云制造模式备受关注。云制造起源于云计算、物联网、面向服务架构、分布式制造、网格制造等一些先进的信息技术和制造概念，并且云制造融合了云计算、语义网络、高性能计算系统、物联网系统、信息化智能制造等基于网络化的智能制造新模式。云制造的特点是高效率、低功耗、面向服务。云制造变革了现有的工业制造服务技术，并对其进行了相应的延伸，通过飞速发展的计算机网络技术将安全性好、质量高、价格低的服务提供给制造企业，这种服务在制造企业生产的全生命周期中均可以随时方便获取。云制造对现有各类制造资源及制造能力进行虚拟，使得集中式智能化经营管理、对外提供相应的服务变得可行，同时使得制造业完成智能化升级转型之路，并对优质的制造资源和制造能力进行协同共享。

一个云制造系统主要由三部分构成，分别是制造资源提供方、制造服务需求方及云制造服务平台运营方。云制造注重分散资源集中使用。云制造概念的底层抓手是建立一个将分布式的制造资源聚集起来的云制造服务平台，并对制造服务进行转化，对其进行集中管理和统一规划。这种集中管理可以同时处理多个任务，集中管理的关键之一是任务调度，以实现最佳的系统性能。制造资源提供方将制造服务资源提供给云制造服务平台，由云制造服务平台将服务化及虚拟化后的服务上传到云端形成资源云池，从而将分布式资源封装到云服务中。云制造服务平台作为云制造系统架构的重要组成部分，能够将不同制造资源提供方提供的制造服务资源进行合理的配置和整合，然后交给制造资源提供方完成整个制造任务。目前，云制造已经被广泛认为是一种新颖而有效的商业模式。目前，云制造为全球制造环境提出了一种新的制造商业模式，该模式能够提供制造资源的共享和协作池。

在大多数情况下，由客户端提交到云制造服务平台的制造任务都是不简单的，只能将这些复杂的任务划分成几个相对容易处理的子任务，然后利用分布式资源来处理。因为子任务是由同一个大任务划分出来的，所以其相互之间存在复杂的约束关系。云制造服务平台的能力是有限的，其上的资源可能无法满足该平台上的全部任务请求。因此，对多个任务在考虑优先级约束和资源资格的情况下进行调度对云制造技术而言非常必要。

近些年云计算技术得到了快速发展，成为当下非常热门的技术。云机器人的概念也在这种环境下被提出。有别于传统机器人，云机器人不是指某一种或某一类型的机器人。云机器人将机器人和云计算技术结合起来，是关于如何对机器人信息进行存储和获取的一个概念。云机器人旨在脱离机器独立运行的限制，利用互联网和云计算帮助机器人共享数据和计算资源。云机器人是一个新的机器人领域，它试图调用云技术，如云计算、云存储和其他互联网技术。这些技术的核心是融合基础设施和机器人共享服务的优势。单独的机器人存在计算性能不足、无法共享数据和存储不足等问题。为了解决这些问题，云机器人只需要提供当前状态和计算需求，机器人接入云时不需要具备大规模存储和高性能计算能力。该机器人可以受益于现代云数据中心强大的计算、存储和通信资源。机器人可以处理和共享来自各种机器人或代理(其他机器、智能对象、人类等)的信息。人类还可以通过网络将任务远程委托给机器人。云计算技术可以执行大量的任务，处理大量的数据，使机器人系统功能强大，同时通过云技术降低成本。

群智能体技术为解决云制造调度问题提供了一种有效的方法。使用多代理技术，可以将不同的涉众、资源、服务建模为具有特定目标和偏好的智能代理。群智能体系统的分布式特性也符合云制造系统的分布式特性。将云制造系统建模为群智能体系统，通过不同类型智能体之间的通信、交互、协商和合作，获得全局调度。将计算任务分配给不同的智能体，可以有效提高生产调度效率。此外，局部自治使得智能体能够在任务执行过程中快速响应各种局部中断(如机器故障)，从而提高调度的效率、鲁棒性和灵活性。

智能体属于计算机和人工智能范畴，它是一种计算机系统，能够根据外部环境的变化自主地完成预先设定的任务。群智能体系统是由多个智能体形成的松散耦合的网络系统。这些智能体在物理上或逻辑上是分散的，其行为是自治的，为了共同完成某个任务或达到某些目标，智能体以遵守的某种协议连接起来，通过交互与合作来解决超出单个智能体能力或知识的问题。

车间生产调度是制造系统的基础，生产调度的优化是先进制造技术和现代管理技术的核心。目前，群智能体技术在一般的生产调度(包括流程工业生产调度)问题中的研究越来越受到学者的重视。传统的刚性自动化生产线主要实现单一品种的大批量生产。随着社会的发展进步，以消费者为导向，在较短的生产周期内生产出小批量多种类的产品开始变得普遍，这便是柔性制造。在柔性制造中，考验的是生产线和供应链的反应速度。一方面是系统适应外部环境变化的能力，可用系统满足新产品要求的程度来衡量；另一方面是系统适应内部变化的能力，可用有干扰(如机器出现故障)情况下系统的生产率与无干扰情况下的生产率期望值之比来衡量。

柔性作业车间调度问题主要研究的是具有机器柔性的作业车间调度问题。机器柔性是指当要求生产一系列不同类型的产品时，机器随产品变化而加工不同零件的难易程度。可以看出，机器柔性下的作业车间调度问题更具有现实研究意义。

柔性作业车间调度问题一直被认为是制造系统中难度最大的问题之一。其难度主要体现在：一是在车间加工过程中加工路线多变和涉及的资源较多；二是计算复杂度比较高；三是在企业的实际生产中可能会发生很多不可预测的动态突发事件。柔性作业车间调度问题已经被证明是一个 NP 难问题，因此传统的数学优化算法很难在合理的时间内解决该问题。近年来，越来越多的群体智能(swarm intelligence，SI)算法和进化算法(evolutionary algorithm，EA)用于求解柔性作业车间调度问题，包括遗传算法(genetic algorithm，GA)、粒子群优化(particle swarm optimization，PSO)算法、蚁群优化(ant colony optimization，ACO)算法、禁忌搜索(tabu search，TS)算法、人工蜂群(artificial bee colony，ABC)算法、和谐搜索(harmony search，HS)算法、模因算法(memetic algorithm，MA)、邻域搜索(neighborhood search，NS)算法、元启发式(meta-heuristic)算法、免疫算法(immune algorithm，IA)。此外，还有一些新兴算法，包括化学反应优化(chemical reaction optimization，CRO)算法、帝王蝶优化(monarch butterfly optimization，MBO)算法、果蝇优化(fruit fly optimization，FFO)算法、帝国主义竞争算法(imperialist competitive algorithm，ICA)、混合蛙跳算法(shuffled frog leaping algorithm，SFLA)、群居蜘蛛优化(social spider optimization，SSO)算法和病毒优化算法(virus optimization algorithm，VOA)。

目前，柔性作业车间调度问题主要包括单目标柔性作业车间调度问题、多目标柔性作业车间调度问题和动态柔性作业车间调度问题。对于单目标柔性作业车间调度问题，最大完工时间是最常见的性能指标。Mastrolilli 等[1]证明了移动关键工序是降低完工时间的唯一途径，并采用移动关键工序的邻域结构来实现禁忌搜索算法。Pezzella 等[2]提出了一种改进的遗传算法，该算法采用全新策略来构建高质量的初始种群。Bagheri 等[3]提出了人工免疫算法，采用不同的变异算子来产生新个体。Wang 等[4]提出了一种双种群分布估计算法，该算法采用两个子种群分别调整机器分配和工序排序序列，并采用优势种群构建概率模型，该概率模型随后用来产生新的个体。

在实际生产过程中，经常需要对多个目标同时进行优化。Xia 等[5]使用基于粒子群优化算法和模拟退火算法的混合算法来解决机器选择和工序排序问题。Gao 等[6]提出了一种结合新式局部搜索算法的遗传算法。Zhang 等[7]提出了新的有效混合粒子群优化算法和禁忌搜索算法的新算法。Wang 等[8]提出了一种多目标遗传算法(multi-objective genetic algorithm，MOGA)，该算法采用免疫熵来维持种群的多样性。Frutos 等[9]将第二代非支配排序遗传算法结合局部搜索技术来设计模因算法求解生产调度问题。

在实际生产过程中，由于调度环境的不确定性，调度问题具有复杂性和灵活性的特点，生产环境的复杂性使得柔性作业车间调度问题的求解难度大大增加。机器的故障及人为原因的误操作在实际生产中都不可避免，当出现该类问题时，整个车间的工件工序安排和机器安排都会出现问题，因此动态柔性作业车间调度问题的研究也很有意义。Baykasoğlu 等[10]研究了交货期变更、机器故障、订单取消和出现紧急订单等情况下柔性作业车间的动态调度问题，并提出了一种基于贪婪随机自适应搜索过程的算法进行求解。Pei 等[11]研究了机器故障、作业动态到达等情况下的分批动态调度问题，开发出新的启发式算法来对完工时间进行动态优化。Nouiri 等[12]提出了一种新的启发式局部重调度算法，使用随机算法和最小化处理时间的方法为受影响的操作分配可用机器。Li 等[13]对机器故障等多种突发事件建立了重调度策略，采用多种调度方式，使用基于禁忌搜索的混合人工蜂群算法进行求解。Soofi 等[14]提出了一种新的鲁棒模糊随机规划模型，并使用遗传算法和振动阻尼优化算法解决了机器故障情况下的双资源约束柔性作业车间调度问题。Yang 等[15]基于极限学习机开发了新的替代度量来精确评估动态调度过程中的鲁棒性。Ahmadi 等[16]研究了随机机器故障下柔性作业车间调度中的多目标稳定调度问题，针对稳定性和最大完工时间这两个目标，为决策提供了一系列的解决方案。Xiong 等[17]针对具有随机故障的双目标柔性作业车间调度问题，利用可以获取的机器故障信息，提出了鲁棒性的两个替代度量。Duan 等[18]提出了一种计算不同状态下机器能耗和完工时间的方法来解决机械故障约束下的动态柔性作业车间调度问题，有效降低了能源消耗和最大完工时间。Li 等[19]提出了一种动态事件发生时更新作业状态和机器计划状态的优化算法，以追求柔性作业加工车间总能量消耗和最大完工时间之间的平衡。Ghaleb 等[20]建立了具有意外新任务到达和随机机器故障的柔性作业车间调度问题的实时调度模型，通过实时更新意外新任务到达和利用机器的故障信息来进行动态调度。Nouiri 等[21]提出了一种基于粒子群优化算法的节能动态调度策略，以降低最大完工时间和能耗为目标，解决了机器故障下的柔性作业车间调度的节能优化问题。结果表明，该策略可以有效减小最大完工时间和能耗。al-Hinai 等[22]采用混合遗传算法生成预测调度，从而保证了随机机器故障下动态调度的鲁棒性和稳定性。

目前，关于柔性作业车间在机器故障下动态调度的研究中，均是假设发生随机机器故障，且已知发生故障机器的编号、故障发生的时间和预计修复故障的时间。但在工厂的实际生产过程中，想要预估机器的修复时间是存在困难的，且预估的修复时间并不能保证完全准确，这可能会导致在预计修复机器故障的时间点机器故障没有被修复，从而无法执行新的动态调度方案。

本章首先针对在生产过程中制造企业面临的多源信息问题，介绍多源信息的特征提取、目标定位等方法，有效解决制造企业多源信息融合问题。然后利用有效的多源信息数据，面向制造企业生产流程中智能群体可能面临的各种任务(调度、维护、建模、诊断、控制、优化等)，提出了智能群体的多任务优化决策方法，并以柔性作业车间为例，将柔性作业车间中的每个加工机器看作一个智能体，全部参与加工的加工机器看作群智能体系统，介绍在柔性作业车间条件下的群智能体多任务优化决策方法，提出一种新的两阶段动态调度策略，在机器发生故障和修复故障后分别进行动态调度。

5.1　基于多源信息的信息融合与特征提取

5.1.1　多源信息的特征提取方法

本节采用一种多尺度卷积结合多注意力机制的神经网络模型，旨在解决有效信息的提取问题，构建能提供有效信息的非冗余特征，从而提高算法后续的学习和泛化能力。

多尺度卷积结合多注意力机制的特征提取模型总体结构如图 5-1 所示。模型的输入为待进行特征提取的图像，模型的输出为可描述图像的特征向量，主要包括基础块和高级块两个核心块。同时，在模型中还使用了一些其他层或结构来辅助模型的构建，如池化层、全连接层、批标准化层等。

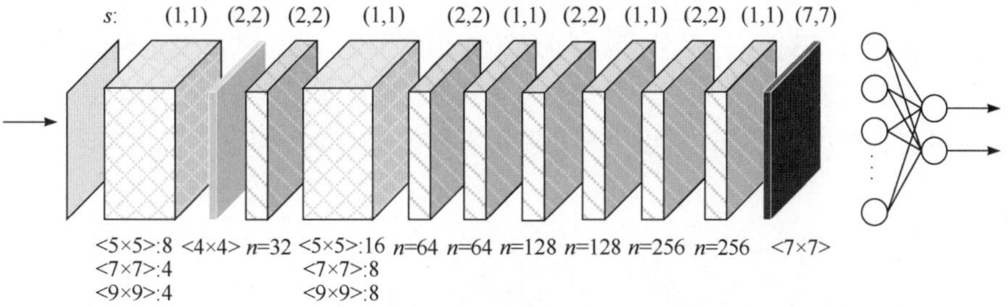

图 5-1　多尺度卷积结合多注意力机制的特征提取模型总体结构

在模型的开始部分，使用一个高级块对图像进行浅层特征的多尺度提取，其后通过最大池化层保留主要特征，并减少了模型的参数量和计算复杂度。然后利用一个基础块作为过渡与下一个高级块连接，再经过六个基础块对图像的深度特征进行逐层分析和提取。随着模型的加深，使用的卷积层逐渐增加，以挖掘更详细和更抽象的特征。模型中每隔两个块，卷积的步长就增加 1 倍，这种操作使得特征映射图逐渐减小。在模型的最后一部分，通过全局平均池化层来集中压缩提取到的特征，神经元被压平并连接到输出层，输出为可描述图像的特征向量。

基础块作为模型中的一种核心块，其作用是从图像中提取深层抽象特征，基础块结构示意图如图 5-2 所示。相比于高级块，基础块使用了轻量化设计。在块的开始，使用两个内核大小为 <3×3> 的卷积层，并通过通道注意力机制将不同的权重赋予不同的特征层。之后基础块的输入经过线性变换后与通道注意力机制的输出加和，即得到基础块的最终输出。

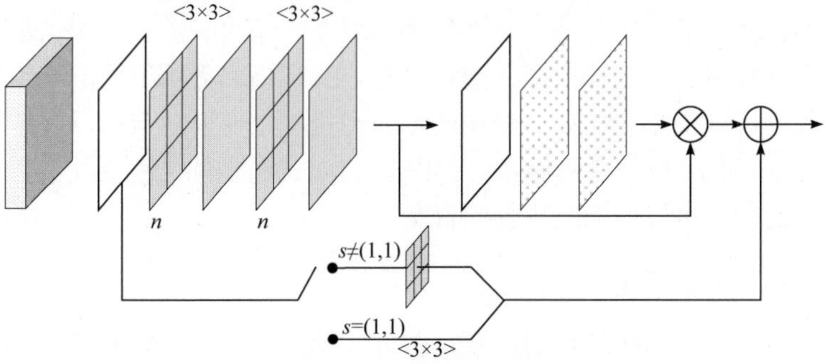

图 5-2　基础块结构示意图

针对图像来源、背景环境、拍摄角度等问题造成的图像之间存在的差异，设计了高级块来缓解这一问题，高级块结构示意图如图 5-3 所示。考虑到不同的成像设备及参数对图像中的形状及区域会造成影响，因此在高级块的开始阶段，使用空间注意力机制，以使模型集中于图像中的有效区域，该部分主要包括预处理层和两个卷积层。在预处理层，将三通道 RGB(red，green，blue)图像转换为双通道 LM(local mean)图像，以增强图像的整体特征和突出部分。之后，两个分别包含 4 个和 1 个<8×8>大小卷积核的卷积层连接到预处理层，得到单通道输出张量 $\boldsymbol{S}$。输出张量 $\boldsymbol{S}$ 与输入图像具有相同的高度和宽度，将输入层 X 的三个通道分别与输出张量 $\boldsymbol{S}$ 相乘，从而突出图像中的重要部分，并可以在一定程度上纠正图像旋转偏差或拍摄角度带来的差异。

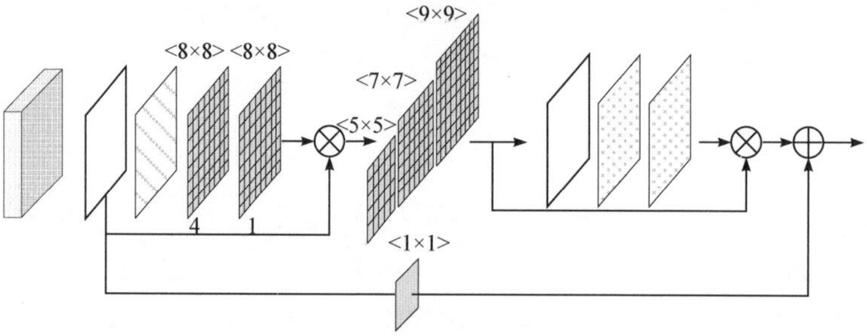

图 5-3　高级块结构示意图

空间注意力机制有效强化和调整了图像，如何从复杂的图像中识别关键特征同样具有重要意义。对于较为复杂的图像，传统的卷积层和残差学习结构会在图像特征提取的过程中引入噪声，很难达到令人满意的效果。因此，本工作中采用并行多尺度卷积，将卷积内核大小分别设置为<5×5>、<7×7>和<9×9>，以关注不同尺度的特征；同时，为了减少计算资源的消耗，更好地提取原始图像中各部分的关系和特征，在模型中只使用了两次并行多尺度卷积。

在使用并行多尺度卷积后，将通道注意力机制引入高级块中。首先，使用全局平均池化层来计算每个通道的平均值，之后通过两个全连接层学习不同通道的重要性。通道注意力机制的输入是并行多尺度卷积输出和全连接层输出点积后的特征，也即加权后的特征映射图，通过这种方式，提取无用特征的通道对图像特征提取过程的影响很小。之后高级块的输入经过线性变换后与通道注意力机制的输出加和，得到高级块的最终输出，其中，<1×1>卷积即为线性变换操作，在统一特征尺寸的同时可以使网络更易于优化。

5.1.2　多源信息的目标定位方法

随着深度学习技术的快速发展，卷积神经网络已成为最流行的图像识别算法。卷积神经网络从图像中提取抽象的语义特征，然后将其映射到类别中。然而，模型不能提供准确的识别依据。为了使卷积神经网络以目标区域为识别依据，利用目标区域特征提高准确率，本节提出一种基于注意力金字塔网络的目标弱监督定位方法。

低分辨率图像可以更有效地定位目标区域，但是受限于分辨率，缺少目标区域的详细信息。高分辨率图像中目标区域的详细信息更清晰，而非目标区域也会产生明显的反向干扰。因此，整个网络设计为金字塔网络结构。该方法的核心思想是：由弱监督的低分辨率网络逐级诱导高分辨率网络对目标进行识别。同时，设计了一种融合图像特征和目标激活热力图的目标注意力模块(object attention module，OAM)。该注意力模块在低分辨率特征和高分辨率特征之间构建互补关系，然后利用目标激活热力图对特征进行增强。

基于注意力金字塔网络的目标弱监督定位如图 5-4 所示。为了从高分辨率图像中提取清晰的目标信息，并对目标进行识别，将整体网络设计为三层金字塔网络，输入图像由 224×224、448×448、896×896 三个分辨率组成。网络中的特征从低分辨率网络逐级融合到高分辨率网络。低分辨率网络和高分辨率网络都是具有输出支路的完整网络。在图像级标注的监督下，利用低分辨率网络的输出分支获取目标激活热力图。通过高分辨率网络的输出分支得到最终结果。在高分辨率网络中，只关注目标区域的特征，最终利用这些特征进行分类，实现基于目标的分类目的。因此，利用低分辨率网络生成的目标激活热力图来权衡高分辨率网络中的特征，并利用专门设计的目标注意力模块实现低分辨率特征、高分辨率特征和目标激活热力图的融合。

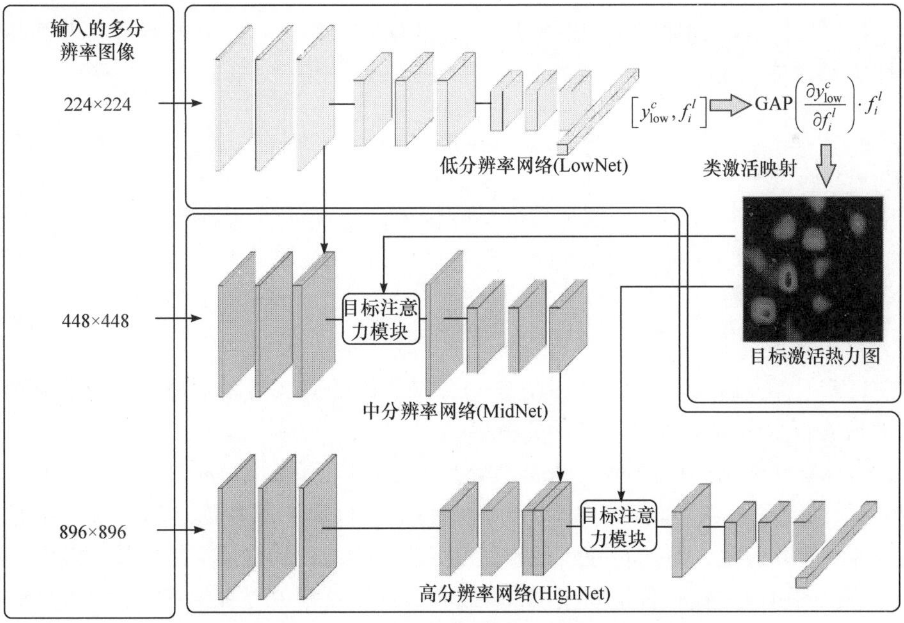

图 5-4　基于注意力金字塔网络的目标弱监督定位

三层网络分别被命名为 LowNet、MidNet 和 HighNet。三个网络都是基于

ResNet50 模块构建的。所设计的金字塔网络中的模块配置如表 5-1 所示，具体来说，LowNet 配置为{conv_1，block_1，block_2，block_3，block_4，fc}(fc 表示全连接层)，MidNet 配置为{conv_1，block_1，block_2}，HighNet 配置为{conv_1，conv_2，block_1，block_2，block_3，block_4，fc}。使用预训练的模型参数进行网络初始化有助于提高网络性能和加快网络收敛速度，所提出的金字塔网络中的所有模块都采用 ImageNet 上 ResNet50 模型的预训练参数。

表 5-1　金字塔网络中的模块配置

名称	conv_1	conv_2	block_1	block_2	block_3	block_4
层	7×7, 64, 2 3×3 最大池化, 2	3×3, 64, 2	$\begin{bmatrix}1\times1,64\\3\times3,64\\1\times1,256\end{bmatrix}\times3$	$\begin{bmatrix}1\times1,128\\3\times3,128\\1\times1,512\end{bmatrix}\times4$	$\begin{bmatrix}1\times1,256\\3\times3,256\\1\times1,1024\end{bmatrix}\times6$	$\begin{bmatrix}1\times1,512\\3\times3,512\\1\times1,2048\end{bmatrix}\times3$

利用低分辨率网络和 Grad-CAM 方法实现弱监督目标定位。在 LowNet 中，目标激活热力图的获取过程如下。

首先，低分辨率网络以 224×224 图像 $\boldsymbol{I}_{224}$ 作为输入，并且获取网络预测值的概率 y_{low}^{c} 和第 l 层特征图 f_i^l 为

$$\left[y_{\text{low}}^{c}, f_i^l\right] = \text{LowNet}(\boldsymbol{I}_{224})k \tag{5-1}$$

其中，c 是目标类别，l 是 block_3 中的第三个卷积层，i 代表特征图中的第 i 个通道。

然后，计算类别概率 y_{low}^{c} 对特征图 f_i^l 的梯度，并且通过全局平均池化层得到特征图的权值，即

$$\alpha_i^l = \text{GAP}\left(\frac{\partial y_{\text{low}}^{c}}{\partial f_i^l}\right) \tag{5-2}$$

其中，α_i^l 为类别 c 对第 i 个通道特征图的权重；GAP 为全局池化层。

最后，将权重和特征图线性组合，并使用 ReLU 激活函数来获得目标激活热力图：

$$\boldsymbol{L}_{\text{CAM}} = \text{ReLU}\left(\sum_{i=1}\alpha_i^l f_i^l\right) \tag{5-3}$$

其中，$\boldsymbol{L}_{\text{CAM}}$ 为目标激活热力图，它是一个二维的矩阵，代表着每个区域对类别 c 的贡献值。激活程度越大，目标的概率越大。

目标激活热力图已经通过 Grad-CAM 方法获得，下一步是通过目标注意力模块增强目标特征。第一步首先构建高分辨率特征与低分辨率特征之间的特征注意力图，现有研究表明，不同的特征图具有独特的地物优势，直接叠加的效率较低。特征注意力图可以看作一种空间权重，可以有效利用特征的互补优势。第二步是根据目标激活热力图对高分辨率特征进行加权。因此，所提出的目标注意力模块可以看作一种双重注意力机制。目标注意力模块特征融合过程如图 5-5 所示。

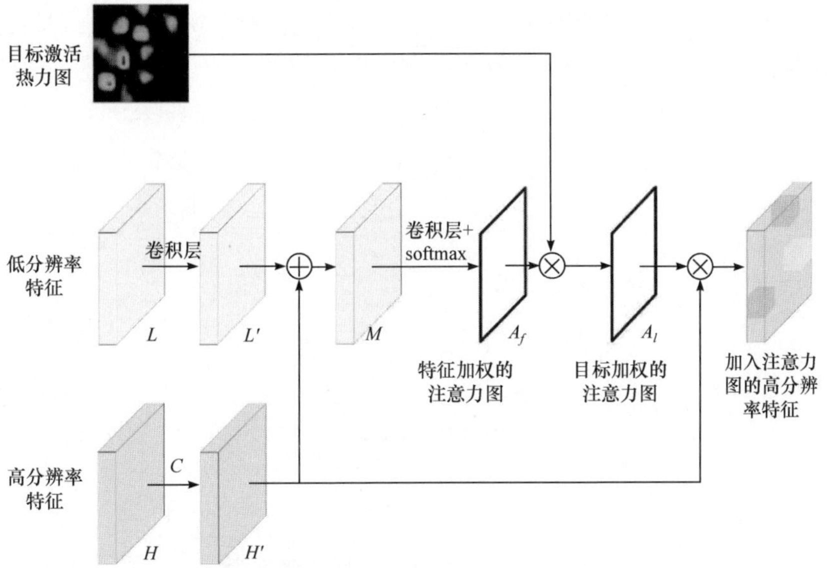

图 5-5　目标注意力模块特征融合过程

5.1.3　多源信息的目标识别方法

基于集成学习的融合目标识别方法总体分为三个阶段，首先利用改进编码解码结构的 U-Net 实现图像的初步目标识别。然后进行信息融合，进一步保证识别特征的完整性，并突出关键信息。最后用 YOLOv4 网络进行目标的精细识别。基于集成学习的融合目标识别方法整体架构如图 5-6 所示。

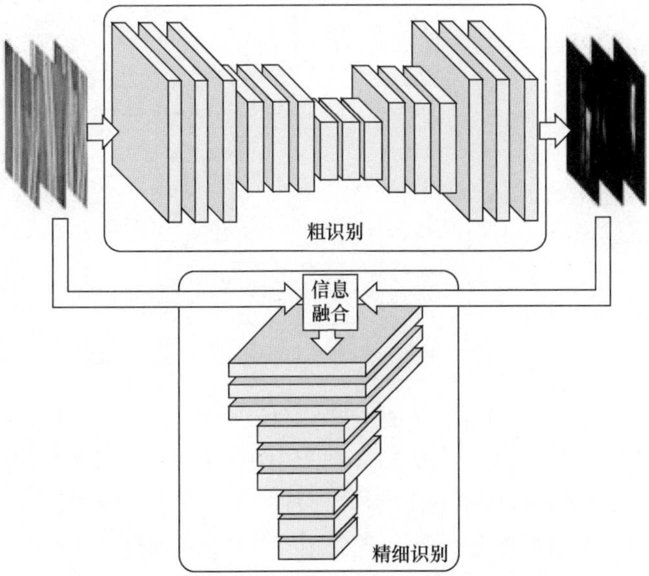

图 5-6　基于集成学习的融合目标识别方法整体架构

如图 5-7 所示的改进编码解码结构的 U-Net 架构能实现像素点级别的目标识别，在特征利用上，比传统编码解码结构更加充分，适用于数据集不足的情况。

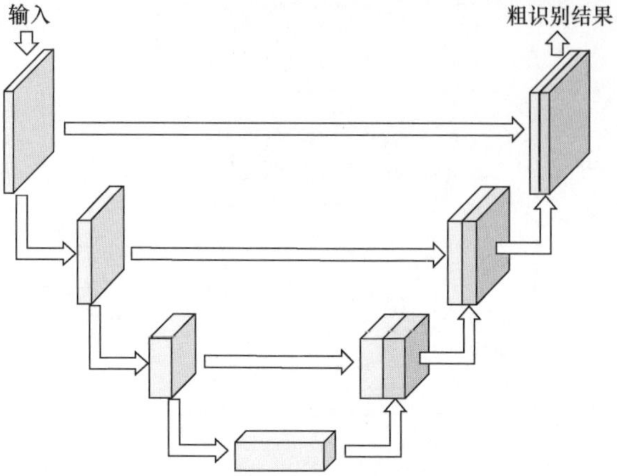

图 5-7　改进编码解码结构的 U-Net 架构

信息融合架构如图 5-8 所示，多输入融合网络使用双输入神经网络进行特征融合。预处理图像用于提供完整的目标区域信息，避免信息缺失。粗识别结果用于突出具有更大概率的目标区域，在一定程度上屏蔽了无关区域的干扰，提高了识别准确率。

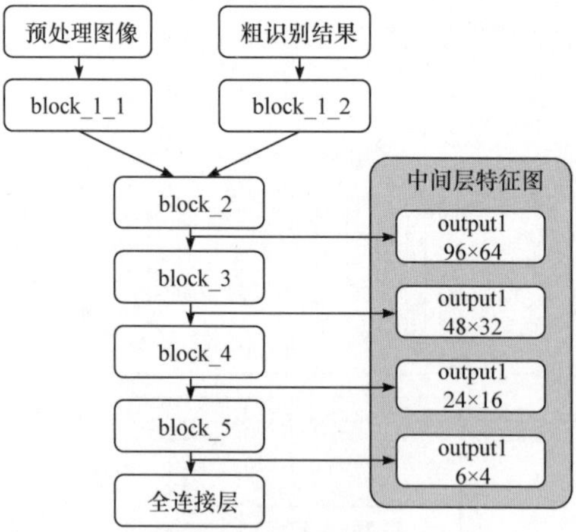

图 5-8　信息融合架构

最后将中间层特征图输入 YOLOv4 网络中，进行这一阶段的快速目标识别。

基于交叉块连接网络的目标识别方法通过多方面、多等级、交叉块密集连接来提升识别特征提取能力，使用额外的映射在网络的不同块之间连接和共享特征。此外，在块内部使用剩余连接来解决退化问题。强大的提取能力使网络以较少的参数获得理想的识别结果，大大降低了网络计算资源的消耗。大量实验表明，该方法在多准则的基础上以更快的速度获得了更优的性能。

编码解码结构模型是实现目标识别的基本框架，但其效果并不理想。过于简单的传输路径使得编码解码结构的特征提取能力不尽如人意，信息利用效率低于预期。从增强信息流的角度来看，密集连接提供了一个好方法，图 5-9 给出了基于交叉块连接网络的目标识别方法。该方法允许每个层将从特征图中提取的信息传递给块内的所有后续层。每个卷积层为集合知识添加一部分，其余部分保持不变，块的最终输出为基于所有层的特性。密集连接缩短了每两层之间的距离，最大化了信息流，并增强了反向传播过程中的梯度传播。模型的每个部分接收前面的所有特性，并将它们传递给后面的所有部分。这个过程可以表示为

$$a^l = \text{connect}\left(\varphi\left(a^i\right)_{i=3}^{l-1}, \phi\left(a^{l-1}\right)\right) \tag{5-4}$$

其中，a^l 表示第 l 层的特征映射图；$\varphi(\cdot)$ 表示卷积操作或反卷积操作；$\phi(\cdot)$ 表示池化操作或上采样操作；$\varphi\left(a^i\right)_{i=3}^{l-1}$ 表示从第 3 层到第 $l-1$ 层的特征映射图；$\text{connect}(\cdot)$ 表示沿通道维度将特征图从第 3 层连接到第 $l-1$ 层，使特征图更厚。

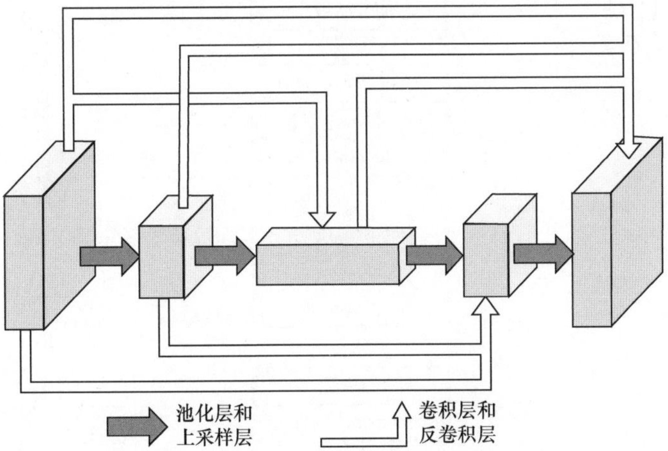

图 5-9　基于交叉块连接网络的目标识别方法

交叉块密集连接充分利用了图像中的信息，因此可以在卷积层中选择较少的通道，并且根据 DenseNet 的思想，块内通道较少的特征映射图比通道较多的特征映射图具有更优的性能，这一结论可以推广到跨块密集连接。通过这种方法设计的模型的参数比其他模型少得多，大大提高了速度。参数越少，越容易学习，也越容易降低出现过拟合和退化问题的风险。为了满足上述条件和要求，本节设计了基于交叉块连接网络的详细结构，如图 5-10 所示。

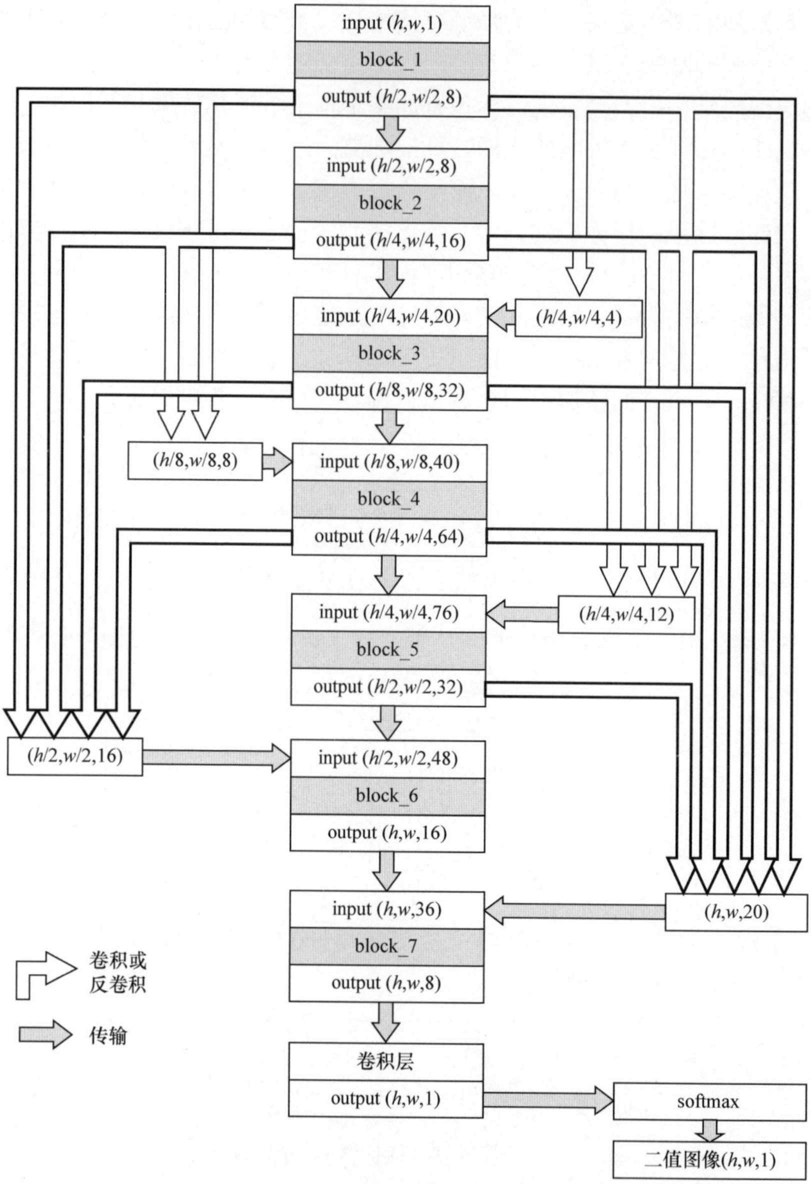

图 5-10　基于交叉块连接网络的详细结构

该网络连接分离的块，每个块由损失函数监督。这种深度监督模型将更基本的特征信息应用到最终的分割中，因此低级别的信息也可以起到重要作用。神经网络通过卷积层逐渐提取出更抽象的信息。图像的高级信息是重要的，但其底层特征包含了更细微的特征信息，这是大多数方法所忽略的。这可以解释为什么跨块密集连接的网络具有更优的性能。

5.2　柔性产线多任务优化与决策方法

设备资源配置失衡是协同企业面临的广泛问题，如何实现设备资源最优化动态调度是解决该问题的关键。分析任务分配与设备资源配置组合建立基于产品的成本、生产时间、质量等变量的多目标优化模型。多任务调度的理论研究在企业生产与服务中具有巨大的作用。基于生产制造与服务业中存在的现实问题，基于合理的多任务环境下的调度模型进行求解在企业应用中具有重要的意义。产线级多任务决策与优化如图 5-11 所示。

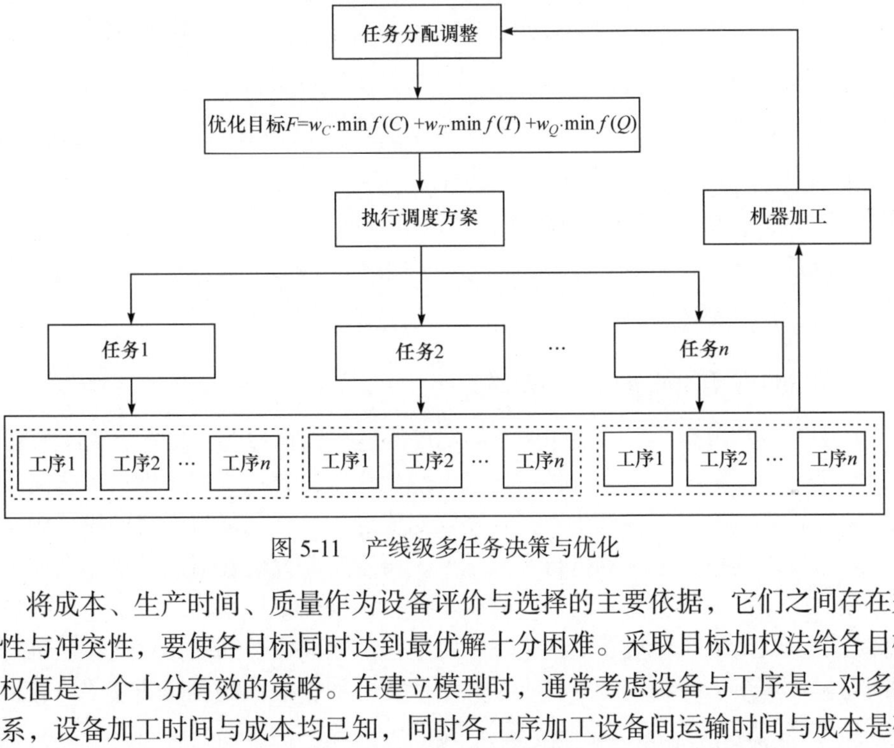

图 5-11　产线级多任务决策与优化

将成本、生产时间、质量作为设备评价与选择的主要依据，它们之间存在关联性与冲突性，要使各目标同时达到最优解十分困难。采取目标加权法给各目标配权值是一个十分有效的策略。在建立模型时，通常考虑设备与工序是一对多的关系，设备加工时间与成本均已知，同时各工序加工设备间运输时间与成本是确定的。基于设备的有限性，同一设备可以被指派给多个工序。当选择同组设备时，工序与设备之间存在竞争制约关系。将设备配置优化目标确定为成本 C 、质量 Q 和时间 T 。将成本、质量、时间作为目标函数，分别如下所示。

成本：

$$\min C = \min\left\{\sum_{i=1}^{n}\left[\sum_{j=1}^{m_i}\sum_{u=1}^{r_{i,j}} L_{i,j,u}\left(c_{i,j,u} + c'_{i,j,u,v}\right)\right]\right\} \tag{5-5}$$

质量：

$$\max Q = \max\left\{\left[\sum_{i=1}^{n}\left(\sum_{j=1}^{m_i}\sum_{u=1}^{r_{i,j}} L_{i,j,u} q_{i,j,u}\right)\right] \Big/ \sum_{i=1}^{n} m_i\right\} \tag{5-6}$$

时间：

$$\min T = \min\left\{\sum_{i=1}^{n}\left[\sum_{j=1}^{m_i}\sum_{u=1}^{r_{i,j}} L_{i,j,u}\left(t_{i,j,u} + t'_{i,j,u,v} + t_{i,j,w}\right)\right]\right\} \tag{5-7}$$

加工等待时间为

$$t_{i,j,w} = \begin{cases} t_{i+1,j,u} - (t_i - t_{i+1}), & t_{i+1} < t_i, t_{i+1,j,u} - (t_i - t_{i+1}) > 0 \\ 0, & t_{i+1} < t_i, t_{i+1,j,u} - (t_i - t_{i+1}) \leqslant 0 \end{cases} \tag{5-8}$$

其中，$c_{i,j,u}$ 为任务 i 工序 j 在设备 u 上的加工成本；$c'_{i,j,u,v}$ 为任务 i 工序 j 在设备 u 与下道工序在设备 v 之间的运输成本；$r_{i,j}$ 为对应的设备数量；n 为外协任务数量；m_i 为任务 i 的外协工序数量；$L_{i,j,u}$ 为决策变量，若任务 i 工序 j 选择设备 u，则变量为 1，否则为 0；t_i、t_{i+1} 分别为任务 i、$i+1$ 前 $j-1$ 道工序的总加工时间，不含等待时间；$t_{i,j,u}$ 为任务 i 第 j 道工序在设备 u 上的加工时间；$t'_{i,j,u,v}$ 为任务 i 第 j 道工序在设备 u 与下道工序在设备 v 之间的运输时间；$t_{i,j,w}$ 为任务 i 在第 j 道工序的等待时间；$t_{i+1,j,u}$ 为任务 $i+1$ 第 j 道工序在设备 u 上的加工时间。

5.2.1　柔性作业车间调度问题的描述

在实际生产过程中，柔性作业车间调度问题可以描述为：有 n 个工件在 m 台机器上进行生产排程，每个工件对应唯一的生产工艺路线，每条生产工艺路线包含一道或者多道工序。各条生产工艺路线对应的工序之间具有严格的先后顺序，每个工序可以选择多台机器进行柔性生产，每道工序只能在对应的机器上加工一次，相同工序在不同机器上的加工时间不同。调度的目标是为每道工序选择最合适的机器以及确定每台机器上各个工序的最佳加工顺序。因此，柔性作业车间调度问题包含两个子问题：确定各个工件所使用的加工机器的机器选择子问题和确定每个工件的各个工序加工顺序的工序排序子问题。

一般的车间调度需要满足以下约束条件：

(1) 所有工件的生产优先级相同，即所有工件都可以在零时刻被加工。

(2) 特定机器上生产某个工件对应工序的生产时间是不变的。

(3) 若当前生产工序没有完成，则当前机器不能暂停该工序的生产而进行其他工序的生产。

(4) 同一个工件的同一道工序在同一时刻只能被一台机器加工。

(5) 不同工件的工序之间没有加工先后顺序要求，同一工件的工序之间有加工先后顺序要求。

(6) 同一台机器不能在同一时刻加工多道工序。

柔性作业车间调度问题根据机器柔性的不同，分为部分柔性作业车间调度问题(partial flexible job-shop scheduling problem, P-FJSP)和完全柔性作业车间调度问题(total flexible job-shop scheduling problem，T-FJSP)。在 T-FJSP 中，待选机器集合中的所有机器均可以加工所有工件的所有工序。在 P-FJSP 中，针对所有工件的每一道工序，待选机器集合中只有部分机器可以进行加工。在实际工厂的加工过程中，并不是所有参与加工的机器均可以完成所有工件所有工序的加工。因此，P-FJSP 更加符合现实生活中的实际加工情况，更具有现实意义。表 5-2 和表 5-3 分别展示了完全柔性作业车间调度问题实例和部分柔性作业车间调度问题实例。

表 5-2　完全柔性作业车间调度问题实例　(单位：分钟)

工件	工序	可选择的加工机器				
		M_1	M_2	M_3	M_4	M_5
J_1	O_{11}	5	2	5	4	6
	O_{12}	6	7	2	5	3
	O_{13}	3	4	7	2	5
J_2	O_{21}	4	9	5	4	5
	O_{22}	3	7	8	5	6
	O_{23}	5	4	3	3	7

表 5-3　部分柔性作业车间调度问题实例　(单位：分钟)

工件	工序	可选择的加工机器				
		M_1	M_2	M_3	M_4	M_5
J_1	O_{11}	5	—	5	—	6
	O_{12}	—	7	—	5	3
	O_{13}	—	—	7	2	5
J_2	O_{21}	—	9	5	4	—
	O_{22}	3	—	—	5	6
	O_{23}	—	4	-	3	—

在问题的实例表格中，每个数字表示每个工件的每道工序选择对应的机器进行加工时需要花费的时间。“—”表示该工件的此道工序无法被对应机

器加工。

5.2.2 数学模型

为了规范书中符号的使用，现将本章中的符号进行定义，如表 5-4 所示。

表 5-4 本章中使用符号定义

变量名	描述
n	工件总数
m	机器总数
i	工件的索引，$i=1,2,\cdots,n$
j	工序的索引
k	机器的索引，$k=1,2,\cdots,m$
J	工件的集合
O_{ij}	第 i 个工件的第 j 道工序
M_{ij}	工序 O_{ij} 的备选机器集
M_i	第 i 个机器
L	一个无穷大的正数
C_i	工件 i 的完工时间
x_{ijk}	工件 J_i 的第 j 道工序在机器 k 上进行加工
S_{ijk}	工序 O_{ij} 在机器 k 上的开始加工时间
P_{ijk}	工序 O_{ij} 在机器 k 上的加工时间
E_{ijk}	工序 O_{ij} 在机器 k 上的完工时间
ε_{ijefk}	工序 O_{ij} 与工序 O_{ef} 在机器 k 上加工的先后顺序

表中

$$x_{ijk}=\begin{cases}1, & \text{工序 } O_{ij}\text{在机器}k\text{上加工}\\ 0, & \text{其他}\end{cases}$$

$$\varepsilon_{ijefk}=\begin{cases}1, & \text{工序 } O_{ij}\text{在机器}k\text{上优先于}O_{ef}\text{加工}\\ 0, & \text{其他}\end{cases}$$

其约束条件为

$$\sum_{k\in M_{ij}} x_{ijk}=1 \tag{5-9}$$

式(5-9)表示每道工序只会分给一台机器进行加工。

$$E_{i(j+1)g} - P_{i(j+1)g} - E_{ijk} \geqslant M\left(x_{i(j+1)g} - 1\right) \tag{5-10}$$

式(5-10)约束了同一工件加工工序的先后顺序。

$$E_{ijk} + P_{ijk} - E_{pqk} \leqslant M\left(1 - \varepsilon_{ijpqk}\right) \tag{5-11}$$

式(5-11)约束了在同一个时刻，同一台机器只能加工一道工序。

5.2.3　柔性作业车间调度问题的性能指标

在柔性作业车间调度问题的求解过程中，需要对调度方案的性能进行比较，从而为选择调度方案提供依据。对于柔性作业车间调度问题，有如下几种常见指标。

1) 最大完工时间

机器处理完加工任务所需的时间称为该机器的完工时间。所有机器的完工时间中的最大值称为最大完工时间。最大完工时间是柔性作业车间调度问题中最常见和最常使用的性能指标。该指标可以表示为

$$f = \min C_{\max} = \min\left(\max_i C_i\right) \tag{5-12}$$

2) 机器最大负荷

机器在加工过程中的运行时间称为该机器的负荷。机器负荷会随着调度方案的改变而发生变化，负荷最大的机器会影响整体调度方案的完工时间。该指标可表示为

$$f = \min\left(\max_{i \leqslant j \leqslant m} \sum_{j=1}^{n} \sum_{h=1}^{h_j} p_{ijh} x_{ijh}\right) \tag{5-13}$$

3) 总机器负荷

在整个加工过程中，所有机器的运行时间称为总机器负荷。在相同的加工任务下，总机器负荷越高，整个调度方案的生产效率越低。该指标可以表示为

$$f = \min\left(\sum_{i=1}^{m} \sum_{j=1}^{n} \sum_{k=1}^{k_j} p_{ijk} x_{ijk}\right) \tag{5-14}$$

针对上述柔性作业车间调度问题包含多个相互冲突的优化目标，一般有两种处理方法。第一种处理方法是将多目标问题通过加权和的方式转变为单目标问题进行求解，这种方法的优点是操作简易。第二种处理方法是针对多个目标同时求解，多目标 Pareto 方法是在求解的过程中同时考虑多个目标，产生一组 Pareto 最优解，减少了计算时间，增加了解的多样性。下面介绍第一种处理方法的求解过程。综上所述，车间优化调度问题可以用粒子群优化算法来求解，其流程图如

图 5-12 所示。

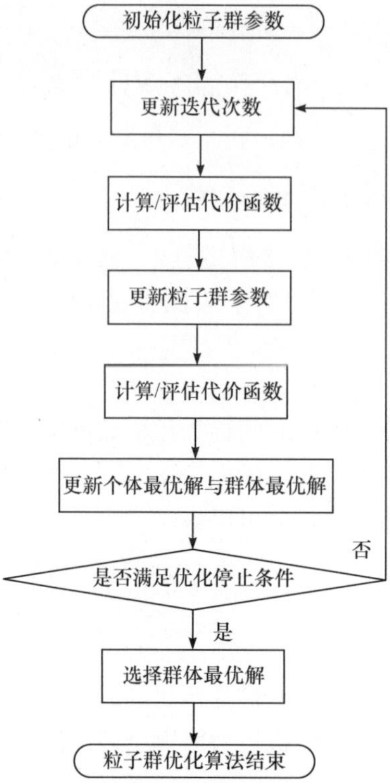

图 5-12　粒子群优化算法流程图

5.2.4　柔性产线多任务动态优化与决策方法

基于以上内容，本小节主要介绍机器故障情况下的柔性产线多任务动态优化调度方法，以及生产扰动情况下的柔性产线优化调度策略演化方法。

1. 机器故障情况下的柔性产线多任务动态优化调度方法

1) 动态调度的驱动策略

(1) 基于事件驱动的重调度机制会在发生特定的动态扰动事件时执行动态调度。该机制实时性好，可以快速响应动态事件，但是若动态扰动事件经常发生，则需要花费较高的时间成本。

(2) 周期驱动的重调度机制事先设定好执行重调度的时间周期，之后每度过一个时间周期，系统便会按照事先设定好的算法执行一次重调度。该机制的鲁棒性比较好，但无法及时响应动态事件。在绝大多数情况下，机器故障属于突发性动态扰动事件。在这种情况下，需要及时快速地进行响应，以保证作业车间生产的顺利进行。基于事件驱动的重调度具有良好的实时性，可以对动态扰动事件进行及时响应，并按照计划做出实时决策，最大限度地降低动态扰动事件对生产加工的影响。为此，本小节将介绍基于事件驱动的重调度方法。

2) 重调度方法

(1) 右移重调度。

为了应对意外事件的影响，确保所有未加工工序都可以被加工，右移重调度将所有受影响工序的加工时刻推迟一定时间。此方法具有非常好的稳定性，但牺牲了生产效率，使得重调度后方案的最大完工时间变得很长。

(2) 重组重调度。

重组重调度适合在有新的加工任务需要插入时进行动态调度。在应用重组重调度时，原有的调度方案保持不变，不会受到插入的新作业的影响。在一台加工机器完成分配的所有加工任务以后，这台机器才是可用的。因此，每台候选加工机器的可用时间均可能不同。对于新插入的需要进行加工的工件，当有加工机器处于可用状态时，将该工件的加工工序安排到当前可用加工机器上进行加工。此方法稳定性好，实现简单，但将新插入的工件安排到有机器完成加工任务以后再进行加工，可能无法满足紧急订单插入的加工需求，另外无法有效利用机器加工过程中的空闲时间，重调度得到的性能指标并不总是令人满意的。

(3) 插入重调度。

插入重调度与重组重调度类似，即原有的调度方案保持不变，不受动态扰动事件的影响，适用于新作业插入或旧作业取消的情况。对于插入重调度，必须至少存在一个可用的候选机器，其在加工过程中的空闲时间可以满足新工件加工的要求。以新作业插入为例，当一个新的加工作业到达时，使用可用的候选机器来处理新作业的待加工工序，新作业剩下的工序按照重组重调度的方式进行调度。

(4) 完全重调度。

将现有未完成的加工工序与发生的动态事件相结合，生成一个新的调度安排。与重组重调度不同，完全重调度会改变原有的调度方案。当有意外事件发生时，保持已完成加工工序的调度安排不变，对于在意外事件发生时刻之后再进行加工的工序，使用一定的算法重新生成调度方案。

对机器故障的预测可以使得制造企业采取预测调度，从而提前生成调度方案，可以在一定程度上提高企业应对机器故障的能力，提高企业的生产效率。但机器故障种类繁多，对机器故障进行广泛的模拟来评估所有机器故障可能带来的影响是一项烦琐而耗时的工作。假设累计加工时间长的机器更容易发生机械故障，机械故障的发生时间和持续时间与该机器的累计加工时间(制造过程时间(manufacturing process time，MPT))有关。机器 m_k 发生机械故障的概率 ρ_{kb} 由以下经验关系式近似表示，即

$$\rho_{kb}=\frac{\mathrm{MPT}_k}{\mathrm{MPT}_{\mathrm{all}}} \tag{5-15}$$

其中，MPT_k 为机器 m_k 的累计加工时间；$\mathrm{MPT}_{\mathrm{all}}$ 为全部机器的累计加工时间。

该模型假设低级和高级两个级别的机器故障持续时间，以及故障发生时间是早还是晚，这将产生四种故障情形。机器发生故障的时间 t_b 和机器故障持续时间 t_d 分别由以下均匀分布生成：

$$\begin{gathered}t_b=U\left(\alpha_1\cdot\mathrm{MPT}_k,\alpha_2\cdot\mathrm{MPT}_k\right)\\ t_d=U\left(\beta_1\cdot\mathrm{MPT}_k,\beta_2\cdot\mathrm{MPT}_k\right)\\ t_r=t_b+t_d\end{gathered} \tag{5-16}$$

其中，α_1、α_2、β_1、β_2 为系数。

将 β 的值限制在 0.1～0.15 可以将机器故障持续时间保持在相对较低的级别，而将这些值增加到 0.35～0.4 可以将机器故障持续时间提高到较高级别。类似地，将 α 的值限制在 0～0.5 可确保故障发生在调度周期的前半部分，而将 α 值限制在 0.5～1 可确保故障发生在调度周期的后半部分。

在机器发生故障后，右移重调度会将所有受影响的工序的开始加工时间推迟 t 个时间单位(t 为机器故障预计修复的时间)。此方法推迟了所有受影响工序的加工时间，将会在很大程度上影响加工效率，大幅提升最小化最大完工时间。因此，计划采用完全重调度方法。当机器发生故障时，确定机器修复时间 T，故障点前已经加工过的工序保持不动，找出故障点后未加工的工序，并对其使用帝国主义竞争算法进行动态调度。

假设发生故障的机器编号为 m，机器 m 发生故障的时刻为 t_1，机器故障后重新开工时间为 t_2。

在 t_1 时刻机器 m 发生故障后，动态调度策略如下：

(1) 故障发生时刻 t_1 前已经加工过的工序保持不动。

(2) 对于发生故障时正在加工或刚开始加工的工序，若加工机器为机器 m，则该工序需要经过调度后重新安排。

(3) 对于发生故障时正在加工或刚开始加工的工序，若加工机器为机器 n，即不是故障机器加工的，则该工序仍按照原来加工计划进行加工。此时，机器 n 的机器故障后重新开工时间为加工完该工序的时间。

(4) 对于其他工序，需要经过调度后重新安排。

在 t_2 时刻机器 m 修复故障后，动态调度策略如下：

(1) 故障修复时刻 t_2 前已经加工过的工序保持不动。

(2) 对于修复故障时正在加工或者刚开始加工的工序，若加工机器为机器 n，则该工序仍按照原来加工计划进行加工，此时修复机器 m 在故障后的重新开工时间为加工完该工序的时间。

(3) 对于其他工序，需要经过动态调度来重新安排，动态调度时所有机器均已可用。

对于需要进行动态调度的工序，采用完全重调度方案。为了尽可能地使用最小的最大完工时间来调整受机器故障影响的工序，使用帝国主义竞争算法对受影响的工序重新选取当前时间段内可用的加工机器，重新进行调度安排。机器故障属于突发性动态事件，此时需要及时进行响应，以保证车间生产的顺利进行，同时，要尽可能地降低对系统稳定性的影响。本节计划采用将基于周期驱动和基于事件驱动结合在一起的重调度机制。因为完全重调度可以在不改变已完成加工工序的情况下对受影响的工序进行重新调度，能在提高系统鲁棒性的同时得到性能指标优异的调度方案。

动态调度方案流程图如图 5-13 所示。首先生成初始静态调度方案，之后利用数据同时进行机器故障预测和机器故障诊断。若预测出机器故障信息，则执行预测调度，若诊断出机器故障，则执行二阶段动态调度策略。当到达重调度的周期时，执行完全重调度。

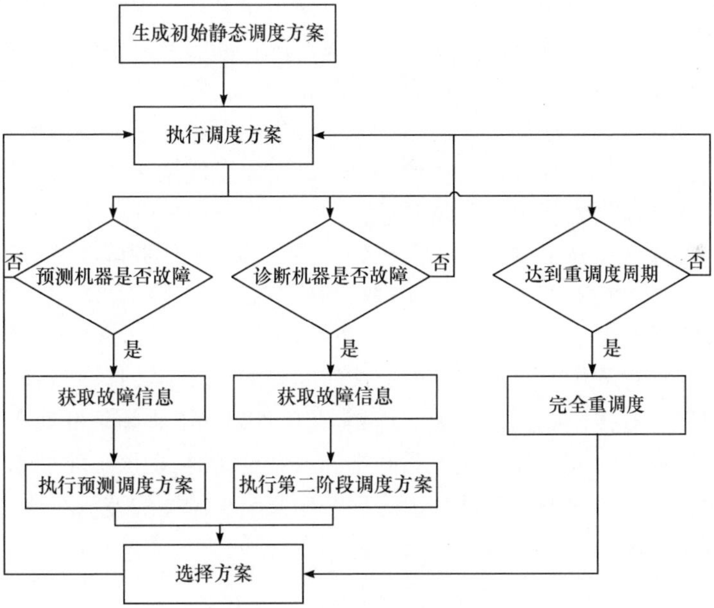

图 5-13　动态调度方案流程图

2. 生产扰动情况下的柔性产线优化调度策略演化方法

与机器故障情况下的柔性产线多任务动态优化调度方法不同，生产扰动造成的影响不涉及故障设备的隔离与恢复。解决生产扰动的影响，主要是处理如何优化不同优先级订单下各类工序和资源的配置问题。

1) 紧急订单插入

为了适应不断变化的市场需求，企业需要根据不同客户个性化的订单需求重新安排调度计划。因此，紧急订单插入对企业而言是一种常见的生产扰动情况。与一般订单相比，紧急订单具有更短的交货期，必须在较紧凑的交货期内尽早完工。紧急订单意味着改变原有生产计划，它在为企业带来利润的同时，也对企业的生产系统稳定性造成破坏。为此，研究紧急订单插入情况下柔性产线优化调度策略是十分必要的。

对于单个紧急订单插入的情况，可以考虑使用插入重调度的方法。将紧急订单的优先级设置为最高，在紧急订单到来以后，将其插入距离紧急订单到达时刻最近的且可以满足加工约束的时间间隔中，以优先对紧急订单进行生产。但这种情况并不是总能起作用，因为很可能存在无法找到满足加工约束的邻近时间间隔的情况，从而使得加工机器在加工完原定所有工序后再开始对紧急订单进行加工，这样可能导致无法按期完成紧急订单的加工生产。

插入重调度并不适合多交付日期批量紧急订单插入情况下的动态调度。事实上，无论是单个紧急订单插入还是多交付日期批量紧急订单插入，均可以采用按优先级调度和批量解码的方法，从全局角度出发，同时考虑紧急订单和原有订单的交货期，在重调度目标中要求所有工件尽早完工。对于紧急订单设置最高的加工优先级，保存紧急订单到达之前已经完成的加工工序，在紧急订单到达以后，优先对紧急订单的生产任务进行生产调度，此时可以使用全部候选机器，在紧急订单的生产任务调度完毕以后，将紧急订单的调度安排保存起来，之后在对其他未加工工序使用完全重调度进行动态优化。在全部加工任务调度完毕以后，再使用插入式解码的方法对整个加工工序进行整体解码，使得整体的完工时间最短。

2) 工件时延

在实际生产过程中，每道工序的完成时间可能会提前或存在时延，而完工时间的改变可能会直接影响到整个生产计划。在这种情况下必须采取动态调度方法。当工序的实际完工时间比计划完工时间提前或者延时时，在该工序加工完成以后，保存好所有已完工工序的加工计划，之后采用完全重调度的方法对所有没有进行加工的工序进行动态调度。

5.3　智能群体面向关键性能指标的策略演化方法

群智企业运行模型研究涉及全局任务规划、自主避障、自主导航的移动机器人与多物料(载体)的智能协同网络化控制技术，旨在建立基于物联网的物料传输系统管控平台，解决生产资源物流配送的生产策略调整等问题，降低配送复杂性，并提高配送效率。基于车间设备智能诊断网络、智能化立体仓库与智能小车运输软硬件系统、无线传感网络的物料和资源跟踪定位系统、制造执行系统、物流执行系统、在线质量诊断系统、生产控制中心管理决策系统等核心智能装置，实现了对制造资源跟踪，以及对生产过程、计划、物流、质量集成化管控。

从生产计划下达、物料配送、生产节拍控制、完工确认、标准作业指导、质量管理等多个维度进行考虑，并通过网络实时将现场信息及时、准确地传达到中心管理决策系统相关的子决策系统。如图 5-14 所示，在执行多个生产任务时，各个智能体之间根据信息进行利益最大化决策。在执行过程调度中，优化算法位于系列智能体中，每个智能体都从局部的角度考虑问题，并且针对局部优化算法提出了新的多样化技术，获得了更好的效果。不同智能体之间进行同时博弈，以最大化各自的收益。在数字化质量诊断部分，一旦发现质量异常，系统会第一时间自动启动不合格处理流程，将情况发送给相关智能体，智能体根据利益最大化原则进行相应的策略调整。将可能的资源调度方案映射为策略集，将资源调度成本的倒数映射为效用函数，将应急资源的调度问题转化为对非合作博弈调度模型的纳什均衡点求解问题。多任务生产需要有效的实时生产调度，首先根据产品装配结构对问题进行分解，得到多个易于调度的简单问题，形成对应的智能体，然后应用博弈理论，根据各智能体的重要性和装配约束获得智能体的排序，依此顺序在机器上按照规则进行生产安排，能够得到满足产品加工约束的近似最优调度结果。

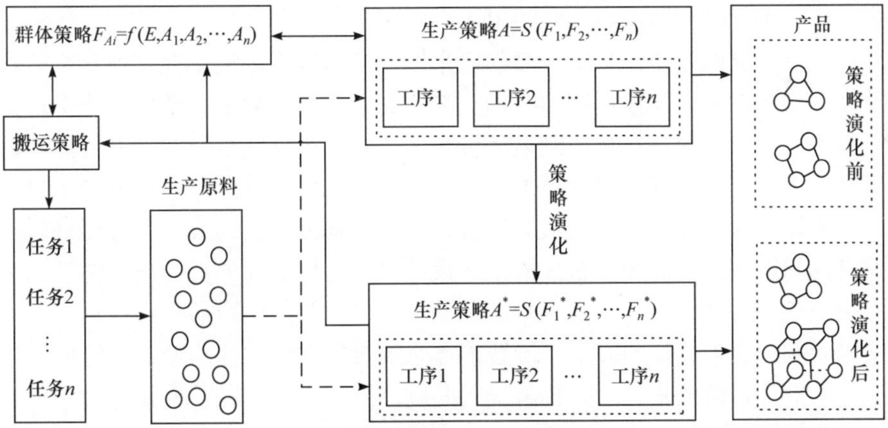

图 5-14　生产过程策略演化图

在智能制造场景中，每一个机器都可以视作一个智能体。群智能体系统是非合作博弈的典型应用场景之一，其中每个智能体都被视为想要优化自己的收益。对于这类问题，一个主要的优化策略是最大化自己的收益函数，这与所有参与者的策略和行动有关。在现有的群智能体博弈工作中，通常需要智能体观察所有智能体的行为，才能找到纳什均衡。然而，在智能制造的实际应用中实现完全通信是十分困难的。因此，人们一直努力开发分布式算法来解决上述问题，在群智能体的网络博弈中，提出一种基于分布式通信模式的优化控制方法和由两个子网络组成的时变群智能体系统的分布式纳什均衡计算方法。另外，群智能体系统是一个大型复杂系统，包括许多传感器、执行器、通信网络。当系统发生故障时，如传感器故障、执行器故障、网络传输数据丢失、攻击等，智能体难以执行自己的任务。因此，在智能制造场景中，智能体如何根据环境变化优化自己的策略，以实现利益最大化是构建智慧空间的关键一环。

假设一个博弈游戏有 N 个智能体参与，每个智能体都被认为是一个玩家。玩家的集合可以表示为自然数集 $\mathbf{N}$ 。$j(\boldsymbol{x})=\left(j_1(\boldsymbol{x}),j_2(\boldsymbol{x}),\cdots,j_N(\boldsymbol{x})\right)$ 表示收益函数集，其中，$j_i(\boldsymbol{x})$ 是智能体 i 的收益函数。$\boldsymbol{x}=[x_1,x_2,\cdots,x_N]^{\mathrm{T}}\in\mathbf{R}^N$ 是智能体的行为向量，其中，x_i 是智能体 i 的行为。

纳什均衡：在一个博弈过程中，无论对方如何选择策略，玩家一方都会选择某个确定的策略，则该策略称为支配性策略。如果任意一位玩家在其他所有玩家策略确定的情况下，其选择的策略是最优的，那么这个组合就被定义为纳什均衡。当 $\boldsymbol{x}^*=\left(x_i^*,\boldsymbol{x}_{-i}^*\right)$ 为纳什均衡时，需满足如下条件：

$$j_i\left(x_i^*,\boldsymbol{x}_{-i}^*\right)\geqslant j_i\left(x_i,\boldsymbol{x}_{-i}^*\right),\quad \forall i\in\mathbf{N} \tag{5-17}$$

其中，$\boldsymbol{x}_{-i}=[x_1,x_2,\cdots,x_{i-1},x_{i+1},\cdots,x_N]^{\mathrm{T}}\in\mathbf{R}^{N-1}$ 。

在完全信息博弈中，每一个参与者采取行动时应准确地掌握其他玩家的行动以及在采取行动之前其他玩家的行动。在不完全信息博弈中，至少有一个玩家不知道其他玩家的行动。在智能制造环境中，智能体难以获得其他所有智能体的行为信息，因此非完全信息博弈更加契合智能制造的应用场景。在非完全信息博弈中，若不能获取未知智能体的行为信息，则无法知道自己的收益，进而针对性地调整自己的策略。如何在分布式框架下设计对未知智能体的行为进行估计的算法是解决该问题的难点。另外，在智能制造环境中，智能体容易受到扰动、故障等因素的影响。由于故障的发生，群智能体系统难以达到纳什均衡，智能体发生故障后寻求纳什均衡也是一个有待解决的问题。下面介绍一种在博弈游戏中针对带有执行器故障的群智能体系统的分布式容错控制问题的解决方法。

假设每个智能体的动态为

$$\dot{x}_i=u_i,\quad i\in\mathbf{N} \tag{5-18}$$

其中，x_i 为智能体 i 的行为；u_i 为智能体 i 的策略。

为了达到纳什均衡，设计以下基于梯度的控制方法：

$$u_i = \theta_i \frac{\partial j_i}{\partial x_i}(z_i) \tag{5-19}$$

其中，θ_i 为一个小的正参数；$z_i = [z_{i1}, z_{i2}, \cdots, z_{iN}]^{\mathrm{T}} \in \mathbf{R}^N$ 为智能体 i 对智能体 j 行为的估计，由于每个智能体不能获得非邻居智能体的行为信息，所以需要对非邻居智能体的行为信息进行精确估计。

设计以下基于领导者-跟随者的平均一致性方法，以实现对非邻居智能体行为信息的精确估计。

$$\dot{z}_{ij} = -\left[\sum_{k=1,k\neq i}^{N} a_{ik}\left(z_{ij} - z_{kj}\right) + a_{ij}\left(z_{ij} - x_j\right)\right] \tag{5-20}$$

其中，a_{ij} 为通信图的邻接矩阵 $\boldsymbol{A}$ 的元素。

为了分析估计的收敛性，将全局估计算法写为

$$\dot{\boldsymbol{z}} = -\left(\boldsymbol{L} \otimes \boldsymbol{I}_N + \boldsymbol{B}\right)\boldsymbol{z} + \eta(\boldsymbol{x}) \tag{5-21}$$

其中，$\boldsymbol{z} = \left[z_1^{\mathrm{T}}, z_2^{\mathrm{T}}, \cdots, z_N^{\mathrm{T}}\right]^{\mathrm{T}}$；$\boldsymbol{B} = \mathrm{diag}[a_{ij}], i, j \in \mathbf{N}$；$\boldsymbol{I}_N$ 为一个 N 维的单位矩阵；$\boldsymbol{L}$ 为 Laplacian 矩阵；$\eta(\boldsymbol{x}) = [a_{11}x_1, a_{12}x_2, \cdots, a_{1N}x_N, a_{21}x_1, a_{22}x_2, \cdots, a_{NN}x_N]^{\mathrm{T}}$；$\otimes$ 代表克罗内克积。

由于 $-\left(\boldsymbol{L} \otimes \boldsymbol{I}_N + \boldsymbol{B}\right)$ 是稳定的，所以有

$$\lim_{t\to\infty} z_{ij} = x_j \tag{5-22}$$

当智能体执行器故障时，动态描述如下：

$$\dot{\boldsymbol{x}}_i = \boldsymbol{u}_i + \boldsymbol{f}_i, \quad i \in \mathbf{N} \tag{5-23}$$

为了实现基于残差的输出反馈容错补偿控制，对观测器设计如下：

$$\begin{cases} \dot{\hat{\boldsymbol{x}}}_i = \boldsymbol{u}_i + \boldsymbol{L}_i\left(\boldsymbol{x}_i - \hat{\boldsymbol{x}}_i\right) \\ \boldsymbol{r}_i = \boldsymbol{x}_i - \hat{\boldsymbol{x}}_i \end{cases} \tag{5-24}$$

其中，$\boldsymbol{r}_i$ 为残差信号；$\boldsymbol{L}_i$ 为观测器增益矩阵。

为了实现故障补偿，设计了一种基于残差反馈控制的容错控制方法。

$$\boldsymbol{u}_i = \boldsymbol{\theta}_i \frac{\partial j_i}{\partial \boldsymbol{x}_i}(z_i) + \boldsymbol{u}_{i,q} \tag{5-25}$$

其中，$\boldsymbol{u}_{i,q}$ 为基于残差的输出反馈控制器 $\boldsymbol{Q}_i(\boldsymbol{S}) \in \mathbf{RH}_\infty$ 的输出。

控制器 $\boldsymbol{Q}_i(\boldsymbol{S})$ 的状态空间模型为

$$\begin{cases} \dot{\boldsymbol{x}}_{i,q} = \boldsymbol{A}_{i,q}\boldsymbol{x}_{i,q} + \boldsymbol{B}_{i,q}\boldsymbol{r}_i \\ \boldsymbol{u}_{i,q} = \boldsymbol{C}_{i,q}\boldsymbol{x}_{i,q} + \boldsymbol{D}_{i,q}\boldsymbol{r}_i \end{cases} \tag{5-26}$$

控制器 $\boldsymbol{Q}_i(\boldsymbol{S})$ 并不影响原始系统的稳定性，它可以进行容错、抗干扰等优化控制，确保在智能体发生故障后仍然能够达到纳什均衡。

5.4 本章小结

本章针对在生产过程中制造企业面临的多源信息问题，首先提出了多源信息的特征提取、目标定位等方法。在此基础上利用有效的多源信息数据，提出了智能群体的多任务优化与决策方法，其中包括产线多任务动态优化调度方法，以及扰动情况下的产线优化调度策略演化方法。最后结合博弈论方法提出了面向关键性能指标的群智能体系统策略演化方法，以实现最大化收益。

参考文献

[1] Mastrolilli M, Gambardella L M. Effective neighbourhood functions for the flexible job shop problem[J]. Journal of Scheduling, 2000, 3(1): 3-20.

[2] Pezzella F, Morganti G, Cia schetti G. A genetic algorithm for the flexible job-shop scheduling problem[J]. Computers and Operations Research, 2008, 35(10): 3202-3212.

[3] Bagheri A, Zandieh M, Mahdavi I, et al. An artificial immune algorithm for the flexible job-shop scheduling problem[J]. Future Generation Computer Systems, 2010, 26(4): 533-541.

[4] Wang L, Wang S Y, Xu Y, et al. A bi-population based estimation of distribution algorithm for the flexible job-shop scheduling problem[J]. Computers & Industrial Engineering, 2012,62(4): 917-926.

[5] Xia W J, Wu Z M. An effective hybrid optimization approach for multi-objective flexible job-shop scheduling problems[J]. Computers & Industrial Engineering, 2005, 48(2): 409-425.

[6] Gao J, Gen M, Sun L Y, et al. A hybrid of genetic algorithm and bottleneck shifting for multi-objective flexible job shop scheduling problems[J]. Computers & Industrial Engineering, 2007, 53(1): 149-162.

[7] Zhang G H, Shao X Y, Li P G, et al. An effective hybrid particle swarm optimization algorithm for multi-objective flexible job-shop scheduling problem[J]. Computers & Industrial Engineering, 2009, 56(4): 1309-1318.

[8] Wang X J, Gao L, Zhang C Y, et al. A multi-objective genetic algorithm based on immune and entropy principle for flexible job-shop scheduling problem[J]. The International Journal of Advanced Manufacturing Technology, 2010, 51(5-8): 757-767.

[9] Frutos M, Olivera A C, Tohmé F. A memetic algorithm based on a NSGAII scheme for the flexible job-shop scheduling problem[J]. Annals of Operations Research, 2010, 181(1): 745-765.

[10] Baykasoğlu A, Madenoğlu F S, Hamzaday A . Greedy randomized adaptive search for dynamic flexible job-shop scheduling[J]. Journal of Manufacturing Systems, 2020, 56: 425-451.

[11] Pei J, Liu X B, Fan W J, et al. Minimizing the makespan for a serial-batching scheduling problem with arbitrary machine breakdown and dynamic job arrival[J]. The International

Journal of Advanced Manufacturing Technology, 2016, 86(9): 3315-3331.

[12] Nouiri M, Bekrar A, Jemai A, et al. A New Rescheduling Heuristic for Flexible Job Shop Problem with Machine Disruption[M]. Cham: Springer, 2018.

[13] Li X X, Peng Z, Du B G, et al. Hybrid artificial bee colony algorithm with a rescheduling strategy for solving flexible job shop scheduling problems[J]. Computers & Industrial Engineering, 2017, 113: 10-26.

[14] Soofi P, Yazdani M, Amiri M, et al. Robust fuzzy-stochastic programming model and meta-heuristic algorithms for dual-resource constrained flexible job-shop scheduling problem under machine breakdown[J]. IEEE Access, 2021, 9: 155740-155762.

[15] Yang Y, Huang M, Wang Z Y, et al. Robust scheduling based on extreme learning machine for bi-objective flexible job-shop problems with machine breakdowns[J]. Expert Systems with Applications, 2020, 158: 113545.

[16] Ahmadi E, Zandieh M, Farrokh M, et al. A multi-objective optimization approach for flexible job shop scheduling problem under random machine breakdown by evolutionary algorithms[J]. Computers & Operations Research, 2016, 73: 56-66.

[17] Xiong J, Xing L N, Chen Y W. Robust scheduling for multi-objective flexible job-shop problems with random machine breakdowns[J]. International Journal of Production Economics, 2013, 141(1): 112-126.

[18] Duan J G, Wang J H. Energy-efficient scheduling for a flexible job shop with machine breakdowns considering machine idle time arrangement and machine speed level selection[J]. Computers & Industrial Engineering, 2021, 161: 107677.

[19] Li Y F, He Y, Wang Y L, et al. An optimization method for energy-conscious production in flexible machining job shops with dynamic job arrivals and machine breakdowns[J]. Journal of Cleaner Production, 2020, 254: 120009.

[20] Ghaleb M, Zolfagharinia H, Taghipour S. Real-time production scheduling in the industry-4.0 context: Addressing uncertainties in job arrivals and machine breakdowns[J]. Computers & Operations Research, 2020, 123: 105031.

[21] Nouiri M, Bekrar A, Trentesaux D. Towards energy efficient scheduling and rescheduling for dynamic flexible job shop problem[J]. IFAC-PapersOnLine, 2018, 51(11): 1275-1280.

[22] al-Hinai N, ElMekkawy T Y. Robust and stable flexible job shop scheduling with random machine breakdowns using a hybrid genetic algorithm[J]. International Journal of Production Economics, 2011, 132(2): 279-291.

第 6 章　制造企业协同运行模型和支撑系统

随着技术的发展和新需求的出现，协同制造不断被赋予新的内涵。近年来，随着人工智能的崛起，智能感知、智能控制、群体智能等技术得到快速发展，个体智能提升，群体协作能力增强，使协同制造与群体智能的融合成为必然的发展趋势。本章将在理解群体智能的基础上，分析协同制造演化发展的历程，探讨协同制造面临的挑战和机遇，并探讨基于区块链的数据可信共享机制，提出融合群体智能的制造企业协同运行模型。

6.1　协同制造的发展历程和面临的新挑战

复杂产品的设计制造是人类群体智慧的结晶，需要大量的人力资源，人员之间的协作非常重要，早期的协作主要限于部门和企业内部的面对面交流。随着信息技术的发展，企业之间协作成为可能，并出现了协同制造的概念。虽然到目前为止，协同制造仍然没有统一、规范的定义，但是普遍被理解为利用信息技术等将串行工作变为并行工程，实现供应链内及跨供应链间的企业产品设计、制造、管理和商务等合作的生产模式，以达到缩短制造周期、提高资源利用率、降低库存等目的。协同制造起初只是群体协作，随着信息通信、人工智能等技术的进步，逐渐实现了信息共享、过程跨阶段互通、企业资源集成、服务协同等，使群体协同制造越来越展现出智能的特征。为了理解协同制造的发展过程和其中遇到的挑战性问题，本章将其划分为五个阶段。

1) 1970 年左右开始的基于信息共享的协同阶段

早期的制造企业中分布着异构的设备和系统，生产数据分散存放，存在类似于“烟囱”式的信息孤岛[1]，数据的多冗余、多备份、不一致、不完整、标准不统一等问题严重，不同部门看到的数据名称、格式可能不同，采集数据的时间也可能不同，难以利用数据辅助生产。为了解决这些问题，采用了数据库、网络、数据管理等技术，对来源不同、形态不一、内容不同的信息进行分析，辨清正误、消除冗余、合并同类，形成具有统一数据形式的数据池，实现了企业信息集成[2]，使参与者在决策时能够访问和利用跨系统信息，更好地与他人协同，提升了各阶段和各任务过程的局部生产效率，奠定了群智协同制造的信息交互基础。基于信息共享的协同在带来便利的同时，也为制造业提出了一个具有挑战性的问题：如何解决共享信息的安全可信问题。

2) 1990 年左右开始的基于过程跨阶段的协同阶段

在信息共享的基础上，各阶段能够利用共享数据，以串行方式严格分阶段执行任务。但这些阶段彼此独立，往往前序任务完成后才启动后序任务的物料准备，其原因在于任务间没有互通逻辑信息，在计划过程中没有考虑这种并行的可能性。1988 年，美国提出的并行工程概念[3]和日本的精益生产[4]都强调提前考虑产品特性，采用产品模型数据交互规范、计算机辅助、过程重组等技术，在生产阶段提前准备后序任务所需的物料，通过减少物料的准备时间使加工流程无间断。我国科学技术部 863 计划的“计算机/现代集成制造系统专题”从 1998 年开始鼓励实施并行工程，并选取 7 个不同类型企业应用示范。其成果表明，并行工程实现了群体协同制造中过程的交互，使过程各阶段之间的协作得到优化，大幅减少了过程各阶段之间相互等待的时间[5]，奠定了群智协同制造的过程交互基础。但这种过程各阶段之间的协同仍不是多过程之间的协同。

3) 2000 年左右开始的企业间协同阶段

当时出现了采用批量定制降低工业化流程成本这一新需求，并行工程虽然解决了各阶段过程之间协同效率的问题，但单个企业生产的产品种类有限，往往需要与供应链上的其他企业合作，或者集成其他企业的产品，共同应对大批量定制需求，而当时的状况是企业普遍缺少低成本、高效率的供应链[5]。该阶段利用了企业资源计划、产品生命周期管理、客户关系管理、网格计算、虚拟企业等技术，通过构建协作网络、研制服务系统、开展众包生产等方式，建立了协调有序的供应链伙伴关系，实现了对市场批量定制的快速响应，也为群智协同制造构建了企业间交互的基础。然而，这种企业间协同仍存在诸多局限性，例如，企业之间的共享参与度低，大部分制造企业对协同制造存在观望态度，对协同制造模式认识不足。从长远来看，没有认识到协同制造对整合优化企业资源和生产流程、提高生产效率起到的重要作用；从短期来看，现有企业尝不到共享制造的“甜头”。制造业产业链较长，理想状态下“平台接单、按工序分解、多企业之间协同”还难以实现，并且企业之间因为供应链过长，会出现上下游制造企业掌握信息不一致，从而导致制造生产出现问题。同时，激励机制还不健全，例如，对科研院所来说，如何将自身仪器设备资源向中小制造企业开放，如何制定收费标准等方面的政策支持和规范还不够；对制造业大型企业来说，在牵头搭建协同制造平台、开放闲置资源时，考虑到利益分配关系复杂等因素，也缺乏向中小企业开放的动力。

4) 2010 年左右开始的服务协同阶段

随着个性化定制需求的出现，通过简单整合供应链产品的方式不再能够快速响应个性化定制产品的需求。另外，企业为了应对大批量生产购置了大量资源，大幅提升了生产能力，在生产结束后资源浪费严重。为此，需要打破企业间、制造阶段间的边界，对外开放资源和制造能力，融合为协同资源池和协同能力池，建立新型服务模式，实现面向产品订单的资源、能力快速配置，达到跨企业、多阶段资源和能力协同的目的。在该阶段，李伯虎等[6]于 2010 年基于敏捷制造、网络化制造提出了云制造生产模式，实现了以云计算为基础架构的跨企业资源、能力集成和服务化定制以及优化利用，其具有的开放性和网络协同交互能力也激励了更多用户群体参与协同制造，提升了群体交互和协作效率，奠定了群智协同制造的资源和制造能力交互的基础。

5) 2017 年左右开始的人、机、物协同阶段

前四个阶段提升了群智协同制造的信息、过程、企业、服务的交互和协同能力，但本质上还是对制造任务提前做好规划。随着柔性需求增加，订单数量、需求来源频繁变化，计划任务、工艺路线、生产准备、执行偏差、设备故障等扰动为制造过程带来了大量不确定性，“计划赶不上变化”导致复杂制造企业难以实现按需响应、快速迭代、动态优化，需要进一步打破制造过程中单元、车间、企业间的层级关系，打破制造各阶段的边界，站在以人、机、物为代表的细粒度单元的角度，考虑其在不确定情况下如何彼此协作、动态响应，解决传统计划和调度模式难以解决的过程间协同问题。为此，2013 年德国推出“工业 4.0”战略规划，提出了面向产品全生命周期的智能制造，与信息物理系统深度融合，利用人工智能等技术，实现人、机、物的实时连通、相互识别、有效交流和动态配置，达到智能化过程协同[7,8]。2018 年，我国科学技术部设立了“网络协同制造与智能工厂”重点专项[9]，截至 2021 年 4 月，共资助了 67 个协同制造相关项目，涵盖了航空航天、轨道交通、汽车等领域，关注群智协同、建模仿真、状态监控、人机交互、柔性制造、智能决策、云端协作等重点研究方向。

周济等[10]指出，新一代人工智能技术与先进制造技术深度融合，将重塑设计、研发、制造、服务等产品全生命周期的各环节，形成新一代智能制造技术和业态，提升制造业的生产力和竞争力。技术的进步为融合群体智能的协同制造研究提供了非常好的契机。融合群体智能协同制造的基础、需求与挑战如图 6-1 所示。目前，面对由计划任务、工艺路线、生产准备、执行偏差、设备故障等扰动带来的按需响应、快速迭代、动态优化等协同制造新需求，建立了信息协同、过程跨阶段协同、企业间协同的基础，具备了群智能体、人工智能、先进通信、智能控制、数据可信共享等技术基础，可以在一定程度上实现制造资源、制造能力、智能的共享协同；基于云制造平台、工业互联网、工业大数据平台，能够向用户提供制造能力和制造资源服务。为了实现单元级、车间级、企业级的人、机、物协同制造，未来面临的主要挑战是如何建立人、机、物群智协同制造模式，包括：如何使制造过程中的人、机、物的物理实体、生产环境、生产信息和制造过程之间实

时、安全互联，将物理实体映射到虚拟空间；虚拟空间的人、机、物如何进行感知、通信、计算和控制，并实时反馈状态变化；在以上基础上，如何融合主动感知、激励参与、主动反馈、群智决策、自主执行、智能推荐等群体智能特性，通过制造单元间互相学习来提升单体的自主化、智能化程度，通过引入激励机制使群体展现出更强的组织性，进而完成单智能体无法完成的任务，实现融合群体智能的高效协同制造[11]。

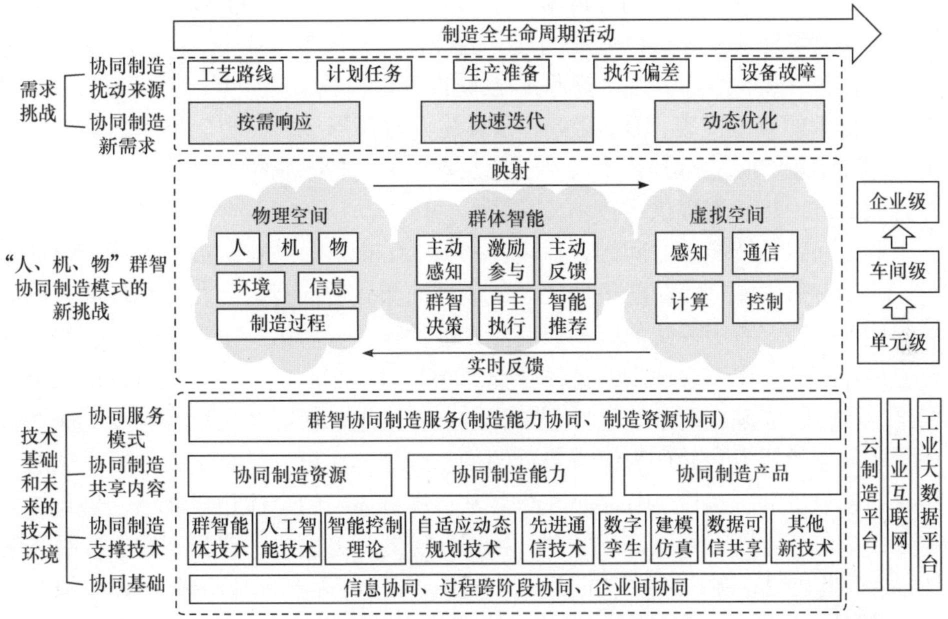

图 6-1　融合群体智能协同制造的基础、需求与挑战

国内外在群智协同方面仍然缺少理论基础和技术体系方面的系统性研究。目前，虽然已有一些案例将群体智能融入制造的局部过程，例如，实现了扰动下群体协同动态路径规划的“智能自动导引运输车”[12]，但如何在制造全生命周期中融入群体智能还是一个亟待研究的问题。在复杂产品的协同制造中，人、机、物构成了异构的复杂群体，行为复杂、面对的扰动类型更多、制造过程中的人、机、物约束关系也更复杂，这些都成为研究融合群体智能的协同制造的挑战性问题。

6.2　融合群体智能的制造企业协同运行模型

群体智能(简称群智)是指在一个群体中，个体通过交互在宏观上展现出远超个体能力的智能行为。蚂蚁觅食、蜂群筑巢、鱼群避敌、生产制造、市场经济乃至人类文明，都是自然界和人类社会中典型的群体智能现象。

群体智能，交互是核心，通信是基础。从自然界的蚂蚁觅食、蜂群筑巢、鱼群避敌等群智现象可以看出，通过交互，蚂蚁、蜂群、鱼群等弱智能群体可以表现出更高的群体智能，远超个体的能力，甚至仅独立地从个体表现的行为观察，无法判断可能的群体行为，因而也称为是群体行为涌现出来的一种智能行为。近些年来，群体智能得到了学术界和工业界的广泛关注，出现了无人机编队、智能自动导引运输车等产品应用，也出现了“滴滴”“美团”等商业模式，这些都是汇集群体智能完成个体难以完成的任务的群智典型代表。另外，人类的群智(通过信息的互联互通，整合了人力资源)以及软件开发领域出现的开源开发模式、众测等也是群智的典型代表，是(高级)智能体之间合作形成的群智。最后，随着工业物联网的出现，智能感知技术得到迅速发展，人、机、物得以连通交互，这为群体智能的进一步发展提供了技术支撑。

群智一定是智能体之间的合作吗？1993 年 Beni 等[13]首次提出群体智能概念时，认为群体智能是非智能机器人系统表现出集体智能行为，在外部环境中不可预测地产生特定有序模式的能力。可见，群体智能概念第一次出现时，强调了非智能机器人的合作而表现出的集体智能。2001 年，Eberhart 等[14]从信息论的角度指出，群体智能是在简单信息处理单元的交互作用中使群体在某种程度上成功解决特定问题的能力，并认为组成集群的信息处理单元可以是有生命的、机械的、计算的或数学的。2012 年，Ahmed 等[15]指出群体中的个体相对简单，自身能力有限，却可以与周围环境进行互动，根据一定的行为模式，合作完成生存必需的任务。由此可见，群体智能中的个体，并不要求一定是智能体(弱智能体或强智能体)，但是个体需要具备交互的能力，并可以依据规则响应变化，完成特定任务。如 1.2 节提到的，虽然难以定义每架无人机是否具有智能，但是每架无人机都具有主动或被动感知的能力，再通过个体间交互做出决策，并根据预定的规则做出响应，形成集体行为。

根据 1.2 节的分析，可以将人、机、物群体中的个体分为有主观能动性和无主观能动性两类。有主观能动性的个体(如人)，可以按照预先确定的规则/模型/算法办事，也可能不按规则/模型/算法办事；无主观能动性的个体只能按照确定的预先规则/模型/算法做出响应(不考虑故障的情况)。无主观能动性的个体又包括两类：一类有感知、有响应，如机械臂、智能自动导引运输车、智能传感器等；另一类只能采集和传输生产数据，如非智能传感器、传送带等。物可以具有智能，如具有传感器和控制器的物料。环境通常没有感知和响应的能力。因此，制造中的人、机、物包括了群智中的个体和环境因素，其群智能体在个体之间通过通信与交互，以及与环境互动，根据相对简单的规则完成需要“智能”才能完成的全局任务。

本节基于上述对群体协同任务的理解，提出一种基于过程模型的制造企业群智协同运行模型。

对于制造企业，产品全生命周期“过程”最为重要。制造的目的是按时完成订单，从而保证产品的齐套周期，而能把各制造企业串联起来的是产品的全生命周期过程。制造企业接受订单后，将开展包括原材料采购、车间生产、外协生产等多个阶段的订单生产过程，其中一个订单对应多个任务单。从车间的视角看，其关心的是完成不同任务单上制品的生产，对订单的整个流程不清楚。因此，会出现多个订单对应的不同任务单在不同的车间不断产生交集，使得订单生产过程与制品生产过程混杂在一起，关系复杂，最终导致难以协调不同的订单过程，更难以对扰动进行快速响应。想要解决这个问题，就需要打通不同的过程，把订单生产过程和制品生产过程统一起来进行分析，从而实现二者过程之间的协同，这样才能提升应对各类生产扰动的快速响应能力。为此，提出以过程为中心融合群体智能的制造企业协同运行模型(process-centered swarm intelligent coordination model，PSICoMo)，同时考虑到所用到的生产资源、数据以及它们之间如何协同。

PSICoMo 的前期工作基础是 1997 年周伯生等[16]基于系统常识性管理模型[17]提出可视化过程建模语言(visual process modeling language，VPML)，分别从过程、后勤、协同和数据四个维度刻画了企业过程，并支持过程分析和资源优化。张莉[18]结合我国航空企业特点扩展了 VPML，提出了面向航空企业的图形化业务建模语言，细化了组织模型和资源模型，集成了项目管理，进一步支持自动模拟和参数寻优。

PSICoMo 在以上工作的基础上，结合当前技术环境下智能制造的特点，进一步扩展了 VPML 中过程模型的建模能力，使之不仅能够支持制造全生命周期过程、产线生产过程、车间生产过程等的建模，还能进一步区分内部活动和外协活动，并且能够描述过程与内外部资源、数据之间的约束关系，为跨企业协同过程建模仿真、过程并行优化等提供支持。重新定义了资源模型，PSICoMo 中的资源可以是智能化的，人、机、物资源具有不同等级的智能属性，如具有主动感知或被动感知能力、具有智能控制或按照既定规则计算响应能力、具有主动反馈或被动反馈能力等，并能够对设备等资源进行管理。为了融合群体智能，PSICoMo 扩展了协同模型，使其能够描述人、机、物之间的协同约束和规则、配置群智协同机制、调用群智协同服务等。为了满足协同制造对数据可信的要求，本书定义了 PSICoMo 的可信共享数据模型，描述了协同制造过程中产生的所有运行数据，采用区块链技术、数据同态加密技术、智能合约技术等，保证以可信的方式存储和共享资产化数据，具备数据管理能力，支持对产品进行可信溯源。

因此，PSICoMo 可描述为四元组，即 PSICoMo= {集成化过程模型，智能资源模型，群体智能协同模型，可信共享信息模型}。以过程为中心融合群体智能的制造企业协同运行模型如图 6-2 所示，第一个元组为集成化过程模型，它描述了制造企业进行协同时所必需的要素以及要素间的约束和关系；第二个元组为智能资源模型，也称为后勤模型，它描述了制造企业进行生产时所涉及的个体资源、组合资源、归属关系以及智能资源推荐服务；第三个元组为群体智能协同模型(简称群智协同模型)，它描述了制造企业协同运行时的通信机制、常见扰动与扰动发现以及支持制造企业协同运行的协商与激励等各种机制；第四个元组为可信共享信息模型，它描述了制造企业协同运行所涉及的产品信息模型、用户身份认证、数据隐私安全以及数据可信溯源等。此外，以上四个模型都能提供相应的协同服务，如集成化过程模型的集成过程语义支持服务(如协同制造过程语言定义)、智能资源模型的智能资源推荐服务(如设备资源推荐)、群体智能协同模型的群智协同服务(如关键任务跟踪服务)以及可信共享数据模型的可信数据共享服务(如数据安全加密)。

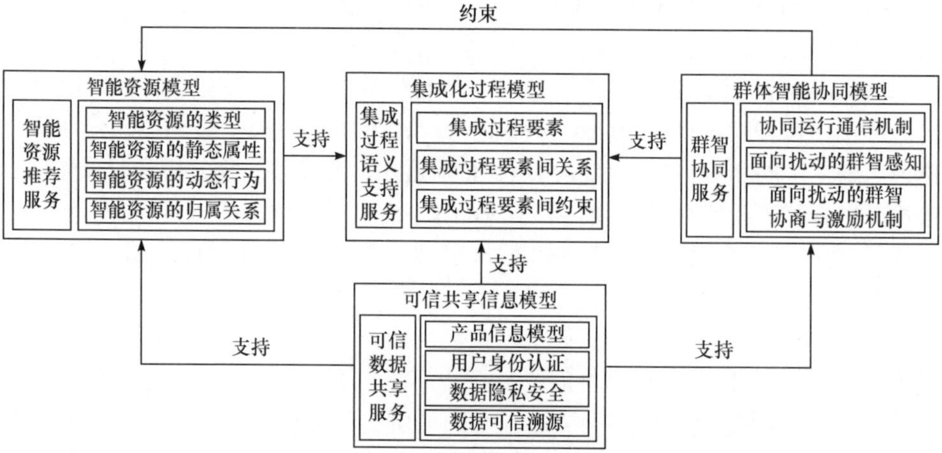

图 6-2　以过程为中心融合群体智能的制造企业协同运行模型

在图 6-2 中，以过程模型为中心体现任务驱动，集成化过程模型体现在过程的执行需要智能资源模型、群体智能协同模型、可信共享信息模型的支持；智能资源模型支撑集成化过程模型，使用可信共享信息模型，其行为受群体智能协同模型约束；群体智能协同模型需要可信共享信息模型的支持；可信共享信息模型则为智能资源模型、集成化过程模型以及群体智能协同模型提供信息服务支持。PSICoMo 能够支持制造企业定义协同过程语义，并基于该语义形成相应的过程语言及仿真建模工具，从而实现对协同制造过程的分析，做出初始的全局优化决策。此外，PSICoMo 也使得制造企业可以在制造过程中进行过程数据感知、扰动感知，并在扰动出现后，采取相应的协同策略，调用协同服务，实现局部动态决策和响应。本章后续将对 PSICoMo 的各组成部分进行详细讨论。

6.2.1　集成化过程模型

通过对实际制造过程的观察可以发现整个制造过程中主要包含生产活动与生产活动之间的关系、生产活动的输入输出、产品的信息以及支撑生产活动的资源信息等，因此需要有一个模型能对整个制造过程进行抽象简化，以此方便制造企业准确把握整体制造过程，本书称为集成化过程模型(integrated process model, IPM)。集成化过程模型描述制造过程中的活动、产品、支撑活动执行所需的资源类型、其他对象及它们之间的关联关系、遵循的约束规则，能够为制造企业快速构建完整的产品生产流程提供支持，并协助制造企业进行决策。此外，集成化过程模型还能支持协同制造过程语义的定义以及协同制造过程的分析。因此，集成化过程模型可以用四元组来表示，即集成化过程模型= {活动，产品，关系，约束}，各元组的具体定义如下。

(1) 活动={活动名称，活动类型，活动输入，活动输出，活动需要的资源，活动持续时间}，即活动由活动名称、活动类型、活动输入、活动输出、活动需要的资源以及活动持续时间组成。

(2) 产品={产品名称，产品标识符，产品类型，产品自定义属性}，即产品由产品名称、产品标识符、产品类型以及产品自定义属性组成。

(3) 关系={关系名称，关系组成，关系方向，关系类型}，即关系由关系名称、关系组成、关系方向以及关系类型组成。

(4) 约束={约束名称，约束类型}，即约束由约束名称以及约束类型组成。

集成化过程模型不仅考虑了活动、产品以及它们之间的关系与约束，还考虑了活动、产品和资源之间的关系与约束，为资源之间的协同提供了依据，即能够了解到底具体哪些资源要协同，间接描述了工作中心之间可能存在的协同关系。

1) 活动

集成化过程模型中的活动除了活动输入、活动输出、活动需要的资源及活动持续时间这四个基本属性之外，要描述具体的活动还需要活动名称与活动类型，具体如表 6-1 所示。

表 6-1　活动的属性

属性列表	属性描述
活动名称	描述了活动的专属名词
活动类型	描述了活动类别，主要包含人工活动、自动活动、批处理活动以及组活动
活动输入	描述了活动就绪/开始时所需要的输入，如原材料的数量已满足、有相应空闲的工作中心等
活动输出	描述了活动完成时输出的事物，如已加工好的制品/产品或一份生产计划等

续表

属性列表	属性描述
活动需要的资源	描述了活动执行时所需要的资源，如具有某种加工能力的工作中心或具有某种技能的工人等
活动持续时间	描述了活动执行一次所需的工时，通过某一分布来描述，包括均匀分布、指数分布等

2) 产品

集成化过程模型中的产品除了产品名称的基本属性之外，要描述具体的产品还需要产品标识符、产品类型以及产品自定义属性。其中，产品自定义属性包括源产品的单价等，可由用户根据实际情况进行定义添加，具体如表 6-2 所示。

表 6-2　产品的属性

属性列表	属性描述
产品名称	描述了产品的专属名词
产品标识符	描述了标识产品的符号且符号唯一
产品类型	描述了产品类别，主要分为源产品、非源产品以及组合产品，源产品是指非生产过程中产生的制品/产品，通常通过采购获得且具有价格；非源产品和组合产品是生产过程中产生的制品/产品，通常通过多个原材料或制品/产品获得
产品自定义属性	描述了用户自定义添加的属性，如源产品的单价等

3) 关系

集成化过程模型中的关系由关系名称、关系组成、关系方向和关系类型组成，具体如表 6-3 所示。

表 6-3　关系的属性

属性列表	属性描述
关系名称	描述了关系的专属名词
关系组成	描述了几个对象的关系组成，如一元关系、二元关系
关系方向	描述了关系的方向，如单向关系、双向关系等，即关系的输入方和关系的输出方
关系类型	描述了不同对象之间的关系，根据输入方、输出方的类型，关系可分为依赖关系、关联关系、聚合关系及组合关系等

在本书中关系的组成基本都是二元关系，其中关系类型是重点，为了方便了解关系类型，下面对表 6-3 提及的几种关系类型进行解释说明。

(1) 依赖关系：表示一个对象依赖另一个对象的定义，其中一个对象的变化将影响另一个对象。

(2) 关联关系：对象与对象之间的连接，是一个对象联系/关联另一个对象的属性和方法。关联关系有双向关联和单向关联。

(3) 聚合关系：聚合关系是关联关系的一种，是强的关联关系。聚合关系是整体和个体的关系。普通关联关系的两个类处于同一层次，而聚合关系的两个类处于不同的层次，一个是整体，一个是部分。同时，聚合关系是一种弱的“拥有”关系，体现的是 *A* 对象可以包含 *B* 对象，但 *B* 对象不是 *A* 对象的组成部分。

(4) 组合关系：是关联关系的一种，是比聚合关系更强的关系。它要求普通的聚合关系中代表整体的对象负责代表部分的对象的生命周期。组合关系也是一种强的“拥有”关系，体现了严格的部分和整体的关系，部分和整体的生命周期一致。如果 *A* 对象由 *B* 对象组成，表现为 *A* 对象包含 *B* 对象的全局对象，并且 *B* 对象在 *A* 对象创建的时刻创建。

上述几种关系类型在本书中也有体现，如活动与活动有组合关系、活动与工作中心有关联关系、活动与工作中心有依赖关系、资源与工作中心有聚合关系。

4) 约束

集成化过程模型中的约束由约束名称和约束类型组成，具体如表 6-4 所示。

表 6-4　约束的属性表

属性列表	属性描述
约束名称	描述了约束的专属名词
约束类型	描述了约束的类型，具体有定义约束、引入约束及描述约束

其中，约束类型是重点，为了方便了解约束类型，下面对表 6-4 中提及的几种约束类型进行解释说明。

(1) 定义约束：指的是在对象中定义约束，例如，在活动中定义时间的约束，使活动成为批处理活动。

(2) 引入约束：指的是引入其他对象进行约束，例如，引入时钟对象，然后在活动上加上时钟对象进行约束，也能使活动变成批处理活动。

(3) 描述约束：指的是可以在关系中增加一些描述来刻画一些约束，例如，在依赖关系中增加一些限制的描述，也能使依赖关系变成一种约束关系。

6.2.2　智能资源模型

智能资源模型(intelligent resource model，IRM)是 PSICoMo 运行的基础，智能资源模型描述制造企业进行生产时所涉及的个体资源、组合资源、归属关系以及智能资源推荐服务。本书的智能资源模型是从制造企业的特点来考虑的，因为制造企业是由人、机、物组成的，人、机、物是制造企业进行生产任务的个体资源，也是不可再分的资源，即包含制造企业人、机、物的智能资源集合。此外，基于实际生产还要考虑制造企业能完成一个具体制造任务的单位，该单位可以看作个体资源有机地组合在一起，也可以看作不同个体资源的组织体，即组合资源。然后，个体资源和组合资源都有具体的归属关系。最后，智能资源模型还支持制造过程中对个体资源和组合资源的需求推荐，即智能资源推荐服务。因此，智能资源模型可由一个三元组来表示，即智能资源模型= {资源，归属关系，智能资源推荐服务}，具体介绍如下。

(1) 资源={个体资源，组合资源}，即资源由制造过程中涉及的个体资源以及组合资源组成。其中，个体资源是各种人、机、物等智能资源，而组合资源是多个个体资源的组织体，其组织体可大可小，组合资源虽是资源的组织体，但绝不是多个个体资源的简单拼凑，而是多个个体资源相互协作来完成一个具体制造任务的单位。此外，无论是个体资源还是组合资源都包含静态属性和动态行为两个维度，其智能属性体现在动态行为上。

(2) 归属关系={关系名称，关系组成，关系方向，关系类型}，即归属关系由关系名称、关系组成、关系方向以及关系类型组成。

(3) 智能资源推荐服务={推荐服务名称，推荐服务类型}，即智能资源推荐服务由推荐服务名称以及推荐服务类型组成。

1. 资源

智能资源模型的智能资源涉及制造过程中的各种资源，为了方便，本书将其分为两种，即个体资源(basic resources，R_{bas})和组合资源(organizational resources，R_{org})。智能资源模型的结构如图 6-3 所示。

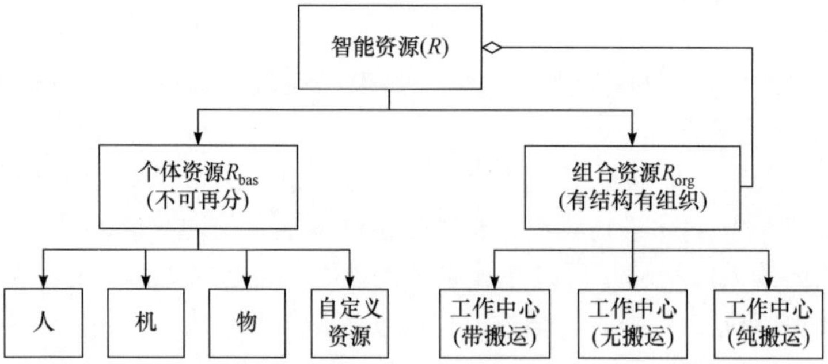

图 6-3　智能资源模型的结构

1) 个体资源

个体资源是指制造企业的人、机、物，其中，包括人力资源(如车间工人)、制造设备资源(如车间车床)、物料资源(如产品原材料)等，这些人、机、物的个体资源是制造企业进行生产任务的基础资源，也是不可再分的资源。

个体资源中的每一种资源 r_i 具有两种属性：静态属性和动态行为。其中，静态属性是每种资源都具有的属性，r_i(静态属性)={个体资源标识符，个体资源名称，个体资源描述，个体资源位置，个体资源类型}，即 r_i(静态属性)由个体资源标识符、个体资源名称、个体资源描述、个体资源位置以及个体资源类型组成，具体如表 6-5 和表 6-6 所示。

表 6-5　资源的静态属性

属性列表	属性描述
个体资源标识符	描述标识资源的符号且符号唯一
个体资源名称	描述资源的专属名词
个体资源描述	描述资源的内容和特点
个体资源位置	描述资源所在的地理位置
个体资源类型	描述资源属于哪种资源类型

另一种属性描述是资源的动态行为，r_i(动态行为)={个体资源主动感知，个体资源被动感知，个体资源自动识别，个体资源自动反馈，个体资源自主决策}，即 r_i(动态行为)由，即个体资源主动感知、个体资源被动感知、个体资源自动识别、个体资源自动反馈以及个体资源自主决策组成。动态行为属性根据资源类型的不同，其包含的具体行为也不同，例如，人力资源的主动感知主要是对产品订单的发生进行识别，而制造设备资源的主动感知主要是对加工物料的多少进行识别。

表 6-6　资源的动态行为

属性列表	属性描述
个体资源主动感知	资源能主动发现周围各种信息，并进行信息收集
个体资源被动感知	资源被动地获得知识或接收信息，从而感知外界情况
个体资源自动识别	资源通过识别装置自动获取物品相关信息，并进行识别
个体资源自动反馈	资源能自动对接收的信息或命令做出相应反馈
个体资源自主决策	当需要决策时，资源能自主根据现有的信息和相关条件做出决策

为了方便了解个体资源具体有哪些类型，下面对表 6-5 提及的资源类型进行描述，具体如下。

个体资源的类型主要包括人力资源(人)、制造设备资源(机)以及物料资源(物)。此外，为了模型的可扩展性，个体资源类型还包含用户自定义资源。

(1) 人力资源：在整个制造过程的全生命周期中拥有特定技能的人，具体包括技术能力、专业能力以及决策能力等。

(2) 制造设备资源：在整个制造过程的全生命周期中可以参与生产的设备、车间以及工厂等，具体分为普通设备和智能设备。智能设备具有普通设备没有的一些能力，具体包括主动感知能力、被动感知能力以及自动决策能力。

(3) 物料资源：在整个制造过程的全生命周期中涉及原材料、文件、文档、半成品以及成品等，这些物料资源具有智能感知能力，具体包括主动感知能力和被动感知能力。

(4) 用户自定义资源：不属于上述资源中的所有资源的集合，用户可以自定义资源类型以及将来可能新增加的资源等，这些资源都具有一定的智能属性，不限于基于规则、基于学习的决策能力等，为模型的可扩展性提供了保障。

2) 组合资源

组合资源是指不同个体资源的组织体，即现实中制造企业能完成一个具体制造任务的单位，该单位可看作个体资源有结构地组合在一起。在本书中，主要以工作中心(work center，WC)来表述组合资源。如果关心工作中心具体由哪些资源组成，此时工作中心可以看作一个白盒，如车间内的资源有车床、原材料以及车间工等，企业内的资源包含不同车间、半成品、各车间主任等，工作中心是不同的人、机、物资源组成的组织单位，即工作单元(工作单元可完整地完成制造企业的一个任务)，此时，也可以将工作中心看作一个黑盒，其行为是由其内部资源的行为组成的，且具备相应的决策能力。在实际生产过程中，工作中心不仅有加工能力，还有可能带有搬运能力，由于搬运能力涉及不同工作中心，所以本书将工作中心分为三类：第一类是具有搬运能力的工作中心(带搬运)；第二类是不具有搬运能力的工作中心(无搬运)；第三类是只有搬运能力的工作中心(纯搬运)。

工作中心中每一种工作中心 w_i 具有两种属性：静态组织属性和动态组织行为。其中，静态组织属性是每种工作中心都具有的属性，具体有工作中心标识符、工作中心名称、工作中心描述、工作中心位置、工作中心类型、工作中心能力、工作中心质量资质、工作中心关键设备、工作中心日产能以及工作中心日加工成本等。工作中心的静态组织属性和动态组织行为分别如表 6-7 和表 6-8 所示。

w_i (静态组织属性)={工作中心标识符，工作中心名称，工作中心描述，工作中心位置，工作中心类型，工作中心加工能力，工作中心质量资质，工作中心关键设备，工作中心日产能，工作中心日加工成本，工作中心搬运能力}。

表 6-7　工作中心的静态组织属性

属性列表	属性描述
工作中心标识符	描述标识工作中心的符号且符号唯一
工作中心名称	描述工作中心的专属名词
工作中心描述	描述工作中心的内容和特点
工作中心位置	描述工作中心所在的地理位置
工作中心类型	描述工作中心属于哪种资源类型

续表

属性列表	属性描述
工作中心加工能力	描述工作中心所具备的加工能力，如电装、电镀、热处理、总装等
工作中心质量资质	描述工作中心使用的标准，如国标、省标或企标等
工作中心关键设备	描述工作中心具有哪些关键设备及关键设备关联加工能力
工作中心日产能	描述工作中心每日的工时数
工作中心 日加工成本	描述工作中心每日进行加工所需要的费用
工作中心搬运能力	描述工作中心是否具有搬运能力

另一种是工作中心的动态组织行为，工作中心是资源的组织体，因此资源具有的属性，工作中心的动态组织行为也应该具备，包含主动感知、被动感知、自动反馈以及自主决策等动态行为。

w_i (动态组织行为)={工作中心主动感知，工作中心被动感知，工作中心自动反馈，工作中心自主决策}

表 6-8　工作中心的动态组织行为

属性列表	属性描述
工作中心主动感知	具有能主动发现周围各种信息并采集信息的能力
工作中心被动感知	工作中心遇到事物或命令时能发现或接收其信息并采集
工作中心自动反馈	工作中心能自动地对接收的信息或命令做出相应反馈
工作中心自主决策	当需要决策时，工作中心能自主根据现有的信息和相关条件做出决策

为了方便了解组合资源 R_{org} 具体有哪些类型，下面对图 6-3 提及的三类工作中心进行介绍。

组合资源 R_{org} 的资源类型主要由工作中心的类型体现，工作中心主要包含三种类型：具有搬运能力的工作中心(带搬运)、不具有搬运能力的工作中心(无搬运)以及只有搬运能力的工作中心(纯搬运)。

(1) 具有搬运能力的工作中心。该类型的工作中心除了加工、装配、包装等能力之外，还具有产品/制品搬运的能力。

(2) 不具有搬运能力的工作中心。该类型的工作中心只具有加工、装配、包装等能力。

(3) 只有搬运能力的工作中心。该类型的工作中心只具有搬运能力，即具有产品/制品搬运的能力，不具备加工、装配、包装等能力，此刻可以将工作中心看作搬运中心。

2. 归属关系

智能资源模型的归属关系表示制造过程中涉及的各种资源和组合资源(工作中心)的归属关系，其中包含两种归属关系：个体资源与组合资源的归属关系以及组合资源与组合资源的归属关系，具体如下所示。

(1) 个体资源与组合资源的归属关系：表示个体资源与工作中心之间的归属关系，即某些资源属于某个工作中心。

(2) 组合资源与组合资源的归属关系：表示工作中心与工作中心之间的归属关系，即某个工作中心属于某个工作中心、某个搬运中心属于某个工作中心、某个搬运中心属于某个搬运中心等。

3. 智能资源推荐服务

本书智能资源模型的智能资源推荐服务表示在生产制造过程中可针对具体需求进行相应资源的推荐服务，包含智能资源的推荐服务和智能资源的学习服务，具体如下所示。

(1) 智能资源的推荐服务：在生产制造过程中，可以根据具体的需求进行不同资源的推荐，如个体资源的推荐(制造设备的推荐)和工作中心的推荐(具有某加工能力的工作中心的推荐)等。

(2) 智能资源的学习服务：在生产制造过程中，可以根据具体的需求提供资源学习的服务，如资源间联合学习的服务(联邦学习)和资源间迁移学习的服务(迁移学习)等。

6.2.3　群体智能协同模型

实际制造企业人、机、物之间协同的基础是通信，因为制造活动要协同就需要提供基础的通信和交流机制，以保证制造企业人、机、物的协同过程顺利进行。在协同制造过程中，时常会出现各种不确定性扰动，这些扰动是影响制造企业人、机、物之间协同合作的关键问题，为此需要考虑如何及时发现及识别扰动，就需要提供面向扰动的群智感知机制；如何对发生的扰动进行合适的处理，即制造活动出现问题时人、机、物之间如何协商处理，以及如何激励人、机、物参与协商，需要提供处理扰动的协商与激励机制；如何利用上述机制使制造企业人、机、物之间沟通得更好，即使能技术，还需要提供不同的群智协同服务来支撑制造人、机、物协同运行。综上，群体智能协同模型(swarm intelligent coordination model, SICM)包含协同运行通信机制、面向扰动的群智感知、面向扰动的群智协商与激励机制。此外，群体智能协同模型还提供各种群智协同服务。因此，群体智能协同模型可以用四元组进行表示，即群体智能协同模型= {协同运行通信机制，面向扰动的群智感知，面向扰动的群智协商与激励机制，群智协同服务}，具体如下。

(1) 协同运行通信机制={通信机制名称，通信机制类型}，即协同运行通信机制由通信机制名称以及通信机制类型组成。

(2) 面向扰动的群智感知={监控与感知机制，扰动类型，扰动影响}，即面向扰动的群智感知由监控与感知机制、扰动类型以及扰动影响组成。

(3) 面向扰动的群智协商与激励机制={群智协商机制，群智协商激励机制}，即面向扰动的群智协商与激励机制由多个群智协商机制以及群智协商激励机制组成。

(4) 群智协同服务={协同服务名称，协同服务类型}，即群智协同服务由协同服务名称以及协同服务类型组成。

1. 协同运行通信机制

要实现制造业人、机、物等要素的连接、交互、感知与计算，则通信是基础，协同运行通信机制在本书中是支撑制造过程中人、机、物之间进行通信的机制，包含多种通信机制，具体如下所示。

(1) 单方通信机制。单方通信指的是从发起方(单个)到接收方(单个)的数据信息流向是单向的，即发起方和接收方只能发送或接收数据信息。

(2) 双向通信机制。双向通信指的是从发起方(单个)到接收方(单个)的数据信息流向是双向的，即发起方和接收方既能发送数据信息，也能接收数据信息。

(3) 多方通信机制。多方通信指的是从发起方(多个)到接收方(多个)的数据信息流是多方向的，即多个发起方和多个接收方可以相互发送和接收数据信息。

(4) 广播通信机制。广播通信指的是发起方(单个)向所有具备接收数据信息的第三方发送数据信息流，即发起方向具备接收数据信息的第三方发送数据信息，具备接收数据信息的第三方可以选择接收或者不接收该数据信息。

2. 面向扰动的群智感知

制造作业流程是一个动态不确定的过程，易受订单变更、设备故障等不确定性因素的干扰，导致预先制订的生产计划的执行结果与期望结果不符。因此，制造过程中必须具有能够快速发现并识别扰动的机制，以保证系统的稳定运行，即面向扰动的群智感知。面向扰动的群智感知包括监控与感知机制以及扰动类型与影响，具体如下。

1) 监控与感知机制

监控与感知机制是对实际生产过程中不确定性扰动被动发现与主动发现相结合的机制，即监控机制(被动的)与感知上报机制(主动的)。

(1) 监控机制(被动的)。它可以监控产品的整个制造过程，以产品制造全过程数据的被动收集为基础，可以实时掌握整个生产过程的进度、状态以及各种现场数据，同时可以通过监控测试来发现扰动，触发对扰动的响应。此外，监控机制是对产品制造全过程的一种跟随监控，也是产品的生产过程管理、产品信息追溯、产品性能分析监测和质量管理的基础。

(2) 感知上报机制(主动的)。它可以在制造生产过程中通过组织终端设备、移动设备等形成交互式、参与式的感知网络，进而感知/收集周围不确定性扰动产生的信息，并主动上报，最后实现对扰动的实时响应，达到帮助生产车间、工厂和制造企业及时应对各种突发不确定性扰动的目的。

基于以上监控机制(被动的)与感知上报机制(主动的)，能实现对生产过程中不确定性扰动的良好监控与感知，而对于不确定性扰动，主要监控以下常见类型，下面对这些扰动类型进行详细阐述。

2) 扰动类型与影响

在复杂生产环境下，处理多品种、多批量的生产扰动是驱动车间进行动态调度的根本动力。生产扰动种类和来源较为复杂，根据扰动因素的发起类别，可将生产扰动分为五个层次：计划任务层、生产工艺层、加工设备层、物料资源层以及生产执行层。这五个层次也对应不同的扰动：基于计划任务的扰动(计划任务层)、基于工艺路线的扰动(生产工艺层)、基于设备异常的扰动(加工设备层)、基于生产准备的扰动(物料资源层)以及基于执行偏差的扰动(生产执行层)。上述五类扰动在制造过程中发生的环节不同，且影响程度也不一样，具体如下。

(1) 基于计划任务的扰动：复杂制造环境下的生产任务具有动态、多变的特点，生产订单的快速变化带来生产任务不可预测的动态调整，如生产任务追加与插入、生产任务撤销以及生产任务更改。

(2) 基于工艺路线的扰动：在制造过程中会存在一定数量仍处于试制阶段的零件，这些零件的工艺十分不稳定，随时可能根据功能或加工的需要对零件的工艺路线进行调整。

(3) 基于设备异常的扰动：在生成作业计划后，设备的故障/维修原因造成设备的可用加工时间发生变化。

(4) 基于生产准备的扰动：在生产任务已经生成作业计划后，发现其中部分零件由于工装、刀具或图纸不到位，数控加工代码未编制完成，物料未准备完成等原因不能按计划开始加工，需要对作业计划进行调整。

(5) 基于执行偏差的扰动：在制造过程中主要存在三种执行偏差。①制造执行时间偏差，生产执行过程中存在大量不可预知的因素，造成生产中实际开工/完工时间与作业方案中的计划开工/完工时间不一致。②生产执行数量偏差，生产执行过程中不可避免地出现废品现象，致使作业计划中的计划生产数量与实际不一致。③超差品返工偏差，检测过程中发现一些完成加工的零件不符合要求，判断确定返工加工等。

3. 面向扰动的群智协商与激励机制

面向扰动的群智协商与激励机制给出了制造过程中的人、机、物在面对扰动时需要考虑基于群智的协商机制与激励机制,其中群智协商机制保证制造企业人、机、物在扰动发生时能及时进行协商和处理，而群智激励机制保证制造企业人、机、物能积极参与扰动的处理，即群智激励机制有利于促进协同运行共享的积极性和群智协商的高效性。下面对群智协商机制与群智激励机制进行详细阐述。

1) 群智协商机制

群智协商机制的核心是保证制造企业人、机、物如何在扰动发生时处理扰动，使得制造企业人、机、物能够良好地应对扰动，实现局部动态决策和响应，这也是保证整个制造生产良好协同运行的关键之一。

群智协商机制有多种实现方式，如基于正负反馈的协商机制、基于博弈论的协商机制等。这些协商方式有一些共同的属性：参与对象都是多个工作中心，参与流程时工作中心主动共享或主动参与外协，并得到期望反馈，参与原则是多劳多得、好劳好得等，即共享的越多、质量越好，相应得到的也越好，反之也是如此。当然，参与原则也会根据评估的指标不同有相应的变化，但整体原则如此。

2) 群智激励机制

群智激励机制可以保证制造企业人、机、物能积极参与扰动的处理，这些激励机制贯穿整个制造过程。当然，在本书中群智激励机制也不仅局限于参与扰动的处理，也可以参与信息、知识的共享或外协加工等，但与参与扰动的处理方式和原则是一样的。群智激励机制是促进制造过程中人、机、物参与协同运行的关键，设置协同激励机制不仅能提升制造企业人、机、物进行共享的积极性，还能提高制造过程中人、机、物协商解决扰动的效率。

群智激励机制有很多种实现方式，如基于奖惩的激励、基于信誉度的激励以及基于贡献度的激励等。这些激励方式与群智协商机制类似：参与者都是制造企业/工作中心/人，参与流程是主动共享或主动参与外协，并得到期望反馈，但是参与原则不同，由于基于不同的评价指标，所以有时不一定根据多劳多得、好劳好得，而是根据相应的指标进行评价，例如，基于信誉度的指标是根据参与者的信誉度好坏进行选择的，而多劳不一定能得到好的信誉度，因为有时多劳多错，信誉度反而下降。进一步，群智激励机制可以基于不同的维度进行构建，如基于信誉度或基于贡献度等，使得制造企业人、机、物更能积极参与扰动的处理等。

4. 群智协同服务

基于前面的机制和方法可知，这些规则和机制本身是一种服务，同时为了实现这些规则和机制，以及支持生产制造过程中机制和方法自学习、演化的服务，群体智能协同模型需要提供或实现不同的群智协同服务，制造企业能通过这些群智协同服务解决制造过程中各种扰动影响的问题，从而保证协同制造过程的可靠运行，具体如下。

(1) 关键任务跟踪服务：提供制造过程中某个订单生产过程的关键路径实时跟踪服务功能。

(2) 供应商优选服务：提供制造过程中设备故障、设备维修、临时插单等不确定性扰动导致需要推荐外协供应商进行协助生产的服务功能。

(3) 群智排程调度服务：提供制造过程中需要进行订单生产计划、任务排程或群智调度的服务，不仅能生成静态的生产计划，还能在扰动发生时进行局部动态的调度服务。

(4) 其他服务：这些服务都是基于前面的机制和方法实现的，具体服务需根据具体需求来自定义。

6.2.4 可信共享信息模型

实际制造过程中会涉及大量的数据信息，如产品的构型信息等，这些数据信息都需要安全保存。参与制造过程的企业也需要保证其参与的合法性，因此也需要用户参与认证，以保证制造过程中数据信息交互的隐私安全。此外，为了保证整个协同制造过程中所有制品/产品都可以可信溯源，以便出现问题时可以追踪溯源，防止抵赖。因此，可信共享信息模型(trusted shareable information model, TSIM)包含产品信息模型存储整个协同制造过程中产生的数据信息、用户身份认证对制造过程中制造企业加入进行身份认证、数据隐私安全保证协同制造过程中数据信息交互的隐私安全，以及数据可信溯源保证协同制造过程中所有制品/产品可信溯源。因此，可信共享信息模型可以用四元组来表示，即可信共享信息模型= {产品信息模型，用户身份认证，数据隐私安全，数据可信溯源}，具体如下。

(1) 产品信息模型：表示整个协同制造过程中产生的数据信息。

(2) 用户身份认证：表示制造过程中制造企业加入的身份认证相关技术，其中包括数字标识技术和身份认证技术等。

(3) 数据隐私安全：表示在协同制造过程中保证数据信息交互隐私安全的相关技术，其中以加密技术为主，如同态加密技术。

(4) 数据可信溯源：表示在协同制造过程中保证所有制品/产品能可信溯源，主要通过基于区块链技术并结合射频识别技术和二维码技术等来实现。

1. 产品信息模型

产品信息模型包含整个协同制造过程中产生的数据信息，如产品的构型数据、产品的工艺信息等，它将产品生产制造的活动和过程视为一个有机整体，建立了一个能管理产品生命周期各阶段不同信息的数据模型。产品信息模型将协同制造过程中产生的数据信息根据需要放入数据中心或放入区块链中进行存储，以方便管理和共享产品数据，解决制造企业信息化孤岛的问题，方便共享和提高制造企业生产的效率。

2. 用户身份认证

用户身份认证是保证制造企业进入的合法性，为企业人、机、物提供数字身份证明，当协同制造过程中的制造企业参与制造时，首先需要确认制造企业的身份是否正确，如果正确，则可进入区块链或联盟链，否则，不能进入，从而充分保证了制造企业进入区块链的合法性和安全性。对于基于数据共享的学习，则采用了联邦学习，以保证数据的隐私安全。

3. 数据隐私安全

数据隐私安全是保证整个协同制造过程中数据信息进行交互的隐私安全。通过加密技术(如同态加密技术等)对协同制造过程中正在交互的数据信息加以保护，除了交互双方外，对任何人都是不可见的，这就充分保证了协同制造过程中用户的数据隐私安全。

4. 数据可信溯源

数据可信溯源是保证整个协同制造过程中所有原材料、半成品、成品以及相关制造流程等数据信息都能够可信溯源，即基于区块链技术，可以将产品从原料供应商的信息开始，到工厂内部仓储、生产过程中的关键节点，以及成品之后的检测检验信息(可以通过射频识别技术或二维码技术对相关产品上的条形码或二维码进行读取识别，这样能快速找到相关产品的负责人或负责企业)进行上链存储。区块链+溯源的特点使信息不可篡改，因此当制品/产品出现问题时，就能通过检验信息来层层追溯源头，方便追责，防止抵赖，这就充分保证了协同制造过程中相关产品的数据可信溯源。

6.3　制造企业群智协同运行过程建模与仿真

协同制造以生产过程为中心，通过订单将各企业的库存、设备、人力资源等信息关联和统一起来。生产计划管理是传统企业资源计划(enterprise resource planning，ERP)系统的核心功能之一，但其不能完全适应协同制造的需求，主要有以下原因。

(1) ERP 系统制订生产计划需要比较完整的库存、设备、人力资源等数据信息，信息维度多且复杂，而协同制造过程中很可能缺少某些企业的具体数据信息，需要对这些数据信息进行抽象化描述。

(2) 协同制造中的各企业可以视为分布式协作的系统，独立性强、信息互通困难，且不确定性因素来源多、对制造过程影响大，因此需要对分布式企业之间的互通信息进行定制化建模，对不确定性因素及其影响进行抽象化描述。现有的ERP系统缺少上述过程、资源、不确定性等要素及其关系的抽象建模能力，也缺乏对此类抽象模型的仿真分析能力。此外，协同运行模型 PSICoMo 也需要建模语言和支撑系统才能实现。因此，本节重点讨论基于 PSICoMo 的制造企业群智协同制造过程建模语言的定义和仿真工具的研发。

6.3.1　协同制造过程建模语言

本书从产品制造过程出发，以6.2节的协同运行模型 PSICoMo 为依据，以过程为中心，集成活动、产品信息、协同关系、需要的资源类型等信息，分析协同制造过程涉及的核心要素，在作者前期提出的 VPML 建模语言的基础上进行扩展改进，进而定义一套面向多企业协同制造的过程建模语言(collaborative manufacture oriented process modeling language, CoM-PML)。该语言不关注具体制造工艺流程，将工作单元(可以是一条生产线、一个车间或者一个企业)完成的一个完整制造任务作为一个活动节点，支持对跨企业协同制造场景下的生产过程构建过程模型，描述过程中的活动、资源、产品、批量、生产时间等制造概念。

1. 制造领域特征的进一步分析

为了制定协同制造过程建模语言，需要进一步明确制造过程建模需求，提取和分析制造领域概念，并制定概念模型。根据建模目标、领域特定概念模型、制造过程特点、可视化描述语言等分析制造领域特征，制定协同制造过程建模模型。

为了提取和分析制造领域特征，首先需要明确制造过程的相关概念。制造业将原材料转变为制成品的全过程称为生产过程，生产过程包含许多活动，其目的是将活动的输入产品转化为输出产品，每个活动都依赖资源来执行。本书关注资源的制造能力和协同合作，不关注活动依赖资源执行的具体工艺流程，因此本书将一个完整的工序抽象为一个活动，将活动执行依赖的资源称为工作单元，将活动的输入产品和输出产品统称为产品。下面从资源、活动与产品、其他三个方面详细描述制造过程的领域特征。

1) 资源相关特征

本书不关注资源内部的人、机、物组成及其具体工艺流程，仅关注其生产制造能力，以便在多企业之间对其进行描述与共享，因此本书将具有一定生产能力的资源称为工作单元。工作单元的规模和层次可变，可以是一台设备、一个车间、一条生产线，甚至是一个企业。根据工作单元所执行活动的类型，还可以将工作单元继续分为工作中心和搬运中心。工作中心表示具有加工、装配等能力的工作单元，如数控机床(及其操作人员)、装配车间或外协制造企业等。除了对产品进行加工外，制造企业还需考虑产品在工作中心之间的运输。物流运输往往受到天气、路况、政策等因素的影响，导致其时间不确定性强，因此本书使用搬运活动这种特殊的活动单独描述产品的运输行为，而执行搬运活动的工作单元称为搬运中心，如物流公司等。对于自动导引运输车等搬运任务比较固定的搬运设备，可以考虑单独建模，也可以将其抽象为搬运时间后表达在生产活动的执行时间中。根据工作单元的定义，工作单元之间可以构成树形的组织结构。具体而言，一个工作中心可以表示一个制造企业，其可以包含其他工作单元，包括工作中心或搬运中心；由于搬运中心往往不承担制造业务，所以搬运中心仅包含子搬运中心，不包含工作中心。

2) 活动与产品相关特征

生产过程的核心是执行生产活动。生产过程中的活动可以按照粒度分为叶活动与组合活动两种。叶活动表示生产过程中不可再分的最小活动单元，往往仅由一个工作单元执行；组合活动表示由叶活动或其他组合活动组成的活动，往往由多个工作单元共同完成。组合活动使得活动之间可以形成树形的层次结构，可对应于传统的工作分解结构。叶活动可按照执行特征继续分为人工活动、自动活动和批处理活动三种。人工活动表示有人员参与的活动；自动活动表示仅需要机器执行的活动；批处理活动表示对输入产品进行批量执行的活动。批处理活动按照执行类型可继续分为人工批处理活动(有人员参与的批处理活动)、自动批处理活动(仅需要机器执行的批处理活动)以及搬运活动(产品的运输活动)。任何活动的执行都需要专业设备的支持，即依赖工作单元，工作单元的能力需要与活动执行所需的特定设备或特殊能力相匹配，才可以完成执行。

活动执行的目的是加工产品。产品分为源产品、非源产品、组合产品三种。源产品表示来源于当前过程之外的产品，从而不会有任何该过程的活动能生成该产品。与之对应的非源产品表示由当前过程中的某一活动生成的产品，其前序活动的执行将导致非源产品的数量增加，后序活动的执行将导致非源产品的数量减少。组合产品表示某个活动生产的所有产品的集合，由非源产品组成，其特征与内部的非源产品完全一致。每种产品都应该具有库存属性，随着与之关联的活动的不断执行，产品的库存也在不断发生动态变化。活动与产品之间还具有数量约束关系，即该活动消耗何等数量的输入产品产生何等数量的输出产品，这种数量约束关系也体现在库存的变化中，例如，某活动执行将 2 个基础元件和 1 个结构件组装为 1 个半成品，则该活动造成的基础元件与结构件的库存消耗也应为 2∶1。

对于批处理活动，还应具有产品执行批量的描述和限制，如货车对某半成品每生成 200 个或每两天进行一次运送，以提高批处理工作单元的利用率。

3) 其他相关特征

制造过程的其他相关特征包括不确定性、里程碑、时钟、文档。不确定性是制造过程的重要特征，本书考虑的不确定性主要为时间不确定性，包括上下料、设备准备/维修、搬运、外协等活动中的执行偏差导致的活动执行时间不确定，以及源产品采购不确定或供应链时延导致的活动输入产品到达时间不确定。里程碑是一种特殊的产品注释，表示生产过程中的检查点。时钟用于描述循环或定时触发的事件，它决定与其相连的活动能否开始执行。文档包括标准、代码等，是活动的指导文件。

2. 协同制造过程概念模型

上述对协同制造过程概念与特征的分析形成了协同制造过程概念模型，该模型及视角划分如图 6-4 所示。图中，数字表示另一端的类对应的该类对象的个数，具体含义如下：*表示零个或多个，1 表示仅一个，0..1 表示零个或一个。这里协同制造过程概念模型主要包含活动、产品、工作单元和其他等四类对象。活动、产品和工作单元为 3 个抽象类，活动与产品、活动与工作单元之间具有关联关系。搬运中心和工作中心是继承工作单元的实体类；源产品、非源产品和组合产品是继承产品的实体类，非源产品与组合产品之间具有组合关系；组合活动是继承活动的实体类，它和活动及与活动有关联的所有类均具有组合关系。叶活动是继承活动的抽象类，人工活动、自动活动、搬运活动、人工批处理活动和自动批处理活动是叶活动继承树中的实体类；在其他对象中，里程碑、时钟和文档是 3 个实体类，产品与里程碑之间、人工活动和自动活动与时钟之间、文档与活动之间均具有关联关系。资源与过程两方面相对独立，是协同制造生产过程建模的两个部分，因此协同制造过程概念模型也分为资源模型和过程模型两个视角，其中，资源模型视角包括工作中心相关类，过程模型视角包括活动、产品和其他相关类，如图 6-4 虚线所示。

3. 协同制造过程建模语言定义

基于以上协同制造过程建模语言的概念模型，对协同制造过程建模语言 CoM-PML 进行定义，并根据 6.2 节制造企业群智协同运行模型以及概念模型中划分的资源模型视角和过程模型视角将 CoM-PML 分为资源模型和过程模型。

1) 资源模型

资源模型包含工作单元及其归属结构的抽象，定义了制造过程中涉及的工作单元及工作单元之间的结构关系。基于 PSICoMo，资源模型可由一个三元组 $\mathrm{RM}=<W,T,\mathrm{OwningFlow}>$ 来表示，即资源模型={工作中心，搬运中心，归属关系}，具体如下。

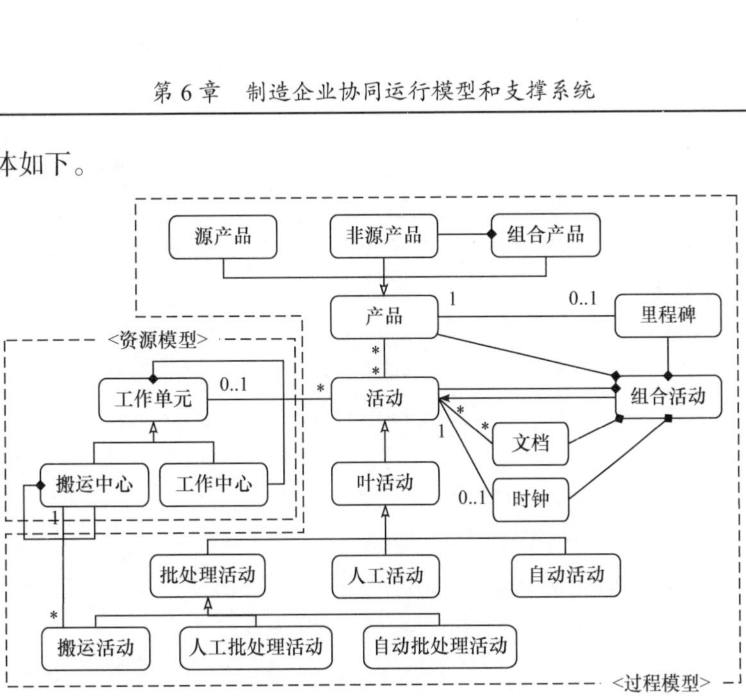

图 6-4　协同制造过程概念模型及视角划分

(1) $W=\left(w_1,w_2,\cdots,w_n\right)$ 表示制造过程中涉及的工作中心，属于智能资源模型中的工作中心(带搬运)和工作中心(无搬运)。

(2) $T=\left(t_1,t_2,\cdots,t_n\right)$ 表示制造过程中涉及的搬运中心，属于智能资源模型中的工作中心(纯搬运)。

(3) $\text{OwningFlow} \subseteq (W\times W)\cup(W\times T)\cup(T\times T)$ 表示工作单元之间的归属关系，具体包含搬运中心归属于工作中心、工作中心之间相互归属关系以及搬运中心之间相互归属关系。

根据协同制造过程的概念模型，工作单元之间可以构成树状的组织结构，因此在实际的智能资源模型中，树状结构的根节点往往是最大的工作单元，即本制造企业、外协制造企业或物流公司，其子节点是制造企业中的产线、设备或物流公司中的货车等。协同制造建模语言的智能资源模型能够表示丰富的工作单元层次结构。

智能资源模型中的对象均包括标识符、名称和描述 3 个基本属性。工作单元除基本属性外，还具有位置、类型和所属企业 3 个属性。位置是对工作单元地理位置的描述；类型表明工作单元的层次，如企业、生产线、车间等；所属企业即为工作单元树状结构中的根节点，用于区分本制造企业和外协制造企业的设备。工作中心除工作单元的属性外，还具有能力、质量资质、关键设备、成本、产能 5 个属性。能力包括机械加工、铸造、装配等；质量资质描述工作中心使用的标准，如国标；关键设备描述工作中心内部主要的加工设备，是工作中心主要加工能力的一种间接描述；成本描述工作中心单位工时的开销；产能描述工作中心每周可完成的工时数。工作中心的上述 5 个属性还能够用于后续向企业推荐具有特定能力的工作中心。搬运中心除工作单元的属性外，还具有搬运类型、成本 2 个属性。搬运类型描述了搬运的方式，包括陆运、空运和海运 3 种；成本表示该搬运中心执行一次搬运活动的开销，由企业相关资源管理人员进行设置。

2) 过程模型

过程模型包括制造过程中的活动、产品、工作单元、其他对象及它们之间关联关系的抽象。基于 PSICoMo 的集成化过程模型，过程模型可由一个五元组 $\mathrm{PM} = < A, P, \mathrm{refU}, \mathrm{Other}, \mathrm{Re} >$ 来表示，即过程模型={活动，产品，工作单元，其他，关系}，具体如下。

(1) $A = \{a_1, a_2, \cdots, a_n\}$ 表示活动的集合。

(2) $P = \{p_1, p_2, \cdots, p_n\}$ 表示产品的集合。

(3) refU=$\{\mathrm{refw}_1, \mathrm{refw}_2, \cdots, \mathrm{refw}_n, \mathrm{reft}_1, \mathrm{reft}_2, \cdots, \mathrm{reft}_n\}$ 表示制造过程中使用的工作单元(包括工作中心 $\mathrm{refw}_i \in W$ 和搬运中心 $\mathrm{reft}_i \in T$)的集合。

(4) Other=$\{M,C,D\}$，M 表示里程碑集合，C 表示时钟集合和 D 表示文档集合。

(5) $\mathrm{Re} = \{\mathrm{ProductFlow}, \mathrm{RefFlow}, \mathrm{MilestoneFlow}, \mathrm{DocFlow}, \mathrm{TimerFlow}\}$，$\mathrm{ProductFlow} = (\mathrm{Activity} \times \mathrm{Product})$ 表示活动与产品的关系集合，$\mathrm{RefFlow} = (\mathrm{Activity} \times \mathrm{Unit})$ 表示活动与工作单元的关系集合，$\mathrm{MilestoneFlow} = (\mathrm{Activity} \times \mathrm{Milestone})$ 表示产品与里程碑的关系集合，$\mathrm{DocFlow} = (\mathrm{Activity} \times \mathrm{Document})$ 表示活动与文档的关系集合，$\mathrm{TimerFlow} = (\mathrm{Activity} \times \mathrm{Timer})$ 表示活动与时钟的关系集合。

生产过程由多个活动组成，活动的执行依赖具有特定能力的设备和相关文档，而且需要满足活动所关联时钟的时间约束，执行时消耗一定数量的输入产品，生成一定数量的输出产品。输入产品和输出产品还可能具有里程碑约束。一个协同制造的过程模型从各个源产品(即原材料)出发，经由活动和产品之间的产品流关系交替连接，最终形成执行过程的树状结构，其叶子节点即为所有源产品，根节点即为目标产品。活动的输出产品是其后序活动的输入产品，活动的输入产品是其前序活动的输出产品。

过程模型中的关系包括活动与产品之间的产品流连接、活动与工作单元之间的资源连接以及其他连接。产品流连接可以表示从产品指向活动的产品流，此时该连接表示该产品为活动的输入产品；也可以表示从活动指向产品的产品流，此时该连接表示该产品为活动的输出产品。产品流连接具有数量属性，表示活动对输入输出产品的数量约束，即活动消耗多少输入产品，产生多少输出产品。资源连接将活动与执行它的工作单元连接，与产品流连接不同，资源连接表示对工作单元的引用，不表示消耗或产生行为。在过程模型中，活动必须引用资源模型中已定义的工作中心或搬运中心作为执行该活动的依赖资源。过程模型引用的工作单元仅与活动具有关联关系，隐含了其间的归属关系。其他连接包括产品与里程碑之间、活动与文档之间以及活动与时钟之间的关联连接，分别表示里程碑对产品的约束、活动对文档的引用以及时钟对活动的约束。关联连接同样仅表示对里程碑、时钟和文档的引用。过程模型相关对象及其关系图如图 6-5 所示。

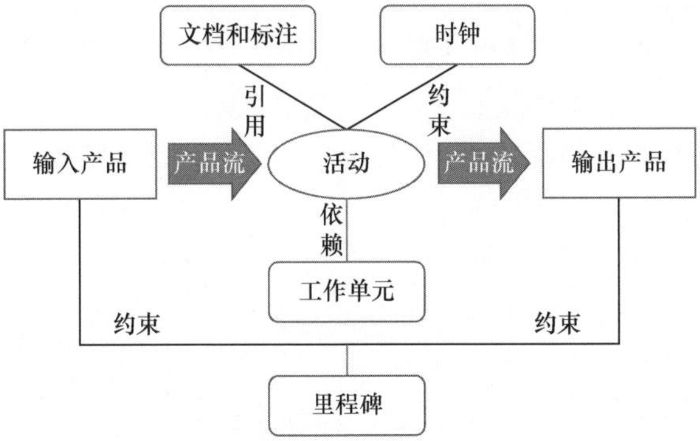

图 6-5　过程模型相关对象及其关系图

6.3.2　协同制造过程建模与仿真系统

为了支持企业管理和技术人员使用基于 CoM-PML 的建模工具对协同制造过程进行图形化建模，创建产品制造过程模型，通过资源分配和过程的仿真与分析进行资源分配的优化和过程间的有效协同，确保产品的交付(齐套周期)，本节首先基于 CoM-PML 研制了基于 Eclipse Sirius 框架的 CoM-PML 建模编辑器，然后研制了基于 Eclipse Gemoc 框架的配套仿真工具，最后将两者集成为面向协同制造的企业过程建模优化系统(process optimization modeling enterprise system for collaborative manufacturing，POMES4CM)。POMES4CM 以保障产品的齐套周期为目标，综合考虑协同制造过程中的扰动和异常等不确定性因素，基于事前分析法和事中分析法仿真协同制造过程，制订跨企业的产品生产计划，为企业决策层提供管理手段和规划依据。

1. 建模工具的开发

本节使用支持用户自定义创建图形建模环境的 Eclipse Sirius 平台进行协同制造过程建模工具的开发。Eclipse Sirius 平台整合了建模框架(Eclipse modeling framework，EMF)[19]和图形建模框架(graphical modeling framework，GMF)[20]，目前，已成功用于美国飞机建模[21]、NXP 汽车架构建模[22]等案例。

基于 Eclipse Sirius 平台的 CoM-PML 建模工具架构如图 6-6 所示。EMF 支持用户使用 Sirius 提供的图形化编辑工具定义特定领域元模型 Ecore，其形式与统一建模语言类图相似。本节根据 6.3.1 节中提出的协同制造过程概念模型分别创建了资源元模型和过程元模型，并将两个元模型合并为一个完整的协同制造过程元模型 Process.Metamodel。Sirius 基于该元模型自动生成了 Process.Editor 工程文件，提供了对模型的增、删、查和改功能，作为外部调用元模型的接口。GMF 的映射器 GMFGen 支持用户为元模型中各元素定制外观属性，本节使用 GMF 为 CoM-PML 中的元素节点和关联连接定制图符和样式等属性，然后基于定制的外观分别构建了资源建模视图和过程建模视图，它们通过建模模型访问接口分别读取资源元模型和过程元模型，为用户展现定制的资源建模窗口和过程建模窗口，支持用户使用本书的制造过程图符创建符合元模型结构的资源模型和过程模型。

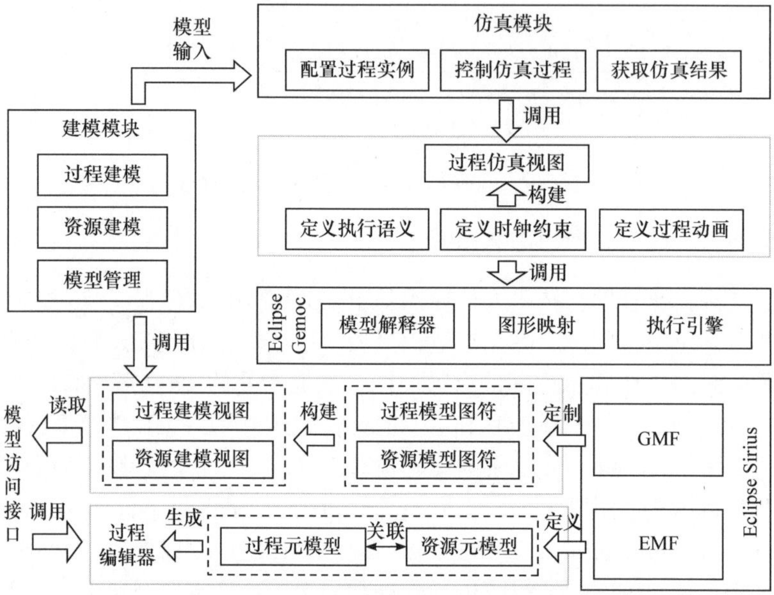

图 6-6　基于 Eclipse Sirius 平台的 CoM-PML 建模工具架构

本节实现的 CoM-PML 建模模块包含过程建模、资源建模和模型管理三个部分，具体如图 6-6 所示。过程建模、资源建模功能通过调用资源建模视图和过程建模视图支持用户对工作单元、活动、产品、里程碑、时钟、文档及它们之间的各类关系进行建模，建立了一个资源模型和多个过程模型，并对两个视图下的多个模型进行同步，确保工作单元的一致性。模型管理包含模型检查功能，可以对模型的完整性进行检查，包括模型结构完整性(如过程是否缺少源产品或叶活动、活动是否单独存在且未连接任何工作单元等)以及属性信息错误(如对象编号不唯一、工作单元类型为空等)。用户在使用本书研制的建模工具时，应首先进入资源建模视图，创建制造企业资源模型，然后切换至过程建模视图，引用资源模型中的工作中心和搬运中心，根据生产订单流程创建协同制造过程模型。

2. 仿真工具

建模为仿真提供了模型基础，仿真可以通过在过程模型中增加并设置仿真属性来动态执行模型，验证模型运行的正确性，及时发现原有模型的问题，改进模型结构，不断迭代优化。因此，作者研制了协同制造过程模型的仿真工具。

过程模型是抽象的、静态的，而仿真执行是具体的、动态的，仿真工具需要在建模工具的基础上实现模型实例化和不确定性仿真。仿真工具基于已有的过程模型进行实例化，支持用户自定义订单数量、订单起止时间和订单优先级信息，将抽象模型具体为某一实际订单任务，支持用户为源产品的采购周期和活动的执行时间选择时间分布类型，设置其主要参数，模拟实际生产中来自生产准备和活动执行的不确定性。对于仿真执行过程，采用活动扫描法作为仿真策略，以固定的时间间隔推移仿真时钟，扫描该时间单位内所有过程模型实例中可进行状态转移的活动，按照其优先级顺序转移活动状态。基于活动扫描法的仿真策略具有以下优势。

(1) 能够考虑各个产品库存的动态变化。

(2) 能够查看某一时刻的订单完成情况。

(3) 能够加入静态分析来控制活动执行。

这些优势有助于实现订单的事前分析和事中分析，并加入静态分析统计仿真过程中的数据。此外，仿真工具支持多过程仿真，对于可能出现的并发冲突，设计了多种可选的调度算法，在活动所需的产品和资源发生冲突时进行处理，包括最高优先级优先服务、先到先服务、随机选择和无抢夺权四种策略。

基于 Eclipse Gemoc 框架的 CoM-PML 仿真工具架构设计图如图 6-7 所示。待执行的仿真实例基于建模工具中创建的过程模型，符合本节制定的元模型。图形映射模块通过 Eclipse Sirius 平台的 Odesign 文件定义仿真中的图形映射关系、模型动画和模型检查功能。在模型解释器部分，使用 Xtend(一种 JVM 语言)语言描述各个对象的执行语义，使用事件约束语言(event constraint language, ECL)[23]和并发时钟约束语言[24]定义执行的约束条件及仿真时钟的推进，其中并发时钟约束语言是时钟约束语言[25,26]的扩展。最后，由包含分布式系统架构执行器及方法和约束条件的组合求解器的执行引擎对可执行语言进行编译解释，执行仿真实例。

在最终实现的仿真工具中，仿真模块调用建模模块中已构建的过程模型，包含过程模型的所有属性。实例化的过程模型会对各个对象增加部分仿真属性，以记录其在仿真过程中特有的行为，各个对象新增的仿真属性如下所述。

(1) 实例化的过程具有数量、优先级、计划开始时间、计划结束时间、仿真

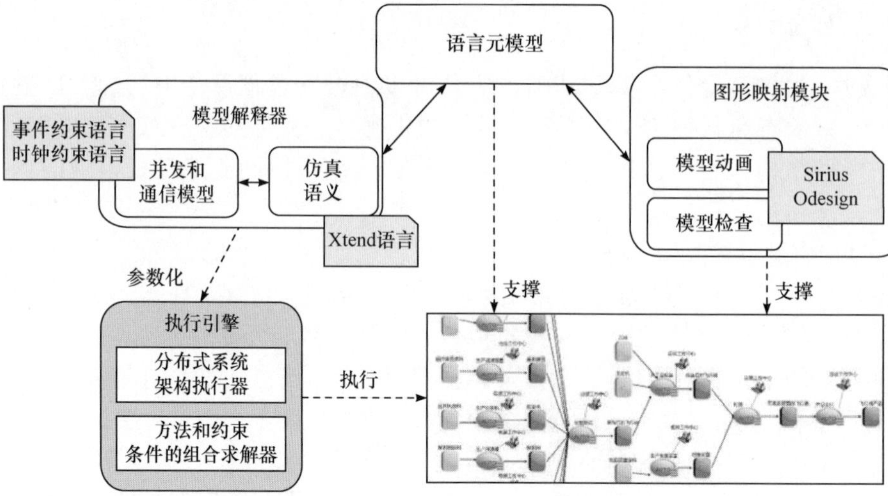

图 6-7 基于 Eclipse Gemoc 框架的 CoM-PML 仿真工具架构设计图

时间和随机数种子 6 个属性。优先级描述了该过程实例的重要程度，将会影响该过程对产品和资源的优先使用权；计划开始/结束时间约束了仿真的开始/结束时间；仿真时间描述了仿真执行的时间约束；随机数种子用于设置仿真过程中使用的随机数生成器，以该数为初始条件产生随机数。

(2) 实例化的工作单元具有内部标识属性，用来区分该工作单元属于本制造企业还是外协制造企业。

(3) 实例化的工作中心具有最小开机数和状态属性。最小开机数是指工作中心执行一次活动的最少产品数量，设置这一属性可以避免产能的浪费；状态描述了工作中心的空闲、忙碌等状态。

(4) 实例化的搬运中心具有信誉度属性，信誉度越高，表示搬运中心服务质量越好，该属性可用于后续推荐服务使用。

(5) 实例化的活动具有实际开始时间、实际结束时间和补差 3 个属性。实际开始/结束时间记录了仿真过程中该活动的开始/结束时间；考虑到设备预热或维修等诸多对时间造成不确定性影响的因素，活动设置了补差属性，该属性对仿真过程中活动的执行时间进行补差，分为两种：按执行次数补差、按时间周期补差。按执行次数补差是指活动执行一定次数后按照补差值对时间补差一次，按时间周期补差是指每经过一定天数后按照补差值对时间补差一次。

(6) 实例化的源产品和非源产品均具有库存属性，其初始值由用户定义，表示初始拥有的库存数量，在仿真过程中，源产品的库存随着后序活动的执行而减少，其中单源产品的库存会随着采购活动的进行而增加，而非源产品的库存会随着其前序活动的执行而增加，随着其后序活动的执行而减少。

当仿真运行时，正在执行的活动图标将以红色高亮显示。仿真结束后，将自动生成生产计划甘特图，并给出该生产计划下各资源实例的资源利用率，便于用户分析与优化。

3. 应用实例分析

为了评估协同制造过程建模和仿真系统建模与仿真功能的正确性及有效性，以航天产品 A100 飞行器的简化版制造流程为例，展示从协同制造过程模型建立到仿真生成生产计划和资源利用率的全过程。这里根据实际生产厂商的订单信息构建了 A100 飞行器的简化版制造流程，包含 8 个活动、3 种工作中心、9 种源产品、8 种非源产品，订单数量为 200 个，涉及多个制造企业的多种工作中心，由多个制造企业协同完成 A100 飞行器产品的生产制造。

资源视图下的 A100 飞行器生产资源模型包括电装工作中心、钣焊工作中心和总装工作中心等。在构建资源模型后，切换至过程视图，拖动图符和连接符构建 A100 飞行器生产过程模型，部分模型如图 6-8 所示。

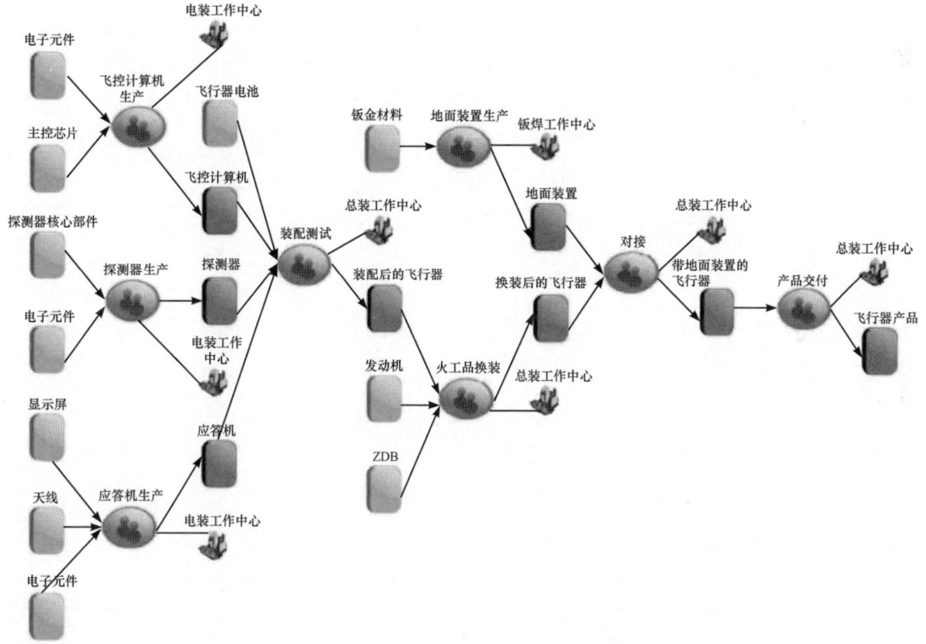

图 6-8　A100 飞行器协同制造过程模型(部分)

此后，切换至过程实例视图，选择已构建的 A100 飞行器过程模型，将其实例化。为 A100 飞行器过程模型的活动、源产品、资源配置具体的实例属性，如时间分布、采购数量分布等，然后运行实例。运行完成后将自动生成 A100 飞行器生产计划甘特图，统计各资源利用率。A100 飞行器过程实例中各活动的仿真时间分布如表 6-9 所示。

表 6-9　A100 飞行器过程实例中各活动的仿真时间分布

编号	活动名称	工时分布	输入/输出	工时	所需能力
A1	飞控计算机生产	常量	1 主控芯片、1 电子元件/1 飞控计算机	400	电装
A2	探测器生产	常量	1 探测器核心部件、1 电子元件/1 探测器	350	电装
A3	应答机生产	常量	1 天线、1 显示屏、1 电子元件/1 应答机	360	电装
A4	装配测试	常量	A1～A3 的输出各 1 件/1 飞行器半成品	800	总装
A5	火工品换装	常量	1 发动机、1ZDB、1 飞行器半成品/1 飞行器	80	总装
A6	地面装置生产	常量	1 钣金材料/1 飞行器地面装置	1600	钣焊
A7	对接	常量	1 飞行器、1 地面装置/1 带地面装置的飞行器	120	总装
A8	产品交付	常量	1 带地面装置的飞行器/1 飞行器产品	30	总装

生成的 A100 飞行器生产计划甘特图如图 6-9 所示。图中体现了各个任务的工期、开始时间、完成时间以及甘特图。

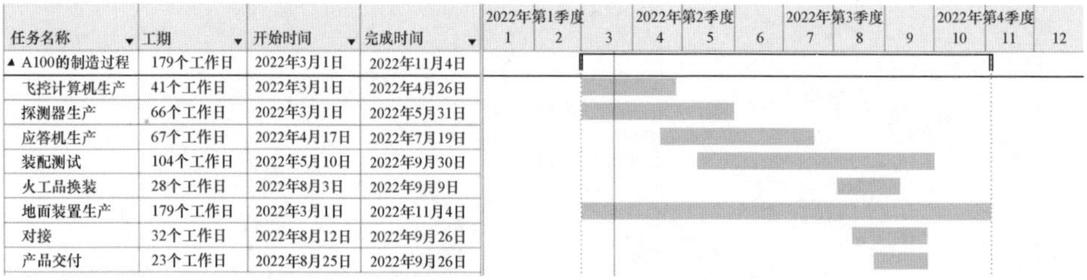

图 6-9　A100 飞行器生产计划甘特图

仿真系统统计的各工作中心利用率如表 6-10 所示。客户要求在保证物料齐套周期和订单交付的基础上尽可能提高加工资源利用率，要求 30%以上的工作中心达到 70%利用率，若未达标，则需要对过程模型进行调整。可以看出，5 个工作中心实例中仅 83 厂的 83_BH001 工作中心资源利用率高于 70%(加灰底表示)，未达到用户要求。因此，需要对过程模型进行调整，取消部分活动的外协委托，降低工作中心的使用数量。

表 6-10　仿真系统统计的各工作中心利用率

序号	工作中心编号	总使用天数	日产能	占用工时	有效使用工时	利用率/%
1	3_DZ001	413	1500	619500	312560	50.45
2	5_DZ001	413	4000	1652000	422300	25.56
3	83_BH001	413	2000	826000	656000	79.42
4	83_ZZ001	413	1900	784700	422300	53.82
5	B06_DZ001	413	3800	1569400	164000	10.45

通过对一个真实航空航天产品的制造过程进行完整的建模和仿真，系统最终

得到了可行的生产计划，给出了资源利用率，可以有效地指导生产计划层根据生产计划制订落实方案，根据统计指标确定是否执行。同时，用户也可以对方案不断进行动态调整和优化，重新进行仿真得到生产计划，以此循环迭代，最终得到最优资源利用和最短齐套周期的解决方案。

6.4　基于区块链的制造数据可信共享技术

根据前面的讨论，制造企业存在数据孤岛问题，尤其是在多方协同制造过程中，存在数据质量控制、数据安全存储及数据可控共享的需求。首先，制造企业感知节点庞大、数据来源跨度广，使得数据权属关系难以追踪、数据质量责任划分不清晰，为协同制造中使用跨企业数据带来了安全隐患，因此需要有效追踪数据来源，明确其权属关系，以控制数据质量。其次，制造企业共享数据过程中，存储系统的可靠性问题可能导致产生无效数据或错误数据,造成数据资产的损害，为此需要解决数据资产的安全存储问题。最后，制造数据中蕴含了大量的生产过程、生产工艺等敏感信息，企业往往不愿意共享原始制造数据，相对来说，更愿意采用联邦学习等技术，共享数据中的部分知识，为此需要解决制造数据的可控共享问题，在共享过程中有选择性地公开数据，对隐私数据加以保护。

要实现制造企业间的有效协同，就必须解决上述数据可信共享问题。区块链作为一种新的平台，支持数据存储、传递和呈现，在技术层面构建了基于多方协作的、可信任的数据基础设施，通过构建联盟信任体系控制数据质量，利用共识机制确保数据安全存储，通过多方安全计算实现数据可控共享，有助于打破行业中的数据孤岛，提高多方协作效率，受到了制造业的广泛关注。区块链的出现促进了各个领域的变革，研究人员纷纷将区块链应用于学术版权领域、放射学等医疗领域、互联网公益领域、数据流通领域、企业对消费者(business to consumer，B2C)电商领域、运营和供应链管理领域、智能灌溉系统、证券交易领域、社区学习成果认证领域、社会资源养老领域、医保监管领域等[21]。

目前，区块链主要分为公有链、私有链和联盟链[18]。在公有链中不存在中心服务节点，各个节点平等独立，可以自由地加入和退出公有链，共同参与区块链账本的维护。公有链的代表是以太网[19]，作为一个公共区块链网络，其用户以对等方式进行交互，适合于社交网络和金融系统。在私有链中各节点的读写权限受到限制，相关权限被规则约束。联盟链本质上也是私有链，但是各节点由与之对应的实体机构组织，加入和退出区块链网络也必须经过授权。在联盟链的场景下，多方存在一定的信任前提和利益约束，可以采取更优化的设计，保护交易信息的安全和交易双方的隐私，降低建立交易区块链过程中共识流程的成本。联盟链的代表是Hyperledger[20]，旨在促进跨多个企业的区块链项目的协作，通过对等协议管理分布式账本，用智能合约来提供对分类账本的受控访问，适合于协同制造领域。

本节提出基于联盟链的制造数据可信共享方案，解决了前面所述数据质量控制、数据安全存储及数据访问共享等问题。

6.4.1　基于细粒度制造企业分布式信任体系的数据质量控制

针对制造企业智慧空间知识推理过程中无法保证数据与知识来源、易被抵赖的问题，可以利用区块链技术实现跨企业实体人、机、物分布式身份认证。通过制造企业树状结构分布式组织身份信息，实现多业务访问下基于角色的企业数据细粒度访问共享机制，实体间共同保证制造企业链上数据的身份留痕，将数据的控制权归还给制造企业拥有者。具体地，基于区块链的制造企业细粒度信任体系如图 6-10 所示，利用区块链提供的多中心的树状结构分布式身份认证功能，为企业人、机、物提供数字身份证明，使得人(操作)、机(状态)、物(标识)信息可以做到防篡改、可追溯。通过层级式公钥密码体系设计制造企业结构化身份信息密钥的生成与分发，利用区块链对制造企业的人、机、物身份进行管理。

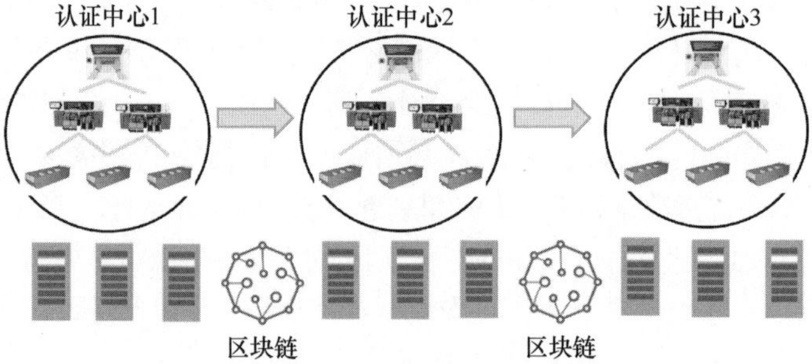

图 6-10　基于区块链的制造企业细粒度信任体系

制造企业的分布式身份认证与授权旨在基于区块链多中心化、透明性、可追溯以及公开性的特性及优势，利用联盟链技术，在制造企业相关部门部署节点以构建联盟区块链，实现人、机、物身份快速标识和可信验证功能。通过区块链实现制造企业分布式身份认证与授权中人、机、物身份的全生命周期管理、安全交互和访问控制，制造企业的分布式身份认证与授权依赖区块链平台，实现身份信息的多方共识、可信存储与防篡改，身份信息可直接存储，省去了签发证书流程；此外，身份验证不依赖传统中心验证服务器，可避免传统中心认证服务器由于受到攻击而造成全网认证瘫痪。同时，数据交换过程全记录被多方共识存储，实现对数据交互记录的溯源及防抵赖。

其中，制造企业人、机、物身份的生命周期一般包括以下四个步骤。

(1) 身份注册。任何制造企业的人、机、物要加入区块链上，首先需要在区块链网络上进行身份标识。通过预置信任与密码学方法自生成身份标识，由区块链网络审核后，将人、机、物身份信息上链存储。

(2) 身份认证/访问。制造企业人、机、物持有自己的身份，并与其他企业交互进行身份的认证。数字身份不再经由中心认证服务器进行身份验证，可以避免服务器遭受单点攻击，导致全网验证失败。

(3) 身份变更。当制造企业人、机、物信息发生变更时，提交变更信息，进行身份的变更。人、机、物发送身份信息变更请求，由区块链网络审核后，将链上存储的身份信息进行相应更新。

(4) 身份撤销。提交身份撤销请求，进行制造企业人、机、物身份的撤销，区块链分布式账本上存储的设备公钥、ID，以及人、机、物属性信息记录进行同步删除，避免了传统证书撤销列表处理时效低下、存储库性能受限等问题。

6.4.2　基于区块链可靠性容错的制造企业数据安全存储

针对制造企业共享过程中数据资产的安全存储问题，利用区块链技术实现数据资产的可靠容错。区块链支持制造企业不同投票策略机制的通道创建、通道配置、数据权属确认、数据区块读取，利用区块链不可逆、不可更改的特性，为企业提供可插拔排序共享机制，以提高系统容错性，并保障数据资产安全。具体地，由制造企业联盟作为链组织成员，负责搭建启动联盟链物理节点，并设立相应的组织管理员负责链管理和合约管理。由各企业下属部门作为人、机、物用户，负责提供业务系统数据，并通过接口调用区块链系统的智能合约对主生产计划、上下游服务、库存材料成本、订单信息、仓储成本、运输成本、零部件生产等信息进行可信共享。应用平台与区块链的交互逻辑如图 6-11 所示(图中 CA 为数字证书颁发机构)，用户通过应用程序与区块链的背书节点(peer)进行交互，在区块链上进行数据共享，通过排序节点(order)提供的共识算法实现区块链数据资产容错，并根据用户的需要提供数据加密功能。

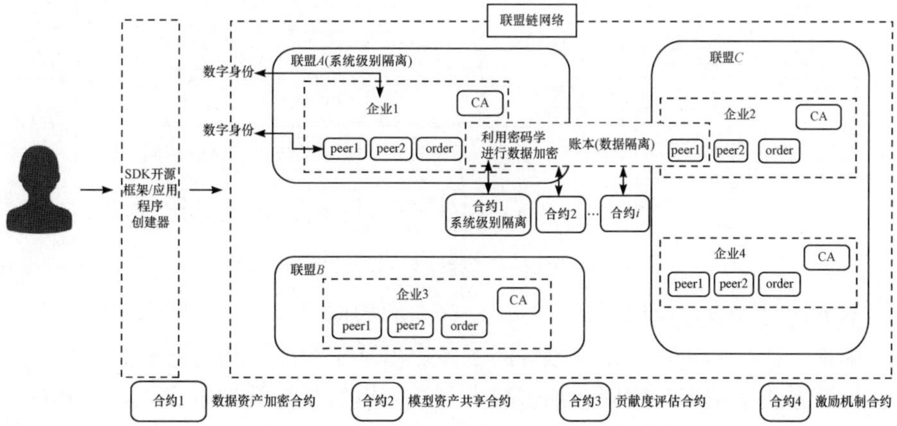

图 6-11　应用平台与区块链的交互逻辑

基于区块链的制造企业智慧空间可信共享主要分成区块链底层模块、加密模块、模型数据共享模块以及前端模块。区块链底层模块用于共享制造企业智慧空间中的相关数据，数据和模型可以通过加密模块进行加密并使用远程调用协议进行共享存储。该系统在联盟成员群体之间使用，由多个企业或者机构共同参与管理，通过细粒度的分布式身份认证解决跨企业协同之间的信任问题，企业的参与/退出遵循一定的投票策略。制造企业的业务员可以通过前端模块进行智能合约的写入和读取，并分享或获得制造企业的数据。同时，制造企业依靠联盟链完成系统隔离，通过引入多账本实现数据隔离，利用账本配置完成应用隔离，最终通过智能合约完成操作隔离。

6.4.3 区块链隐私数据可控共享

本节提出了制造企业区块链隐私数据可控共享框架，具体如图 6-12 所示。该框架基于区块链分布式架构、共识算法、账本共享以及不可篡改的通道能力，连通链上及链下的数据，实现多方数据的协同计算。在保证数据安全的前提下，利用同态加密算法实现数据计算过程及结果的隐私保护，更好地实现业务创新。企业数据共享任务发起者将自己的公钥和协作任务通过智能合约发布在联盟中，任务参与者依次将本地数据进行同态加密并共享在联盟链上。在保护企业数据隐私的基础上，发起者通过收集参与者提供的加密数据并利用集成学习算法来优化整体模型。

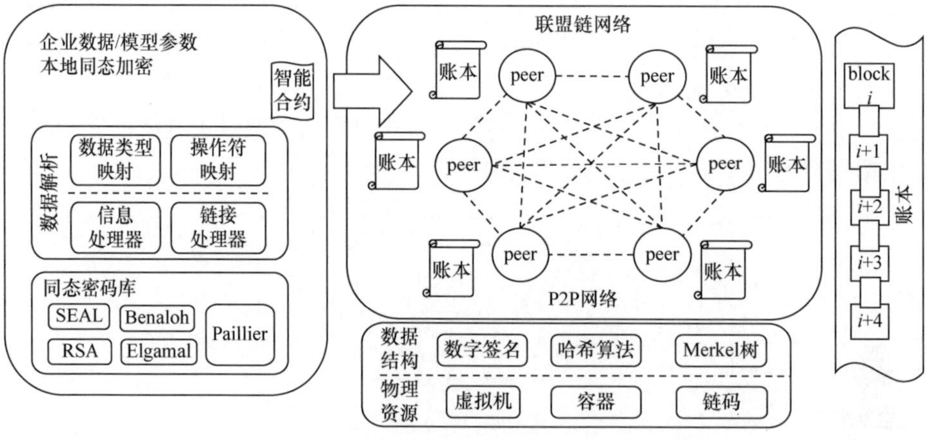

图 6-12　制造企业区块链隐私数据可控共享框架

本节针对制造企业协同运行过程中存在的数据特征和任务特征关联复杂、知识挖掘难、新知识演化与推理难等问题，提出基于智能合约的隐私数据可控共享方法。该方法采用多维度同态加密技术对学习模型进行叠加集成，实现分布式密文数据隐私计算，利用安全多方计算使各企业间的人工智能模型边界更加稳定，降低企业间模型过拟合的风险。具体地，利用乘法同态加密技术、加法同态加密技术将本地模型参数进行加密，通过智能合约对密文进行共享，参与者可通过智能合约添加计算模型和随机算法，用户将密文解密得到最终优化的模型参数，整个过程可以防止数据隐私泄露。利用 Paillier、Elgamal 等同态加密算法将模型参数进行加密，通过智能合约将加密后的参数进行共享，利用智能合约完成模型计算。将模型数据共享划分为模型共享和模型查询两个阶段。在模型共享阶段，以一个组织在一条逻辑链上的行为为例，该组织在本地利用自身数据训练机器学习模型，之后将模型通过平台进行共享。在模型查询阶段，其他组织可以查询所在区块链上所有模型的名称、所属组织、具体内容等信息。

在模型共享阶段，智能合约根据数据内容进行账本更新。模型有很多信息，如组织名、模型名、版本名称等，单一的密钥并不能唯一地确定指定模型，因此使用复合键的方式生成唯一确定的密钥。将企业、模型名称、版本和当前编码组合成一个键。生成复合键之后，将模型信息上传至区块链中，签名后广播至全网，其他节点收到后验证签名，验证成功后再将该节点上传的模型添加到本地，智能合约运行在联盟区块链的容器中，通过与接口交互进行系统管理、存储管理、交易管理等。在模型查询阶段，先利用智能合约生成查询所用的复合键，通过与接口进行交互，获取链上模型所有的分块数据并返回客户端，客户端整合之后返回给前端，并展示给用户。

6.4.4　制造企业区块链的数据共享机制案例实现

在联盟链中企业组织是一个很重要的概念，通常指需要承担数据信用责任的参与者，该组织可以是一个公司、协会或者机构等。本章将需要数据共享的每个参与者设置为一个组织。联盟链中不是所有的组织都可以随意地加入区块链，这也符合对数据共享的范围可控保护要求。因此，组织加入区块链也需要一定的准入规则。针对企业之间互相商议共同优化模型的场景，采用联盟方式进行组织准入规则设计，即参与者可以共同维护链上的共享数据，如果某个企业想加入或者退出共享区块链环境，需要得到其他组织的同意才可以，这种方式保障了联盟链中的企业具有可信身份。

以一般制造企业之间的数据共享场景为例，应用上述提出的制造企业区块链数据可控共享框架，具体实现以 Fabric 网络为例，制造企业区块链数据逻辑交互架构如图 6-13 所示。

共享模块分为客户端和服务器两个部分。在客户端实现数据拆分模块、整合模块、加密模块以及网络交互；在服务器实现模型上链和查询相关功能的智能合约；在可靠性容错策略客户端可以选择可插拔的区块链共识算法。在区块链模块中进行企业区块链底层物理链资源的编排，其中 peer 节点是区块链的基础设施，

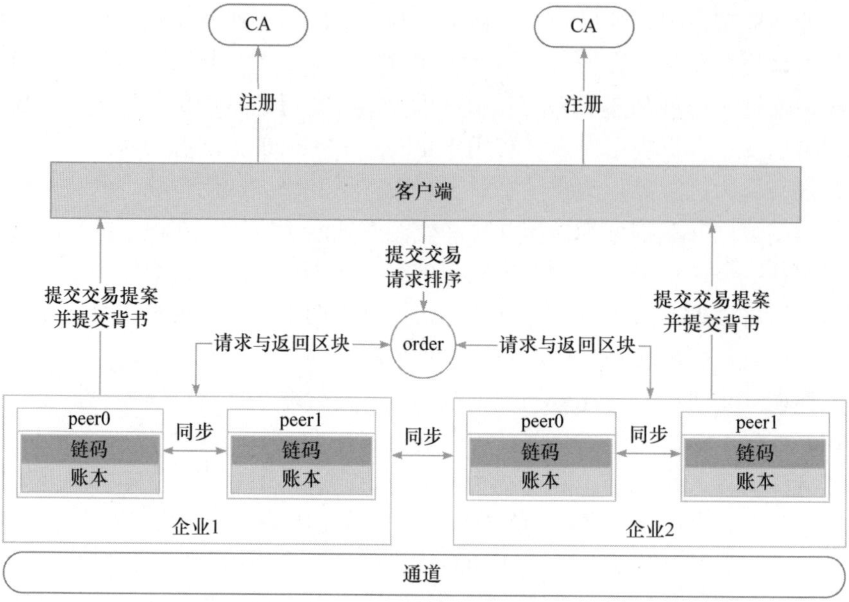

图 6-13　制造企业区块链数据逻辑交互架构

负责存储智能合约和账本，执行背书以及智能合约。对账本的查询及修改，要通过智能合约来实现。CA 节点负责用户的身份认证。order 节点负责对不同客户端发出的请求进行排序和打包。区块链的交互流程如下：客户端首先向 peer 节点提交一个提案，peer 节点执行智能合约，调用相关数据执行操作后将操作结果发送给 order 节点，order 节点将收到的所有议案进行排序、打包成区块后发送给 peer 节点，peer 节点打开每个区块并进行验证，验证通过后写入本地账本，向客户端发送事件，告知交易被提交到账本中。

区块链平台在为企业部署好底层物理链资源之后，可以为企业中各级用户提供身份注册，用户在各自的 Fabric CA 节点上进行注册，CA 返回证书；企业用户可以选择相应的上下游企业构建区块链网络中的逻辑链，并为当前企业创建通道配置交易；然后利用客户端对象获取通道配置信息，并签名配置信息；发送创建区块链网络请求，其中包含配置、签名、通道名称和交易 ID，调用创建区块链网络方法，发送给 order 节点，得到区块链网络创建成功响应。企业所需的区块链网络资源搭建完成之后，企业可以自定义智能合约内容进行数据和模型的共享，其中企业可以选择数据的加密模式，包括加法同态加密和乘法同态加密，并提供网络接口将企业用户加密后的数据发送到区块链企业所在的节点上。在区块链上的用户可以调用智能合约进行数据查询，并提交用密文计算出的相关数据或者模型参数信息供区块链网络上的用户查询和更新。

综上，本方案可以在不泄露各方自有数据的前提下，充分发挥各方数据的价值，达到跨企业数据共享的目的。

6.5　本 章 小 结

本章针对制造企业协同运行弱的问题，首先在理解群体智能的基础上，分析了协同制造演化发展的历程，探讨了协同制造面临的挑战和机遇。在理解群体协同完成任务的基础上，提出了一种以过程为中心融合群体智能的制造企业协同运行模型，包括协同过程模型、可信共享信息模型、智能资源模型和群体智能协同模型四个组成部分。为了支撑协同运行模型的实现，针对协同过程模型提出了协同过程建模与仿真服务，包括一套面向多企业协同制造的过程建模语言 CoM-PML 以及一套基于 CoM-PML 的建模与仿真系统 POMES4CM，以更好地为实际制造企业决策层提供管理手段和决策依据。最后，讨论了基于区块链的制造数据可信共享技术，并进行了案例分析。

参 考 文 献

[1] 李希明, 梁蜀忠, 苏春萍. 浅谈信息孤岛的消除对策[J]. 情报杂志, 2003, 22(3): 61-62.

[2] Halevy A Y, Ashish N, Bitton D, et al. Enterprise information integration: Successes, challenges and controversies[C]//Proceedings of the 2005 ACM SIGMOD International Conference on Management of Data, 2005: 778-787.

[3] Winner R I, Pennell J P, Bertrand H E, et al. The role of concurrent engineering in weapons system acquisition[R]. Alexandria: IDA Report R, 1988.

[4] Womack J P, Jones D T, Roos D. The Machine that Changed the World: The Story of Lean Production--Toyota's Secret Weapon in the Global Car Wars that is Now Revolutionizing World Industry[M]. New York: Simon and Schuster, 2007.

[5] 付晶, 王学东, 李延晖, 等. RFID 跨企业集成中供应链上下游企业的进化博弈[J]. 系统管理学报, 2018, 27(5): 998-1007.

[6] 李伯虎, 张霖, 王时龙, 等. 云制造: 面向服务的网络化制造新模式[J]. 计算机集成制造系统, 2010, 16(1): 1-7, 16.

[7] Kagermann H, Wahlster W, Helbig J. Securing the future of German manufacturing industry[J]. Recommendations for Implementing the Strategic Initiative Industrie, 2013, 4(199): 14.

[8] 张曙. 工业 4.0 和智能制造[J]. 机械设计与制造工程, 2014, 43(8): 1-5.

[9] 工信部, 财政部. 智能制造发展规划(2016-2020 年)[R/OL]. https://www.gov.cn/xinwen/2016-12/08/5145/62/files/25576c9flc8849aab758058c27ofa4a4.doc[2016-12-8].

[10] 周济, 李培根, 周艳红, 等. 走向新一代智能制造[J]. Engineering, 2018, 4(1): 28-47.

[11] 中国电子技术标准化研究院. 信息物理系统白皮书[R/OL]. https://www.cesi.cn/images/editor/20171010/20171010133255806.pdf[2017-3-1].

[12] 中国移动机器人产业联盟，杭州迦智科技有限公司，新战略移动机器人产业研究所. 2020-2021 工业制造领域自然导航自动导引运输车/AMR 产业发展研究报告[R/OL]. https://

www.sgpjbg.com/baogao/53041.html[2020-12-10].

[13] Beni G, Wang J. Swarm Intelligence in Cellular Robotic Systems[M]. Berlin: Springer, 1993.

[14] Eberhart R C, Shi Y, Kennedy J. Swarm Intelligence (Morgan Kaufmann Series in Evolutionary Computation)[M]. San Francisco: Morgan Kaufmann Publishers, 2001.

[15] Ahmed H, Glasgow J. Swarm intelligence: Concepts, models and applications[R]. School of Computing: Queens University Technical Report, 2012.

[16] 周伯生, 张社英. 可视化过程建模语言 VPML[J]. 软件学报, 1997, 8(S0): 535-545.

[17] Yeh R T, Naumann D A, Mittermeir R T, et al. A commonsense management model[J]. IEEE Software, 1991, 8(6): 23-33.

[18] 张莉. 企事业过程及其应用系统开发环境的理论模型与实现技术研究[D]. 北京: 航空航天大学, 1996.

[19] Budinsky F. Eclipse Modeling Framework: A Developer's Guide[M]. Berkshire: Addison-Wesley Professional, 2004.

[20] 张浩. Graphical Modeling Framework 简介[J]. 程序员, 2006, (12): 106-108.

[21] Denney E, Pai G, Whiteside I. Model-driven development of safety architectures[C]//2017 ACM/IEEE The 20th International Conference on Model Driven Engineering Languages and Systems, 2017: 156-166.

[22] Reger L. The EE architecture for autonomous driving a domain-based approach[J]. ATZelektronik Worldwide, 2017, 12(6): 16-21.

[23] Deantoni J, Mallet F. ECL: The event constraint language, an extension of OCL with events[D]. Paris: INRIA, 2012.

[24] Deantoni J, Diallo P I, Champeau J, et al. Operational semantics of the model of concurrency and communication language[D]. Paris: INRIA, 2014.

[25] André C. Syntax and semantics of the clock constraint specification language (CCSL)[D]. Paris: INRIA, 2009.

[26] Mallet F, DeAntoni J, André C, et al. The clock constraint specification language for building timed causality models[J]. Innovations in Systems and Software Engineering, 2010, 6(1): 99-106.

第 7 章　制造企业协同运行中的智能服务

第 6 章提出了融合群体智能的制造企业协同运行模型 PSICoMo，包括集成化过程模型、可信共享信息模型、智能资源模型和群体智能协同模型四个组成部分，并针对其中的集成化过程模型提出了集成化过程建模与仿真服务。本章将围绕 PSICoMo 的其他三个组成模型，讨论其对应的典型智能服务，包括如下内容。

(1) 支撑可信共享信息模型的隐私保护知识增强服务，解决数据隐私保护约束下的知识共享问题。

(2) 支撑智能资源模型的设备资源实时推荐服务，基于规则推荐加工设备资源，缩小设备选择范围。

(3) 支撑群体智能协同模型的智能协商服务，通过局部智能协商的方式对抗生产扰动、保障订单交期。

7.1　基于联邦学习的隐私保护知识增强

针对协同制造中所需的多方数据和知识由于隐私保护限制难以共享的问题，本节讨论基于联邦学习的知识共享和增强解决方案。为了方便讨论，选取产品质量检测的典型案例，开展制造领域中联邦学习的实证研究，探讨在协同制造场景下应用联邦学习实现知识增强的可行性，展望联邦学习在协同制造中的应用前景。

7.1.1　协同制造中隐私保护对数据共享的限制问题

随着人工智能、工业互联网等技术的发展和成熟，制造企业在实际生产中已广泛应用大数据和智能化技术来提升制造能力，例如，机器学习利用人工定义的统计特征辅助决策，深度学习从数据中自动学习数据间的复杂关系。深度学习技术通常依赖大量、多样的学习数据，但是在制造过程中应用智能化技术时，单个组织部门提供的数据往往不足以满足人工智能算法对数据规模和多样性的要求，如果能够汇聚同类产品生产企业和上下游生产企业的历史生产数据，将有助于提升人工智能算法的准确度。然而，同类企业间和上下游企业间可能存在潜在的竞争关系，虽然共享数据能够帮助提升生产效率，但对企业来说也意味着公开了订单数量、生产能力等具有商业价值的信息。为了应对数据公开带来的潜在社会风险和经济风险，多个国家建立健全了保护数据隐私和数据安全的法律体系，如欧洲联盟 2016 年颁布了《通用数据保护条例》[1]，严格限制大数据的公开和使用范围。制造企业也将其贯彻到公司制度中，在研-产-供-销-服链条上的各个环节更加注重合规和隐私，往往采取更为保守的策略，严格限制数据的公开范围，甚至仅限制在公司某个部门内部使用，由此产生了数据孤岛现象和数据垄断问题。制造数据共享与数据隐私保护之间的这种矛盾，限制了制造中的大数据和智能化技术发挥其优势作用。

一方面是加强数据隐私和数据安全保护的趋势，另一方面是加强智能化技术广泛应用的趋势，如何解决两者之间的冲突和矛盾，换言之，如何在数据不共享的前提下实现智能学习，是当前人工智能领域所面临的挑战性问题。2017 年，共享学习被列为人工智能技术的重大挑战问题之一，认为是值得深入研究和能够产生创新成果的研究方向[2]。

7.1.2　联邦学习发展过程与基本原理

早在 2016 年，Google 就针对共享学习问题提出了联邦学习的概念和去集中化的协作式学习算法[3,4]，并在安卓键盘输入内容预测问题上探索了应用可行性。该方法利用多客户端提供的联合数据，在保护用户数据隐私的前提下更新预测模型。当用户使用安卓手机时，将利用本地数据持续更新模型参数，并将这些参数上传至云端,具有相同特征向量维度数据的客户端共同建立起一个联邦学习模型,供其他客户端使用。该方法本质上是通过共享学习参数实现隐私保护下的数据信息共享。

传统的机器学习和深度学习首先需要收集和汇总数据，通常将多来源的数据上传至服务器进行融合，然后在服务器上集中训练模型，这个过程相当于公开了用户上传的数据，没有考虑用户数据的隐私泄露问题。联邦学习将模型训练的任务放到数据产生的用户端，再将已训练的模型或其部分参数加密传输至服务器进行融合。在该过程中，原始数据始终保存在用户端，并且无法通过模型反推得到用户数据，因此能够保护用户数据的私密性。

联邦学习技术被提出后迅速得到了众多领域的关注，在边缘计算、物联网、医疗、城市计算和智慧城市、互联网和金融等场景中迅速得到广泛研究，并且在某些领域的实际应用中取得了良好的效果。例如，谷歌输入法利用联邦学习进行后续单词预测[5]、表情预测[6]以及词汇表外单词的学习[7]，微众银行利用联邦学习训练机器人自动驾驶功能[8]和增强安全监控[9]，IBM 利用联邦学习检测金融不当行为[10]。在以上场景中，联邦学习技术引入非集中学习的思想和数据加密技术，避免了数据集中处理带来的隐私与保密问题，同时缓解了数据学习对大规模计算和存储资源的依赖。

制造业中同样亟须采用联邦学习技术辅助生产。根据客户端提供的数据集之间的关系，可以将联邦学习划分为三类：横向联邦学习、纵向联邦学习、联邦迁移学习[4]。在协同制造场景下，不同企业的制造数据在样本种类、数据特征方面的分布具有差异。同类型企业的数据特征重叠多、数据样本重叠度低，需要采用横向联邦学习模型，通过同类型企业的数据样本扩充，实现同类型企业生产、设计工艺等制造知识增强；上下游企业的数据样本重叠度高、数据特征重叠度低，需要利用纵向联邦学习模型，促进制造业大数据的联合特征融合和全局化联合学习，实现面向上下游企业间的制造知识融合与增强；跨制造场景的企业数据样本少、特征重叠度不高，需要通过数据样本空间扩展解决领域数据样本少、特征少的问题，利用不同企业的数据训练各自的模型，再将模型数据加密以防止传输过程中的隐私泄露，在此基础上对模型进行联合训练，得出最优模型，返回给企业，从而实现面向跨场景迁移的制造知识增强。

第 6 章阐述了群智协同制造中的数据安全共享问题，并提出了基于区块链的数据安全共享方案，有了数据共享的信任基础后，同样需要通过联邦学习解决学习中的隐私安全保护问题。经过调研并与多位专家座谈，明确了制造企业间如果能够采用技术手段解决隐私保护和数据安全对数据共享的阻隔问题，将有效提升生产质量和生产效率。虽然明确了协同制造场景对联邦学习的迫切需求，但在现阶段，哪些生产制造问题适合采用联邦学习技术、如何应用联邦学习技术提升生产制造效率等问题还不够明确。因此，本章开展相关的案例研究，以讨论联邦学习在制造企业应用中的可行性和有效性。

7.1.3　基于联邦学习的产品质量预测案例研究

本节选取生产线产品的质量预测问题，基于横向联邦学习和纵向联邦学习两种场景开展案例研究，回答在该协同制造场景下联邦学习的可行性问题。本案例研究采用了 Bosch 公司在 Kaggle 平台上公布的自动化生产线上的产品制造过程数据集[11]，该公开数据集主要用于研究产品质量预测算法，其训练集包含 1184687 个样本，测试集包含 1183748 个样本。每条数据的特征包括三个维度，分别为分类特征、数字特征和日期特征。分类数据极度稀疏，价值不大；日期数据给出了产品经过每个站点的时间戳，根据日期数据能够分析部分数据间的时序信息。然而，数据集中并未包含产品的具体制造工艺流程，很难使用上述时序信息进行进一步分析，因此暂时未使用数据间的时序信息。目前，采用的数字特征数据包含了 968 维特征和 1 维分类标签。968 维特征(F_1～F_{968})从 L_0～L_3 四条生产线上的 51 个工作站(S_1～S_{51})采集得到，各特征的字段名称代表每个特征关联的生产线和工作站信息，例如，$L_1\_S_{24}\_F_{695}$ 表示在 1 号生产线的 24 号工作站观测到的第 695 号数字特征。标签 Response 代表最终产品质量是否合格。

本研究在 Bosch 数据集的基础上构造横向联邦学习和纵向联邦学习两种场景

的数据,用以研究联邦学习的预测准确度是否能够达到与非联邦学习相近的效果,进而评估在实际生产中联邦学习的有效性和可用性。

1. 产品质量预测中横向联邦学习实证研究

在横向联邦学习中，各客户端数据集的特征大致相同，相当于扩大了同类样本的数据规模。在智能制造中，*A* 与 *B* 是两个企业中的车间，二者拥有相同的生产线与设备配置，其制造数据特征高度相似，支持通过横向联邦学习扩大生产数据样本的规模。本节选取常规支持向量机(support vector machine，SVM)和联邦支持向量机(federated SVM，FedSVM)用于横向联邦学习场景研究。SVM 作为一种监督学习算法，适用于分类和回归分析，其有效性主要取决于如何选择核、核的参数以及软余量参数。SVM 规定了参数和截距，可以直接加权。本研究选取具有线性核的 FedSVM[12]，选取平均参数和截距这两个参数来集成不同客户端生成的 SVM 模型，构造服务器模型。FedSVM 训练过程的主要步骤如图 7-1 所示。

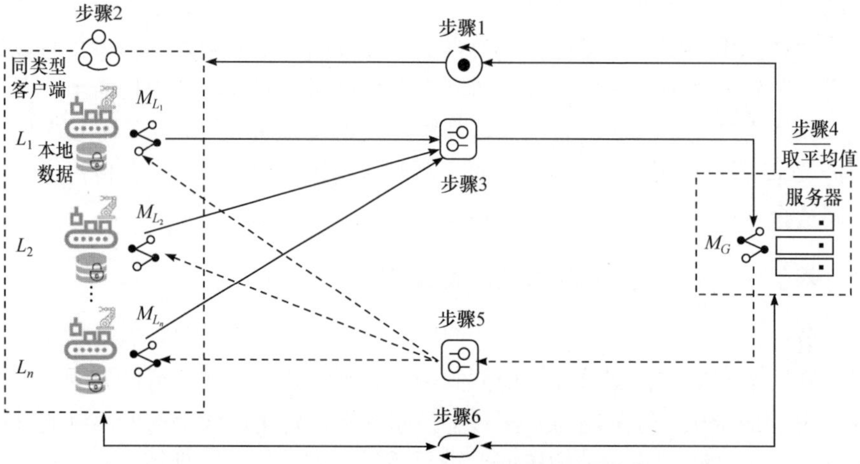

图 7-1　FedSVM 训练过程的主要步骤

步骤 1：进行参数初始化。服务器通知各客户端使用随机参数和本地数据训练模型，并保留截距初始值。

步骤 2：开展本地训练。各客户端自主训练本地 SVM 模型。

步骤 3：返回本地 SVM 参数。各客户端将本地训练参数和截距返回至服务器。

步骤 4：计算全局 SVM 模型的参数。在连续两轮中对训练值取平均值，作为全局模型 M_G 中的参数值。

步骤 5：发送全局 SVM 模型的参数。服务器发送下一轮全局模型 M_G 中的权重值到客户端。

步骤 6：重复直至收敛。在指定的迭代次数中重复步骤 2～步骤 5，直到收敛。

最后一轮的全局模型作为训练结果发送给所有客户端。

在 Bosch 数据集上，分别应用前面所述的 SVM 和 FedSVM 预测产品质量，得到对比实验结果，如表 7-1 所示。该结果表明，在准确率(accuracy，ACC)、精确率(precision)、F1、接收者操作特征曲线下面积(area under curve，AUC)指标方面，两种算法的结果均在 0.8 以上；在马修斯相关系数(Matthews correlation coefficient，MCC)指标方面，两种算法的结果均在 0.6 以上。对于 ACC、precision、F1、MCC、AUC 以及方差在各分组上的结果，其差值均在阈值 0.1 以内。实验结果表明，FedSVM 与 SVM 在 Bosch 数据集上的预测结果无较大差异，说明了横向联邦学习算法 FedSVM 在产品质量预测问题上的有效性和可行性。

表 7-1　SVM 与 FedSVM 的对比实验结果

算法	评估指标					
	ACC	precision	F1	MCC	AUC	方差
FedSVM	0.825	**0.859**	0.869	0.607	0.807	0.005
SVM	**0.859**	0.828	**0.903**	**0.690**	**0.902**	**0.003**

表中，加粗数据表示结果更优。

2. 产品质量预测中纵向联邦学习实证研究

在纵向联邦学习中，各客户端数据集的样本空间大致相同，而不同数据集的数据特征不重合。如果 A 与 B 是一条生产线中上下游关系的两个生产车间，共同生产产品 P，两者的生产线与配置不同，其生产数据的特征空间没有交集，通过纵向联邦学习可以扩充每个产品生产数据的特征维度。本节选取随机森林(random forest，RF)算法用于纵向联邦学习场景研究中。选用的联邦随机森林(federated RF，FedRF)模型由 Liu 等[13]提出。本研究对 FedRF 算法进行了优化，通过改进最优特征选择和剪枝的步骤，提升了算法的准确性和运行效率。其训练过程的主要步骤如图 7-2 所示。

步骤 1：选择初始信息，服务器随机选择特征子集 F_0、样本标识符子集 d_0 和测试集 T，并通知各客户端。

步骤 2：局部训练和剪枝，客户端根据已知的局部特征计算基尼系数，并保留最优分割特征和对应的基尼系数，以及该特征的分割阈值。客户端检查决策树的精度是否在该最优特征划分上有所提高，若未提高，则判断是否需要进行预剪枝。

步骤 3：上传本地基尼系数，客户端将基尼系数和剪枝前的信息上传到服务器。

步骤 4：选择全局最优特征，服务器选择全局最优特征。

步骤 5：发送最优全局特征，如果不需要剪枝，则服务器通知对应客户端返

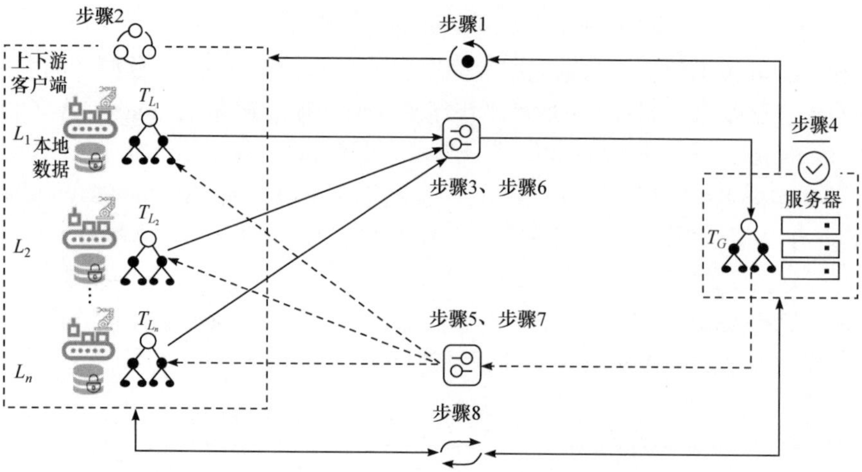

图 7-2　联邦随机森林训练过程的主要步骤

回样本 ID 划分结果；否则，通知所有客户端执行剪枝处理，以形成一个叶节点。

步骤 6：发送本地决策，当不需要剪枝时，被通知的客户端返回用该特征划分数据集的结果(落入左、右子树的 ID 集)。

步骤 7：广播全局决策，服务器通知其他客户端 ID 划分，形成决策树的第一个节点。各客户端知道每个 ID 划分的结果，服务器知道整个树的结构和每个节点对应的特征名。服务器和各客户端根据当前的 F_0 和 d_0 建立新的节点和左、右子树，直到形成叶节点。

步骤 8：重复以上步骤，直到形成森林，迭代建立 N 棵决策树，形成随机森林。

FedRF 与 RF 算法的对比实验结果如表 7-2 所示。ACC、precision、F1、MCC、AUC 以及方差中各分组上的结果，差值均在阈值 0.1 以内。实验结果表明，FedRF 与 RF 在 Bosch 数据集上的预测结果无较大差异，说明了纵向联邦学习算法 FedRF 在产品质量预测问题上的有效性和可行性。

表 7-2　FedRF 与 RF 算法的对比实验结果

算法	评估指标					
	ACC	precision	F1	MCC	AUC	方差
FedRF	0.843	0.808	0.894	0.659	0.902	0.004
RF	**0.868**	**0.836**	**0.909**	**0.713**	**0.912**	**0.002**

表中，加粗数据表示结果更优。

7.1.4　联邦学习在协同制造中的应用展望

制造业中存在隐私和保密条例、数据孤岛、数据垄断、海量数据处理等诸多问题，使得跨企业协同制造应用场景中难以发挥人工智能技术的优势，亟须数据安全共享的解决方案。本节在协同制造的产品质量预测场景中开展实证研究，表明将联邦学习应用于协同制造领域的可行性。多项其他领域的应用结果也表明，联邦学习是在数据隐私安全保护下实现知识增强的有效方法，并且在大多数场景下，其准确率与效率不低于传统人工智能训练模式。虽然联邦学习对解决协同制造中跨企业知识增强问题具有可行性，但是其应用仍面临很多挑战，包括但不限于以下三点。

(1) 联邦学习的算法类型覆盖度需要提升。在现有研究中，客户端之间的算法模型相同，大部分算法也要求客户端与服务器采用同一类模型。在客户端与服务器模型不同的情况下，两端模型需要具有相似的参数结构，或存在一种方法将客户端模型进行转换运用到服务器模型中。横向联邦学习场景下可以选用的客户端模型种类较多，仍需要深入研究如何将已经与制造场景适配的多种深度学习模型应用在纵向联邦学习、联邦迁移学习、联邦强化学习场景中。

(2) 联邦学习的隐私保护能力需要提升。为了提升联邦学习的隐私性，现有研究普遍在数据传输和训练过程中使用加密算法，通过改进训练过程，削弱了模型与原始数据的联系。用于联邦学习的加密算法通常是比较成熟的算法，大部分与分布式计算中采用的加密算法相同。未来需要针对横向联邦学习、纵向联邦学习、联邦迁移学习、联邦强化学习场景，结合制造领域知识的特点，提出领域专用的加密算法，以削弱模型与原始数据的关联，提升对关键数据的隐私保护能力。

(3) 联邦学习的协同制造激励力度需要提升。参与协同制造的企业出于资产保护的需求，参与数据共享的意愿往往较弱，需要针对数据共享设计有效的激励机制。现有研究主要关注模型质量问题，采用激励机制提高全局模型的训练质量。目前，考虑较多的是客户端的资源质量(包含模型的质量、数据的质量和数量等)，其次是通信成本和计算成本。从奖励的方式来看，目前大多采用资金激励的方式。多样化的奖励措施有利于从多个方面调动参与者的积极性。特别地，需要针对协同制造的业务场景，结合协同制造中的合作竞争关系、协同制造过程数据的知识产权、制造单位的信用度等数据特征，结合协同运行过程，设计合理有效的激励机制，激励制造企业参与到共享数据中，促进良性竞争，同时需要保障公平性。

总体而言，制造业中出于数据资产保护，长期以来存在严重的数据孤岛问题。在群智制造场景中，为了共享数据和知识，需要解决数据隐私保护下的知识学习问题。虽然联邦学习为该问题的解决提供了可行的途径，但是目前其在工业制造领域中的研究和应用仍非常有限。相信随着企业间协同需求的增长和对隐私要求的提高，联邦学习会在智能制造领域发挥越来越重要的作用。

7.2 协同制造中的设备资源实时推荐

在机械加工过程中，在拟定目标加工工件的工艺路线后，需要确定各工序所用的机床设备和工艺设备，如刀具、夹具、量具、辅具等。机床设备的选择不仅直接影响工件的加工效率和加工质量，还会影响工件的制造成本。设备选择不合理可能导致刀具磨损不均匀，造成设备频繁更换，延误产品交货期限，也容易引发安全隐患。因此，需要研究面向协同制造场景的设备资源推荐服务，用于缩小可选设备范围，快速匹配符合生产加工要求的设备资源。

在制造企业中，设备选择主要依赖熟练技工的经验判断。如果生产过程中发生设备故障等紧急情况，虽然能够凭借经验快速判断本厂内哪些设备可以替代故障设备，但是这种依赖个人经验的方式仅在单个企业内部适用，在协同制造场景下难以满足紧急处理的需求。例如，为实现制造能力和制造资源共享，大量企业将设备共享在航天云网[14]等云制造平台，实现供需精准对接。共享平台上管理的设备类型多、数量大，需要解决企业快速获取与需求匹配的设备这一问题。由于个人经验有限，如果不能准确地将这些匹配经验定义和描述出来，就难以将经验自动运用到大量的设备推荐任务中。据统计，70%以上的机械加工是相同或相似的[15]，因此为大批设备定义规则集合，根据规则自动推荐合适的设备成为可能。如何利用已有的领域知识，定义设备推荐规则，进而合理推荐加工工件所需设备，以辅助生产过程决策，是协同制造过程中需要解决的问题。

已有工作研究如何基于本体模型推荐高性能加工工艺参数[16]，或构建金属切削加工知识图谱用于推荐工艺参数[17]。这些工作采用知识图谱和语义网络对加工知识进行建模，通过建立具有逻辑关系的图结构来描述规则，再通过图中的关系结构进行知识推理。本书在第 5 章中也讨论了设备参数的优化技术。还有一些工作采用贝叶斯网络[18]、协同过滤[19]、神经网络[20]等基于学习的方法完成推荐任务，推荐的效果依赖学习数据的数量和质量，所使用的数据可能涉及工厂产能等商业机密而难以获取，因此在缺少充足数据的应用场景中，基于规则的设备推荐更为适用。

针对协同制造中设备推荐这一应用场景，基于规则的推荐方法有两种实现途径：一种是面向给定数据集构建前面提到的领域知识图谱，基于知识图谱进行推理，这种方式在实际使用中需要解决知识图谱的自动构建问题，为了实现自动构建，要求数据规范，数据的格式、维度、数值等均符合要求；另一种是构建一种面向设备推荐问题的领域规则描述语言，并基于该语言定义推理规则，调用推理引擎完成推荐。该途径的难点在于定义推理规则和规则描述语言，这种领域定制语言(domain specific language，DSL)需要包括设备推荐过程中可以作为推荐依据的共性特征、定性或定量的描述特征，以及这些特征与设备推荐结果之间的规则关系。例如，在设备推荐中，要求所选机床设备的尺寸规格与工件的形状尺寸相适应，设备的精度等级与本工序加工要求相适应，电机功率与本工序加工所需功率相适应，机床设备的自动化程度和生产效率与工件生产类型相适应。所定义的语言应当有能力描述这些匹配规则中的实体及其属性，并定义实体间的推理关系。

为了解决这个问题，本节定义设备工件匹配规则描述语言(device item matching rule description language，DIMRDL)，提出基于规则的设备推荐技术，并进行案例研究。

7.2.1　设备推理规则语言领域知识

设备工件匹配规则描述语言的定义需求主要包括以下两点。

(1) 能够描述设备和工件之间的匹配条件。

(2) 能够计算设备和工件之间的匹配程度。

为了描述设备和工件，本书作者调研了产品模型数据交互规范(standard for the exchange of product model data，STEP)[21]，该标准定义了不同产品模型数据交换要求，国外工业单位采用该标准后显著降低了产品的信息交换成本，提高了产品研发效率。同时，我国发布了用于指导机械加工精度的《产品几何技术规范(GPS) 线性尺寸公差 ISO 代号体系 第 1 部分：公差、偏差和配合的基础》(GB/T 1800.1—2020)[22]，用于区分机械加工精度，减小公差配合偏差。此外，《碳化物在切削加工中的应用标准》(ISO 513: 2012(E))[23]制定了切削等加工中的刀具规范。《切削刀具用可转位刀片型号表示规则》(ISO 1832: 2017)[24]用于规范设备刀片形状。这些标准都为设备工件匹配规则的定义提供了参考。依据以上标准，本节定义了工件和设备的主要属性类型，后续将基于这些属性取值进行设备和工件的匹配。

工件的主要属性类型包括工件加工类型、工件精度等级、工件尺寸(长、宽、高、直径)、工件形状(旋转体、细长件、大型件)、工件材料(是否刚性、断屑性能)，工件属性及其取值类型/范围如表 7-3 所示。

表 7-3　工件属性及其取值类型/范围

工件属性	取值类型/范围
工件尺寸(长、宽、高、直径)	整数
工件加工类型	见加工类型图(图 7-3)
工件精度等级	整数
工件形状(旋转体、细长件、大型件)	是/否
工件材料(是否刚性、断屑性能)	是/否

工件具有长、宽、高、直径等基本尺寸属性以及所属加工类型，加工类型图如图 7-3 所示。工件的精度等级非常重要，降低加工精度将直接影响工件的品质，增大废品、残次品的比例。国际标准中依据表面粗糙度等将标准公差分为 20 个等级，最精密的是 IT01 等级，其次是 IT0～IT18 等级，IT 后的数值越大，其加工精度越低，工件精度等级及其加工方法如表 7-4 所示。本节依据该标准，提取了精度等级作为 DIMRDL 中的工件属性。

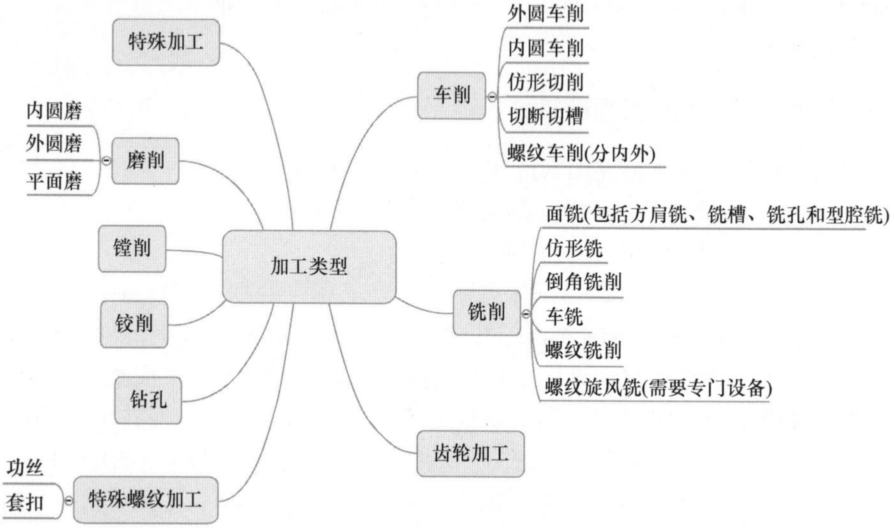

图 7-3　加工类型图

表 7-4　工件精度等级及其加工方法

精度等级	尺寸精度范围	R_a值范围/μm	加工方法
低精度	IT13～IT11	25～12.5	粗车、粗镗、粗铣、粗刨、钻孔等
中等精度	IT10～IT9	6.3～3.2	半精车、半精镗、半精铣、半精刨、扩孔等
	IT8～IT7	1.6～0.8	精车、精镗、精铣、精刨、粗磨、粗铰等
高精度	IT7～IT6	0.8～0.2	精磨、精铰等
特别精密精度	IT5 以下	R_a<0.2	研磨、超净加工、抛光、珩磨等

工件的形状会影响加工的过程。工件的结构形状多样，需要根据加工形状匹配设备[25]，DIMRDL 选取典型形状，包括旋转体、细长件、大型件。工件的材料会通过刚性、断屑性能等方面影响加工[26]。

设备的主要属性类型包括加工工件类型、加工精度等级、加工工件形状(最大加工长度/宽度/高度、最大/最小加工直径)、设备状态、主轴转速、加工姿态，如表 7-5 所示。加工过程中利用设备所携带的刀具对工件进行剪裁加工。需要根据设备支持加工的工件类型、支持加工的精度等级、加工工件的形状、设备的状态等信息，针对目标工件推荐匹配的设备。此外，还需要根据设备加工相关的属性，如主轴转速、加工姿态(垂直或水平)等匹配设备[27]。

表 7-5　设备属性及其取值类型/范围

设备属性	取值类型/范围
加工工件类型	见加工类型图(图 7-3)
加工精度等级	整数
加工工件形状(最大加工长度/宽度/高度、最大/最小加工直径)	整数
设备状态	使用中、故障、闲置
主轴转速	整数
加工姿态	立式、卧式

基于以上领域知识分析，定义了 DIMRDL，其巴克斯-诺尔范式语法如下。

<规则文件>	::=	<规则>*
<规则>	::=	<满足度> <匹配规则>
<满足度>	::=	‘必须满足:’ | ‘最好满足:’
<匹配规则>	::=	<规则逻辑表达式> | <预定义规则> | <具有前置条件的规则逻辑表达式>
<具有前置条件的规则逻辑表达式>	::=	‘if’ <匹配规则> ‘then’ <匹配规则> ‘else’ ‘true’
<规则逻辑表达式>	::=	<约束逻辑表达式> | <约束集合表达式> | <规则逻辑表达式> <规则逻辑符> <规则逻辑表达式>
<规则逻辑符>	::=	‘and’ | ‘or’
<约束逻辑表达式>	::=	<约束逻辑项> <逻辑关系> <约束逻辑项>
<约束逻辑项>	::=	<约束属性> | <逻辑值> | <数字串> | <字符串> | <预定义规则>
<逻辑关系>	::=	‘==’ | ‘!=’ | ‘<’ | ‘<=’ |‘>’ | ‘>=’
<约束属性>	::=	‘设备.’ <设备属性名称> | ‘工件.’ <工件属性名称>
<设备属性名称>	::=	‘状态’ | ‘设备加工类型’ | ‘设备精度’ | ‘最大加工长度’ | ‘最大加工宽度’ | ‘最大加工高度’ | ‘最大加工直径’ | ‘最小加工直径’ | ‘主轴转速’ | ‘加工姿态’

<table>
<tr><td><工件属性名称></td><td>::=</td><td>‘工件加工类型’ | ‘工件精度’ | ‘长度’ | ‘宽度’ | ‘高度’ | ‘直径’ | ‘断屑性能好’ | ‘是否是旋转体’ | ‘是否刚性’ | ‘是否细长件’ | ‘是否大型件’</td></tr>
<tr><td><逻辑值></td><td>::=</td><td>‘是’ | ‘否’</td></tr>
<tr><td><数字串></td><td>::=</td><td>[0-9]+</td></tr>
<tr><td><字符串></td><td>::=</td><td>““ <字符>* ””</td></tr>
<tr><td><字符></td><td>::=</td><td><非数字字符> | [0-9]</td></tr>
<tr><td><非数字字符></td><td>::=</td><td>‘\u4E00’ .. ‘\u9FA5’ | ‘\uF900’ .. ‘\uFA2D’ | [a-zA-Z]</td></tr>
<tr><td><约束集合表达式></td><td>::=</td><td><约束属性> ‘in’ <约束集合></td></tr>
<tr><td><约束集合></td><td>::=</td><td>‘[’ <字符串> (‘,’ <字符串>)* ‘]’ | ‘[’ <数字串> (‘,’ <数字串>)* ‘]’ | <约束属性></td></tr>
<tr><td><预定义规则></td><td>::=</td><td><标识符> '(‘ <参数列表> ')’</td></tr>
<tr><td><参数列表></td><td>::=</td><td><参数> (‘,’ <参数>)* | ε</td></tr>
<tr><td><参数></td><td>::=</td><td><约束逻辑项></td></tr>
<tr><td><标识符></td><td>::=</td><td><非数字字符>+<字符>*</td></tr>
</table>

7.2.2 基于规则的设备资源推荐技术

基于规则的设备资源推荐技术路线如图 7-4 所示。为了实现基于 DIMRDL 规则的设备资源推荐，首先需要从 DIMRDL 描述的规则中读取规则信息，然后将规则信息映射为推理机的输入语言。这里采用 ANTLR(another tool for language recognition)跨语言语法解析器[28]读取、处理、执行 DIMRDL 定义的规则，将解析获取的语义信息映射为 Jena 规则(Jena 是一个 Java 的应用编程接口，用来支持语义网的有关应用)，作为 Apache Jena 推理机的输入，实现规则推理。考虑到实际数据中的属性缺失率因厂而异，而绝大多数工厂数据采集不完备导致缺失率较高，

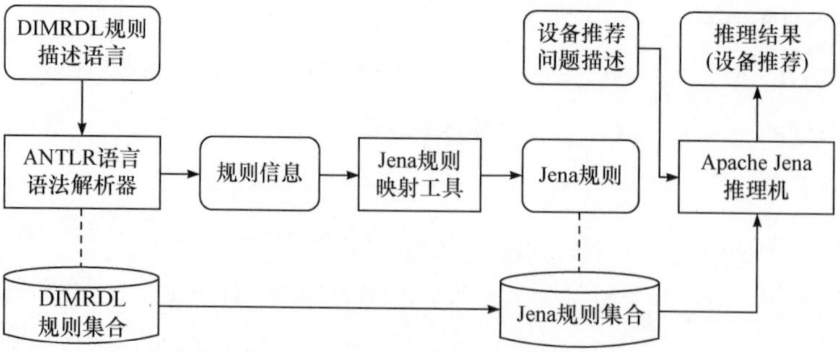

图 7-4　基于规则的设备资源推荐技术路线

因此本方法选择反向规则筛选，从全部数据中去掉不匹配的数据，在保证正确率的前提下，提高了程序的执行效率。

为了实现设备资源推荐，需要定义实际生产中设备约束的描述规则，即设备必须满足的约束，如被推荐的设备必须处于空闲状态，或设备最好满足的约束，如螺纹旋风铣适合细长工件的加工，这些约束规则是设备推荐的依据。作者通过实地调研走访及参阅相关的标准资料，对常用的加工规则进行了系统性总结，并最终得到两类共 12 条基本规则，分为必须满足和最好满足两类。具体的自然语言规则描述及对应 DIMRDL 表达式如表 7-6 所示。

表 7-6　自然语言规则描述及对应 DIMRDL 表达式

约束	自然语言规则描述	DIMRDL 表达式
必须满足	设备的加工尺寸与工件对应	工件.长度 <= 设备.最大加工长度 and 工件.宽度 <= 设备.最大加工宽度 and 工件.高度 <= 设备.最大加工高度 and 工件.直径 <= 设备.最大加工直径 and 工件.直径 >= 设备.最小加工直径
	设备精度与工件要求的精度适应	工件.工件精度 <= 设备.设备精度
	设备的生产类型与工件相适应	工件.工件加工类型 in 设备.设备加工类型
	设备处于闲置状态	设备.状态 == "闲置"
	螺纹车削的工件必须是旋转体	if 工件.工件加工类型 == "螺纹车削" then 工件.是否是旋转体 == "是" else true
	钻孔和铰削要求主轴转速足够	if 工件.工件加工类型 in ["钻孔", "铰削"] then 设备.主轴转速 >= 10000 else true
	铰削要求工件保持高刚性	if 工件.工件加工类型 == "铰削" then 工件.是否刚性 == "是" else true
	不易安装到车床上的大型工件进行螺纹加工时需要螺纹铣削	if 工件.是否是大型工件 == "是" and 工件.工件加工类型 in ["螺纹车削", "螺纹铣削", "攻丝", "套扣"] then "螺纹铣削" == 设备.设备加工类型 else true
最好满足	切断切槽、螺纹铣削、钻孔、铰削、镗削，工件材料具有良好的断屑性能	if 工件.工件加工类型 in ["切断切槽", "螺纹铣削", "钻孔", "铰削", "镗削"] then 工件.断屑性能好 == "是" else true
	螺纹旋风铣适合细长工件的加工	if 工件.工件加工类型 == "螺纹旋风铣" then 工件.是否细长件== "是" else true
	钻孔、铰削、镗削，设备最好是卧式	if 工件.工件加工类型 in ["钻孔", "铰削", "镗削"] then 设备.加工姿态 == "卧式" else true
	钻孔、铰削、镗削，工件能围绕孔对称旋转	if 工件.工件加工类型 in ["钻孔", "铰削", "镗削"] then 工件.是否是旋转体 == "是" else true

7.2.3 设备推荐案例分析

为了验证 DIMRDL 的可用性及其设备推荐的准确性，本节收集了宁波某工厂的真实生产数据进行案例验证。首先进行数据整理，过滤掉不在 DIMRDL 描述范围内的数据，对工序进行统一规范重命名。然后基于规则进行设备资源推荐，并与真实数据中的实际设备选择情况进行对比。表 7-7 和表 7-8 分别是该厂提供的设备属性信息(部分)和工件属性信息(部分)。

表 7-7 设备属性信息(部分)

加工类型	品牌	型号	最大加工长度/mm	最大加工直径/mm	直径/mm
车削	DMG MORI	CLX 350	—	610	120
车削	DMG MORI	CLX 550	1140	700	150
车削	DMG MORI	CLX 750	1220	950	200
铣削	DMG MORI	CTX alpha 500	470	500	100
铣削	DMG MORI	CMX 1100 V	560	1400	—
铣削	DMG MORI	DMC 80 H linear	630	630	130

表 7-8 工件属性信息(部分)

公称轴径/mm	标准型	钢球列数	质量/g
3	LM3	4	1.35
4	LM4	4	1.9
5	LM5UU	4	4
6	LM6UU	4	7.6
8	LM8SUU	4	10.4
8	LM8UU	4	15
10	LM10UU	4	29.5

在生产过程中，设备会经过多道加工工序，包括下料、磨削、车削、铣削、热处理、清洗、检验、包装等流程，其中热处理等操作委派给外部厂商进行，检验、包装等流程由人工完成，不在设备推荐范围内。一些特殊步骤，如清洗、使用专用设备(超声清洗机)等也不存在设备推荐问题。真实情况下工件和设备的对应关系(部分)如表 7-9 所示。其中，每行代表一个加工工序，每列代表一类工件，表格中横纵所对应的就是工件在该工序所使用的设备。

表 7-9　真实情况下工件和设备的对应关系(部分)

工件	软磨	数控	数控打孔	铣床	端面磨	粗精磨	平面磨
LM120	—	CK6150	—	—	HZ630/ M7130/ M7132H/ M7140H	MK1020/ MK11250/ M11200	—
LM150	—	CK6150	—	—	HZ630/ M7130/ M7132H/ M7140H	MK10200/ MK11250/ M11200	—
LMK5	M10100	Q5/Q7/A-8 /FMC-850	Q7/A-8 /FMC-850	X5032A	—	M1050/ M10100/ CQ2008NC	HZ630/ M7130/ M7132/ M7140H
LMK6	M10100	Q5/Q7/A-8 /FMC-850	Q7/A-8 /FMC-850	X5032A	—	M1050/ M10100/ CQ2008NC	HZ630/ M7130/ M7132H/ M7140H
LMK8	M10100	Q5/Q7/A-8 /FMC-850	Q7/A-8 /FMC-850	X5032A	—	M1050/ M1010/ CQ2008NC	HZ630/ M7130/ M7132H/ M7140H
LMK10	M10100	Q5/Q7/A-8 /FMC-850	Q7/A-8 /FMC-850	X5032A	—	M1050/ M10100/ CQ2008NC	HZ630/ M7130/ M7132H/ M7140H

去掉无关数据后，将软磨、端面磨、粗精磨、平面磨、立磨、修磨等统一合并为磨削，同时规范命名其他工序，工序名称修改如表 7-10 所示。

表 7-10　工序名称修改

原始工序	修改后的工序
软磨、端面磨、粗精磨、平面磨、立磨、修磨	磨削
数控	车削
数控打孔	钻孔
铣床	铣削

根据合并后的工序，通过合并同类设备，可以列出工件和设备加工对应表(部分)，如表 7-11 所示。

表 7-11　工件和设备加工对应表(部分)

工件	磨削	车削	钻孔	铣削
LMK5	CQ2008NC,HZ630,M10100,M1050,M7130,M7132H,M7140H,MA1320,MM1420A,MM1420E	3MZ201K,M10100,M1050,M7475B,MK10200,赫明豪森	A-8,FMC-850,Q5,Q7	A-8,FMC-850,Q7

续表

工件	磨削	车削	钻孔	铣削
LMK6	CQ2008NC,HZ630,M10100,M1050,M7130,M7132H,M7140H,MA1320,MM1420A,MM1420E	3MZ201K,M10100,M1050,M7475B,MK10200,赫明豪森	A-8,FMC-850,Q5,Q7	A-8,FMC-850,Q7
LMK8S	CQ2008NC,HZ630,M10100,M1050,M7130,M7132H,M7140H,MA1320,MM1420A,MM1420E	3MZ201K,M10100,M1050,M7475B,MK10200,赫明豪森	A-8,FMC-850,Q5,Q7	A-8,FMC-850,Q7
LMK8	CQ2008NC,HZ630,M10100,M1050,M7130,M7132H,M7140H,MA1320,MM1420A,MM1420E	3MZ201K,M10100,M1050,M7475B,MK10200,赫明豪森	A-8,FMC-850,Q5,Q7	A-8,FMC-850,Q7
LM120	M11200,MK10200,MK11250	3MZ2120A,MK11250	CK6150	—
LM150	M11200,MK10200,MK11250	3MZ2120A,MK11250	CK6150	—

同理，对原始工件和设备的加工类型进行重命名与分类。不加入其他规则，仅使用常用规则，对已有工件(不同工序下同一种零部件视为不同工件)进行推荐，并且认为推荐结果中匹配和较为匹配均为合理的结果，与表 7-9 进行对比，将结果进行汇总。实验结果(部分)如表 7-12 所示，采用本节提出的方法，各类设备推荐的正确率均可达到 93%以上。由此可见，对于生产规律性强的加工场景，使用本节提出的设备推荐技术，效果较为理想。

表 7-12 实验结果(部分)

类别	磨削	车削	钻孔	铣削
正确数	479	399	413	192
总数	487	426	435	198
正确率/%	98.4	93.6	94.9	97.0

7.3 跨企业协同智能协商

随着制造业全球化和精细化发展，现代复杂产品的生产几乎都离不开跨企业协同生产，但各制造企业间存在信任基础差、信息难以安全共享以及扰动处理难等问题，使得跨企业间的协同生产效率有待提升。此外，制造企业参与协同生产时还可能担心付出与回报不成正比，导致参与协同制造的积极性不高，因此如何激励企业参与协同制造是另一个关键问题。

为了解决上述跨企业协同生产的问题，也为了验证群体智能协同模型中面向扰动的群智协商与激励机制，本节主要讨论跨企业协同智能协商方法、跨企业协同智能协商方案和跨企业协同智能协商系统。

7.3.1　跨企业协同智能协商方法

随着全球化信息网络的形成，制造业正在发生根本性变化。需求的创新化、个性化、特殊化、动态化，甚至用户参与设计、制造产品的需求提升，依靠企业内部的技术升级与资源优化已无法适应这种巨大的变化。在这种情况下，跨企业的协同生产变得尤为重要。这种协同生产覆盖产品设计、产品制造、产品投入市场等各阶段，催生出协同制造的概念，并逐步实现了信息共享、过程跨阶段互通以及企业资源集成。

然而现有的协同制造模式本质上还是对制造任务提前做好计划，遇到扰动问题仍无法及时处理，导致计划赶不上变化。这些不确定性事件可能出现在制造过程中的各个阶段，可能与工件、工序、设备等相关[29]，6.2.3 节已将其总结为基于计划任务、基于工艺路线、基于生产准备、基于执行偏差和基于设备异常等的扰动类别。跨企业协同制造过程中存在大量扰动，导致复杂制造企业难以实现按需响应、快速迭代、动态优化。因此，亟须解决跨企业协同生产过程中由不确定性扰动导致的实际生产偏离计划的问题。

针对上述问题，本节提出一种跨企业协同智能协商方法(cross enterprise collaborative intelligent negotiation method, CECINM)，该方法的核心思想是：给每个协同生产过程关联一个智能协同体(intelligent coordination agent, ICA)，它将伴随该生产过程的全生命周期。ICA 介于生产计划层与生产执行层之间。生产计划层类似于制造企业的管理层，在给定订单后负责生产过程的总体计划与决策，ICA 负责感知该过程的外界环境扰动、监控该过程内人、机、物的状态，以及监控该过程中的采购过程、外协任务过程的状态，在扰动发生后，进行决策响应或通过与其他智能协同体交互信息、协商博弈等来解决问题。生产执行层包含实际生产执行过程中的各个生产单元。此外，ICA 可以调用 6.2.3 节群体智能协同模型中的群智协同服务，如关键任务跟踪、供应商优选以及群智排程调度等，用于协调全局过程或局部资源，辅助完成并行过程优化。

本节以一个基于 PSICoMo 的订单协同生产建模为例来介绍具体跨企业协同智能协商方法，其中协商优化的目标以齐套周期为主，其他质量、成本、服务为辅。

在订单生产过程中，在确定一批订单后，企业根据需求做出生产计划决策。图 7-5 所示的生产过程包含从多个订单中划分出的五个任务(*T*1～*T*5)。任务确定后，采购部门制订采购计划(采购 2 种原料)；生产部门下达车间任务(*T*1、*T*3 在车间 *A* 生产、*T*2 在车间 *B* 生产、*T*5 在车间 *C* 生产)后，各生产车间制订排产计划；外包管理部门制订外协计划(*T*4 在外协厂 *W* 生产)。缺少协同的制造方式中存在以下三个主要问题。

(1) 车间彼此独立、信息互通少。

(2) 企业对外协厂和采购商缺少管控。

(3) 生产扰动产生后缺少动态决策调整机制。

这三个问题都可能导致生产周期、质量、成本等不满足订单要求。

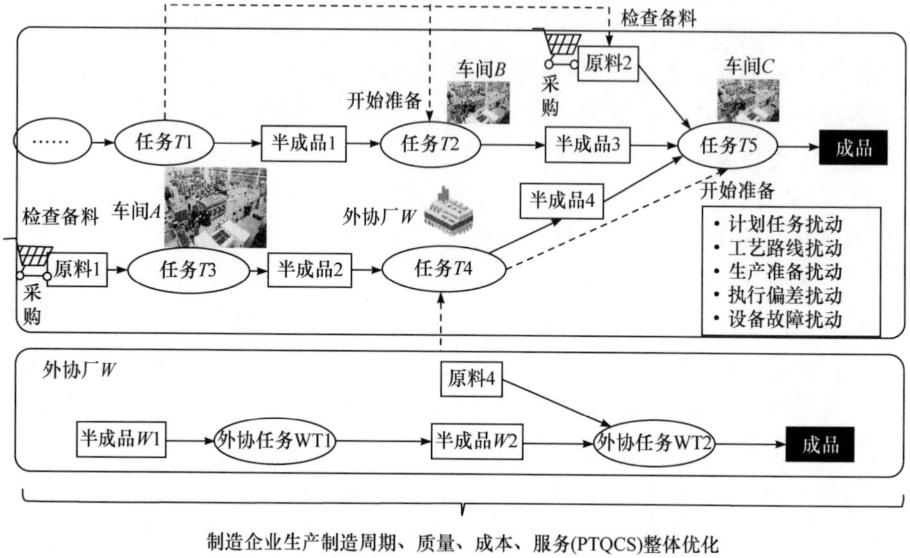

图 7-5　基于 PSICoMo 的订单协同生产建模案例

为了解决以上问题，PSICoMo 首先建立订单生产过程模型，并为每个车间中、设备上以及外协单位中对应的生产过程 *P* 创建一个智能协同体 ICA(图 7-6)，辅助该生产过程与其他生产过程协同，ICA 负责智能感知有效信息，感知/预测生产扰动，及时发现与该任务相关的生产问题，实现信息交互，生成制造单元间协调局部方案，调用关键任务跟踪服务，调用供应商推荐服务，调用群智排程调度优化服务等动态调整生产过程节奏。对于 ICA 之间通过协商无法解决的复杂任务，ICA 将信息反馈到管理计划层，制定统一的控制策略和局部的协调策略，再将决策发送给相关的 ICA，进行实时监控、远程协调、精准控制和快速响应，实现基于群体智能的制造协同运行。这样的一群虚拟智能体类似于生物群体、无人机群体和自动导引运输车群体，它们之间彼此协作，在协同制造中展现出群体智能，以应对各类生产扰动。

针对车间之间协同、主厂与外协厂的有效协同问题，基于 PSICoMo 建模后，将实现各任务之间的信息互通，各任务能够根据其他任务的状态来调整自身状态。例如，任务 *T*1 开始前，通知任务 *T*3 开始；任务 *T*1 还未完成时即需要通知任务 *T*2 开始准备，通知任务 *T*5 检查原料是否齐全；外协厂 *W* 在任务 *T*4 还未完全完成时，通知任务 *T*5 开始准备。

针对生产扰动的动态调整问题，以某车间发生机器故障扰动为例，该车间广

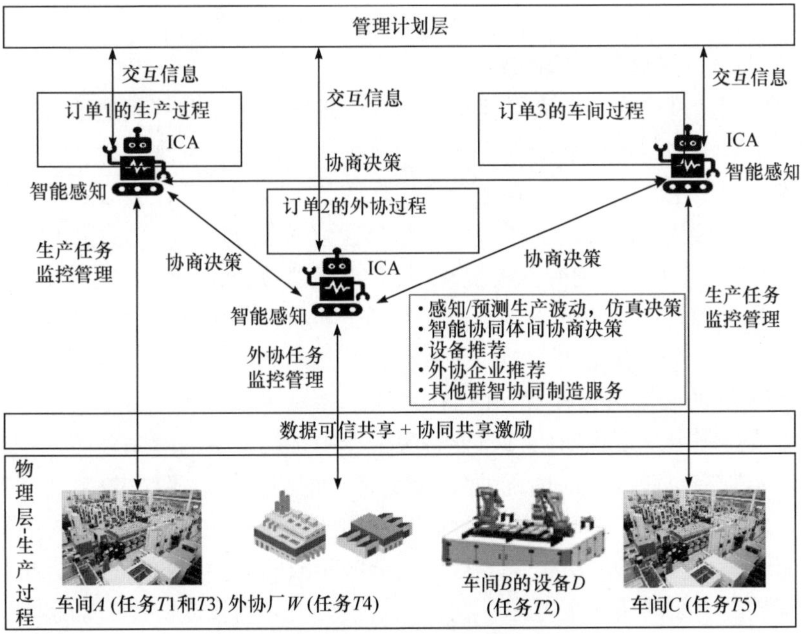

图 7-6 跨企业协同智能协商方法示意图

播设备状态信息，监控该过程的 ICA 实时感知该信息。ICA 根据其具备的生产知识和生产规则进行判断，可能做出以下三类决策。

(1) 发现设备故障严重、无法运转。根据规则，直接调用设备推荐服务，帮助车间工作人员找到合适的可用替代设备。

(2) 发现设备发生故障但仍然可以低效运转。根据内嵌的过程模型分析生产的前后依存关系，请求其他 ICA 发送它们感知到的该扰动的相关信息，与多个 ICA 进行局部范围协商，减慢前序设备和后序设备的生产速度。

(3) 发现设备耗损率提升，预测到后期可能发生故障。将该信息反馈至生产计划层，通过调整生产计划进行干预，避免可能造成的后续影响。

7.3.2 跨企业协同智能协商方案

根据 6.2.3 节提出的模型和上述协商方法，本节提出跨企业协同智能协商方案，该方案包含三个步骤和一个激励机制，三个步骤为跨企业协同制造过程监控感知、跨企业协同制造过程扰动发现和跨企业协同制造过程扰动协商；激励机制用于激励企业积极参与协商过程。

1) 跨企业协同制造过程监控感知

跨企业协同制造过程监控感知建立在过程模型的基础上，实现制造过程中的生产数据获取和生产进度跟踪。具体来说，监控功能与实际负责生产的工作中心交互，接收工作中心定期上报的生产进度信息，从中获取每一个任务的生产进度信息，计算每个任务的生产进度，进而计算订单的生产进度。

2) 跨企业协同制造过程扰动发现

在协同制造过程中存在大量扰动，扰动发现功能用于监控制造活动间的关联及作用，主要考察制造过程中的活动是否正确执行，一旦发现问题便及时上报。具体来说，根据生产数据，发现生产中出现的各类扰动，工作中心定期上报生产进度信息和自身状态信息，工作中心需要综合考虑自身这两类信息，判断生产过程中是否存在 6.2.3 节提到的五类扰动，若存在扰动，则及时上报并进行协商处理，同时，若 ICA 监控中发现异常，也需要判断分析扰动类型，及时处理，从而确保整个制造系统的稳定有序。

3) 跨企业协同制造过程扰动协商

在制造过程中发现扰动后，需要解决生产中扰动带来的问题，而传统的解决方式局限于制造企业或车间内部(如延期交货、重调度等)，解决效率低，甚至无法解决，极大地影响了整个制造过程的齐套周期。因此，需要进一步打破制造中单元、车间、企业间的层级关系，打破制造各阶段的边界，站在以人、机、物为代表的细粒度单元的角度，考虑其在不确定情况下如何彼此协作、动态响应，解决传统计划和调度模式难以解决的过程间协同问题，即在出现扰动后，通过跨企业协同智能协商方法打通制造过程中各任务之间的信息壁垒，与其他智能协同体交互信息，并通过协商博弈或调用群智协同服务等方式来解决问题，尽可能保证产品在预定的时间内完成生产。

4) 跨企业协同制造过程协商激励

跨企业协同制造过程协商激励保证在制造过程中制造企业能积极参与扰动的处理，即在群智协商的过程中融入激励机制，促进更多的制造企业参与协商之中。其中，激励机制采用 6.2.3 节提出的基于奖惩的激励、基于信誉度的激励以及基于贡献度的激励等，根据不同的方式或需求进行激励，充分保证制造企业参与跨企业协同制造过程协商的积极性。

跨企业协同智能协商方案示意图如图 7-7 所示。其核心是位于生产计划层与跨企业协同制造运行环境(工作中心层)之间的群智协商层，负责跨企业协同制造过程运行的监控和协商。下面将对各层的功能进行介绍。

(1) 企业决策层：负责决定是否接受订单，并下发订单信息，接收生产计划层反馈。

(2) 生产计划层：负责生产计划，根据生产约束生成生产计划，向群智协商层下发生产计划并接收反馈。

(3) 群智协商层：从企业决策层与生产计划层获取订单信息、订单的生产过程信息以及生产任务信息，为每一个订单生成一个订单过程代理(简称订单代理)，其对应 7.3.1 节中的 ICA，掌握订单信息、生产计划信息，接收来自工作中心的生

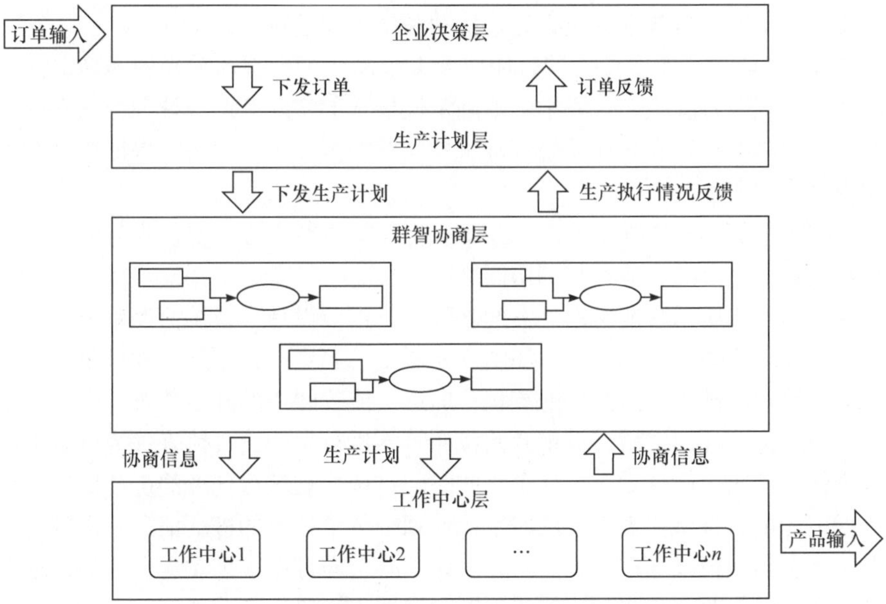

图 7-7　跨企业协同智能协商方案示意图

产进度信息、扰动信息和协商信息。从生产进度信息数据中计算出每个任务的进度，进而得出订单的生产状态和数据。订单代理直接或间接计算得出系统中存在的计划任务、生产准备、设备异常和执行偏差扰动。在发现扰动时，启动协商机制，具体包括订单代理请求工作中心协助协商、订单代理之间协商、订单代理使用设备推荐等外部服务协商处理出现的扰动问题。

(4) 工作中心层：负责实际的加工生产，进行内部调度，按照计划生产。在本智能协商方案中，工作中心需要完成生产进度上报和扰动信息上报，因此工作中心需要对生产人、物的进度信息和自身的设备异常信息进行上报。

7.3.3　跨企业协同智能协商系统

在跨企业协同智能协商方案中，跨企业协同智能协商系统应具有以下功能。

(1) 生产数据获取与生产进度跟踪。系统解析生产订单的订单信息、制造过程信息和排程信息，从中获取生产任务的逻辑拓扑结构和前后依赖关系。跨企业协同智能协商系统需要与实际负责生产的工作中心交互，接收工作中心定期上报的生产进度信息，从中解析每一个任务的生产进度信息，计算每个任务的生产进度，并通过当前任务的状态判断订单的生产状态，实现生产数据的获取和生产进度的跟踪。

(2) 生产中扰动发现。工作中心定期上报生产进度信息和设备异常信息。跨企业协同智能协商系统需要综合考虑这两类信息，判断生产过程中是否存在计划任务扰动、生产准备扰动、设备异常扰动和执行偏差扰动。

(3) 扰动应对。跨企业协同智能协商系统需要为由扰动带来的不确定性问题提出解决方案，解决生产过程中的不确定性导致的实际生产与计划分离问题，使跨企业协同制造过程在存在大量不确定性问题的情况下，尽可能保证产品在预定时间内完成生产。

(4) 群智协商的激励机制。为积极承接订单和参与协商的企业与工作中心提供权益，吸引更多的企业参与到协商之中。

在如图 7-7 所示智能协商方案的基础上，本节设计了系统监控单个订单生产中发现并处理扰动的总体流程，如图 7-8 所示，当生产计划层下发订单的生产计划时，系统开始进入生产监控的流程，即进入流程图中的开始状态。生产计划层下发订单的生产计划之后，订单开始按照计划进行生产，具体表现为订单生产中的每个任务按照生产计划进行加工。此时，订单代理获取任务的进度信息。在实际执行中，可由订单代理主动获取生产计划中每个任务的进度信息，也可由工作中心每日主动上报任务进度。同时，工作中心会向订单代理发送自身的设备异常信息。经过以上两个步骤，订单代理同时掌握了订单任务的进度信息和工作中心的异常信息。通过进度信息，订单代理判断订单内的每个任务是否已经完成，若是，则订单的生产过程结束，否则，根据任务进度信息和上报的异常信息计算生产过程是否出现了扰动，在扰动发生后进入协商流程，解决扰动问题。重复以上过程，直至生产过程结束。

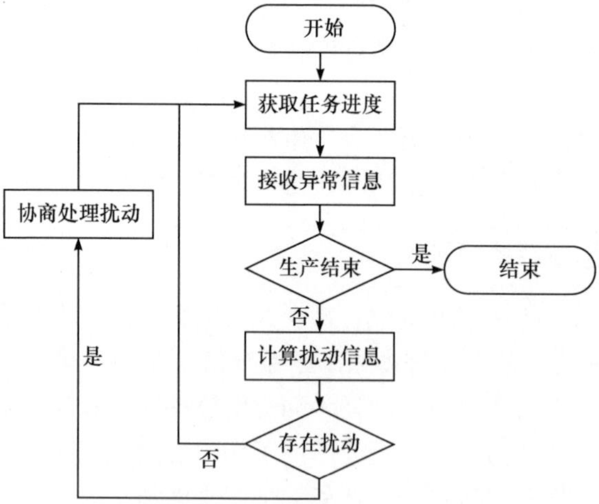

图 7-8　订单生产中发现并处理扰动的总体流程

下面分别讨论该过程中涉及的各种机制的实现。

1) 生产过程监控机制实现

为实现对制造过程进行监控，掌握制造进度这一功能，需要完成订单解析、工艺路线解析、生产计划解析、获取生产过程数据等任务。生产过程监控机制如图 7-9 所示。

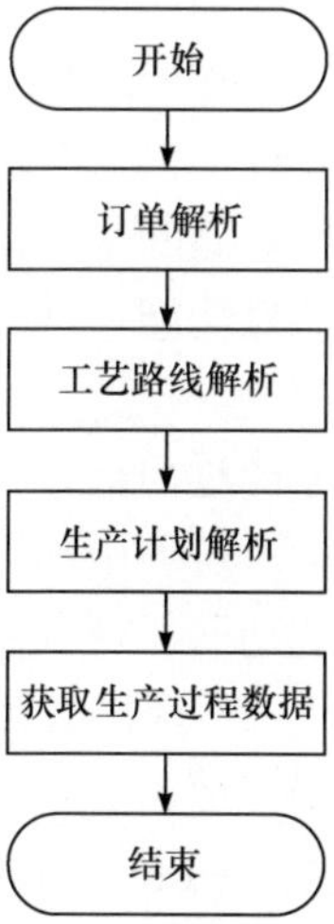

图 7-9　生产过程监控机制

(1) 订单解析。制造业需要按照订单进行生产，每一个订单都会规定生产的产品、数量、下单时间、预期交付时间、订单优先级等。通过订单解析，订单代理获取所监控产品的预期交付时间、订单优先级等信息。

(2) 工艺路线解析。在产品的制造过程中，每一个产品都具有相应的加工工艺路线。一般情况下，工艺路线由数个工序组成，描述了产品从生产开始到结束需要经过的工序。工艺路线中最为重要的信息是工序之间的逻辑关系，尤其是工序之间的前后关系以及工序的前置条件。在群智协商过程中，着重获取产品工艺路线中的活动以及数据流连接，数据流连接表示将起始的原料按照箭头方向送到后续活动。利用过程模型中的活动信息和数据流连接，订单代理通过工艺路线解析掌握产品生产过程中活动与活动之间的拓扑关系，成为生产监控的基础。

(3) 生产计划解析。在制造业的制造过程中，会对每个产品的加工进行排程，即将生产任务分配至生产资源。在本方案中，体现为将工艺路线中的每一个工序分配到适合的工作中心完成，并指定加工的时间限制。目前，已有生产计划生成系统可根据订单和过程模型生成生产计划，为过程模型中的每个生产活动分配生产资源，具体包括负责每个活动的工作中心、最早开始日期、最晚结束日期、原材料需求、预计工时等。系统通过解析生产计划获得订单中每个活动对应的生产时间。

(4) 获取生产过程数据。在实际的生产过程中，生产任务由生产计划指定的工作中心完成。由于存在多个订单同时并行生产的情况，同一个工作中心往往需要同时处理多个生产任务，这些生产任务具有不同的计划开始日期、计划结束日期以及预计工时。工作中心会进行内部调度，对自身所需负责的多个任务单在任务的时间要求内进行生产。工作中心在处理加工任务时，以特定周期向订单代理上报任务的加工进度，同时订单代理可以直接询问工作中心的生产进度信息。通过工作中心上报生产进度与订单代理询问生产进度，订单代理完成了生产任务进度的获取，实现了对生产进度的监控功能。

2) 扰动发现机制实现

在获取生产任务数据，并对生产过程进行跟踪的前提下，系统通过工作中心主动上报和订单代理计算，发现生产过程中的扰动，对于每一类型的扰动，会有不同的发现机制，下面阐述各类扰动的发现机制。

(1) 计划任务扰动的发现机制。计划任务扰动表现为订单信息的变更，包括紧急订单插入、订单取消、交货期提前、交货期滞后等场景。此类场景在跨企业协同生产中首先表现在生产计划的变动上。系统在生产计划发生变动时，重新解析生产计划，检查更新任务数据是否与已有的数据存在资源冲突，若存在资源冲突，则发现计划任务扰动。计划任务扰动发现流程如图 7-10 所示。

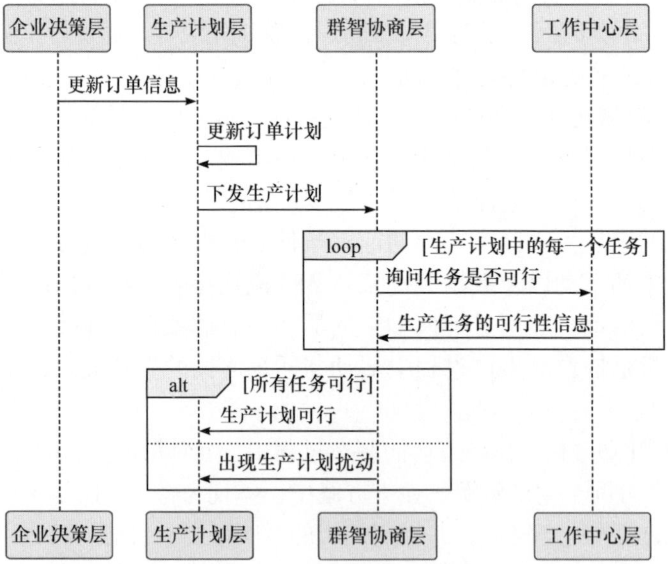

图 7-10　计划任务扰动发现流程

(2) 设备异常扰动的发现机制。设备异常扰动包括设备维护和计划外维修导致的工作中心基本能力下降，进而导致单个工序的加工时间延长，甚至完全失去生产能力。在实际生产中，工作中心能够掌握自身的异常信息。工作中心可根据异常信息、异常时期产能和异常预期结束时间对内部任务重新进行调度，若调度后仍存在与生产计划不符的生产任务，则通知对应的订单代理出现设备故障扰动，同时上报预期结束时间。此外，订单代理可通过工作进度主动发现工作中心异常，计算预期任务进度与实际任务进度的差异，在差异过大时，主动询问相应工作中心是否出现异常，得到工作中心是否出现异常和任务预期结束时间信息。

(3) 生产准备扰动的发现机制。在以工作中心为单位的制造模式下，生产准备扰动主要体现为由采购延误等导致的原材料未就位。采购由特定的工作中心完成，若工作中心未在规定时间内上报采购任务完成这一信息，则判断为发现生产准备扰动。

(4) 执行偏差扰动的发现机制。在制造业的生产过程中，往往会有各种因素导致生产进度发生波动。因此，在检查任务进度时，计算任务的实际执行进度和预期执行进度之间的偏差，若偏差大于规定阈值，且确定偏差不是由设备异常扰动导致的，则确认发生执行偏差扰动。

3) 跨企业协同制造过程扰动协商

在发现生产扰动后，为降低其影响，系统设计了三个阶段的扰动协商处理机制，其流程如图 7-11 所示。这三个阶段的处理流程会因为扰动类型的不同而在细节上进行不同处理，但是总体而言，都包括工作中心内部处理、其他订单代理参与协商处理、其他工作中心协助处理这三个阶段。

(1) 工作中心内部处理。

在发现扰动之后，被扰动订单的订单代理首先向工作中心发送协商请求，进行工作中心内部处理。工作中心在收到新的生产任务时，已安排的生产顺序往往无法保证可以满足新的生产需求，此时工作中心将使用多种调度策略对任务进行重排序，安排所有任务在规定时间内生产。若通过重排序可以解决当前扰动，则本次协商处理成功，否则，将进入后续协商阶段。对于计划任务扰动，对于冲突的工作中心资源，直接要求工作中心重新安排生产顺序即可。对于生产准备扰动和执行偏差扰动，需要重新估算当前任务的结束时间，并在估算的基础上重新安排当前任务的生产顺序。对于设备故障扰动，需要在重排序时，根据设备预期恢复时间和当前产能，估算恢复期间的任务完成时间来安排实际生产顺序。

(2) 其他订单代理参与协商处理。

当仅通过订单代理与工作中心之间协商，工作中心内部调度无法解决生产中的扰动问题时，需要其他订单代理参与协商处理。在此阶段，工作中心会与其他订单代理进行协商，在可能改变其他工序完成时间的情况下进行调度。其具体流程如下：在该阶段，对于发生扰动的生产任务，该任务的订单代理要求工作中心进行协商调度处理。工作中心收到请求后，会参照任务所属订单优先级的顺序，

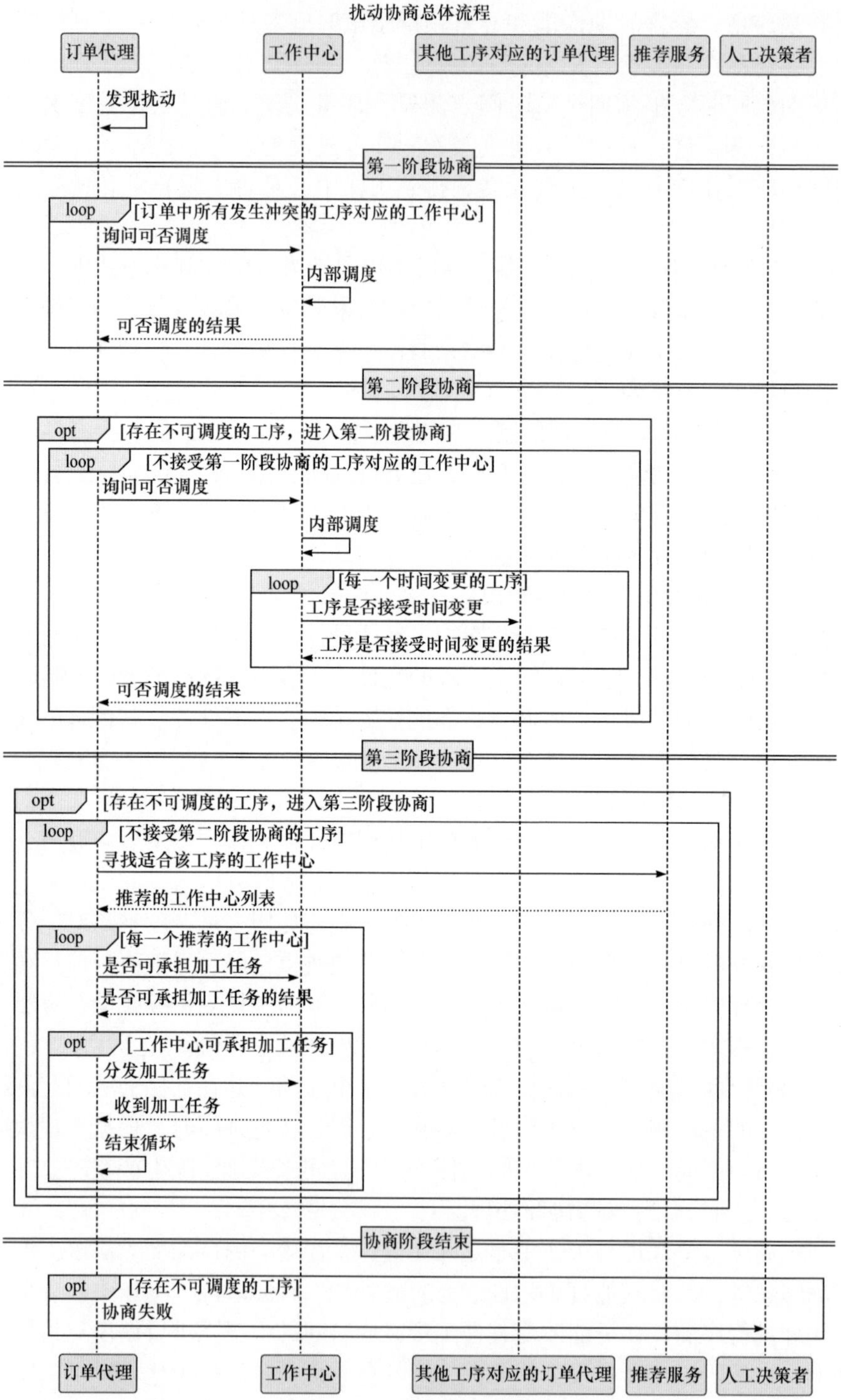
扰动协商总体流程
订单代理
工作中心
其他工序对应的订单代理
推荐服务
人工决策者
发现扰动
第一阶段协商
loop
[订单中所有发生冲突的工序对应的工作中心]
询问可否调度
内部调度
可否调度的结果
第二阶段协商
opt
[存在不可调度的工序，进入第二阶段协商]
loop
[不接受第一阶段协商的工序对应的工作中心]
询问可否调度
内部调度
loop
[每一个时间变更的工序]
工序是否接受时间变更
工序是否接受时间变更的结果
可否调度的结果
第三阶段协商
opt
[存在不可调度的工序，进入第三阶段协商]
loop
[不接受第二阶段协商的工序]
寻找适合该工序的工作中心
推荐的工作中心列表
loop
[每一个推荐的工作中心]
是否可承担加工任务
是否可承担加工任务的结果
opt
[工作中心可承担加工任务]
分发加工任务
收到加工任务
结束循环
协商阶段结束
opt
[存在不可调度的工序]
协商失败
订单代理
工作中心
其他工序对应的订单代理
推荐服务
人工决策者

图 7-11　总体协商流程

在会影响部分任务交期的情况下进行生产调度，获得一个工作中心内可行的加工方案。

由于该方案会影响部分任务原有的加工时间，所以该工作中心需要与每一个变更了任务加工时间的任务所属的订单代理进行协商(简称其他订单代理)，询问其他订单代理是否接受该任务加工时间的调整。此时，其他订单代理内部启动如下协商流程：首先订单代理收到工作中心的协商请求；被请求协商的订单代理根据被改动的任务加工时间信息，检查该任务加工时间的变动是否会导致订单延时交付，若会导致订单延时交付，则返回协商失败的信息，若不会导致订单延时交付，因工艺流程中的任务加工时间可能会继续影响其前序任务和后序任务的加工时间，故对于每一个加工时间被更改的加工任务，订单代理需要向负责该任务的工作中心(简称其他工作中心)进行协商确认是否可行，若所有其他工作中心反馈加工时间可行，则返回协商成功的信息，否则，返回协商失败的信息。

工作中心会与多个其他订单代理进行协商，在该过程中，与所有被改变任务交期的其他订单代理都协商成功，则向发起第二阶段协商的订单代理反馈协商成功，若存在不同意该协商结果的订单代理，则向发起第二阶段协商的订单代理反馈协商失败。

(3) 其他工作中心协助处理。

若以上两步协商仍无法解决扰动问题，且无法满足按照交期完成生产的需求，则进入协商的最后阶段，即与其他工作中心协商处理扰动问题。此时，由于已有的加工资源难以满足按时生产的需求，所以需要引入其他资源用于生产，订单代理向资源池中的工作中心发送代工请求，工作中心向订单代理提交代工意愿，订单代理选择其中具有较高信誉度的工作中心，重新计算将任务交由该工作中心加工的加工时间和运输时间，确定是否可行。若可行，则将生产任务交至该工作中心并更新排程计划，完成第三阶段的协商；若不可行，则按照工作中心优先级由高到低的顺序继续计算其他工作中心是否可行。若所有工作中心均无法协助完成生产任务，则协商失败，向生产决策者发送预警，人工调整生产计划。

以上协商过程使用了基于优先级的激励机制，为订单和工作中心设定了优先级。在第二阶段的协商流程中，低优先级订单的任务会被首先要求更改任务的计划完成时间，只有在低优先级订单调整任务计划完成时间无法解决扰动问题的情况下，才要求高优先级订单更改任务的计划完成时间，从而最大限度地保障高优先级订单的交付时间。同时，因其他订单而修改自身任务计划完成时间的订单的优先级会被提高，保障后续生产过程中自身任务按计划完成，起到了激励多个订单参与协商的作用。在第三阶段的协商中，本研究为工作中心赋予了优先级，高优先级的工作中心可以在协商过程中优先参与到任务的生产中，起到保障高优先级工作中心有机会承接更多生产任务的作用。同时，提高了成功协助完成生产任务的工作中心的优先级，起到了鼓励工作中心参与协商的作用。

7.4 本 章 小 结

本章围绕第 6 章提出的协同运行模型 PSICoMo 的其他三个组成模型，讨论了其对应的典型智能服务，并给出了具体的服务方案，具体包含：①支撑可信共享信息模型的隐私保护知识增强服务。基于联邦学习概念和特点，开展制造领域中联邦学习的实证研究，研究在协同制造场景下应用联邦学习实现知识增强的可行性，以讨论联邦学习在制造企业应用的可行性和有效性。②支撑智能资源模型的设备资源实时推荐服务。基于领域知识定义了设备工件匹配规则描述语言 DIMRDL，基于规则推荐加工设备资源，缩小设备选择范围，以合理推荐加工工件所需设备，辅助生产过程决策。③支撑群体智能协同模型的智能协商服务，使用智能协同体对跨企业协同制造过程进行监控，通过局部智能协商的方式对抗生产扰动，保障订单交期，达到激励企业参与协同制造过程的目的。

参 考 文 献

[1] European Union. Regulation (EU) 2016/679, European Parliament[R/OL]. http://gdpr-info.en/ [2016-4-27].

[2] Stoica I. A Berkeley view of systems challenges for AI[R]. Berkeley: University of California, 2017.

[3] McMahan H B, Yu F X, Richtarik P, et al. Federated learning: Strategies for improving communication efficiency[C]//Proceedings of the 29th Conference on Neural Information Processing Systems (NIPS), Barcelona, 2016: 5-10.

[4] Yang Q, Liu Y, Chen T, et al. Federated machine learning: Concept and applications[J]. ACM Transactions on Intelligent Systems and Technology, 2019, 10(2): 12.

[5] Yang T, Andrew G, Eichner H, et al. Applied federated learning: Improving google keyboard query suggestions[J]. arXiv preprint arXiv:1812.02903, 2018.

[6] Ramaswamy S, Mathews R, Rao K, et al. Federated learning for emoji prediction in a mobile keyboard[J]. arXiv preprint arXiv:1906.04329, 2019.

[7] Chen M Q, Mathews R, Ouyang T, et al. Federated learning of out-of-vocabulary words[J]. arXiv preprint arXiv:1903.10635, 2019.

[8] Liang X, Liu Y, Chen T, et al. Federated Transfer Reinforcement Learning for Autonomous Driving[M]//Federated and Transfer Learning. Cham: Springer International Publishing, 2022: 357-371.

[9] Liu Y, Huang A B, Luo Y, et al. FedVision: An online visual object detection platform powered by federated learning[C]. Proceedings of the AAAI Conference on Artificial Intelligence, New York, 2020, 34(8): 13172-13179.

[10] Suzumura T, Zhou Y, Baracaldo N, et al. Towards federated graph learning for collaborative financial crimes detection[J]. arXiv preprint arXiv:1909.12946, 2019.

[11] Kaggle.Bosch production line performance[EB/OL]. https://kaggle.com/competitions/bosch-production-line-performance[2020-6-21].

[12] Bakopoulou E, Tillman B, Markopoulou A. Fedpacket: A federated learning approach to mobile packet classification[J]. IEEE Transactions on Mobile Computing, 2021, 21(10): 3609-3628.

[13] Liu Y, Liu Y T, Liu Z J, et al. Federated forest[J]. IEEE Transactions on Big Data, 2022, 8(3): 843-854.

[14] 航天云网科技发展有限责任公司. 工业机器人智能服务解决方案[EB/OL]. https://www.casicloud.com/[2022-2-15].

[15] Chen Z S. Process standardization and CAPP[J]. Modern Manufacturing Engineering, 2001, (9) :19-20.

[16] 牛中伟. 基于本体的难加工材料高性能加工工艺参数推荐系统[D]. 南京: 南京航空航天大学, 2012.

[17] 段阳, 侯力, 冷松.金属切削加工知识图谱构建及应用[J]. 吉林大学学报(工学版), 2021, 51(1): 122-133.

[18] 杜静, 叶剑, 史红周, 等. 基于贝叶斯网络的多 Agent 服务推荐机制研究[J]. 计算机科学, 2010, 37(4): 208-211, 240.

[19] 韦堂洪, 秦学, 朱道恒, 等. 基于协同过滤的水果推荐系统设计与实现[J]. 软件, 2020, 41(3): 206-209, 282.

[20] 郭旭, 朱敬华. 基于用户向量化表示和注意力机制的深度神经网络推荐模型[J]. 计算机科学, 2019, 46(8): 111-115.

[21] 董金祥. 产品数据表达与交换标准 STEP 及其应用[M]. 北京: 机械工业出版社, 1993.

[22] 国家市场监督管理总局, 中国国家标准化管理委员会. 产品几何技术规范(GPS)线性尺寸公差 ISO 代号体系 第 1 部分: 公差、偏差和配合的基础: GB/T 1800.1—2020[S]. 北京: 国家标准化管理委员会, 2020.

[23] International Organization for Standardization. Classification and application of hard cutting materials for metal removal with defined cutting edges—Designation of the main groups and groups of application: ISO 513:2012(E)[S]. New York: ISO, 2012.

[24] International Organization for Standardization. Indexable inserts for cutting tools—Designation: ISO 1832:2017[S]. New York: ISO, 2017.

[25] 田辉, 郭辉, 沈勇, 等. 薄壁典型回转体零件加工工艺改进[J]. 工具技术, 2014, 48(12): 69-71.

[26] 张华. 金属切削过程仿真及其在断屑槽性能研究中的应用[D]. 南京: 南京航空航天大学, 2004.

[27] 山崎马扎克. 产品与技术[EB/OL]. https://www.mazak.com.cn/machines/[2022-1-14].

[28] ANTLR4. Quik start[EB/OL]. https://www.antlr.org[2022-1-14].

[29] 苑明海, 李亚东, 裴凤雀, 等. 基于改进案例推理的智能车间扰动处理决策研究[J]. 中国机械工程, 2021, 32(20): 2458-2467, 2491.

第 8 章　群智企业运行模型原型系统开发

本章基于群智制造智慧空间各项关键技术的研究成果，围绕制造企业信息化提出群智企业运行模型原型系统开发方案。首先说明制造企业信息化的需求、趋势以及智慧云制造新模式和新生态，提出在此之上的群智企业运行模型总体架构，并逐层介绍数据汇聚子系统、群智基础支撑子系统、群智控制子系统、协同服务子系统等的重要组件，论述将群体智能技术用于制造企业的可行性。

8.1　制造企业信息化

8.1.1　制造企业信息化需求

制造企业信息化是一项复杂的、战略性的系统工程。制造企业信息化的六要素/六流如图 8-1 所示，它将信息(采集、传递、加工、处理、应用)技术、建模/仿真技术、制造技术(设计、生产、管理、实验及其集成技术)、系统工程技术及有关的产品专业技术等融合，并运用于产品研制的全系统、全生命周期过程中，通过实施企业(或集团)产品全生命周期活动中的设计、生产、管理、实验领域及其集成的全企业(或集团)信息化，使企业(或集团)产品研制全系统、全生命周期活动中的人/组织、技术/设备、管理、数据、材料、资金(六要素)及人才流、技术流、管理流、数据流、物流、资金流(六流)集成优化，进而改善企业(或集团)产品(P)及其开发时间(T)、质量(Q)、成本(C)、服务(S)、环境清洁(E)和知识含量(K)，提

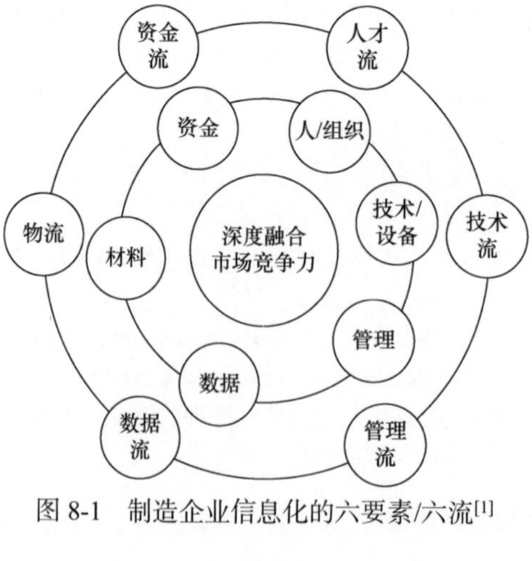

图 8-1　制造企业信息化的六要素/六流[1]

高企业(或集团)的市场竞争力。

总的来看，制造企业信息化业务示意图[2]如图 8-2 所示，制造企业信息化需求可以归纳为：围绕改善产品/开发时间/质量/成本/服务/环境清洁/知识含量，提高企业(或集团)的市场竞争力，基于数字化、网络化、智能化技术的综合运用，从纵向上，在单元、产线、企业层次实现企业内部各要素的最优化配置和柔性化重组；从横向上，在供应链、销售链、服务链等环节实现信息流、资金流、物流等各流的综合优化。

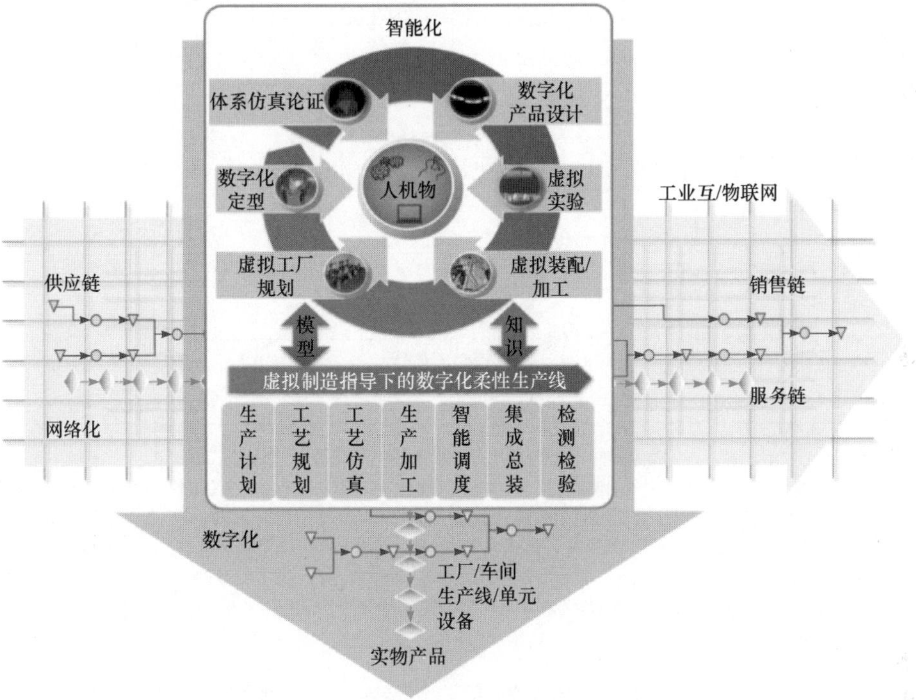

图 8-2　制造企业信息化业务示意图[2]

8.1.2　制造企业信息化趋势

在需求牵引和信息技术的推动下，制造企业信息化的发展经历了从计算机集成制造(包括计算机辅助设计、计算机辅助生产以及计算机辅助设计/生产/管理一体化等)、并行工程(包括企业内并行工程、企业间并行工程以及全球并行工程等)、网络化制造(包括应用服务提供商、制造网格、敏捷制造以及现代集成制造等)到智慧制造(包括智慧制造装备、智慧制造单元、数字化工厂、云制造等)的过程，如图 8-3 所示。

总的来看，制造企业信息化的发展趋势是，形成新的制造手段、模式和业态，即基于新一代信息通信科学技术、新兴制造科学技术、智能科学技术及制造应用领域技术深度融合的数字化、网络化、云化、智能化的智慧制造新手段；互联化(协同化)、服务化、个性化(定制化)、柔性化、社会化、智能化的智慧制造新模式；

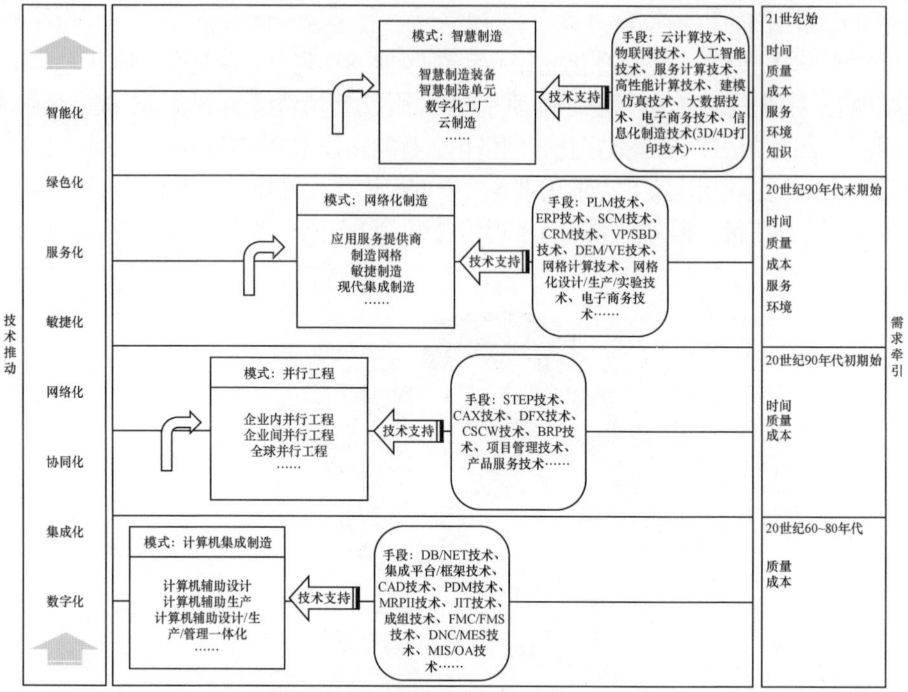

图 8-3 制造企业信息化技术的发展历程[3]

PLM：产品生命周期管理；ERP：企业资源计划；SCM：供应链管理；CRM：客户关系管理；VP/SBD：虚拟样机/基于仿真的设计；DEM/VE：动态企业建模/虚拟企业；STEP：产品模型数据交互规范；CAX：计算机辅助技术；DFX：面向产品生命周期设计；CSCW：计算机支持协同工作；BRP：商业资源计划；DB/NET：数据库/网络；CAD：计算机辅助设计；PDM：产品数据管理；MRPII：制造资源计划；JIT：准时制生产；FMC/FMS：柔性制造单元/柔性制造系统；DNC/MES：生产设备和工位智能化连网管理/制造企业生产过程管理；MIS/OA：管理信息系统/办公自动化

以及以泛在互联、数据驱动、共享服务、跨界融合、自主智慧、万众创新为特征的智慧制造新业态[2]。

8.1.3 制造系统的形态演变

得益于制造企业信息化的不断发展，制造系统也经历了多种形态的演变，为基于群智制造的企业运行形态奠定了基础。

1. 传统的制造资源分散互联形态

在传统制造系统[4]中，制造各环节的资源通过企业集成软总线(如企业应用集成平台等)实现信息的传递和业务的流转，传统制造系统的体系结构如图 8-4 所示，但是在技术上只是实现了局部的物联化(如单元制造系统)以及信息的协同化。由于没有虚拟化、服务化，开放性与可扩展性都存在一定的问题，所以相对固定的企业、相对固定的业务独占特定的制造资源，缺乏制造资源的自组织能力，无法敏捷地响应市场需求。

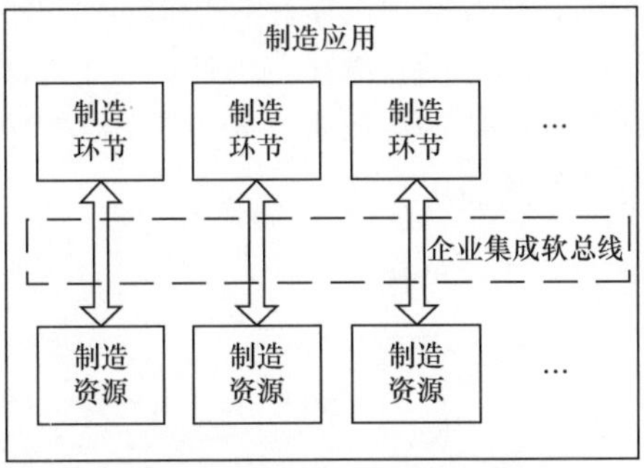

图 8-4　传统制造系统的体系结构

2. 网格化制造资源动态集成形态

在网格制造系统[5]中，各类制造资源封装成制造服务，通过统一的制造网格中间件实现分散资源的共享使用和业务协作。一个复杂的制造任务分解成若干简单任务，选择合适且闲置的制造服务分别完成，再汇总集成，网格制造系统的体系结构如图 8-5 所示。在技术上，网格制造系统虽然引入了服务化技术，但没有虚拟化技术，制造服务和制造资源之间存在紧密的绑定关系，面对多用户资源共享的灵活性不足，导致资源配置难以最优化。

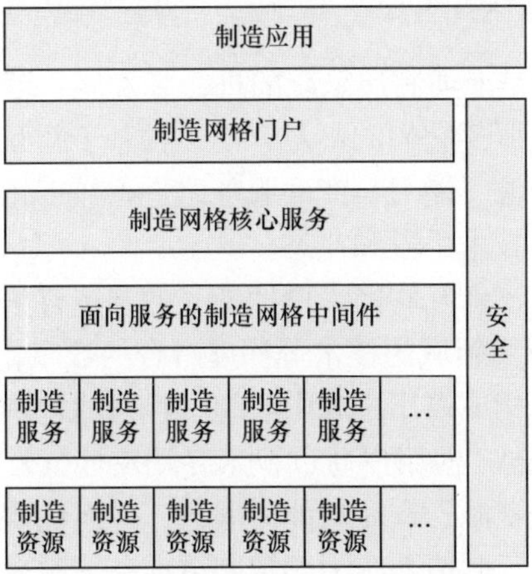

图 8-5　网格制造系统的体系结构

3. 基于应用服务提供商的制造资源服务形态

在基于应用服务提供商的制造系统[6]中，企业将其部分流程业务委托给服务商管理，应用服务提供商提供制造资源服务运行企业的业务应用，并通过网络实现制造资源服务向不同企业用户在线交付使用，基于应用服务提供商的制造系统的体系结构如图 8-6 所示。在技术上，基于应用服务提供商的制造系统由应用服务提供商负责制造资源服务的管理、维护与升级，但它通常只是提供“软”的制造资源服务，缺乏“硬”的制造资源服务，资源使用方式单一、服务类型单一，难以满足各种复杂制造业务的需求。

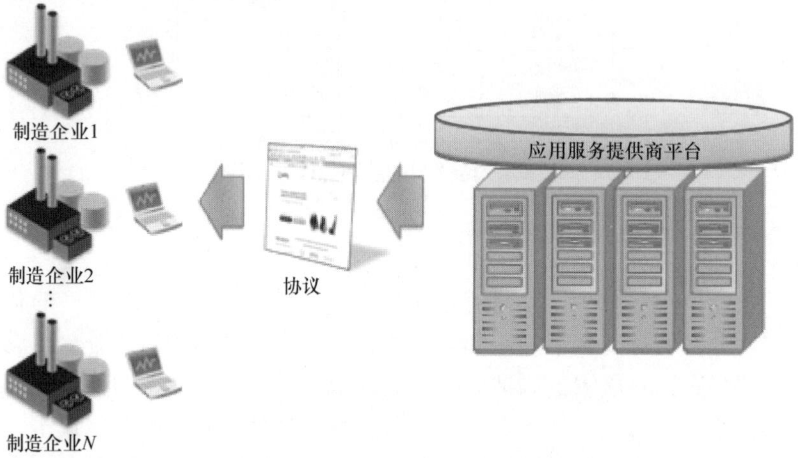

图 8-6　基于应用服务提供商的制造系统的体系结构

4. 智慧云制造资源按需服务形态

智慧云制造系统[7]是上述制造系统的进一步发展，综合了这些制造系统的优点，并在很大程度上克服了它们的不足，是一种基于新互联网，用户能按需、随时随地获取智慧制造资源、能力与产品服务，进行数字化、网络化、云化、智能化制造的新制造模式、技术手段和业态。

智慧云制造系统基于新互联网，借助新兴的制造科学技术、信息科学技术、智能科学技术及制造应用领域的技术等深度融合的数字化、网络化(互联化)、云化、智能化技术手段，构成以用户为中心统一经营的智慧制造资源、产品与能力的服务云(互联服务系统)，使用户通过智慧终端及智慧云制造服务平台便能随时随地按需获取智慧制造资源、产品与能力服务，进而优质地完成制造全生命周期的活动。可以说，智慧云制造系统为群智制造准备了制造系统架构的基础。智慧云制造系统的体系结构如图 8-7 所示。

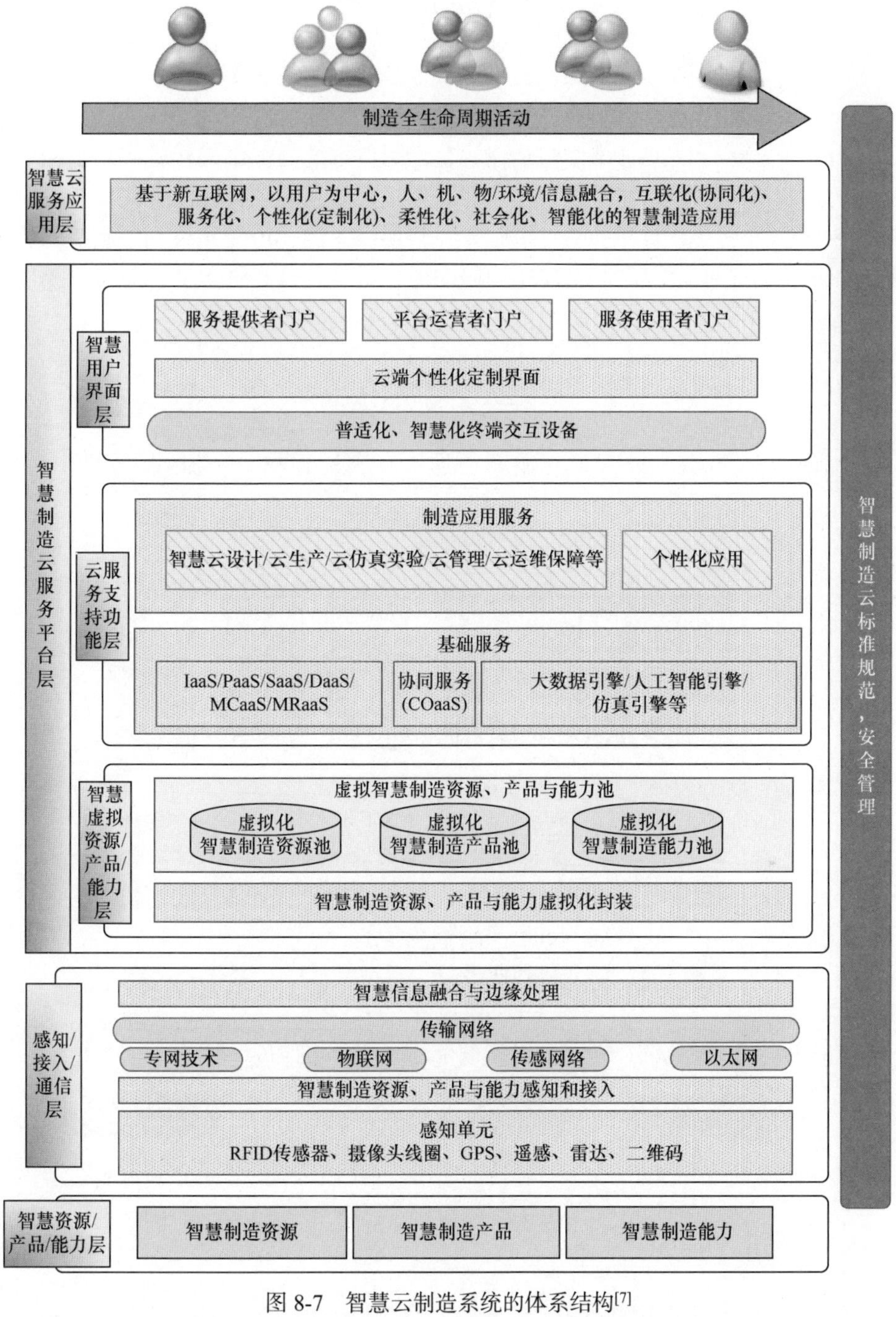

图 8-7　智慧云制造系统的体系结构[7]

IaaS：基础设施即服务；PaaS：平台即服务；SaaS：软件即服务；DaaS：数据即服务；MCaaS：制造能力即服务；MRaaS：制造资源即服务；COaaS：制造协同即服务

8.2 群智企业运行模型总体架构

群智企业运行模型总体架构是在智慧云制造系统的体系架构基础之上，对各主体的人、机、物资源进行数字化、物联化接入以及虚拟化和服务化发布，同时整合数据、算法、协同等核心支撑服务，实现供应链、产线和单元等制造各层级的应用。群智企业运行模型总体架构如图 8-8 所示，分为资源层、原型系统层和应用方案展示层，具体如下所示。

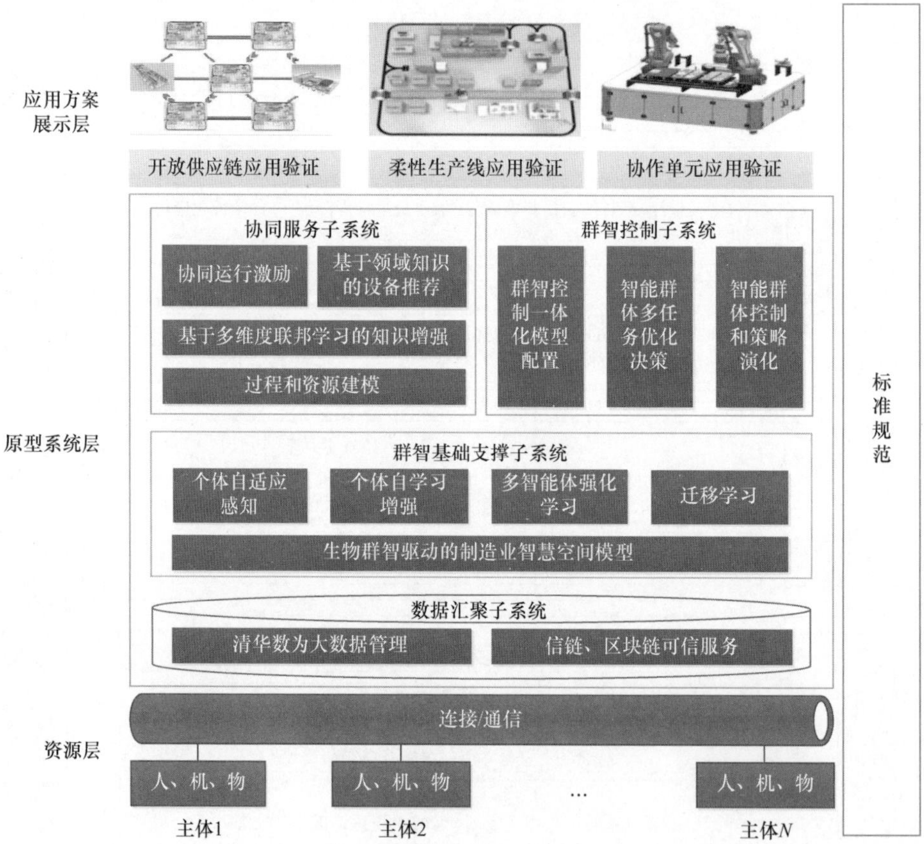

图 8-8　群智企业运行模型总体架构

1. 资源层

资源层的基础是采用开放的智慧云制造系统架构，支持各主体单位的人、机、物按需感知、接入和互联，并通过虚拟化、服务化实现相关数据统一的抽象和表示、逻辑的组织和管理，为数据的云端汇聚以及基于数据的群智控制和协同服务提供支撑。

2. 原型系统层

原型系统层自底向上分别为数据汇聚子系统、群智基础支撑子系统、群智控制子系统、协同服务子系统。其中，数据汇聚子系统提供大数据管理以及基于区块链的可信服务；群智基础支撑子系统提供群体智能相关的基础模型、算法以及功能支撑；群智控制子系统和协同服务子系统提供与群智制造业务相关的核心使能模块。

3. 应用方案展示层

在以虚拟仿真为主(部分虚实结合)的环境中，通过资源层各主体单位的人、机、物按需聚合，并在原型系统层的功能服务支撑下，实现协作机械臂单元(单元级制造)、柔性装配线(产品/专业线级制造)、开放供应链(企业级制造)场景的应用验证。

8.3　人、机、物资源接入及发布

围绕群智企业运行模型总体架构的资源层，对各主体的人、机、物资源进行数字化、物联化接入以及虚拟化和服务化发布，相关技术实现如下。

8.3.1　数字化、物联化技术手段

数字化是指[2]：①将制造资源的属性及静态/动态行为等信息转变为数字、数据、模型，以进行统一分析、规划和重组处理；②制造资源与数字化技术融合形成能用数字化技术控制/监控/管理的智慧制造资源，如数控机床、机器人(硬制造资源)，计算机辅助设计软件、管理软件(软制造资源)等资源，以及人力、知识、组织、业绩、信誉、资源等能力。

系统的数字化技术手段示意图[2]如图 8-9 所示。

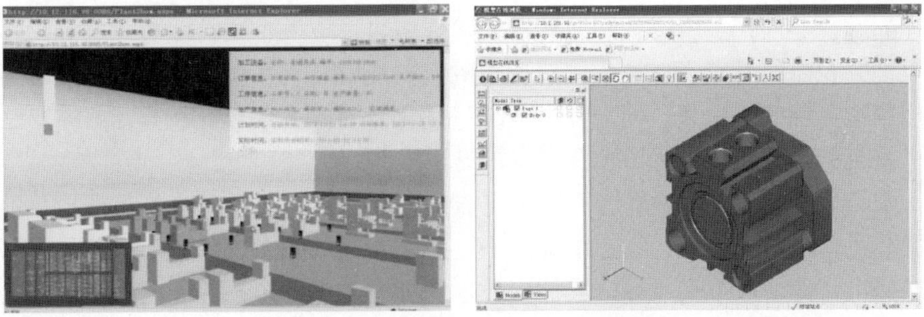

图 8-9　系统的数字化技术手段示意图[2]

物联化是指[2]：基于物联网、信息物理融合系统等新型信息技术，各种软、硬智慧制造资源能够通过各种适配器、传感器、条形码、无线射频识别、摄像头

等实现自动或半自动感知与接入，并借助 4G/5G 网络、卫星网、有线网和互联网等各种网络传输信息，实现全系统、全生命周期、全方位透彻的监控与管理，以进一步服务于业务执行过程。

系统的物联化技术手段示意图[2]如图 8-10 所示。

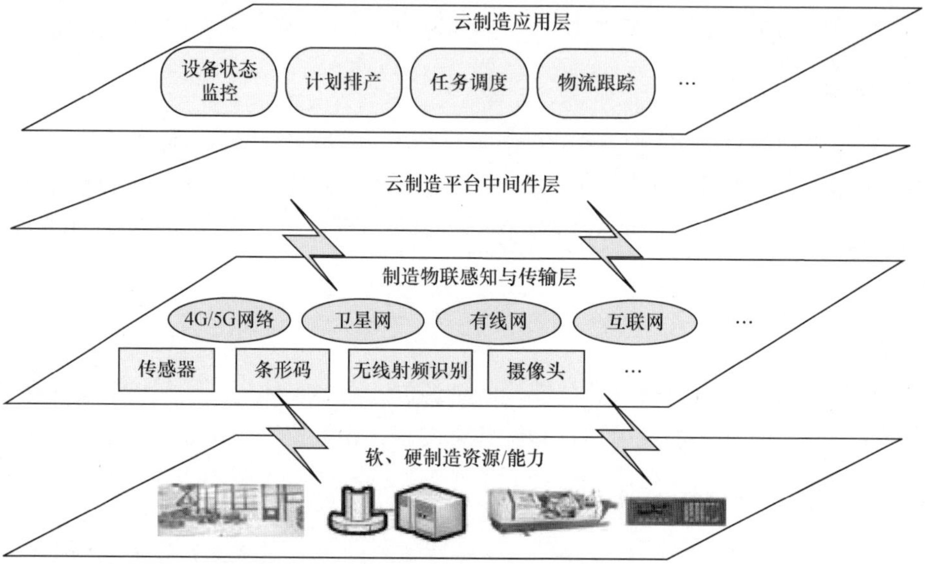

图 8-10　系统的物联化技术手段示意图[2]

8.3.2　虚拟化、服务化技术手段

虚拟化是指[2]：为制造资源提供逻辑和抽象的表示与管理，不受各种具体物理限制的约束；同时，为制造资源、产品与能力提供标准接口来接收输入和提供输出。通过虚拟化技术手段，一个物理的制造资源可以构成多个相互隔离的、封装好的虚拟器件，多个物理制造资源也可以组合形成一个细粒度更大的虚拟器件组织，并在需要时实现虚拟化制造资源的实时迁移与动态调度。虚拟化技术可以简化制造资源的表示和访问，并进行统一优化管理。

系统的虚拟化技术手段示意图[2]如图 8-11 所示。

服务化是指[2]：面向制造资源的按需访问和使用，通过进一步对虚拟化的制造资源进行封装和组合，形成制造过程全生命周期按需提供的制造服务(具体服务模式如批作业、虚拟交互等，具体服务形态如单个服务形态、协同服务形态等)。系统的服务化技术手段示意图[2]如图 8-12 所示，每个制造资源服务会与某个虚拟化的制造资源相对应，而它们与物理制造资源存在多种映射关系。在本书中，默认制造资源服务采用智慧云制造系统提供不同应用层级、不同使用形式的人、机、物资源服务。

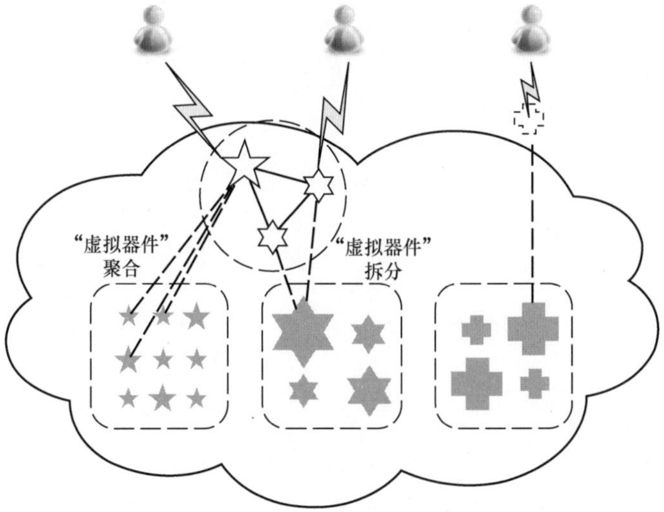

图 8-11　系统的虚拟化技术手段示意图[2]

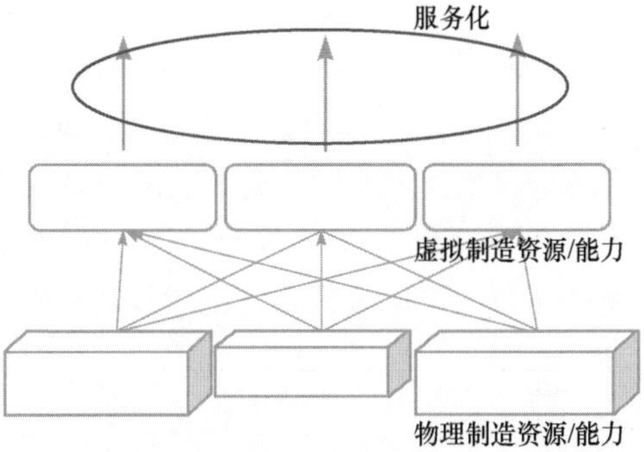

图 8-12　系统的服务化技术手段示意图[2]

8.4　数据汇聚子系统

8.4.1　清华数为：大数据管理模块

针对制造领域数据多为时序数据的特点，以及冷热数据查询分布不均、对历史数据仍有少量粗粒度查询需求、数据价值随时间变化、有限空间下用户希望存储精度更高、自适应调整数据精度等数据管理需求，群智企业运行模型原型系统的大数据管理需要体现以下要求。

(1) 全时全量，保证数据全时全量存储。

(2) 高效写入，保证数据库可以承受高吞吐写入。

(3) 紧凑存储，对数据进行有效压缩，以减少磁盘空间占用。

清华数为平台的元数据组织模式如图 8-13 所示。基础是作为数据源的设备。

往下，一个设备可以有多个测点，设备+测点会生成时间序列设备；往上，一个存储组含有多个设备，存储组拥有独立的资源(线程和文件)，以提高并行性并减少对锁的竞争。

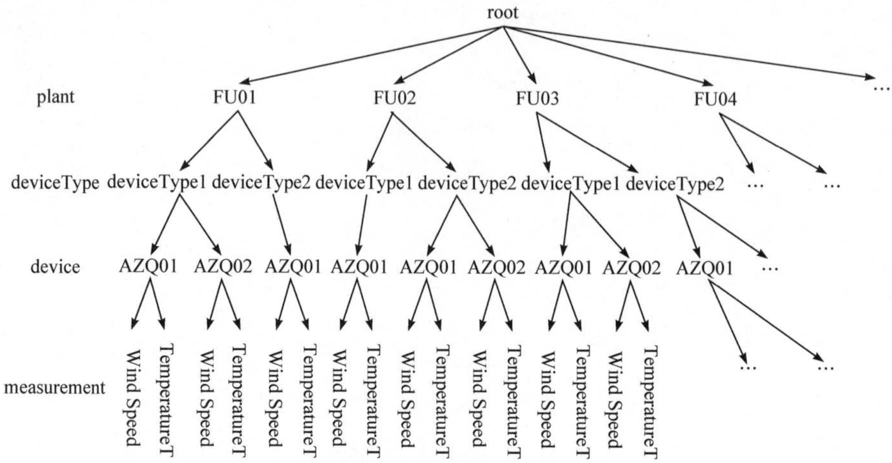

图 8-13　清华数为平台的元数据组织模式

IoTDB 大数据管理架构图如图 8-14 所示，主要提供两类接口：第一类是文件级接口，用户可以直接将时间序列数据保存为 TsFile。TsFile 是一种文件格式，它针对时间序列进行优化，起着 IoTDB 文件层的作用。Spark 和 mapreduce 可以直接识别 TsFile 文件，使用这些大数据分析软件进行数据分析。第二类是数据库级

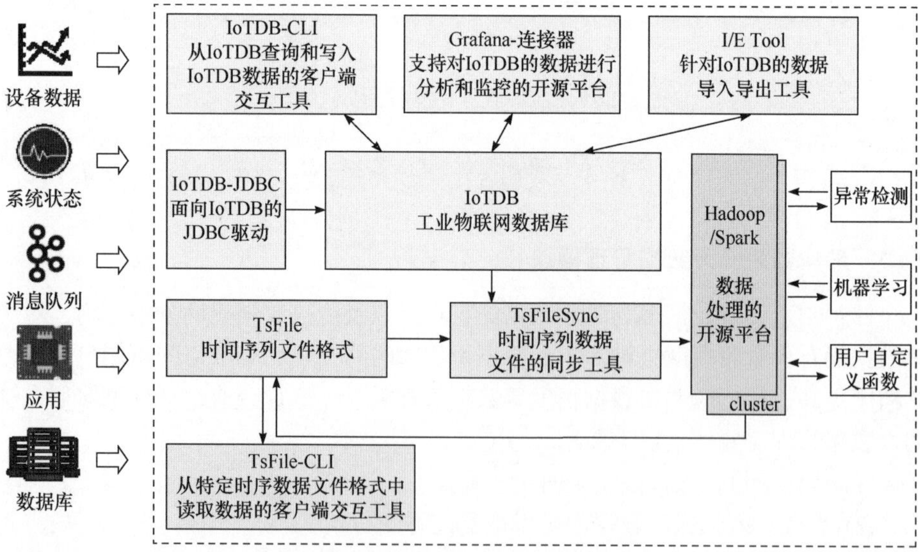

图 8-14　IoTDB 大数据管理架构图

JDBC：Java 数据库连接；IoTDB-CLI：物联网数据库命令行界面

接口，用户可以使用 SQL 来写入和读取 IoTDB。IoTDB 不仅可以在本地将数据组织为磁盘上的 TsFile 格式，还可以将数据直接保存在分布式文件系统上，以便进一步分析。

平台全面适配云-网-端的业务环境。终端方面，体现为部署在嵌入式终端设备的时序数据文件，为时序数据而生的压缩文件，支持高性能写入，高压缩比存储，支持简单查询。场控方面，体现为部署在工控机等边缘计算设备的时序数据库，高效丰富的时间序列查询引擎，提供增删改查，以及聚合查询时序对齐等高级功能。数据中心方面，体现为部署在云端数据中心的时序数据仓库，与大数据分析框架无缝集成，支持时序数据处理，挖掘分析与机器学习。

8.4.2　信链：区块链可信服务模块

传统的数据汇聚方法主要使用集中式的数据采集模式，但是在制造企业中，数据孤岛效应的存在，使得各个企业希望利用自身数据训练自己的业务模型，导致企业难以获取自身用户数据以外的其他数据，可信平台的缺乏也导致企业之间难以相互信任共同合作优化模型。此外，当拥有大量数据时，中心化的模型训练需要大量的计算能力，相较于分布式的模型训练，难以获得企业的青睐。因此，亟须可信环境在保证企业隐私数据的前提下对机器学习模型进行训练、共享和优化。在此背景下，要想在保护数据隐私的前提下实现企业间的模型共享和模型优化，就要求该套模型共享优化平台满足如下条件。

(1) 安全可信的模型共享环境。在此环境中对模型的每一次操作都有迹可循且不可篡改，保证企业间操作的可信。此外，是否可以加入该可信环境的准入机制也需要考量。

(2) 数据隐私保护前提下的模型优化环境。在此环境中企业的用户数据等隐私数据需要得到保护，与此同时，企业可以利用相互的模型资源来优化自身的模型，在平等的基础上实现互利。

信链平台的数据交互图如图 8-15 所示，用户通过应用程序与区块链进行交互，在区块链上进行模型共享，通过模型优化算法将区块链上的模型进行优化，以达到改进预测等目的。

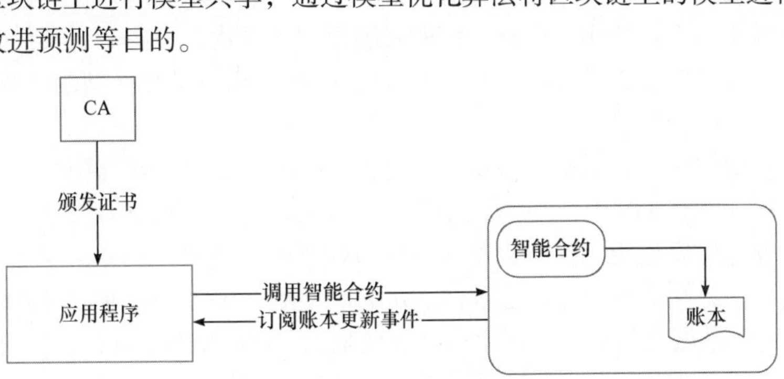

图 8-15　信链平台的数据交互图

平台主要分成区块链、模型共享引擎、模型优化引擎和前端界面四个模块，这四个模块的关系如图 8-16 所示。

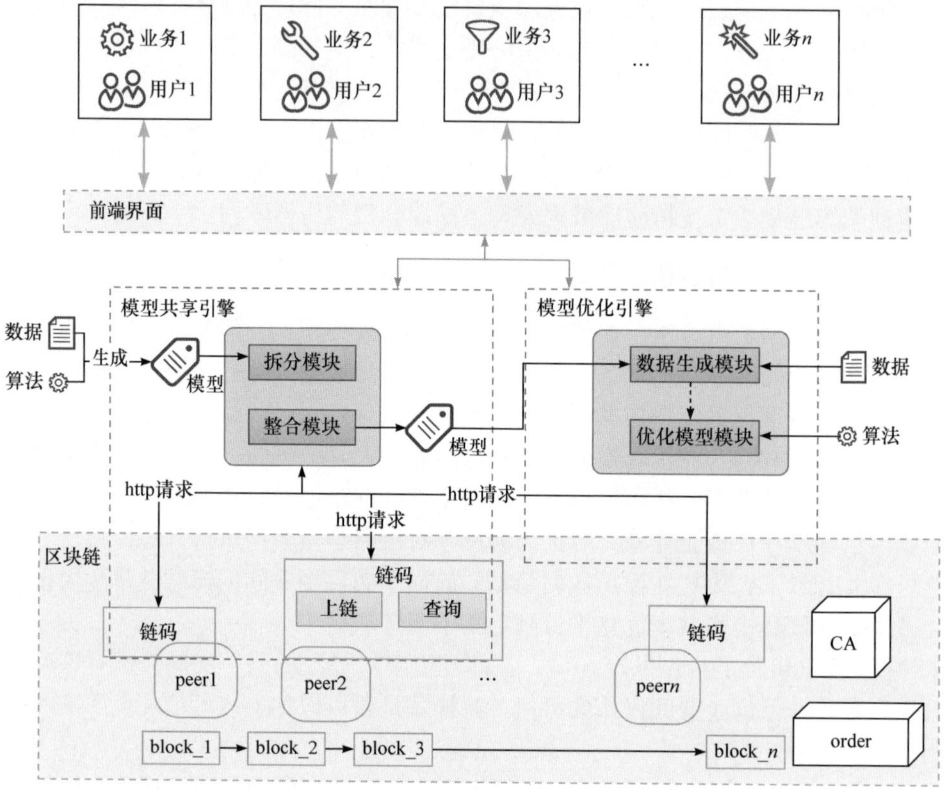

图 8-16　基于区块链的模型共享框架设计图

模型共享引擎模块主要使用自主编写的智能合约和客户端进行交互，通过在区块链上运行智能合约实现用户模型的共享，具体实现模型拆分、模型上传、账本记录、模型查询、模型整合等功能。

模型优化引擎模块用于企业或机构之间模型的优化，主要利用其他企业的模型以及自身拥有的数据进行模型特定整合优化，包含次级学习模型的新数据生成、学习模型的最终训练等。

前端界面模块提供系统的可视化，完善系统的完整性，提高用户操作性和可用性，使用 dva 和 antd 作为前端的框架和样式实现系统的前端框架。

区块链底层模块用于存储机器学习模型以及相关数据，解决企业之间的信任问题。由于该系统的目的在特定群体成员之间使用，由多个企业或者机构共同参与管理，所以采用联盟链作为区块链的底层架构，具体使用 Hyperledger Fabric 作为区块链底层基础架构。Hyperledger Fabric 作为一个提供分布式账本解决方案的平台在多方参与、减少机构之间的信任、数据存证等方面都有着良好的表现。

8.5 群智基础支撑子系统

8.5.1 生物群智驱动的制造业智慧空间模型

制造业智慧空间的整体框架如图 8-17 所示。其中，由人、机、物三个要素及其交互构成的制造群智模块是制造业智慧空间的核心，其交互模式由生物群智模块映射得到，并最终服务于制造任务模块。

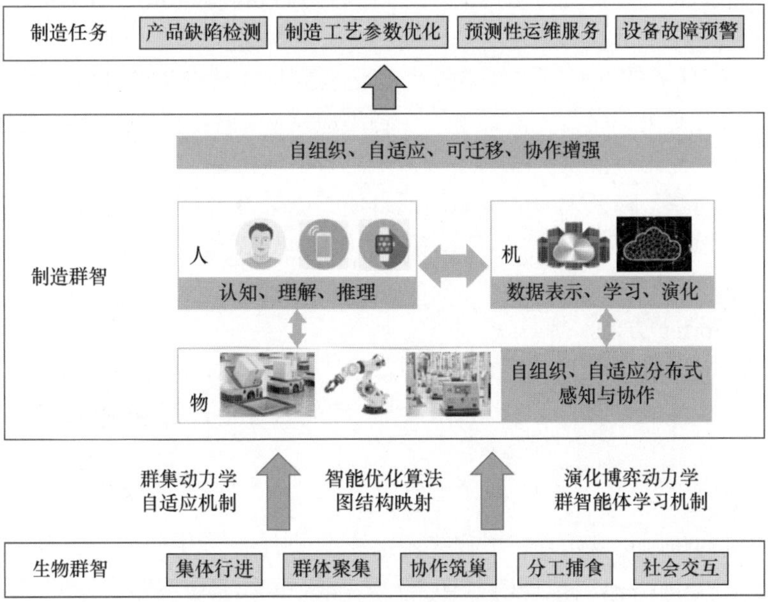

图 8-17 制造业智慧空间的整体框架

人(人、智能手机、可穿戴设备)、机(云端、边缘端设备)、物(工业机器人、AGV、机械臂等)是群智制造模块的三个核心要素。

(1) 人：具备认知智能，包括个人的学习、归纳、推理能力。

(2) 机：具备计算智能，包括计算机的数据理解、优选、汇聚等分布式处理与存储功能，包括算法的速度、优化、精度等计算功能，也包括任务的决策、分配与解释等总结功能。

(3) 物：具备感知智能，包括终端数据分布式的感知、收集，以及分布式的处理与汇聚，还有智能体的局部通信与决策能力。

人、机、物三个核心要素根据生物群智模块映射得到的模式进行交互，互相融合、互相促进，实现要素之间和要素内部的自组织、自适应、可迁移、协作增强。

8.5.2 个体自适应感知模块

在航天、航空、航海等军工制造业领域，制造设备之间的协同合作，需要制造主体具备智能感知能力。目前，将深度学习模型部署于资源受限的制造终端设备上是推动制造主体智能化的重要方式。但是，将已存在的具有高计算力和存储量要求的深度网络模型成功运行于计算、存储等资源有限且具有严格时延需求的终端设备上是具有挑战性的。具体而言，在资源条件、应用场景各不相同的终端运行深度学习模型仍面临着很多挑战：

(1) 由于体积限制和可移植性要求，终端设备的计算、存储资源等通常十分受限。因此，如何在资源有限的终端运行高计算力和存储量要求的深度学习模型成为一项挑战。

(2) 特定任务的性能需求经常发生变化，并且终端设备的存储资源、电源消耗等也在动态变化。因此，需要解决在各种应用场景中，终端资源或性能需求不可预测地发生变化对模型训练和运行带来的自适应问题。

针对该问题，降低模型的资源消耗以使其能够部署在嵌入式设备上，并在运行时主动感知外部环境变化、自适应地对模型进行调整，这里提供了 AdaSpring 方法和 CAQ 方法。

1) AdaSpring 方法

AdaSpring 整体模型框架如图 8-18 所示。图中，E 表示网络模型的计算强度，C 表示网络模型的计算量，S_p 表示网络模型的参数量，S_a 表示网络模型的激活量，$\frac{C}{S_p}$ 表示参数计算强度，$\frac{C}{S_a}$ 表示激活计算强度，$[\mu_1,\mu_2]$ 表示控制两项计算强度贡献比例的正则化常数项；T 代表网络模型的时延，包含了 T_{load} 压缩算子装载时延和 $T_{\text{inference}}$ 网络模型推理时延两部分。当根据需求动态缩放模型时，模型的在线缩放会丢失结构信息，权重的在线演化容易造成权重的灾难性干扰问题，

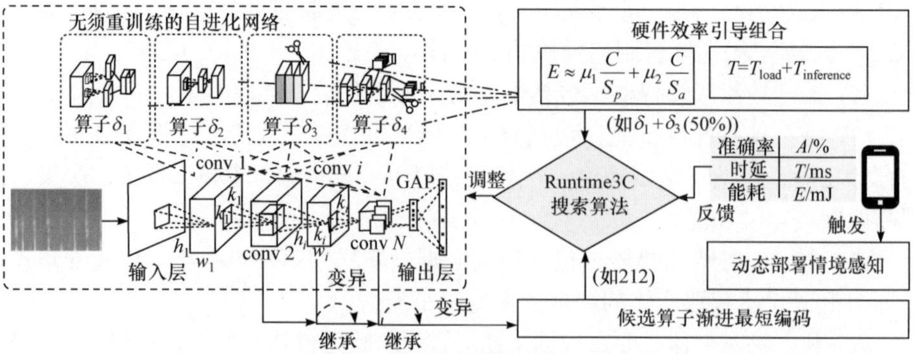

图 8-18 AdaSpring 整体模型框架

AdaSpring 提出了多变体自演化模型的新型训练方式。在训练时，AdaSpring 提前考虑多种无须重训练的压缩算子变体(如多分支通道、权重矩阵低秩分解、通道级/层级缩放)，通过多变体权重共享和通道级/层级知识蒸馏等机制的联合训练策略形成了一种自演化的网络模型。根据实验结果，这种网络模型使得其在运行时的在线缩放和权重的在线演化也能满足精度和时延的需求。针对搜索空间巨大，候选解空间性能验证耗时，难以实现对前述算子在线实时搜索的问题，AdaSpring 使用了 Runtime3C 搜索算法。在运行时，之前训练好的自演化网络模型根据当前的动态情景需求(剩余电量、可用高速缓冲存储器存储等)，定期(每 2h)或者在情景发生突变的情况下对网络模型进行基于 Pareto 决策的运行时卷积压缩算子组合选择，直到当前的网络模型满足动态情景的资源约束。搜索过程采用动态测算的模型参数/激活值的计算强度指标以及时延指标指导搜索算子的组合，避免搜索算子组合搜索空间爆炸的问题。通过此过程得到的神经网络模型便是符合当前动态资源情景下运行时生成的新模型。

2) CAQ 方法

CAQ 方法提供了一种可切换多门控量化网络，它联合训练四个不同层次的门控网络和骨干网络。每个门控网络由长短期记忆(long short term memory，LSTM)网络组成，并根据上下文的变化触发可切换多门控量化网络。考虑采用两步联合训练机制来训练可切换多门控量化网络，具体来说，首先，为骨干网络训练多门输出全比特宽度。如果随机初始化门的输出，门很难学习如何生成资源预算的量化策略约束。其次，四个门被训练到不同的资源预算水平，骨干网络的每一层在不同的量化比特宽度下被充分训练。因此，骨干网络不需要再训练来保留生成器生成的量化策略。CAQ 整体模型框架如图 8-19 所示。

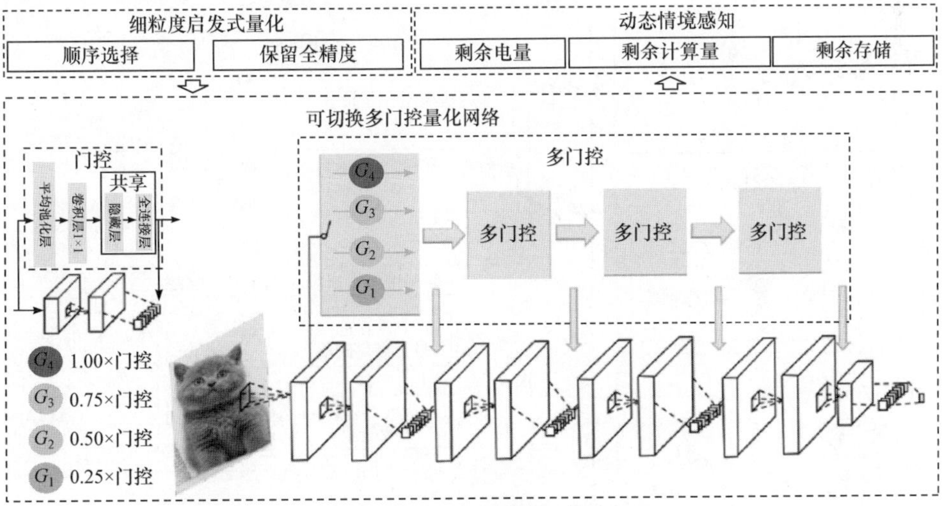

图 8-19　CAQ 整体模型框架

8.5.3　个体自学习增强模块

针对任务的性能需求经常发生变化，而且终端设备的存储资源、电源消耗等也在发生动态变化的问题，根据上下文信息自动调整模型结构与参数，以自适应匹配上下文变化是解决该问题的重要途径。因此，从模型分割技术、模型压缩与分割联合作用的角度出发，分别提供基于模型分割技术的 GADS 算法和 ACS(auto incremental search for network compress and segment)算法。

1) GADS 算法

GADS 整体模型框架如图 8-20 所示。图中，G 代表模型分割的状态图，由模型分割部署的设备集合 V 和模型分割的层集合 L 组成；M 代表设备内存，E 代表设备能耗需求，T 代表设备时延需求；$f(M)$ 代表对设备内存进行指标量化；n_R 代表设备集群当前的分割状态，s 代表当前分割步(第 s 次分割)。为了解决自适应问题，GADS 方法首先对设备中动态变化的资源状态进行建模。将设备中的存储、信号带宽和能量等动态资源进行建模，利用函数关系映射到当前设备可使用的资源上限，将情境中的动态资源状态转化为约束条件，实现对情境的实时感知。其次，对模型的不同划分构建为分割状态图，图中每一个顶点表示模型的一种划分，图中每一条边表示相连的两个分割状态对应在模型中的分割点(即在哪层之后对模型进行划分)是相邻的。由此现象总结得到模型分割的近邻效应，即在寻找合适的模型划分时，最优分割点的周围总是存在次优分割点。受近邻效应的启发，本节提出 GADS 方法，该方法根据实时感知的资源上限约束，以当前分割状态为导向，优先在近邻的分割状态中参考 KD 树最近邻算法寻找满足的分割状态，将无人机中的深度学习模型进行分割。最后，按照寻找到的分割状态重新部署网络，实现根据情境实时自适应的快速调优。

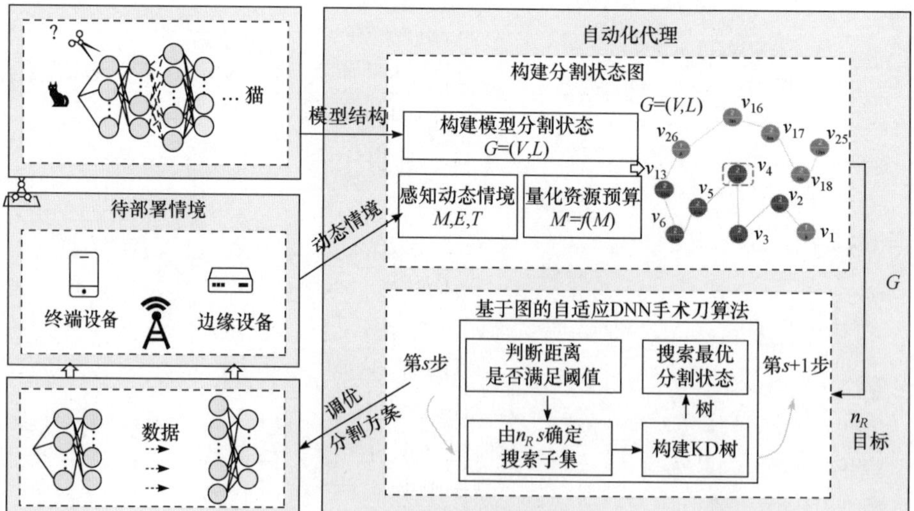

图 8-20　GADS 整体模型框架

2) ACS 算法

ACS 模型框架如图 8-21 所示。针对较大体量模型经过模型压缩后仍然无法部署在资源较受限的终端设备上的情形，结合多个边缘端设备管理，通过结合模型压缩与模型分割，针对不同设备算力与资源状态，根据实时网络状况和时延需求，寻找合适的压缩模型，并将神经网络部署至多台边缘端设备上。在模型压缩与模型分割相结合的方法中提供了一种渐进式的结合方法 ACS，通过将模型分割的部分指标融合到模型压缩的搜索过程中，获得在模型压缩和模型分割指标上均表现良好的模型。

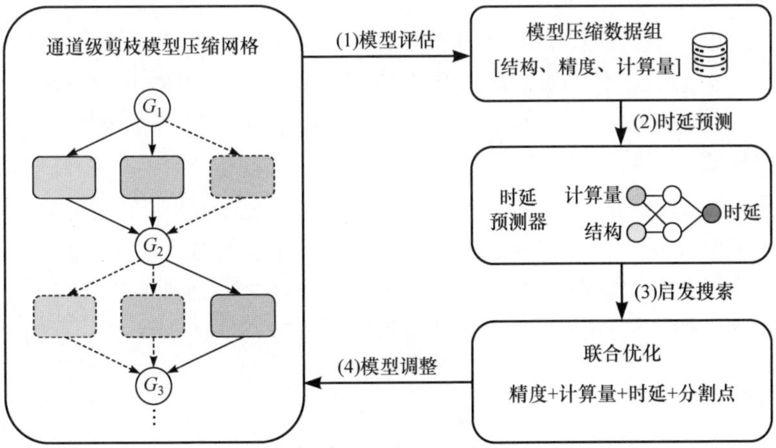

图 8-21　ACS 模型框架

8.5.4　群智能体强化学习模块

制造业的生产过程中通常需要多设备进行协同，因此在智能制造行业中，群智能体协作、组织问题是构建制造业智慧空间的重要挑战。目前，群智能体系统是智能控制领域的研究热点之一。本节针对复杂制造场景下如何实现多种设备的协作优化，进行问题细化以及方案设计，并提出 MADDPG-IPF 算法和 HIRM-BiCNet 算法。

1) MADDPG-IPF 算法

目前，对于 AGV 调度的研究多为集中式任务分配，这种调度模式在抗干扰和自适应方面表现欠佳。针对此问题，本节提出一种基于信息势奖励设计的群智能体强化学习算法 MADDPG-IPF。MADDPG 算法将传统的 Actor-Critic 框架拓展到了群智能体协作领域，构建了 Actor 网络和 Critic 网络两个神经网络。Actor 网络将策略梯度和状态-行为值函数相结合。在每一回合中，智能体获取其他智能体观察到的输入总和，通过优化神经网络参数来确定某状态下的最佳行为。Critic

网络采取集中训练、分布式执行框架。奖励函数的正确设计是强化学习算法高效运作的必要条件。针对多 AGV 配送问题，提出基于信息势场的奖励设计，以解决稀疏奖励导致的收敛困难问题。设置目标区域信息势值为较高值，为避免所有 AGV 都只向最高目标信息势值方向移动，将其他 AGV 所在位置信息势值设为负，迭代求解出复合信息势以进行奖励。

2) HIRM-BiCNet 算法

为解决制造业场景在部分可观测条件下多 AGV 调度困难的问题，本节将多 AGV 智能调度问题建模为部分可观测的马尔可夫决策过程，进行分布式调度处理。同时，提出了一种分层的内在奖励机制(hierarchical intrinsic reward mechanism, HIRM)，用于激励智能体的自学习探索。将该机制用于群智能体强化学习算法，提出了基于新型内在奖励机制的群智能体强化学习算法 HIRM-BiCNet，以实现多 AGV 智能调度。HIRM 具体包括奖励平衡器和动作控制器两个模块。奖励平衡器负责根据智能体的状态信息输出奖励权重 P。基于权重 P，底层控制器从对覆盖奖励和任务奖励进行平衡，并根据智能体的部分观测信息来确定具体行为。在模拟实验中可以发现，在没有分层内在奖励的情况下，智能体倾向于陷入懒惰的状态，表现为避免前进的外部惩罚，这使得智能体很难高效地完成任务；分层内在奖励机制则实现了智能体在探索新区域与完成调度任务之间的有效平衡。

8.5.5 迁移学习模块

航空航天制造业的零件质量关乎着飞行器的飞行安全，因此对航空航天零件进行质量检测是航空制造业的重要要求。传统的基于机器视觉的方法可以高效地进行质量检测。然而，由于制造场景的动态变化，零件质量检测仍面临很多挑战：

(1) 在制造场景发生变化时，提前训练的检测模型不能在新场景下进行很好的质量检测，因此如何进行跨制造场景的知识迁移成为一大挑战。

(2) 零件缺陷检测处于流水化的样本增量过程中，如何在时间维度上对不断增加的缺陷图像进行分类，同时又不会对已经学习的缺陷图像产生遗忘成为另一大挑战。

本节针对跨制造场景的群智知识迁移问题，研究现有的迁移学习任务以及群智能体协作的学习算法，将迁移学习的技术与思想运用于群智能体协同任务中，构建了一个不限制输入维度和输出维度的群智能体强化学习和迁移学习框架，如图 8-22 所示，以适用于现有的群智能体学习算法，并在框架内使用了 transformer-based 模型来将策略分布和输入观察结果解耦，使用了经典的自我注意机制生成重要的权重，使群智能体之间能够进行知识和技能迁移。该方法只需要训练一次就可以在群智能体系统中普遍部署，通过参照相应的观察实体将动作空间划分为若干个动作组，将相关的观察实体与动作组进行匹配，得到匹配的观察实体-动作组对集。进一步使用自我注意机制来学习匹配的观察实体和其他观察实体之间的关系。通过自我注意图和嵌入每个观察实体，可以在行动组层面上优化策略。

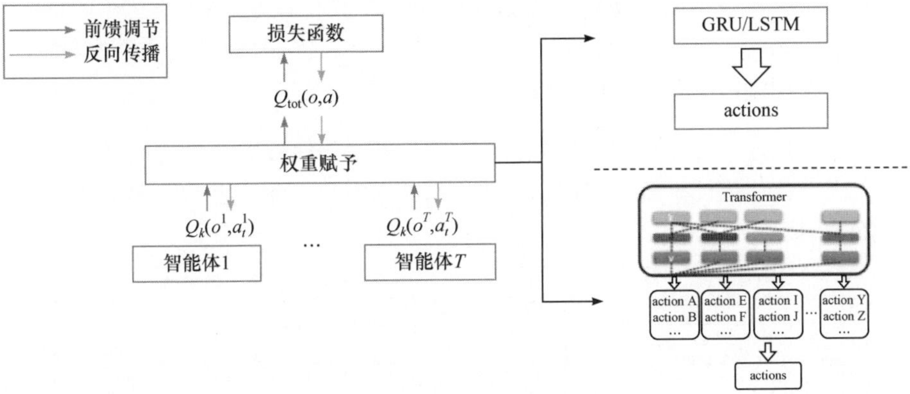

图 8-22　群智知识迁移框架

针对制造场景中表面缺陷检测数据类别不平衡的问题，提供了 TL-SDD 方法，包含 M-SDD 模型和两阶段的迁移学习策略，通过在足量的常见缺陷样本训练 M-SDD 模型后，在稀有缺陷样本上进行微调，最终实现对所有缺陷类别的识别。TL-SDD 方法整体框架如图 8-23 所示。其中，基于度量的表面缺陷检测模型包含以下三个模块。

(1) 特征提取模块。使用 ResNet-101 作为基础网络，结合特征金字塔网络进行特征融合，通过结合高层语义信息和低层结构信息增强特征的表达能力，有利于解决缺陷大小差别较大、小范围缺陷识别困难的问题。

(2) 特征重加权模块。以缺陷图像及其标注为输入，学习将这些信息嵌入重加权向量中，调整特征图的权重，生成特定类别的特征之后将其输入 RPN 和 ROI 池化层，生成相同大小的 ROI 候选集，实现缺陷定位。

(3) 距离度量模块。学习一个度量空间，为每个缺陷类别生成一种类别表示，通过计算待测样本表示与各种类别表示之间的欧氏距离进行缺陷分类。

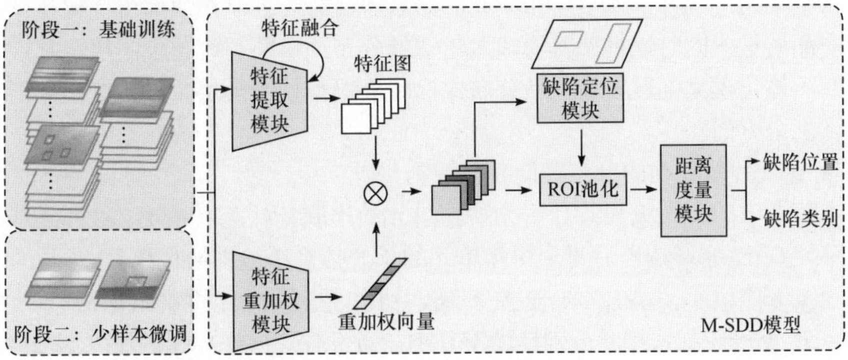

图 8-23　TL-SDD 方法整体框架

8.6　群智控制子系统

8.6.1　群智控制一体化模型配置模块

本节利用左/右互质分解技术和产线协作单元稳定残差产生器与镇定控制器的分布式参数化描述形式，提出适用于产线级分布式诊断与控制一体化框架，如图 8-24 所示。

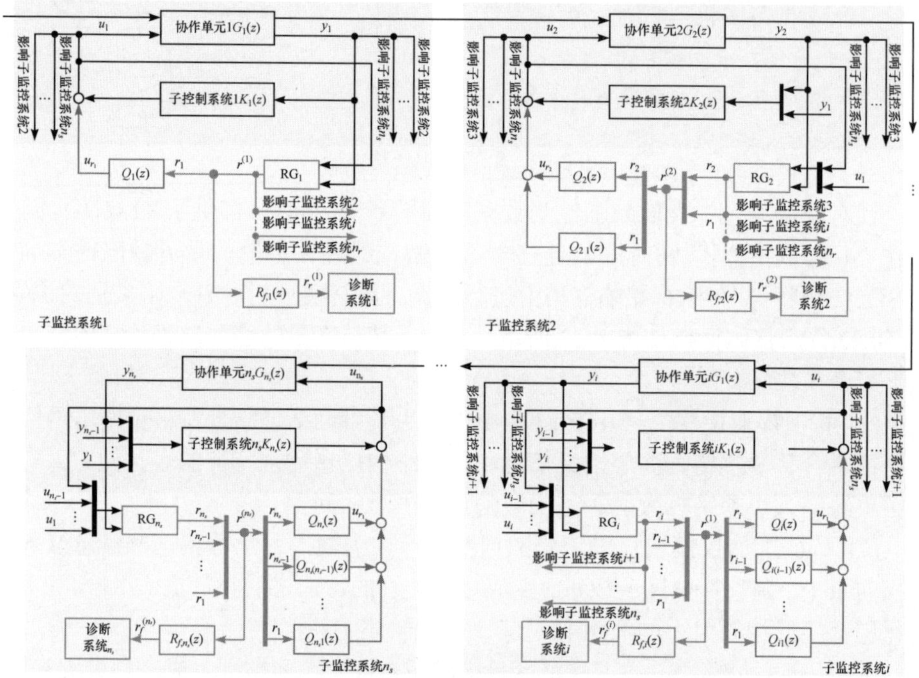

图 8-24　产线级分布式诊断与控制一体化框架

该框架通过设计、调整协作单元的诊断子系统与控制模块即可优化整体产线 KPI 产品质量，同时该框架将为残差驱动的分布式诊断与容错控制奠定基础。群智控制一体化模型配置模块包括分布式诊断模块与控制模块，具体按任务划分包括以下三个方面。

1) 实现残差驱动的分布式诊断与控制

本节考虑的产线级为共有 n_s 个协作单元的串联拓扑互联系统，且其任意一个协作单元 $G_i(z)$ 会影响以后每个协作单元的子监控系统，即协作单元 $G_i(z)$ 的输入信号会影响第 $i+1,\cdots,n_s$ 个子监控系统，协作单元 $G_i(z)$ 的输出信号会影响第 $i+1,\cdots,n_s$ 个子控制系统并分别反馈至其中。通过收集协作单元的输入/输出数据，利用左/右互质分解技术可以设计协作单元的残差产生器 RG_i，并可根据整体产线各协作单元的实际信息交互影响，得到第 i 个子监控系统的残差 $r^{(i)}$。

2) 面向产线 KPI 的产品质量退化分析

在此基础上，考虑产线设备时常受到扰动的影响，通过对含有扰动的产线输入/输出数据进行分析，可利用残差设计后置滤波器 $R_{f,i}(z)$，使得残差信号对产品质量退化更敏感，其中的扰动信号被尽可能滤除，而后得到残差 $r_f^{(i)}$，形成协作单元的诊断系统模块，从而实现面向产线 KPI 的产品质量退化分析。其中，可利用正常数据下协作单元的残差设计阈值，在线判断产线质量是否退化，当残差超过预设计的阈值时，说明产品质量退化，此时应采取相应协作单元的控制模块进行及时调整补救。

3) 面向产线 KPI 的产品质量优化策略

利用协作单元自身残差 r_i 设计协作单元本身的控制器 $Q_i(z)$，并根据之前的协作单元的残差对该协作单元的影响，分别设计相应的每个控制器 $Q_{i(i-1)}(z),\cdots,Q_{i1}(z)$，并将通过控制器的所有输出信号反馈至该子控制系统中，实现面向产线 KPI 的产品质量优化策略。

8.6.2　智能群体多任务优化决策模块

设备资源配置失衡是协同企业面临的广泛问题，如何实现设备资源最佳化动态调度是解决该问题的关键。分析任务分配与设备资源配置组合建立基于产品的成本、生产时间、质量等变量的多目标优化模型。多任务调度的理论研究在企业生产与服务中具有巨大的作用。基于生产制造与服务业中存在的现实问题，基于合理的多任务环境下的调度模型进行求解在企业应用中有重要的意义。产线级多任务决策与优化如图 8-25 所示。

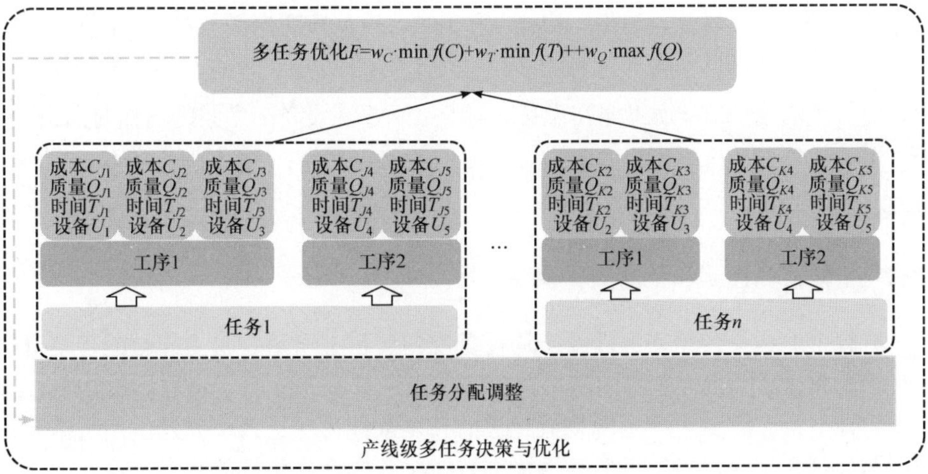

图 8-25　产线级多任务决策与优化

将成本、生产时间、质量作为设备评价与选择的主要依据，它们之间存在关联性与冲突性，要使各目标同时达到最优解十分困难。采取目标加权法给各目标配权值是一个十分有效的策略。在建立模型时，通常考虑设备与工序是一对多的关系，设备加工时间与成本均已知，同时各工序加工设备间的运输时间与成本是确定的。基于设备的有限性，同一设备可以被指派给多个工序。当选择同组设备时，工序与设备之间存在竞争制约关系。将设备配置优化目标确定为成本 C 、质量 Q 、时间 T 。将成本、质量、时间作为目标函数，分别如下所示。

$$\text{成本：}\min C=\min\left\{\sum_{i=1}^{n}\left[\sum_{j=1}^{m_i}\sum_{u=1}^{r_{i,j}}L_{i,j,u}\left(c_{i,j,u}+c'_{i,j,u,v}\right)\right]\right\}$$

$$\text{质量：}\max Q=\max\left\{\left[\sum_{i=1}^{n}\left(\sum_{j=1}^{m_i}\sum_{u=1}^{r_{i,j}}L_{i,j,u}q_{i,j,u}\right)\right]\Big/\sum_{i=1}^{n}m_i\right\}$$

$$\text{时间：}\min T=\min\left\{\sum_{i=1}^{n}\left[\sum_{j=1}^{m_i}\sum_{u=1}^{r_{i,j}}L_{i,j,u}\left(t_{i,j,u}+t'_{i,j,u,v}+t_{i,j,w}\right)\right]\right\}$$

加工等待时间为

$$t_{i,j,w}=\begin{cases}t_{i+1,j,u}-\left(t_i-t_{i+1}\right), & t_{i+1}<t_i, t_{i+1,j,u}-\left(t_i-t_{i+1}\right)>0\\0, & t_{i+1}<t_i, t_{i+1,j,u}-\left(t_i-t_{i+1}\right)<0\end{cases}$$

其中，$c_{i,j,u}$ 为任务 i 第 j 道工序在设备 u 上的加工成本；$c'_{i,j,u,v}$ 为任务 i 第 j 道工序 j 在设备 u 与下道工序在设备 v 之间的运输成本；$r_{i,j}$ 为对应的设备数量；n 为外协任务数量；m_i 为任务 i 的外协工序数量；$L_{i,j,u}$ 为决策变量，若任务 i 第 j 道工序选择设备 u ，则变量为 1，否则，为 0；t_i 、t_{i+1} 分别为任务 i 、$i+1$ 前 $j-1$ 道工序的总加工时间，不含等待时间；$t_{i,j,u}$ 为任务 i 第 j 道工序在设备 u 上的加工时间；$t'_{i,j,u,v}$ 为任务 i 第 j 道工序在设备 u 与下道工序在设备 v 之间的运输时间；$t_{i,j,w}$ 为任务 i 在第 j 道工序的等待时间；$t_{i+1,j,u}$ 为任务 $i+1$ 第 j 道工序在设备 u 的加工时间。

8.6.3 智能群体控制和策略演化模块

群智企业运行模型研究涉及全局任务规划、自主避障、自主导航的移动机器人与多物料(载体)的智能协同网络化控制技术，旨在建立基于物联网的物料传输系统管控平台，解决生产资源物流配送的高复杂性、配送效率以及生产策略调整等问题。基于车间设备智能监控网络、智能化立体仓库与智能小车运输软硬件系统、无线传感网络的物料和资源跟踪定位系统、制造执行系统、物流执行系统、在线质量检测系统、生产控制中心管理决策系统等关键核心智能装置，实现了对制造资源跟踪，以及对生产过程监控，计划、物流、质量集成化管控。智能群体策略演化图如图 8-26 所示。

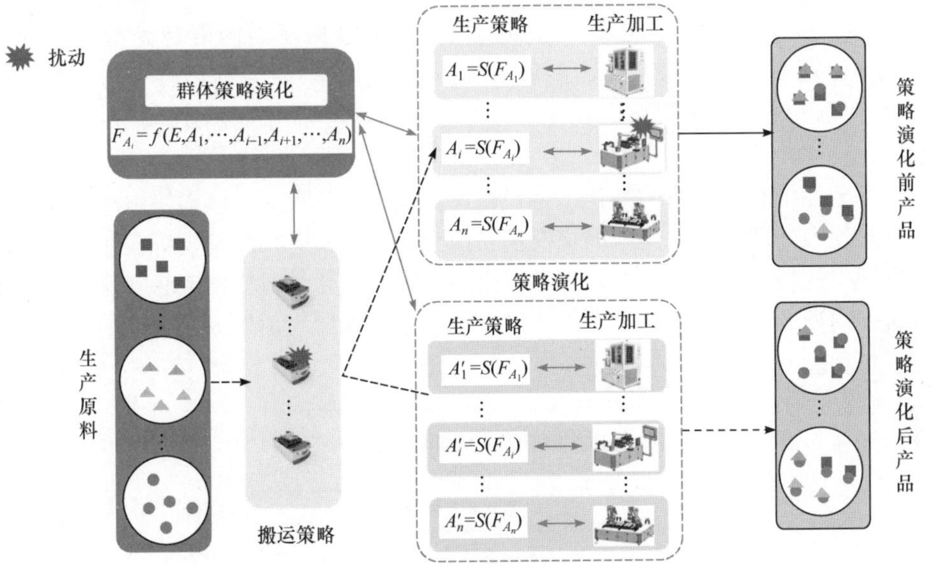

图 8-26　智能群体策略演化图

从生产计划下达、物料配送、生产节拍控制、完工确认、标准作业指导、质量管理等多个维度进行考虑，并通过网络实时将现场信息及时准确地传达到中心管理决策系统相关的子决策系统。在执行多个生产任务时，各个智能体之间根据信息进行利益最大化决策。在执行过程调度中，优化算法位于系列的智能体中，每个智能体都从局部角度考虑问题，并且针对局部优化算法提出新的多样化技术，获得了更好的效果。不同智能体之间进行同时博弈，以最大化各自的收益。在数字化质量检测部分，一旦发现质量异常，系统会第一时间自动启动不合格处理流程，将情况发送给相关智能体，智能体根据利益最大化原则进行相应的策略调整。将可能的资源调度方案映射为策略集，资源调度成本的倒数映射为效用函数，将应急资源的调度问题转化为对非合作博弈调度模型的纳什均衡点求解问题。多任务生产需要有效的实时生产调度，首先根据产品装配结构对问题进行分解，得到多个易于调度的简单问题，形成对应的智能体，然后应用合作博弈理论，根据各智能体的重要性和装配约束获得智能体的排序，依此顺序在机器上按照规则进行生产安排，能够得到满足产品加工约束的近似最优调度结果。

8.7　协同服务子系统

8.7.1　基于多维联邦学习的知识增强模块

基于多维联邦学习的知识增强模块可以通过构建面向群智制造的多维度联邦学习模型，突破跨企业、多环节制造知识共享、融合与增强方法，解决制造企业资产化隐私保护数据安全互通难、知识联合学习差、制造能力协同弱的问题。

基于多维联邦学习的知识增强模块图如图 8-27 所示，该模块由数据收集模块、数据预处理模块、模型训练模块和预测模块构成。在模型训练模块中，可以根据数据的特点，选用横向联邦学习模型、纵向联邦学习模型或联邦迁移学习模型进行模型的构建和训练。本模块贯穿了数据的收集、预处理、模型的训练和预测全过程。

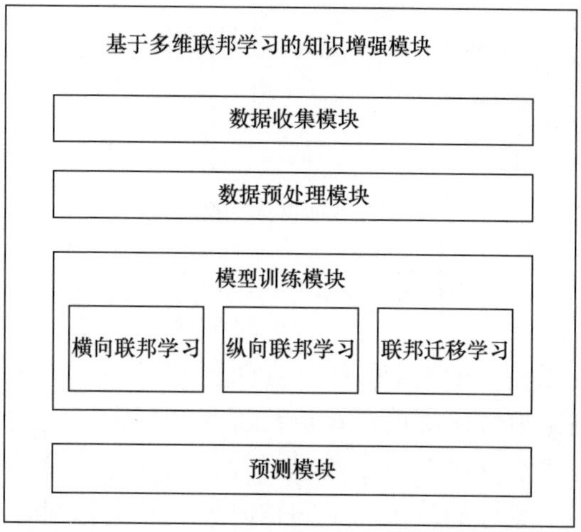

图 8-27　基于多维联邦学习的知识增强模块图

(1) 数据收集模块负责收集生产过程中可以用于知识共享的数据，如加工过程中传感器采集到的产品生产全流程的监控数据，这些数据通过由先进通信方法构成的工业互联网被企业收集。

(2) 数据预处理模块负责对生产企业的数据进行预处理，其功能包括但不限于根据后续选用的模型，对数据进行单位统一、数据对齐、数据归一化、空值处理、主成分提取等。经过预处理的数据将会被模型训练模块用于模型训练。

(3) 模型训练模块使用多个企业的数据进行模型的训练，相关专家根据数据的特点和应用场景，选用和构建合适的联邦学习模型。目前，本书已经成功运用横向联邦学习和纵向联邦学习进行跨企业产品质量预测。根据场景的不同，模型训练模块可以支持横向联邦学习、纵向联邦学习以及联邦迁移学习，满足大多数场景下制造业中联邦学习的需求。

(4) 预测模块在模型训练模块训练好的基础上，将企业的生产数据输入模型中，得到相应的预测结果。预测模块是企业参与联邦学习的目的所在，企业通过提供自身的生产数据，参与跨企业、多环节制造知识共享，获取准确度更高的模型，并得到反馈，应用到自身的生产过程中，并最终从中获益。

总之，基于多维联邦学习的知识增强模块贯穿了企业间知识共享过程中数据的收集、处理、训练，将训练结果反馈到企业，使企业从中获益的全过程。借助联邦学习这一先进工具，企业之间可以共享知识数据，获得比企业独立训练更加完善的模型，达到知识增强的目的。这一方法可以有效提高企业参与知识共享的积极性，在保护数据安全运行的同时，促进企业中知识的共享利用，助力实现企业间的高效协同。

8.7.2　协同运行激励模块

协同运行激励模块在群智企业运行模型中定位是促进群智空间下制造企业间进行协同共享和协同服务的有效手段，使得各参与方积极加入协同制造过程中。其核心功能和技术特色如下所示。

(1) 从企业级来说，促进制造企业间的积极共享。群智企业运行模型中的协同运行激励模块在企业级采用建立制造企业共享的信誉度模型和贡献度模型，基于制造企业共享的信誉好坏和贡献大小来反馈制造企业，改善了制造企业不愿分享和恶意共享的问题，从而抑制了群智空间中制造企业的自私行为，保障制造企业“种瓜得瓜，种豆得豆”，大大促进了制造企业的良性共享和共享积极性。企业级协同运行激励模块如图 8-28 所示。

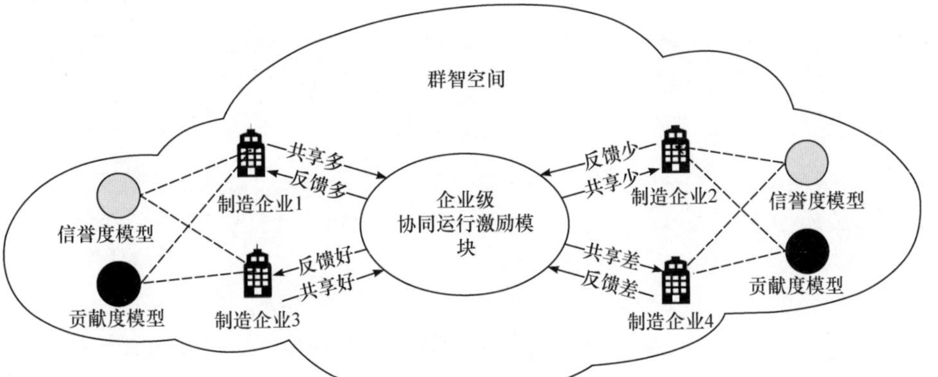

图 8-28　企业级协同运行激励模块

(2) 从车间级来说，促进制造任务的有效完成。群智企业运行模型中的协同运行激励模块在车间级采用互惠机制和奖励机制，使得制造任务中制造企业内各个车间之间能积极沟通，遇到突发情况能及时反馈，最后进行通力合作，使得制造任务能及时、可靠和有效地完成。车间级协同运行激励模块如图 8-29 所示。

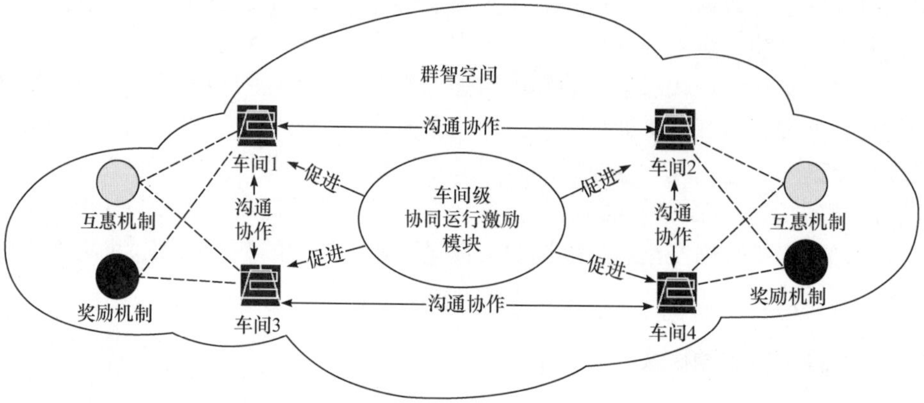

图 8-29　车间级协同运行激励模块

(3) 从设备级来说，促进制造资源的最大利用。群智企业运行模型中的协同运行激励模块在设备级采用通信反馈机制和共享调用机制，使得生产排程中设备之间能实时通信，遇到突发故障能及时反馈并对可用的制造设备进行共享调用，使得生产排程过程不仅能够继续，还能避免制造资源因为空闲或故障停滞而浪费，促进了制造资源的最大利用。设备级协同运行激励模块如图 8-30 所示。

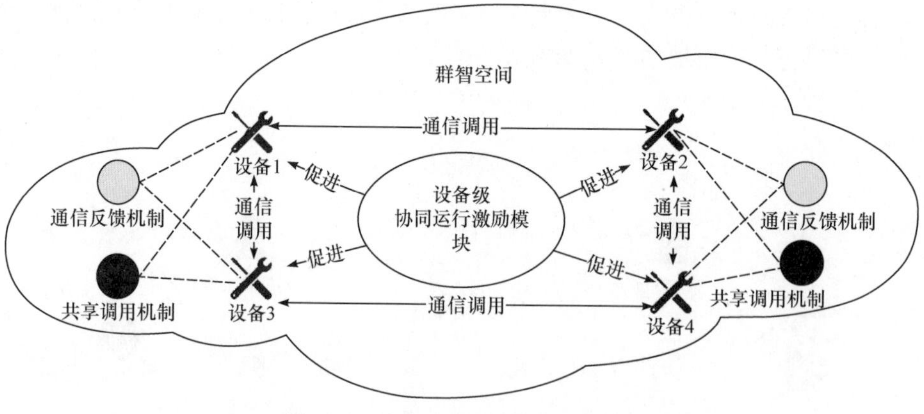

图 8-30　设备级协同运行激励模块

协同运行激励模块如图 8-31 所示。

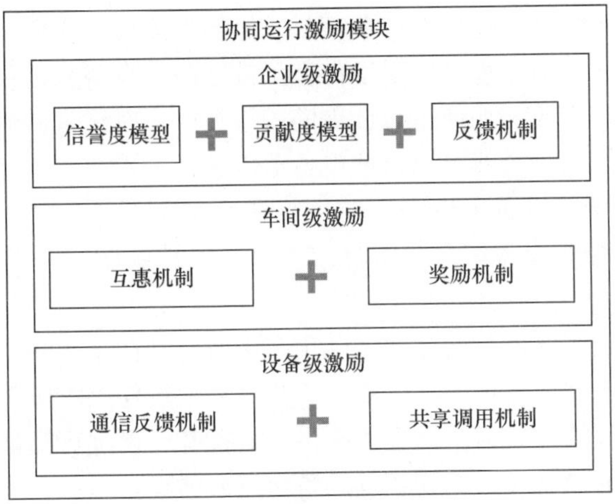

图 8-31　协同运行激励模块

8.7.3　基于领域知识的设备推荐模块

协同制造虽然为制造企业之间的信息共享提供了良好平台，但在制造企业的生产过程中，如果遇到设备故障，维修将耗费较多时间，此时若不想影响生产，需要及时寻找新的设备，用以继续加工该零部件，完成生产任务。然而，机械制造所涉及的设备不仅种类繁多，而且数目庞大，还存在地理位置远近不同而导致筛选设备十分困难的问题。此外，当部门之间的信息不互通时，会出现具有合适的设备但是决策者并不知晓的情况，进一步加大了寻找合适设备的难度。

为了解决上述问题，本节基于已有的领域知识设计一种设备工件描述语言，并将该语言到推理规则进行转化，即对实际生产中的零部件生产进行抽象，提炼加工的规则，从而实现快速寻找合适加工设备，并研制了基于领域知识的设备推荐工具。该工具使用本模块设计并实现的推理引擎，以规则推理的方式为生产任务提供设备推荐，以辅助决策。同时，本模块还维护了一个动态的设备库，以期实现设备跨区域共享。工具不应仅适用于当前的生产场景，在生产场景发生变化时也应该具有可扩展的特性，需要满足以下要求。

(1) 在新的生产场景下可以添加新的设备，即设备库是可扩展的。

(2) 规则库是可以更新的，即规则是可扩展的。

(3) 设备的属性是可调整的，即属性是可扩展的。

在实际制造场景中，生产厂商以及采购批次存在差异，同类机器使用时涉及的参数是不同的，因此不易提取共性。此外，据统计，70%以上的机械加工是相同或相似的。通过实地走访调查可以观察到：当前的生产加工仍然严重依赖熟练技工的经验判断；他们在实际生产中对经验的运用把握周到，但他们很难准确定量地描述这种经验细则，这样的结果就是，经验只能口口相传，不能合理地运用到扩大化的生产中。对于大多数的工件和工件之间、设备和设备之间，很难给出一个具体的关系。因此，如何进行合理的关系抽取，对已有依赖关系的推理提出了挑战，同时也给制造企业寻找合适设备造成了极大不便。

基于领域知识的设备工件筛选的目的是抽取知识与规则，通过推理，解决生产过程中制造企业寻找符合生产需求的合作伙伴的问题，即产品与需求一致的问题。

为了解决该问题，本节通过对实际生产中所有制造企业的零部件生产进行抽象，提炼加工的规则，实现了一个筛选工具。该工具使用本节设计并实现的筛选引擎，以规则推理的方式为生产任务提供设备推荐，以进行筛选。同时，本节还维护了一个动态的设备库，以期实现设备跨区域共享。

以一个简单的为工件筛选某设备为例，假设需要满足如下规则。

(1) 工件精度等级小于设备精度等级。

(2) 工件所属加工类型包含于设备加工类型。

(3) 若工件为旋转体，则满足长度小于设备最大加工直径。

(4) 若工件为非旋转体，则满足长、宽、高分别小于设备最大加工长、宽、高。

基于领域知识的设备工件筛选示例图如图 8-32 所示。

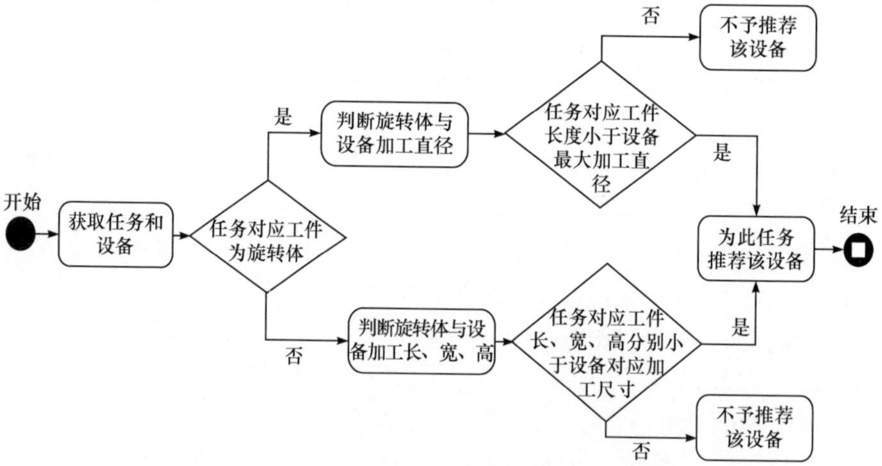

图 8-32　基于领域知识的设备工件筛选示例图

既定的规则不一定能满足用户的实际需求，因此这里补充了用户可自定义的部分规则，包括工件与设备距离的限制和对设备精度的要求。加上用户自定义的规则之后，基于领域知识的设备工件筛选流程图如图 8-33 所示。

推荐工具的系统设计图如图 8-34 所示。

最上层是表现层，为三类用户(知识工程师、车间经理以及资产管理人员)提

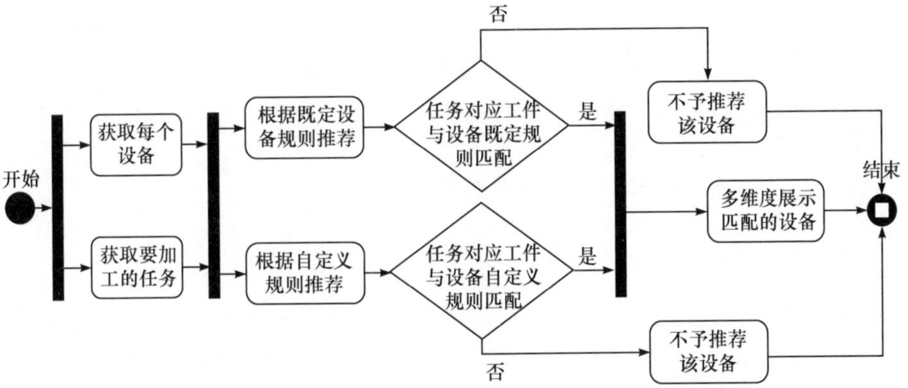

图 8-33　基于领域知识的设备工件筛选流程图

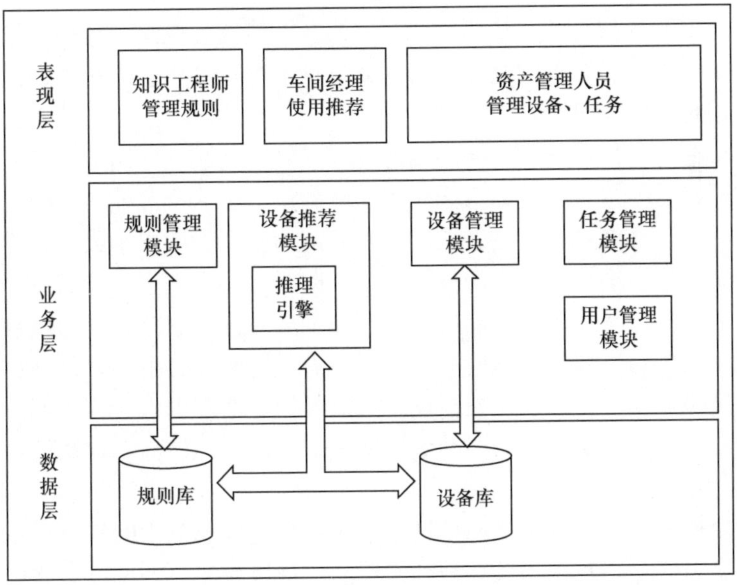

图 8-34　推荐工具的系统设计图

供可视化操作与可视化展示。中间层是业务层，包含规则管理模块、设备推荐模块(含推理引擎)、设备管理模块、任务管理模块及用户管理模块。其中，规则管理模块定义及其管理模块使用自定义的 DIMRDL 语言，规则保存在规则库中，可以被本模块实现的规则推理引擎使用，以对推理进行约束。推理引擎的输入是待推荐的任务、来自设备库的设备、来自规则库的规则，输出是推荐设备结果。

整个系统的最底层是数据层，核心是基于规则描述语言的规则库和基于可扩展设备模型的设备库。规则数据由本模块定义的语言保存至规则文件。往上是业务层，包含了核心的主控程序和功能模块，以及本模块实现的推理引擎，推理引擎从规则库获取规则，从设备库获取设备，对于推荐需求，返回推荐设备。

本模块的亮点在于维护了一个可实时共享的设备库，并基于本模块定义的语言，用规则推理进行设备推荐，实现了一个小型的规则推理引擎，并维护了一个小型的规则库。可用于新工件的加工以及故障任务的快速转移生产，缩小实验仿真范围，在信息互通的基础上帮助生产决策。

8.7.4　过程和资源建模与仿真模块

过程建模与仿真模块能够对复杂产品的全生命周期制造过程以及制造过程中涉及的各类资源进行建模，得到资源模型和过程模型，并基于领域特定仿真规则执行协同过程模型。

资源模型描述了制造过程涉及资源的类型和组织结构。因此，本节考虑到生产过程中需要的各种资源，如机械加工、钣金、热处理设备、运输工具等，并将其抽象表示，覆盖了制造的全生命周期，贯穿了需求分析、设计、样机生产、批量生产、销售服务等过程。

过程模型用于描述完整的协同制造过程。为了完成一个制造过程，首先需要满足过程开始的前置条件，如生产所需物料到位、制造资源就绪、到达制造开始时间等，满足这些前置条件后，依次按照一定的工序加工出半成品和成品。制造过程的各个工序之间具有一定的先后关系，即所有前置工序完成后工序才可以执行，并且不同工序之间还会对制造资源、加工产品进行争夺，以完成自身的加工目标，因此需要对过程涉及的所有公共资源进行协调和分配。此外，在实际加工中还会出现机床换刀、工人换班、设备定期维护等诸多因素，为了保证仿真的时间结果与实际时间更贴近，需要给活动增加缓冲时间，使活动在执行时能够更有弹性。

过程模型仿真部分基于活动扫描法依次执行过程模型中的各个工序。为此，作者定义了工序状态和状态转移规则，产品、资源冲突时的调度策略，以及支持多过程模型仿真的模型执行引擎。仿真以完成生产订单为目标，支持事前仿真和事中仿真，即用户可以暂停仿真查看执行中间状态，也可以从给定的中间状态开始执行仿真。仿真结束后可以得到各个过程的生产计划和资源利用率，指导用户优化过程模型。

建模模块与仿真模块提供了过程建模、资源建模、过程仿真、视图同步、模型管理、切换视图、重置布局、导航概览、视图概览等功能，主要功能模块为资源建模、过程建模和过程仿真三部分。其中，资源建模包括新建、删除资源对象，新建、删除资源归属连接，修改资源对象属性和资源模型完整性检查。过程建模包括新建、删除过程对象，新建数据流连接、关联连接、时钟连接、引用连接，修改过程对象属性，过程模型完整性检查。过程仿真包括过程模型实例化、配置仿真参数、修改对象实例属性、执行仿真、获取仿真结果。

过程建模与仿真模块架构图如图 8-35 所示。Eclipse Sirius 平台整合了 Eclipse 建模框架和图形建模框架，支持用户创建自定义的图形化建模环境。Eclipse 建模框架根据本书定义的资源元模型和过程元模型，生成对应的 Editor 模块，为用户提供维护元模型的接口。图形建模框架提供模型的图形化显示的相关功能。建模与仿真模块中的资源建模、过程建模、过程仿真、视图同步、模型管理和视图概览业务等通过调用 Sirius 的模型访问接口和控制器返回命令实现。

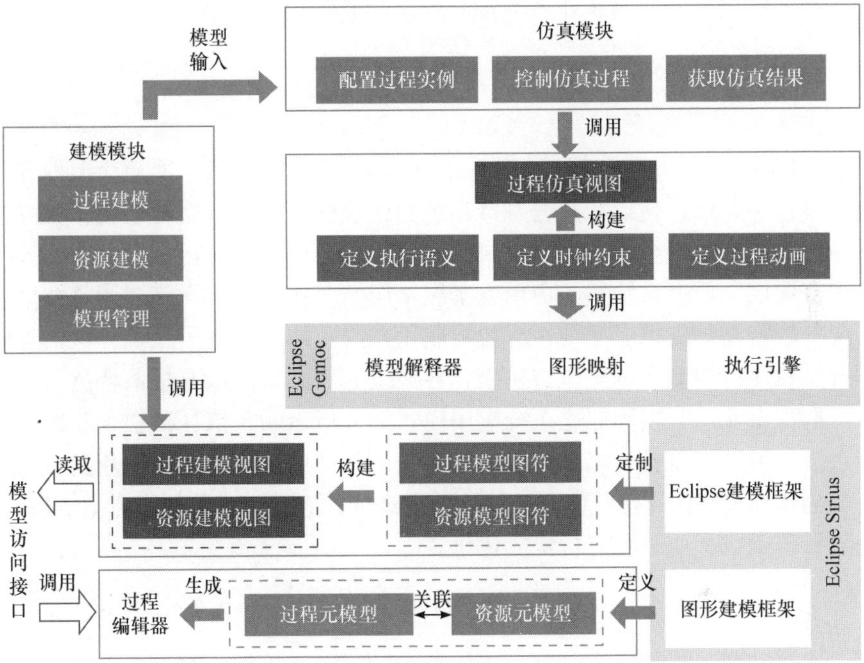

图 8-35　过程建模与仿真模块架构图

8.8　群智企业运行模型原型系统应用模式

基于前述群智企业运行模型原型系统，可以为单元级制造、产品/专业线级制造以及供应链、企业级制造等不同层面用户提供多种类型的应用模式，具体如图 8-36 所示。

(1) DaaS 应用模式：依托群智企业运行模型原型系统提供的大数据管理以及基于区块链的可信服务，各智能体可以共享数据、知识并开展协同互操作。

(2) PaaS 应用模式：依托群智企业运行模型原型系统提供的数据、算法、算力，可以开发、部署、升级智能体模型，托管智能体并在线开展业务应用。

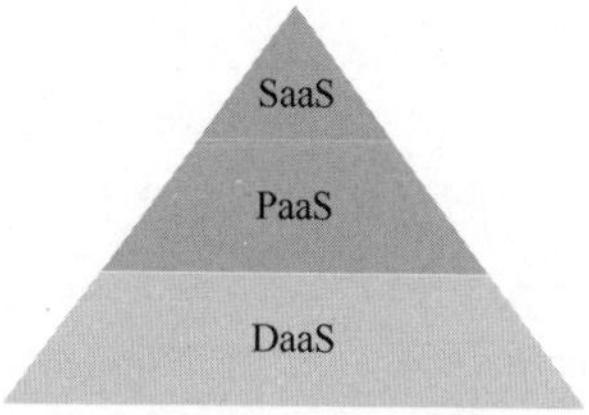

图 8-36　群智企业运行模型原型系统应用模式

(3) SaaS 应用模式：依托群智企业运行模型原型系统原生或第三方不同层面、不同类型的解决方案，对企业各类资源要素和业务流进行集成优化。

8.9　本章小结

本章以改善 *P*/*T*/*Q*/*C*/*S*/*E*/*K*、提高企业(或集团)的市场竞争能力为出发点，基于当前制造企业信息化以智慧云制造系统为代表的新型制造系统架构，将群智制造智慧空间各项关键技术的研究成果固化、集成为群智企业运行模型原型系统，提出了资源层、原型系统层、应用方案展示层的总体架构，详细介绍了数据汇聚子系统、群智基础支撑子系统、群智控制子系统、协同服务子系统，包括各模块在群智企业运行模型中的定位与作用，各模块的核心功能以及技术特色。最后，分析了群智企业运行模型原型系统应用模式。分析表明，依托群智企业运行模型原型系统，可以支持各智能体共享数据、知识并开展协同互操作；开发、部署、升级智能体模型，托管智能体并在线开展业务应用；基于成熟解决方案 APP 对企业各类资源要素和业务流进行集成优化。

参考文献

[1] 李伯虎, 柴旭东, 朱文海, 等. 复杂产品协同制造支撑环境技术的研究[J]. 计算机集成制造系统, 2003, 9(8): 691-697.
[2] 李伯虎, 柴旭东, 张霖, 等. 智慧制造云[M]. 北京: 化学工业出版社, 2020.
[3] 张霖, 罗永亮, 范文慧, 等. 云制造及相关先进制造模式分析[J]. 计算机集成制造系统, 2011, 17(3): 458-468.
[4] 吴澄, 李伯虎. 从计算机集成制造到现代集成制造: 兼谈中国 CIMS 系统论的特点[J]. 计算机辅助设计与制造, 1998, (10): 5-10.
[5] 陶飞, 胡业发, 张霖. 制造网格资源服务优化配置理论与方法[M]. 北京: 机械工业出版社, 2010.
[6] 郑小林, 陈德人, 张丽霞. 基于 ASP 的网络化制造系统实施模式[J]. 清华大学学报: 自然科学版, 2006, 46(S1): 1125-1130.
[7] 李伯虎, 柴旭东, 张霖. 智慧云制造: 一种互联网与制造业深度融合的新模式深度融合的新模式、新手段和新业态[J]. 中兴通讯技术, 2016, 22(5):2-6.

第 9 章　制造企业智慧空间应用解决方案

本章基于群智制造智慧空间各项关键技术及群智企业运行模型原型系统，选取复杂产品制造为典型背景，给出制造企业智慧空间应用解决方案。本章首先说明复杂产品制造的选取原因并对其特征进行分析，随后分别从单元级制造、产品/专业线级制造以及供应链、企业级制造三个层面进行场景介绍和解决方案说明，全面展现群体智能技术给制造业带来的新模式、新手段和新业态的前景。

9.1　复杂产品制造

9.1.1　复杂产品制造背景

当前全球制造业的发展正在经历深刻的调整和变革。伴随着全球化的进程以及大国竞争的强化，市场正在从传统的相对稳定转换成现在的动态多变，对产品(P)及其周期(T)、质量(Q)、成本(C)、服务(S)、环境(E)和知识含量(K)的要求越来越苛刻，推动着制造业持续地向以产品加服务为主导的集成化、协同化、敏捷化、服务化、绿色化、智能化的新经济发展方式转变[1]。另外，新技术革命和产业变革引发了新能源、新材料、新工艺、新机器人技术和新信息网络技术的广泛应用[2]，给制造业带来了巨大的跃升潜力。在这一时代背景下，中国正在由制造大国向制造强国迈进[3]，中国制造业尤其是代表其发展水平的复杂产品制造业，面临着巨大的挑战和发展机遇。

复杂产品制造业是国民经济和国防安全的重要支柱，是国家工业化的战略性产业，推动复杂产品制造业的转型升级对我国而言具有重要的战略意义。这里的复杂产品是指一类客户需求复杂、产品组成复杂、产品技术复杂、研制过程复杂、实验维护复杂、项目管理复杂、工作环境复杂的产品。复杂产品制造业涉及交通运输设备(如轨道交通运输设备、公路交通运输设备、飞机及船舶等)、大型成套装备(如发电设备、集成电路制造设备、冶金设备、化工设备等)、现代机电产品(如数控机床、机器人、大型医疗设备等)、现代军工产品(如航天器、军用飞机、战斗车辆、舰艇、现代兵器等)等[4]。

以图 9-1 的航天复杂产品制造为例，在客户需求复杂方面，通常是根据客户需求按单定制，体现出多品种、规模化、变批量等特点；在产品组成复杂方面，包含系统、分系统、设备、组合/组件、零部件、元器件等多个层次，涉及物料成千上万；在产品技术复杂方面，生产上涉及数十种专业能力，工艺路线复杂，设备、工装需求多样；在研制过程复杂方面，全生命周期涉及多个研制回路，各条产线上研产并重的特点较为突出；在项目管理复杂方面，产业链庞大(十多个骨干厂所、全国各地数百家协作单位)，存在多专业配套、跨地域协作。

这些特点给制造系统带来了巨大的复杂性和高度的不确定性，而航天复杂产品制造又有较强的计划性要求，现实情况下缺乏有效手段制订精确的计划并精准执行。在当前的制造系统中，各班组、车间和企业间都具有一定的自主性，只能通过相互协商协作来调动各自的人、机、物等要素运行，难以提前洞察存在的问题，并准确进行调度调整，通常等发现问题时已经晚了。随着任务量的增加，只能通过加人、加班加点的延长线方式来保证完成任务。

上述问题代表了国家的重大需求，具有足够的复杂性，其制造系统本身也契合群体智能的对象特点，因此本书选择复杂产品制造作为典型研究背景。

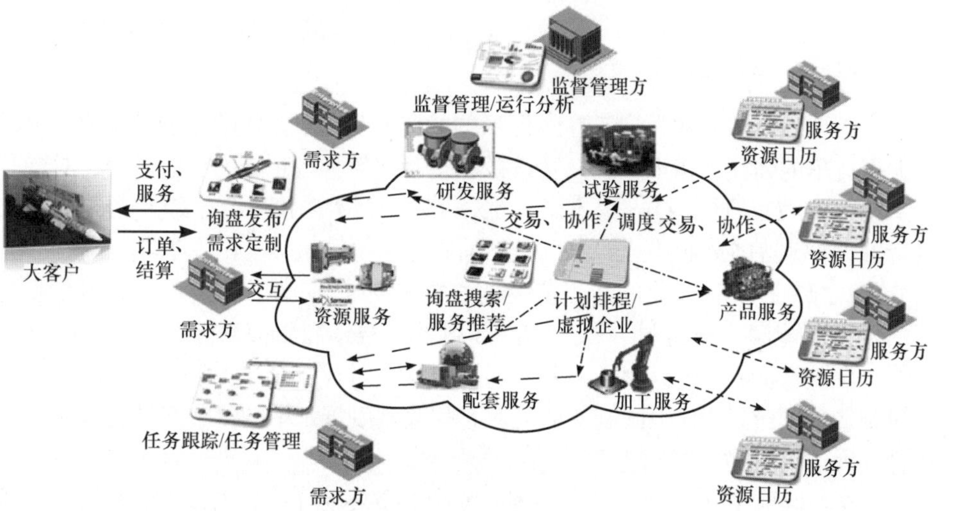

图 9-1　航天复杂产品制造示意图

9.1.2　复杂产品制造分析

复杂产品制造过程存在三大闭环，如图 9-2 所示，分别是订单承诺+订单履约闭环、计划+排程闭环、排程+执行闭环[5]。通常接到订单后，生产部的管理人员首先需要统筹多专业的生产能力(含合格供应商的生产能力)进行分析策划，优选各个工作中心的生产能力(综合考虑协作代价以及有限能力约束)，优化任务调度及工艺分工；在生成主生产计划的基础上，需要基于各个生产能力的动态负荷进行任务分解和排程，以确保产能平衡及计划准确性；最后需要统筹协调各生产单位协作完成制造任务，保质保量地如期完成履约。

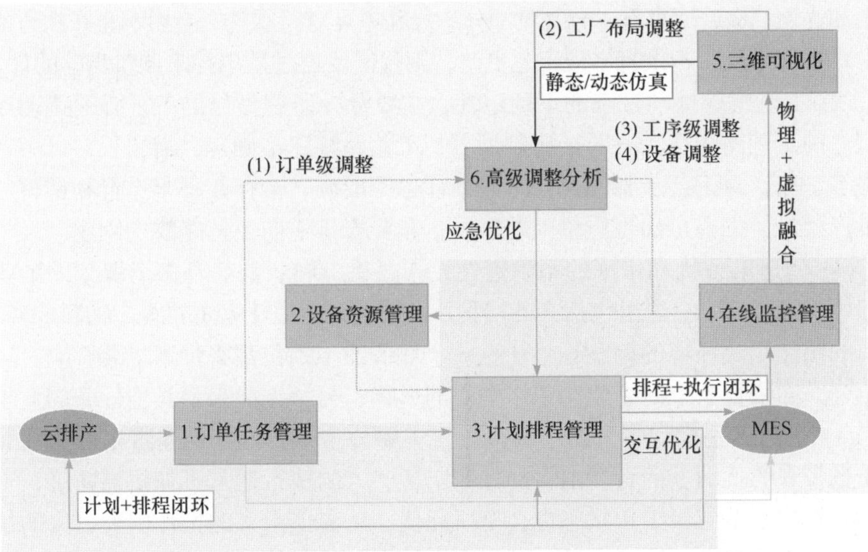

图 9-2　复杂产品制造过程[5]

然而，围绕优化多品种、规模化制造对产品(*P*)及其周期(*T*)、质量(*Q*)、成本(*C*)、服务(*S*)、环境(*E*)和知识含量(*K*)(可以只考虑前四项)进行优化的需求，在复杂产品制造过程中(图 9-3)，无论是单元级制造、产品/专业线级制造还是供应链、企业级制造场景，都需要考虑多方面扰动所引发的不确定性，包括计划任务扰动带来的不确定性、工艺路线扰动带来的不确定性、制造准备扰动带来的不确定性、执行偏差扰动带来的不确定性、设备故障扰动带来的不确定性等，具体介绍如下。

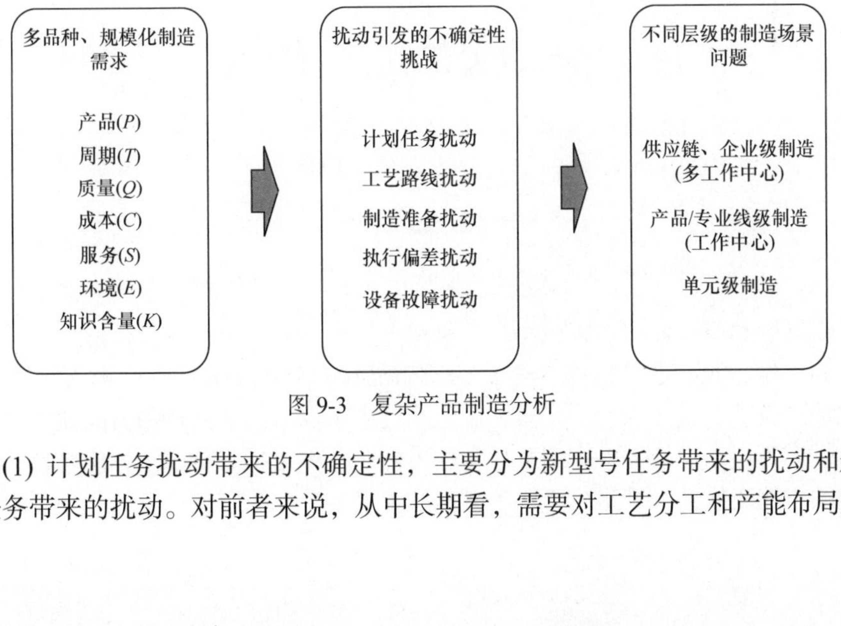

图 9-3　复杂产品制造分析

(1) 计划任务扰动带来的不确定性，主要分为新型号任务带来的扰动和新批次任务带来的扰动。对前者来说，从中长期看，需要对工艺分工和产能布局进行规划和优化；从近期来看，需要对部分产线和单元进行重构，会影响正在执行的计划。对后者来说，若没有出现工艺更改，则仅需要通过插单等来调整当前的计划。

(2) 工艺路线扰动带来的不确定性，主要分为研制型号的工艺路线扰动和批产型号的工艺路线扰动。对于研制型号，工艺路线还不确定，需要很多试生产和检验等工作，对工艺步骤的执行时间估计也不准确，会存在很多迭代和调整。对于批产型号，主要是出现质量问题以后，需要安排逆向工艺路线的问题。

(3) 制造准备扰动带来的不确定性，人、机、料、法、环多个要素的准备工作都可能带来扰动。这里包括人的培训、机器的整定或工装的准备、物料的齐套、工艺的固化以及环境的调整等，任意一个环节的不到位都将带来显著影响。这些缺位一方面来自上下游企业、工作中心的影响；另一方面来自其他任务的竞争。

(4) 执行偏差扰动带来的不确定性，主要分为执行拖期偏差带来的扰动和执行质量带来的扰动。前者多由人的操作引起，人的执行通常不如机器精确，不同人的工作效率不同，工作状态也会有所起伏。后者也由人的操作引发，人的执行通常不如机器精准，一般来说自动化程度越高，执行偏差扰动越小。

(5) 设备故障扰动带来的不确定性，主要分为设备主动维护带来的扰动和设备被动维修带来的扰动。对前者来说，需要提前做好安排，并体现到生产计划中。但是，关键设备的维护肯定会带来较大的扰动影响。对后者来说，设备的突发故障在所难免，一旦发生故障就会影响正在生产的任务和正在排队的任务。

9.1.3 复杂产品制造案例

为了更具体地说明当前复杂产品制造系统中存在的问题以及群智制造带来的优势，本节选取了典型航天复杂产品(仪器舱和空气舵)作为案例，如图 9-4 所示。

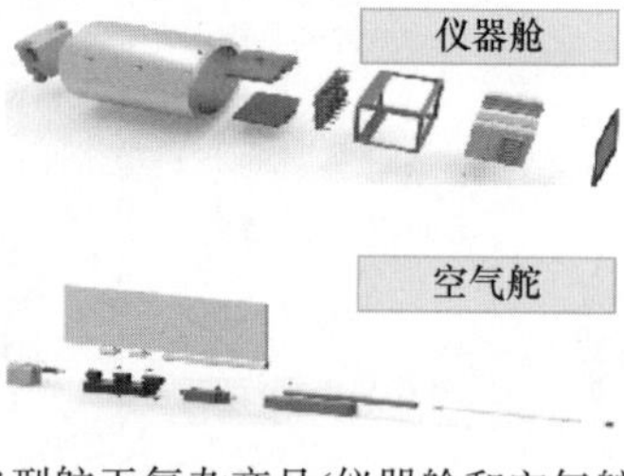

图 9-4 典型航天复杂产品(仪器舱和空气舵)示意图[6]

仪器舱和空气舵“麻雀虽小，五脏俱全”，非常具有代表性。首先，其中包含了标准件、非标准结构件、电子零部件(见仪器舱框架体中需要插入的板卡)，因此从供应链、企业级制造来看，制造系统中不仅包括外协产品合作伙伴、外购产品供应商，还包括委外加工工厂等。另外，其中包括机构等刚性组件以及电缆这样的柔性连接件，因此在产品/专业线级制造、单元级制造中既可以包括自动化智能生产装配环节，又必须包括人工生产装备环节。

围绕仪器舱和空气舵，可以分别构设单元级制造，产品/专业线级制造，供应链、企业级制造三类不同层级的场景，如图 9-5 所示。其中，存在班组、车间和企业等各类具有自主性的主体，每种主体内部均包括人、机、物等关键要素。下面针对复杂产品制造过程中需要考虑多方面扰动所引发的不确定性，以航天复杂产品仪器舱和空气舵为对象，分别对单元级制造、产品/专业线级制造以及供应链、企业级制造存在的问题和群智制造的解决方案进行详细说明。

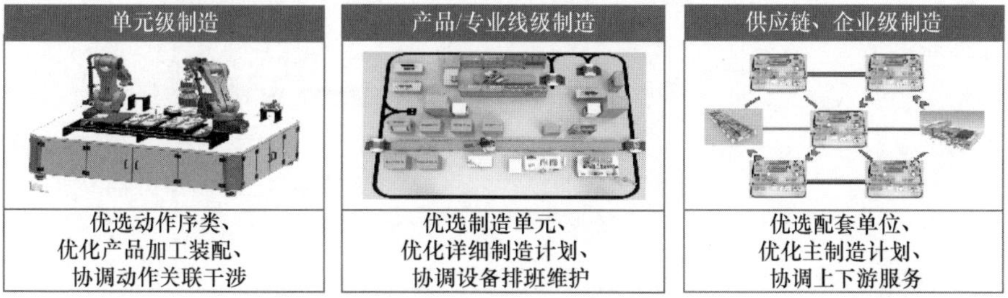

图 9-5　典型航天复杂产品示意图

9.2　单元级制造

9.2.1　场景概况

在单元级制造场景中，经常存在多个机械臂协同制造的场景，特别是给机械臂配上不同的工装，可以组合出多种工艺操作，进而柔性地完成多种任务。双机械臂单元制造示意图如图 9-6 所示，航天复杂产品仪器舱和空气舵的智能装配单元由双机械臂构成，其有约 10 种工装可以配置(部署在操作台内部，可以按需换取)，能完成夹取、吸取、安装工件以及拧螺丝等多种动作。根据新的装配任务的需要，通过设计新的工装、工艺路线并修改机械臂运行程序即可满足需求。

理论上，如上设计可以较好地提升单元级制造的柔性。然而，现有的技术还存在新任务调校周期长、协作能力有待提升的突出问题，难以适应计划任务扰动带来的不确定性、工艺路线扰动带来的不确定性以及制造准备扰动带来的不确定性。单元级制造存在的问题与挑战如图 9-7 所示。

其中，扰动引发的不确定性挑战具体如下。

(1) 计划任务扰动带来的不确定性，主要是新型号任务带来的调整需求，除非添置新的单元，否则原有单元需要停工进行调整。若采用前者，则单元的柔性失去意义；若采用后者，则停工时间越长，损失越大。

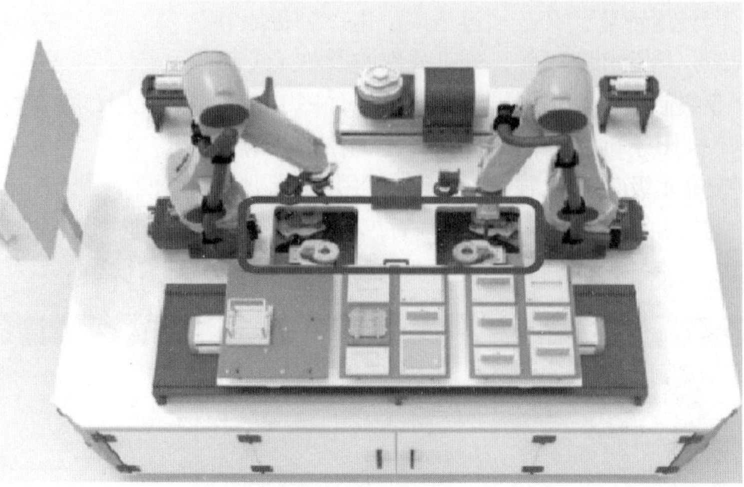

(a) 双机械臂及其操作台

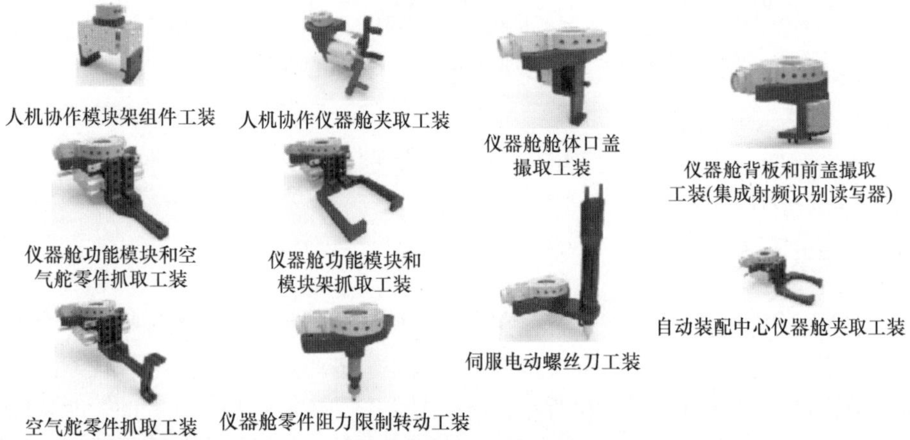

(b) 双机械臂的工装

图 9-6　双机械臂单元制造示意图[6]

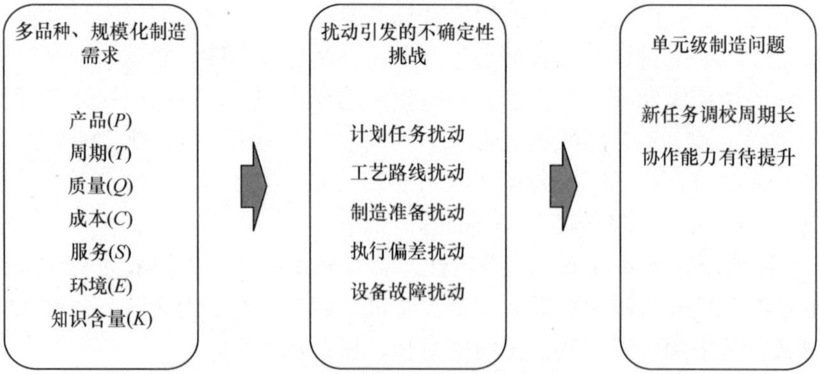

图 9-7　单元级制造存在的问题与挑战

(2) 工艺路线扰动带来的不确定性，主要是研制型号的工艺路线扰动，带来工装的变化、工艺路线的变化，还需要修改机械臂运行程序。

(3) 制造准备扰动带来的不确定性，主要是机、法等要素准备带来的扰动，源自新型号任务和新工艺路线开发，具体与(1)和(2)相同。

现有单元级(多)机械臂操作通常采用人工调校的方式进行开发，少量采用离线、在线规划的方式进行开发，还存在比较大的问题。

(1) 对于采用人工调校的方式，由于需要避免机械臂之间碰撞，调校的工作量巨大，调校的周期动辄数月、半年(通常需要先按 5%、10%的低速率调通，再逐步调高到正常速度)，协作效率优化更无从谈起。

(2) 对于采用离线、在线规划的方式，由于机械臂之间存在相互干涉，准确的规划模型很难靠人建立出来，从而难以用规划方法去求解。折中的基于规则的方法和事先划定不干涉空间的方法可以解决部分问题，但是难以实现优化。

9.2.2　解决方案

通过双机械臂协同装配数字孪生系统解决方案进行应用验证，实际构建两个 Dobot 机器人组成的物理的机械臂协作场景，同时使用机器人操作系统(robot operating system，ROS)构建虚拟的机械臂协作场景，通过视觉传感器对空间物体进行定位。协作机械臂(单元)解决方案效果图如图 9-8 所示。

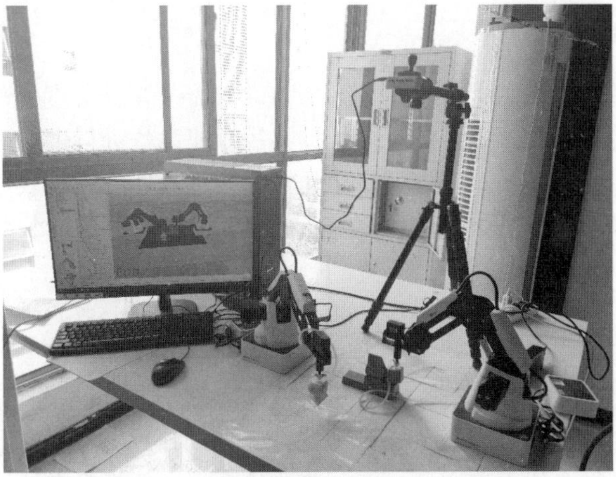

图 9-8　协作机械臂(单元)解决方案效果图

在该方案中，可以在虚拟空间实现大规模的仿真训练，支撑群体智能算法模型不断演化，并实现由虚拟空间向物理空间的迁移，最终实现高效的双机械臂协作优化以及协作策略的自学习、自适应、自进化。协作机械臂(单元)验证系统示意图如图 9-9 所示。

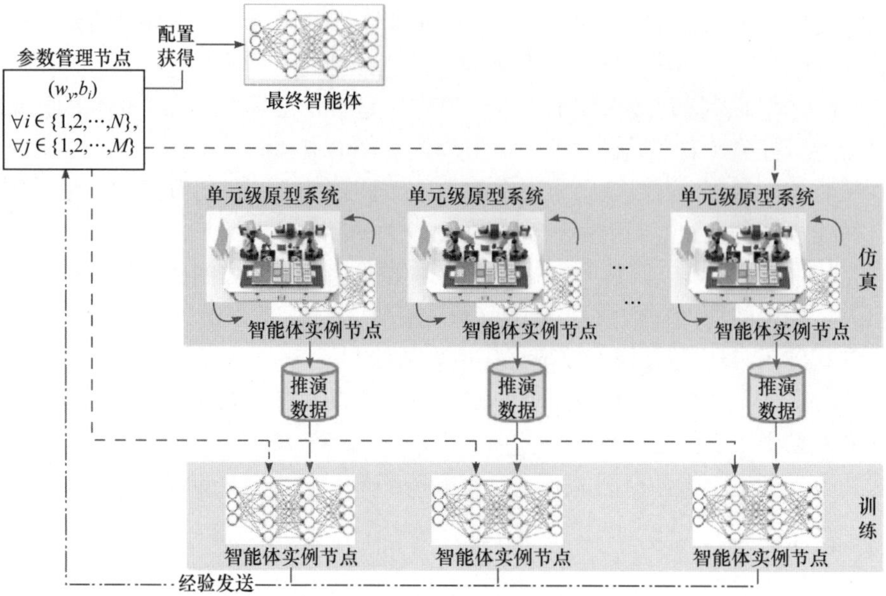

图 9-9 协作机械臂(单元)验证系统示意图

9.3 产品/专业线级制造

9.3.1 场景概况

在产品/专业线级制造场景中，经常存在多产品、多任务混线的场景。一方面是机加、电装等专业线，多产品、多任务共用专业设备进行生产加工；另一方面是部件级、整机级产品线，多产品、多任务混线进行部装和总装。智能集成装配线制造示意图如图 9-10 所示，航天复杂产品仪器舱和空气舵的装配线包括 1 个立体货架、1 个装载机械臂、2 台 AGV、1 个或 2 个智能装配单元、1 个或 2 个人机协作装配单元。在设备能够满足多产品、多任务的前提下，通过 AGV 和装载机械臂的运输，可以实现混线装配，提升产品/专业线的柔性。

理论上，如上设计可以较好地提升产品/专业线级制造的柔性。然而，现有的技术还存在扰动影响难以全面认知、动态排程难以有效决策的突出问题，难以适应计划任务扰动带来的不确定性、工艺路线扰动带来的不确定性、制造准备扰动带来的不确定性、执行偏差扰动带来的不确定性、设备故障扰动带来的不确定性。产品/专业线级制造存在的问题与挑战如图 9-11 所示。

其中，扰动引发的不确定性挑战具体如下。

(1) 计划任务扰动带来的不确定性。计划本身就很难精确执行，计划任务扰动会给计划执行带来更大的不确定性。

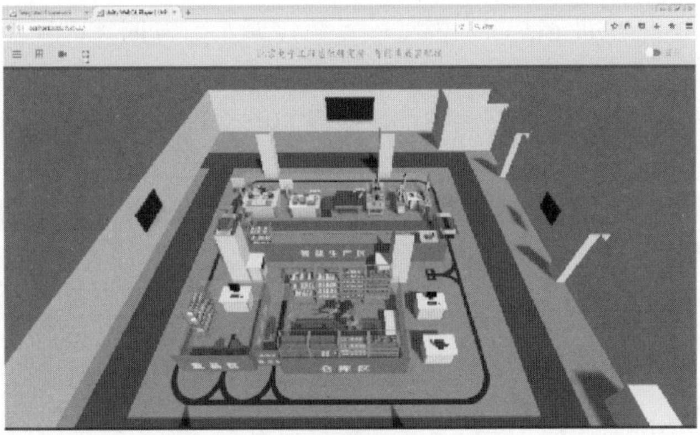

(a) 产线布局

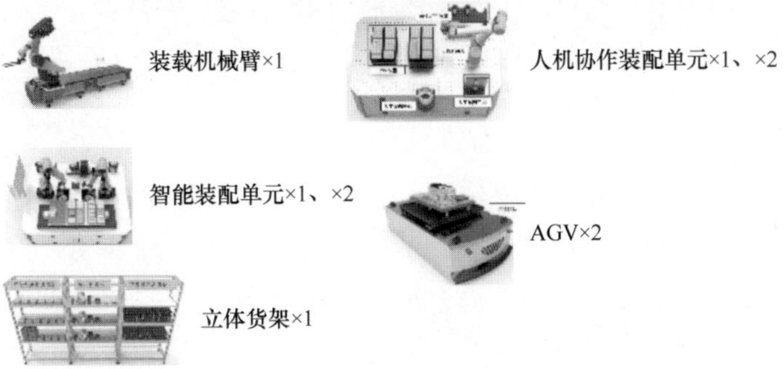

(b) 产线要素

图 9-10　智能集成装配线制造示意图[6]

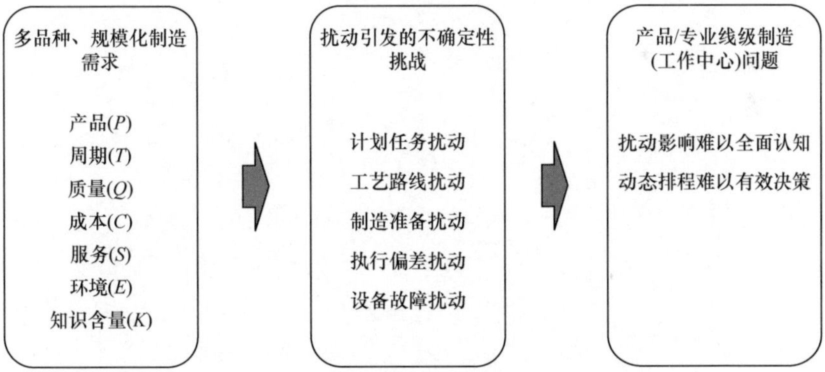

图 9-11　产品/专业线级制造存在的问题与挑战

(2) 工艺路线扰动带来的不确定性。对于研产并重的复杂产品产线，新工艺的诸多不确定性会给计划编制带来困难。

(3) 制造准备扰动带来的不确定性。产线涉及人、机、料、法、环等多要素，信息掌握不充分、不及时将给制造准备带来困扰。

(4) 执行偏差扰动带来的不确定性。执行偏差一方面影响偏差产生任务的后继子任务；另一方面会影响在产生偏差处排队等待的任务，影响范围难以确定。

(5) 设备故障扰动带来的不确定性。设备的维护、维修会影响已经形成的生产节拍，产生不可预知的生产瓶颈问题。

现有产品/专业线级制造通常采用拉动式生产方式进行管理或者采用集中排程方式进行调度，还存在比较大的问题：

(1) 采用拉动式生产方式进行管理，更多的是针对集中排程方式进行调度难以奏效的一种折中办法，出现问题需要靠人来处理，其生产效率的优化更无从谈起。

(2) 采用集中排程方式进行调度，存在排程所采用的基础数据不准的问题(难以全面认知)，即使是采用物联网等手段进行闭环反馈，仍然存在由扰动频繁导致计划需要反复变更，甚至难以执行的问题(难以有效决策)。

9.3.2 解决方案

通过智能集成装配线仿真系统解决方案进行应用验证，使用 AnyLogic 为仪器舱、空气舵的智能协同生产过程研究提供虚拟的生产线环境，该软件支持人工设置各种扰动条件进行群体智能算法的训练和验证。产品/专业线级智能集成装配线解决方案效果图如图 9-12 所示。

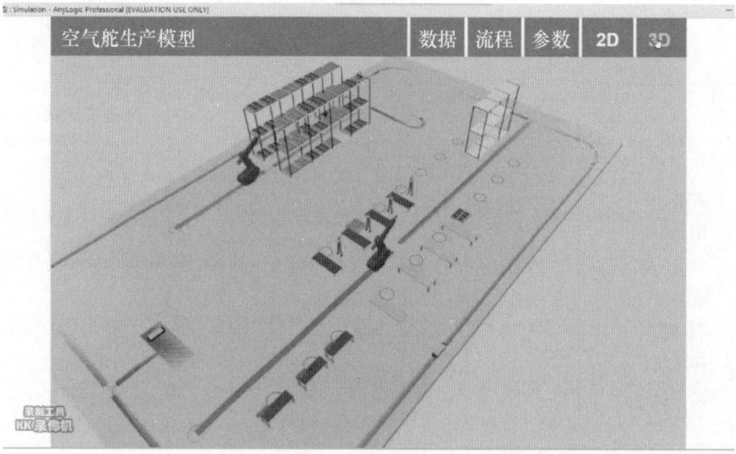

图 9-12　产品/专业线级智能集成装配线解决方案效果图

在该方案中，虚拟空间可以实现大规模的仿真训练，支撑群体智能算法模型的不断演化，并最终实现基于人、机、物群智能体的车间调度策略协同优化以及调度策略的自学习、自适应、自进化。产品/专业线级智能集成装配线验证系统示意图如图 9-13 所示。

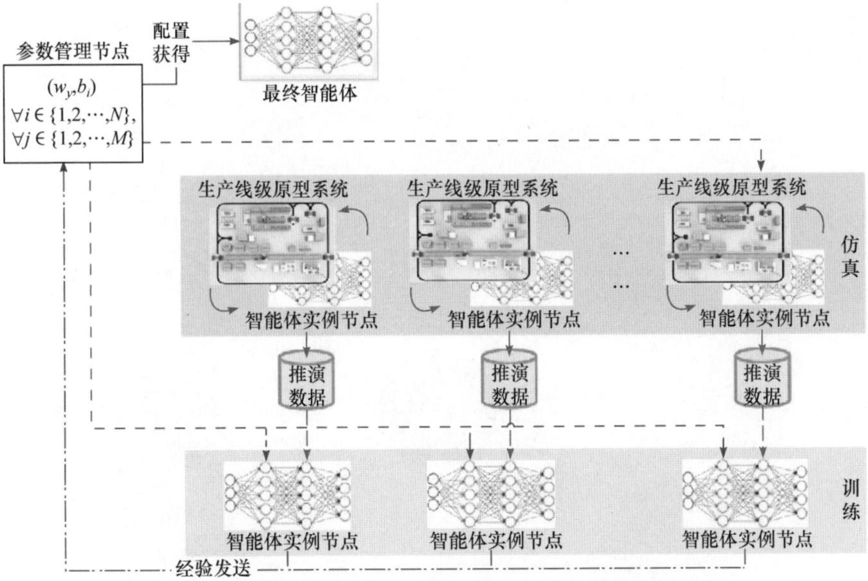

图 9-13　产品/专业线级智能集成装配线验证系统示意图

9.4　供应链、企业级制造

9.4.1　场景概况

在供应链、企业级制造场景中，经常存在内部协作和外部协作的情况。协作可以使大企业聚焦主业、提高制造的柔性；可以使小企业聚焦精而专、参与到大的竞争合作中去。典型协作配套制造示意图如图 9-14 所示，航天复杂产品仪器舱和空气舵的制造需要从外协产品合作伙伴处获得电子零部件，从外购产品供应商处采购标准件，在内部任务满负荷或者不具备某项工艺能力时，还可以安排委外加工工厂协助生产。通过供应链管理系统或者企业资源管理系统，可以对资源进行有效管理和计划，从而提升制造的柔性。

理论上，如上设计可以较好地提升供应链、企业级制造的柔性。但是，现有的技术还存在企业间信息不对称、供应链协同优化难的突出问题，难以适应计划任务扰动带来的不确定性、制造准备扰动带来的不确定性、执行偏差扰动带来的不确定性。供应链、企业级制造存在的问题与挑战如图 9-15 所示。

其中，扰动引发的不确定性挑战具体如下。

(1) 计划任务扰动带来的不确定性。因为企业间信息不对称导致计划通常很难准确，计划任务扰动会给计划执行带来更大的不确定性。

(2) 制造准备扰动带来的不确定性。制造上下游很难精准实现同步和优化，信息掌握不充分、不及时将给制造准备带来困扰。

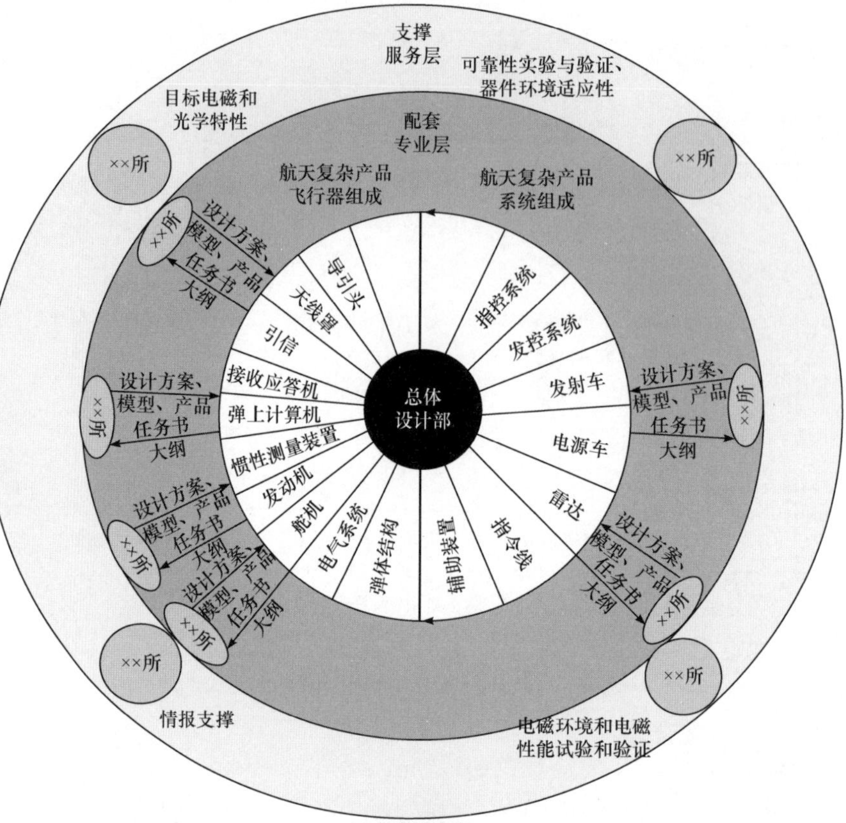

(a) 供应链生态

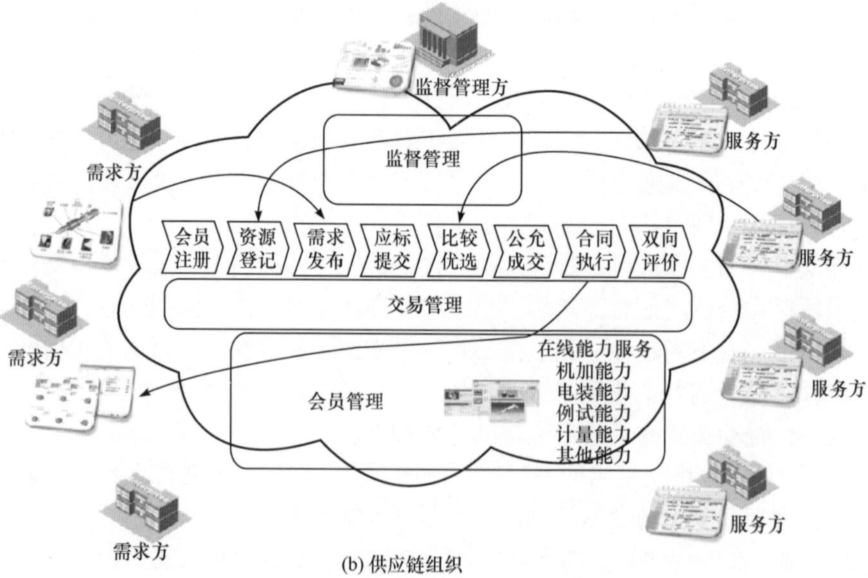

(b) 供应链组织

图 9-14　典型协作配套制造示意图

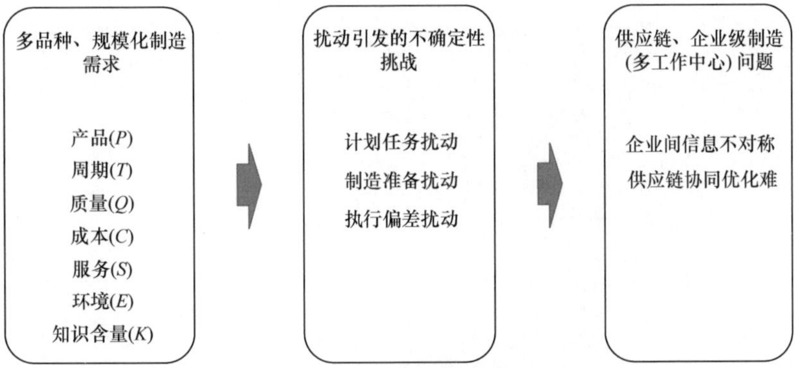

图 9-15　供应链、企业级制造存在的问题与挑战

(3) 执行偏差扰动带来的不确定性。由于产品的层级性、制造的流程性，局部的执行偏差信息很难准确、及时地传递到非紧邻的层次与环节。

现有供应链、企业级制造通常采用层级化的方式进行管理或者采用云服务的思想进行调度，还存在比较大的问题：

(1) 对于采用层级化的方式进行管理，供应链上的企业通过点对点的方式逐级进行协作(企业内部也很难管控到低层级的粒度)，局部产生的扰动往往需要人通过经验来协调解决，而局部问题产生的影响难以评估，并且往往会滞后不少时间才暴露处理，协作效率优化更是无从谈起。

(2) 对于采用云服务的思想进行调度，由于企业间信息不对称(企业内部也有类似情况)，存在计划调度所采用的基础数据不准的问题。虽然部分龙头企业可以通过云的方式穿透获取配套企业的基础数据等信息，但是计划调度也仅涉及合作相关的单一任务，对于供应链整体效率的优化仍然难以做到。

9.4.2　解决方案

通过集团企业内外部供应链协同仿真系统解决方案进行应用验证，使用 AnyLogic 为不少于两种航天产品的柔性协同生产过程研究提供虚拟的供应链环境，支持人工设置多种扰动条件进行群体智能算法的训练和验证。供应链、企业级智能集成装配线解决方案效果图如图 9-16 所示。

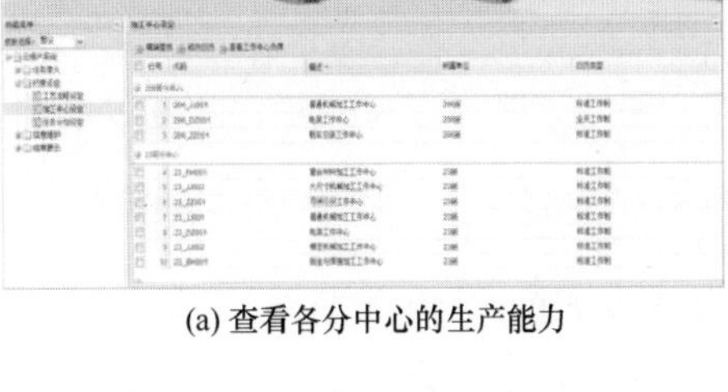

(a) 查看各分中心的生产能力

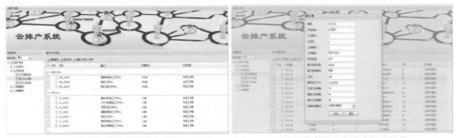

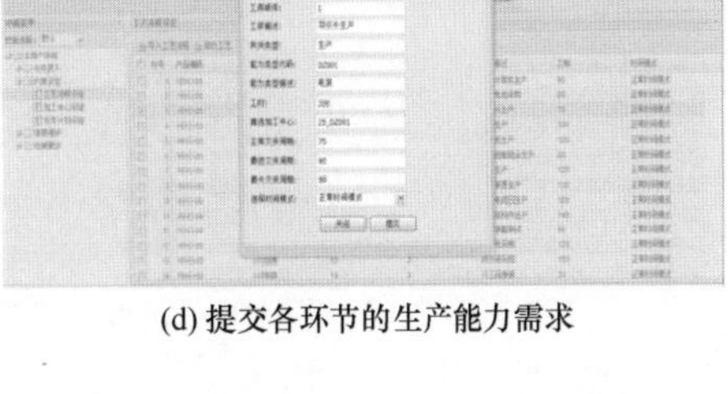

(d) 提交各环节的生产能力需求

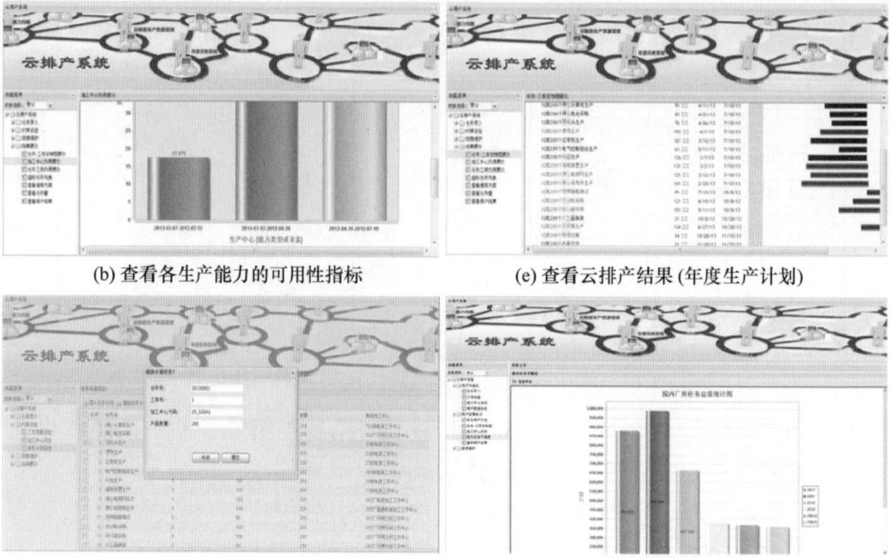

(b) 查看各生产能力的可用性指标　(e) 查看云排产结果 (年度生产计划)

(c) 提交任务流程描述　(f) 查看生产能力负荷的均衡度

图 9-16　供应链、企业级智能集成装配线解决方案效果图

在该方案中，虚拟空间可以实现大规模的仿真训练，支撑群体智能算法模型的不断演化，并最终实现基于多企业主体(人、机、物工作中心)的供应链调度策略协同优化以及调度策略的自学习、自适应、自进化。供应链、企业级智能集成装配线验证系统示意图如图 9-17 所示。

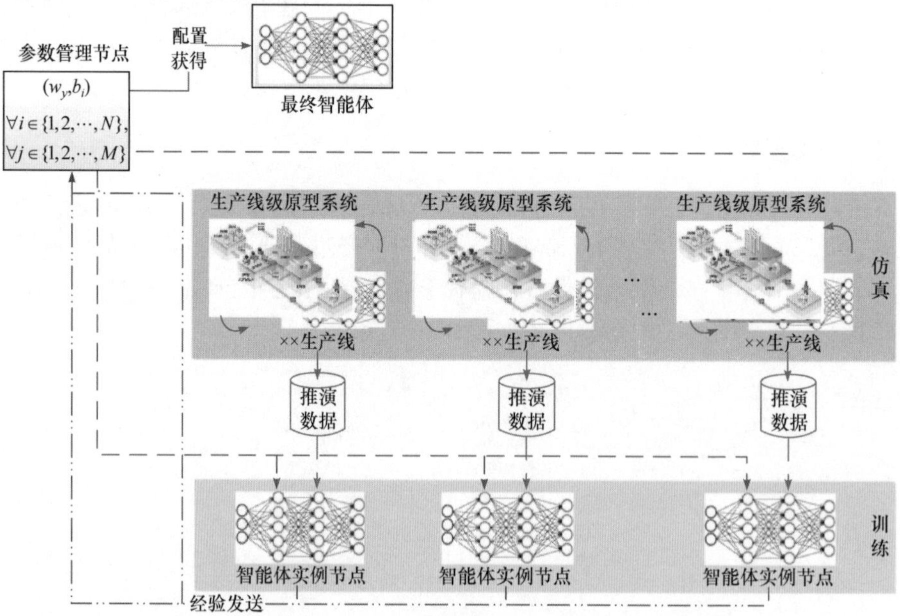

图 9-17　供应链、企业级智能集成装配线验证系统示意图

9.5 本章小结

本章以航天复杂产品仪器舱和空气舵为例，在对单元级制造、产品/专业线级制造，以及供应链、企业级制造三个层面存在问题和挑战进行分析的基础上，基于群智制造智慧空间各项关键技术及群智企业运行模型原型系统，系统介绍了制造企业智慧空间应用解决方案。结果表明，基于群体智能技术，对制造系统中的人、机、物要素进行有效信息互通、资源共享、能力协同，在一定竞争合作策略的引导下可以在整体层面涌现出良好的效果，对改善产品(P)及其周期(T)、质量(Q)、成本(C)、服务(S)、环境(E)和知识含量(K)有较大的潜力。

参考文献

[1] 李伯虎, 张霖, 任磊, 等. 云制造典型特征、关键技术与应用[J]. 计算机集成制造系统, 2012, 18(7): 1345-1356.

[2] Ian W. A third industrial revolution[N]. The Economist, 2012-4-21.

[3] 制造强国战略研究项目组. 制造强国战略研究-综合卷[M]. 北京: 电子工业出版社, 2015.

[4] 李伯虎, 柴旭东. 复杂产品虚拟样机工程[J]. 计算机集成制造系统, 2002, 8(9): 678-683.

[5] 肖莹莹, 李伯虎, 侯宝存, 等. 智慧制造云中供应链管理的计划调度技术综述[J]. 计算机集成制造系统, 2016, 22(7): 1619-1635.

[6] 刘炜, 刘峰, 倪阳咏, 等. 航天复杂产品智能化装配技术应用研究[J]. 宇航总体技术, 2018, 2(1): 33-36.